高等职业教育精品工程规划教材

EDA 技术应用项目化教程

丁 红 郑 棣 编著

電子工業出版社

Publishing House of Electronics Industry

北京·BEIJING

内 容 简 介

本书通篇贯穿着“项目为主线”的开发思路和“教学做合一”的教学理念，所有内容的设计都是围绕着一个个项目而展开的，读者可以边做边学，边学边做。

本书主要内容包括：第 1 章、第 2 章、第 3 章主要讲解 Altium Designer 13 的应用，包括电路图和电路板的设计；第 4 章主要讲解 Multisim 13 的应用、第 5 章讲解 VHDL 的应用，包括软件平台 Quartus II 9 的使用和 VHDL 的理论基础。

每章都包括训练微项目和综合实训项目（根据实际需要，第 4 章没有设置综合实训项目），训练微项目主要是围绕着一个个知识点而设计的，综合实训项目在训练微项目的基础上进一步培养读者的综合应用能力与创新意识。

本书可以作为普通高等院校、高职院校、各类技术师范学院“EDA 技术应用”相关课程的教材，也可以作为各类技术人员或爱好者的自学用书。

图书在版编目（CIP）数据

EDA 技术应用项目化教程 / 丁红，郑棣编著. —北京：电子工业出版社，2016.8

ISBN 978-7-121-29071-8

Ⅰ. ①E… Ⅱ. ①丁… ②郑… Ⅲ. ①电子电路—电路设计—计算机辅助设计—高等学校－教材 Ⅳ. ①TN702

中国版本图书馆 CIP 数据核字（2016）第 132502 号

策划编辑：郭乃明
责任编辑：郝黎明
印　　刷：北京嘉恒彩色印刷有限责任公司
装　　订：北京嘉恒彩色印刷有限责任公司
出版发行：电子工业出版社
　　　　　北京市海淀区万寿路 173 信箱　邮编　100036
开　　本：787×1 092　1/16　印张：18.25　字数：463 千字
版　　次：2016 年 8 月第 1 版
印　　次：2016 年 8 月第 1 次印刷
印　　数：3 000 册　　定价：41.00 元

凡所购买电子工业出版社图书有缺损问题，请向购买书店调换。若书店售缺，请与本社发行部联系，联系及邮购电话：（010）88254888，88258888。

质量投诉请发邮件至 zlts@phei.com.cn，盗版侵权举报请发邮件至 dbqq@phei.com.cn。

本书咨询联系方式：（010）88254561，guonm@phei.com.cn。

前　　言

EDA 技术是电子信息类专业的核心课程，是以计算机为工具，设计者在 EDA 软件平台上，实现原理图的绘制、电路板的设计、电路的模拟和仿真、可编程 ASIC 芯片的设计等。

本书主要包括三方面内容：电路图和电路板的设计与制作、电路仿真、VHDL 的应用。EDA 技术所需要的软件版本更新较快，本教材选用了目前较新的版本：Altium Designer 13、Multisim 13、Quartus II 9。

EDA 技术的实践性很强，因此本书教学内容的设计都是围绕着一个个项目而展开的，读者可以边做边学，边学边做。

本书通篇贯穿着“项目为主线”的开发思路和“教学做合一”的教学理念，主要具有以下特点：

（1）乐学易学的训练微项目：针对每个知识点和技能点都精心设置了训练微项目，读者可以边做边学。如果需要进一步详细深入了解相关知识点，可以阅读“知识库”板块。

（2）综合训练的实训项目：第 2 章、第 3 章、第 5 章的末尾设置了综合实训项目，涵盖了本章重要的知识点，进一步培养读者的综合应用能力与创新意识。

（3）内容丰富的典型案例：本书案例丰富，包括了 27 个训练微项目和 3 个综合实训项目。

本书由丁红老师拟定大纲并组织实施，第 1 章、第 2 章、第 5 章由丁红老师编写，第 3～4 章由郑棣老师编写。王怀德工程师对本书所涉及的项目进行了审定。

作者联系信箱：hebiancao65@163.com

本书相关视频资源参见以下网址：http://www.worlduc.com/SpaceShow/Index.aspx?uid=1299397

编　者

2016 年 4 月

目　录

第 1 章　初识 Altium Designer 13

Altium Designer 13 是 Altium 公司推出的一款电子设计自动化软件，是在 Protel 基础上发展起来的新一代板卡级设计软件。它的主要功能包括：原理图编辑、印制电路板 PCB 设计、电路仿真分析、可编程逻辑器件的设计等。用户使用最多的是该款软件的原理图编辑和印制电路板 PCB 设计功能。

下面介绍一些原理图和电路板的基本概念。

1.1　电路原理图

电路原理图用于表示电路的工作原理，通常由以下几个部分构成。

（1）元件的图形符号及元件的相关标注（元件的标号、元件的型号、元件的参数），如图 1.1.1 所示。

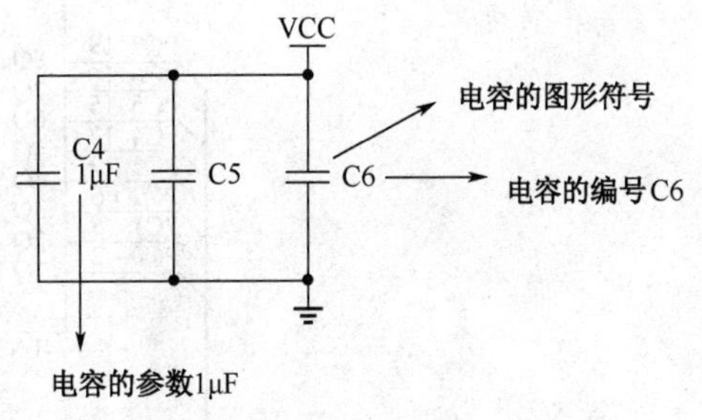

图 1.1.1　元件符号及标注示意图

元件图形符号就是用来表示元器件引脚电气分布关系的一个图形标志。它是和现实中的元件相对应的。图 1.1.2 是普通电阻的符号；图 1.1.3 是可变电阻的符号；图 1.1.4 是普通二极管的符号；图 1.1.5 是发光二极管的符号；图 1.1.6 是集成块 74LS373 的符号；图 1.1.7 是数码管的符号。

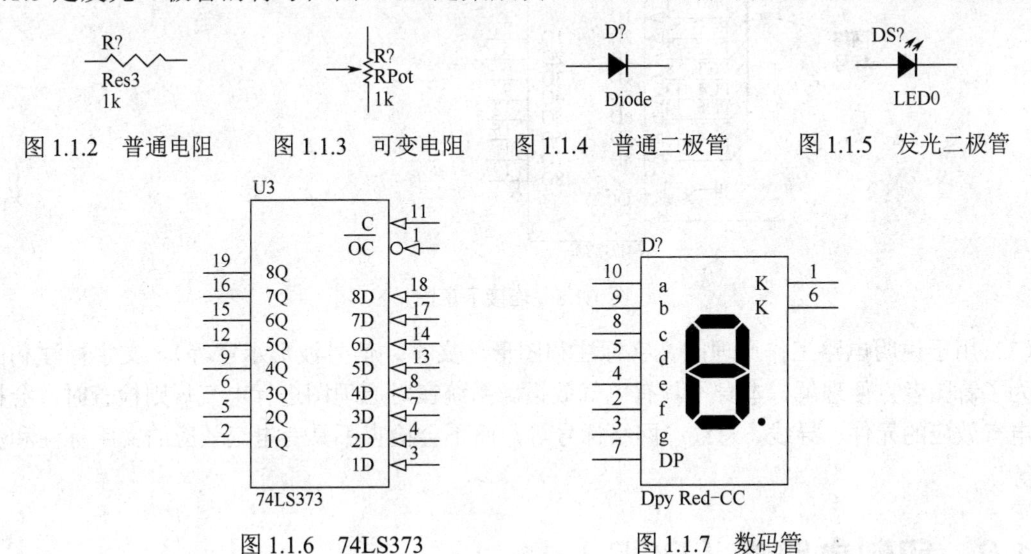

图 1.1.2　普通电阻　　图 1.1.3　可变电阻　　图 1.1.4　普通二极管　　图 1.1.5　发光二极管

图 1.1.6　74LS373　　图 1.1.7　数码管

同一个元器件所对应的图形符号可以有不同种，但是必须保证图形符号所包含的元件引脚信息是正确的，如引脚的数量必须相等，引脚的一些电气属性必须相同，而引脚的位置排列则可以不同。

Altium Designer 13 提供了很多元件库，每个元件库中都包含了成百上千的电子元件图形符号。用户在进行原理图设计时，可以从 Altium Designer 13 所提供的元件库中查找使用所需要的元件图形符号。如果元件库中没有用户所需要的元件图形符号，用户也可以根据需要自己创建库并设计元件图形符号。

（2）连接关系。原理图中的连接关系通常用导线、网络标号、总线等表示，如图 1.1.8 所示。

图中有的元件之间是用导线相连接的，如电容 C1、C2、C3 之间。有的元件之间是用网络标号相连接的，因为具有相同名称的网络标号之间是相连的。如元件 U3 的引脚 2 的网络标号是 PC0，而元件 U4 的引脚 3 的网络标号也是 PC0，则表示这两个引脚是相连的。使用网络标号的优点是减少了电路图中杂乱的连线，使图纸看起来更简洁。

当连接的导线数量很多时，可以用总线来表示连接。总线就是多根导线的会合，如元件 U3 的引脚 2、5、6、9、12、15、16、19 和元件 U4 的 3、4、7、8、13、14、17、18 对应相连接，则可以用总线来表示。

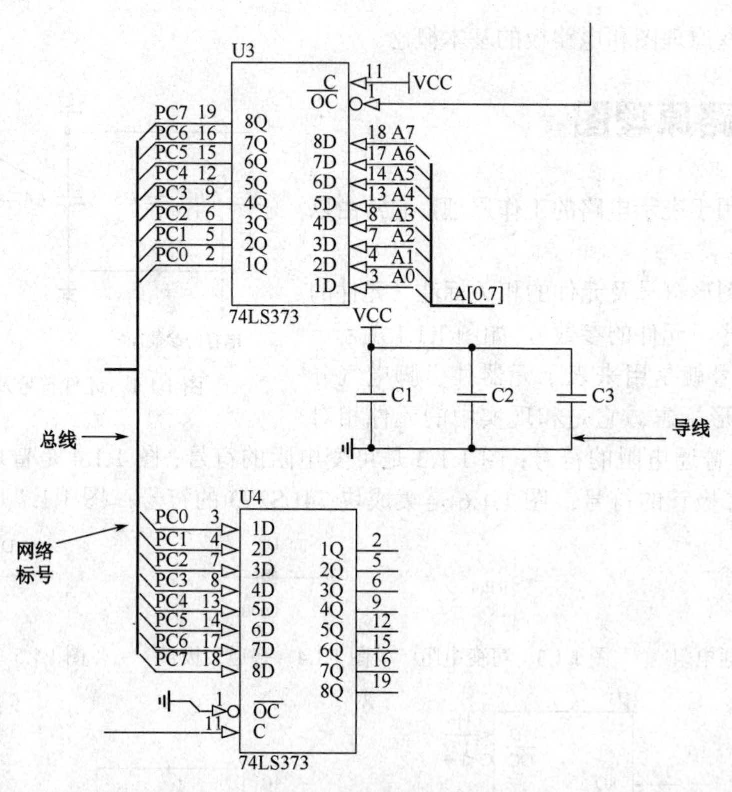

图 1.1.8　连接示意图

（3）用于说明电路工作原理的文字标注和图形（文字、信号波形示意等）。文字标注和图形只是为了看图者方便理解，本身不具有电气效果。系统在对原理图进行电气规则检查时，会检查具有电气效应的元件、导线、总线、网络标号等，而不会检查不具有电气效应的文字标注和波形示意等。

1.2　印制电路板（PCB）

1. 印制电路板的概念

印制电路板（PCB）是以绝缘基板为材料，在其上有一个导电图形，以及导线和孔，从而实现了元器件之间的电气连接。在用户使用电路板时，只需要对照电路原理图，将元件焊接在相应的位置即可。

印制电路板由元件封装、导线、元件安装孔、过孔（金属化孔）、安装孔等构成，如图 1.2.1 所示，就是一个使用 Altium Designer 13 设计的印制电路板 PCB 文件。

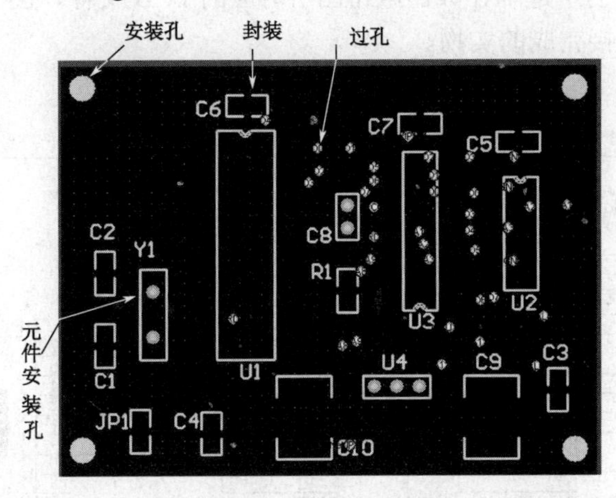

图 1.2.1　PCB 示意图

2．元件封装的概念

元件封装指的是实际元器件焊接到电路板上时，在电路板上所显示的外形和焊点位置。图 1.2.2 所示的是电阻的插针式封装。

元件封装只是空间的概念，大小要和实际元器件匹配，引脚的排布以及引脚之间的距离和实际元器件一致，这样在实际使用的时候，就能够将器件安装到电路板上对应的封装位置。如果尺寸不匹配，则无法安装。

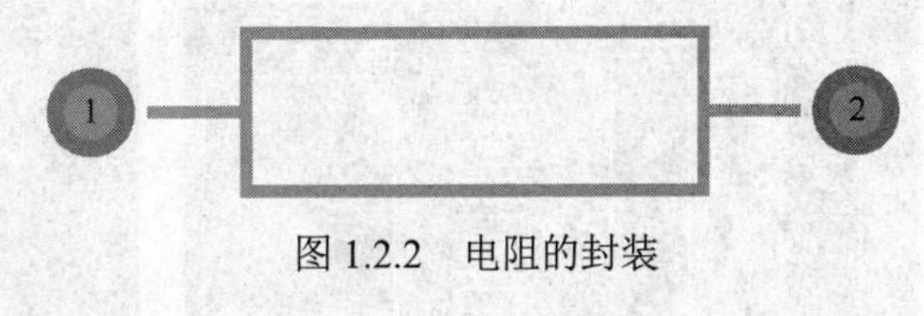

图 1.2.2　电阻的封装

不同的元件可以使用同一种封装，比如电阻、电容、二极管都是具有两个引脚的元件，那么它们可以使用同一种封装，只要封装的两个焊盘间距离和实际元器件匹配就可以。

同一种元件可以使用不同类型的封装，比如普通电阻，因为电阻的功率不同而导致不同功率的电阻在外形上有差异，有的电阻较大、有的电阻较小，所以电阻对应的封装也有不同的类型。如 AXIAL-0.3 对应的是焊盘间距离为 300mil 的电阻的封装，而 AXIAL-0.4 对应的是焊盘间距离为 400mil 的电阻的封装，同样有 AXIAL-0.5、AXIAL-0.6、AXIAL-0.7 等，如图 1.2.3 所示。

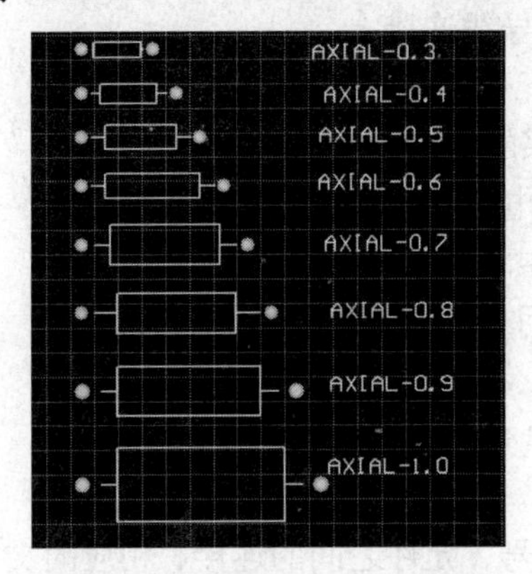

图 1.2.3　电阻所对应的不同封装

1.3　电路原理图和印制电路板 PCB 之间的对应关系

图 1.3.1 是使用 Altium Designer 13 绘制的一张十进制计数器电路原理图，图 1.3.2 是使用 Altium Designer 13 设计的十进制计数器电路图所对应的 PCB 文件，图 1.3.3 是工厂加工完成的 PCB 裸板，图 1.3.4 是焊接完成的实物。

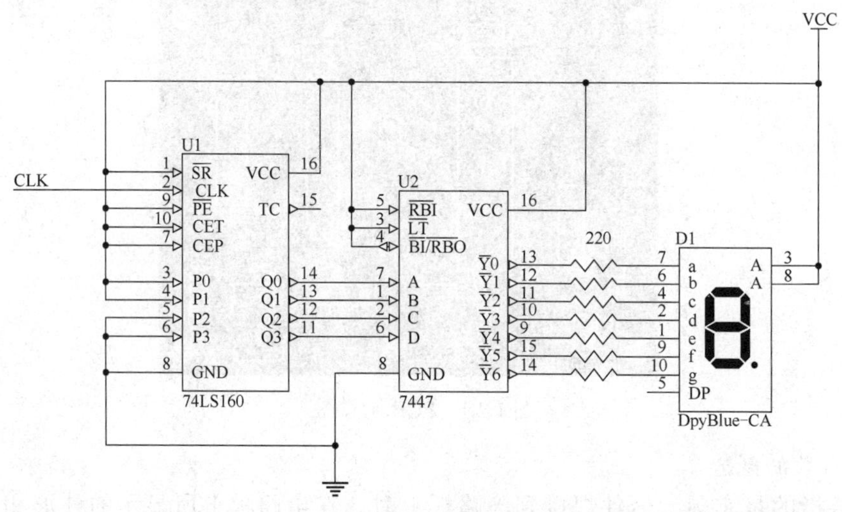

图 1.3.1　十进制计数器电路原理图

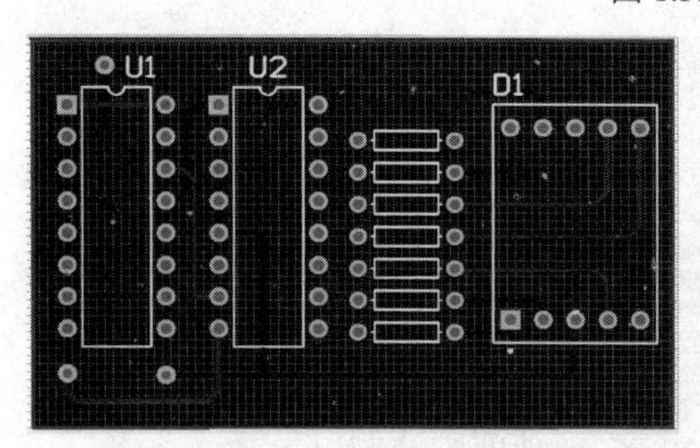

图 1.3.2　使用 Altium Designer 13 设计完成的 PCB 文件

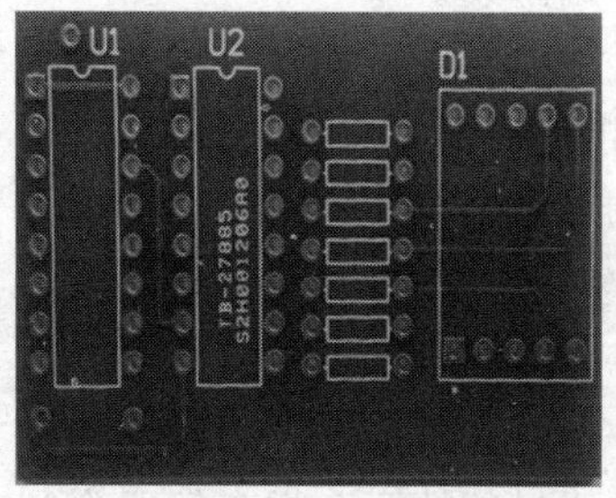

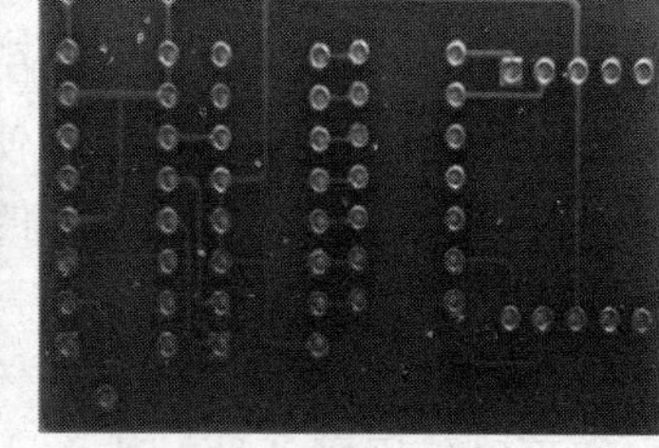

图 1.3.3　加工完成的 PCB 裸板正面和反面

通过比较图 1.3.1 和图 1.3.2 可以看出，PCB 文件上的导电图形和电路原理图中元件及元件之间连接关系是对应的。电路原理图上的每个元件在 PCB 上都对应一个封装，电路原理图中的连接关系也一一反映在电路板中的导线连接上。

电路原理图只是表示元件及元件之间连接关系的一种逻辑表示，而电路板是反映这种逻辑关系的实物。

使用 Altium Designer 13 制作电路板的方便在于，当原理图绘制完成后，软件能够根据原理图中的逻辑关系自动生成印制电路板，自动布局、自动布线，如果用户对系统的布局和布线不满意的话，可以进行手工调整。

图 1.3.4　焊接完成的实物

由此可知，Altium Designer 13 的两个主要功能是：绘制电路原理图和制作印制电路板 PCB。

原理图主要由元件的图形符号、元件之间的连接、相应的文字标注所构成。印制电路板是反映原理图连接关系的实物，主要由元件的封装、导线、过孔、安装孔等构成。

第2章　原理图设计

2.1　Altium Designer 13 的文件管理系统

初学者面对 Altium Designer 13 的窗口和面板可能会感到迷茫，不知从何入手。在 Altium Designer 13 中如何新建和保存原理图文件；如何查找所需的元器件；原理图文件在 Altium Designer 13 中是如何组织的；原理图中的元器件属性如何修改等，这些也都是初学者所困惑的。

下面通过一个简单的电源电路图的实际绘制过程来解答上述疑问。

2.1.1　训练微项目——电源电路图的绘制

本项目需要完成的任务是使用 Altium Designer 13 绘制一张简单的电源电路图，如图 2.1.1 所示。

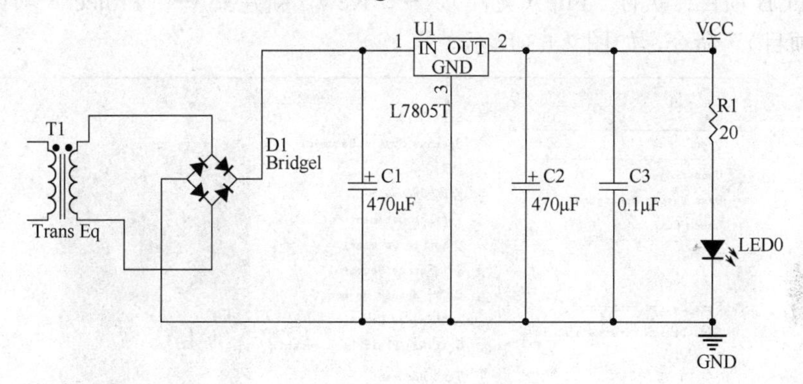

图 2.1.1　电源电路图

◆ 学习目标

- ✧ 了解如何启动 Altium Designer 13，以及 Altium Designer 13 的窗口构成
- ✧ 学会新建和保存项目文件和原理图文件
- ✧ 掌握查找和放置元器件，并设置元器件属性
- ✧ 掌握使用导线连接元器件，并学会放置电源符号

◆ 执行步骤

步骤 1：启动 Altium Designer。

执行“开始”→“Altium Designer”命令，打开该软件，系统进入程序主页面，如图 2.1.2 所示。

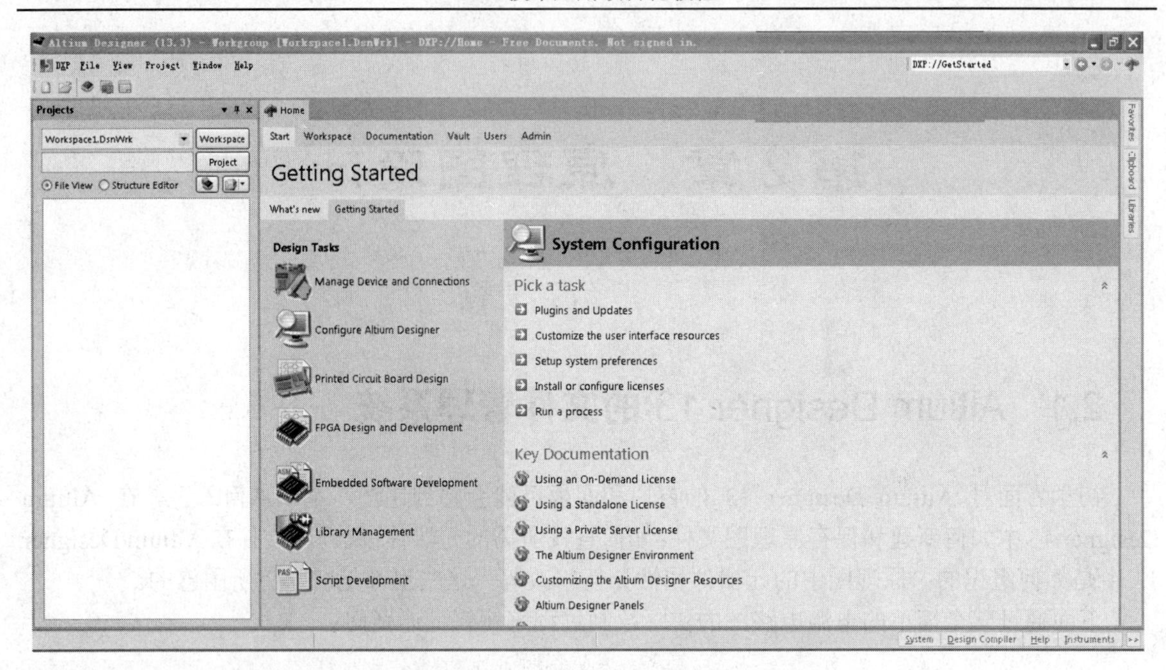

图 2.1.2　Altium Designer 初次启动的主页面

步骤 2：电路原理图文件的新建和保存。

（1）新建 PCB 项目：执行“File（文件）”→“New（新建）”→“Project（项目）”→“PCB Project（PCB 项目）”命令，如图 2.1.3 所示。

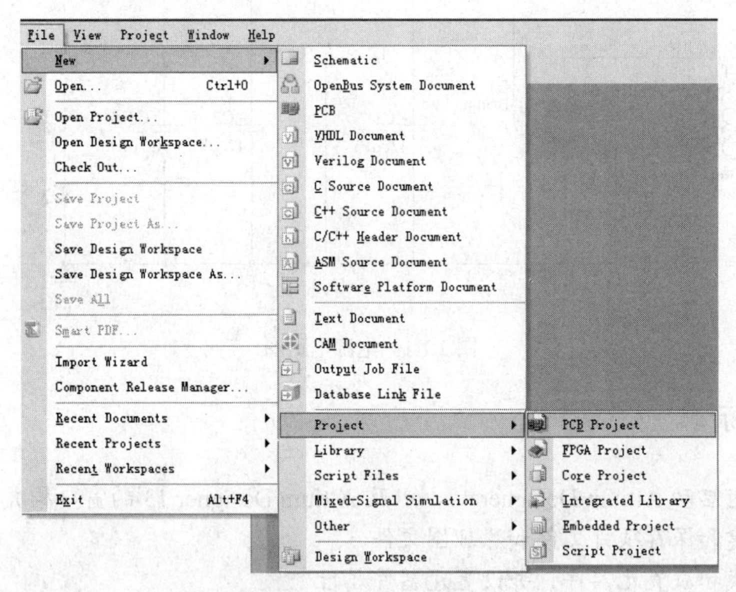

图 2.1.3　新建 PCB 项目

执行完毕后，新建了一个名为“PCB_Project1.PrjPCB”的 PCB 项目文件，显示在窗口左侧 Project 面板的上方，如图 2.1.4 所示。

（2）新建原理图文件：执行“File（文件）”→“New（新建）”→“Schematic（原理图）”命令。新建了一个名为“Sheet1.Schdoc”的原理图设计文件，显示在 PCB 项目“PCB_Project1.PrjPCB”的下方，如图 2.1.5 所示。

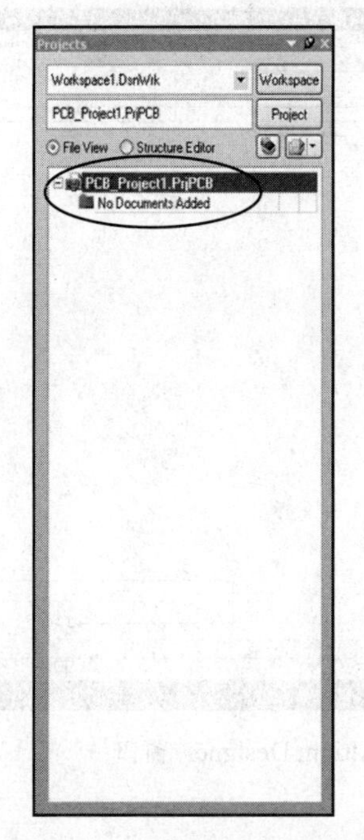

图 2.1.4　新建了 PCB 项目的 Project 面板

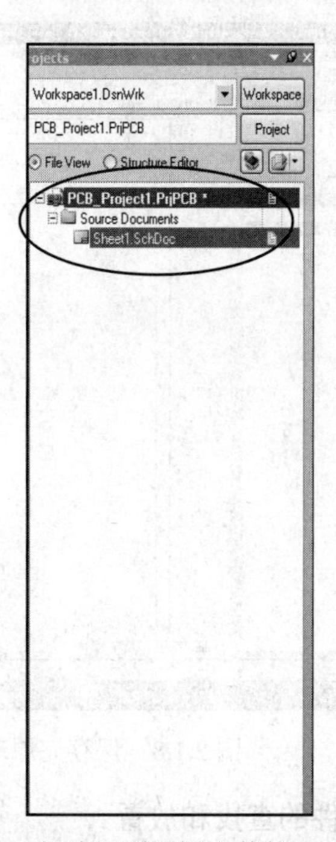

图 2.1.5　新建了原理图文件的 Project 面板

（3）保存原理图文件：执行“File（文件）”→“Save（保存）”命令，在弹出的对话框中，将原理图设计文件保存为“电源电路图.SchDoc”，如图 2.1.6 所示。

（4）保存项目：执行“File（文件）”→“Save Project As（保存项目为）”命令，在弹出的对话框中，将项目文件保存为“电源电路.PrjPcb”，如图 2.1.7 所示。

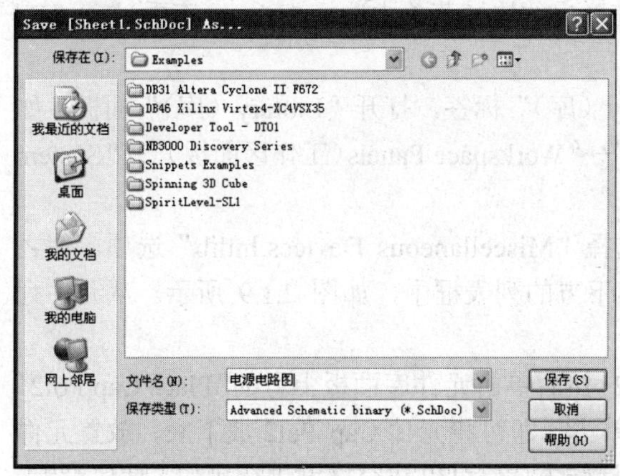

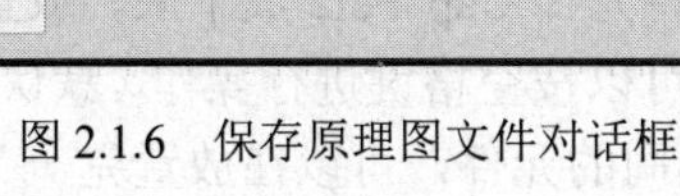

图 2.1.6　保存原理图文件对话框

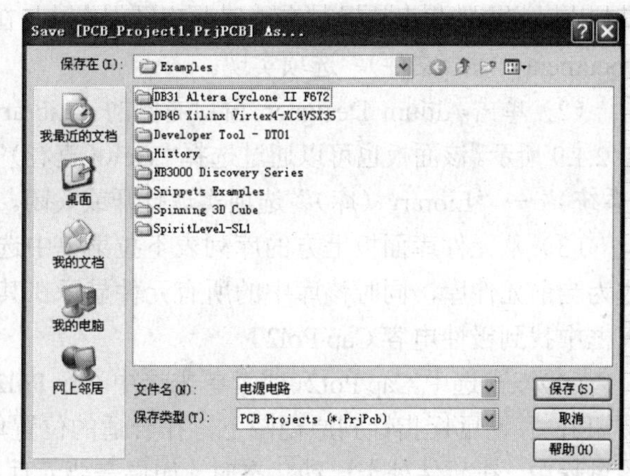

图 2.1.7　保存项目文件对话框

保存完原理图和项目文件的 Altium Designer 窗口如图 2.1.8 所示。右边的空白处就是 Altium Designer 原理图绘制的工作区域。

如果需要向指定的项目文件中添加原理图文件，可以在 Project 工作面板中的项目名上右击，选择快捷菜单中的“Add New to Project（给项目添加新的）”→“Schematic”选项。采用这样的方法也可以向项目文件中添加其他类型的文件。

一个项目（Project）中可以包括多张原理图文件或其他类型文件。

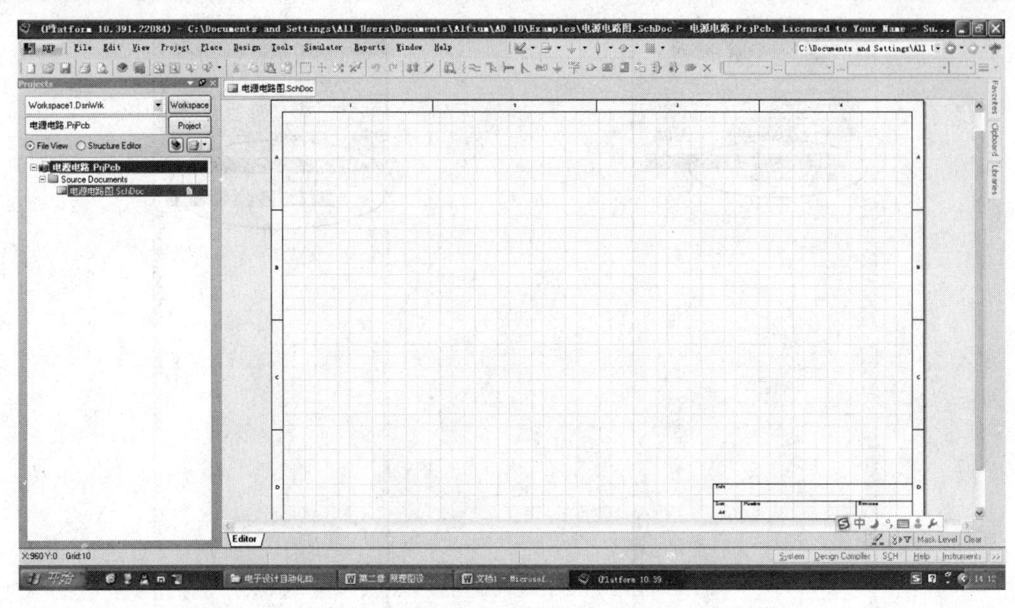

图 2.1.8　保存完原理图和项目文件的 Altium Designer 窗口

步骤 3：元件的查找和放置。

1．元件的查找和放置

首先开始查找图 2.1.1 中的极性电容 C1、C2，普通电容 C3，电阻 R1，发光二极管 LED0，并将它们放置到图中合适的位置。

操作步骤如下。

（1）执行“View（查看）”→“Fit Document（适合文件）”命令，确认整个电路原理图显示在窗口中。该操作也可以通过在电路原理图上右击，在弹出的快捷菜单中选择“View（查看）”→“Fit Document（适合文件）”选项实现。

（2）单击 Altium Designer 窗口右侧的“Library（库）”标签，打开“Library（库）”面板，如图 2.1.9 所示。该面板也可以通过选择“View（查看）”→“Workspace Panels（工作区面板）”→“System（系统）”→“Library（库）”选项实现打开或关闭。

（3）从元件库面板上方的库列表下拉菜单中选择“Miscellaneous Devices.Intlib”选项，使之成为当前元件库，同时该库中的所有元件显示在其下方的列表框中，如图 2.1.9 所示。从元件列表框中找到极性电容 Cap Pol2。

（4）双击选中 Cap Pol2（或者单击选中 Cap Pol2，然后单击元件库面板上方的“Place Cap Pol2”按钮），移动鼠标指针到原理图上，在合适的位置单击，即可将元件 Cap Pol2 放下来。放置元件的过程中，在元件处于浮动状态时，如果需要元件旋转方向，可以按空格键进行操作（默认设置，每按一次空格键，元件旋转 90°）。如果需要连续放置多个相同的元件，可以在放置完一个元件后，单击连续放置，放置结束后可以右击退出元件放置状态，或者按 Esc 键退出。

按照同样的方法在 Miscellaneous Devices.Intlib 元件库中找到普通电容 Cap，电阻 Res3，发光二极管 LED0 放到合适的位置。如果需要调整元件方向，选中该元件并按住鼠标左键不放，同时按动键盘上的空格键。如果需要移动元件，单击选中元件，按住鼠标左键移动即可。如果需要删除元件，单击选中元件后，按键盘上的 Delete 键即可。

上述元件放置完毕，图纸如图 2.1.10 所示。

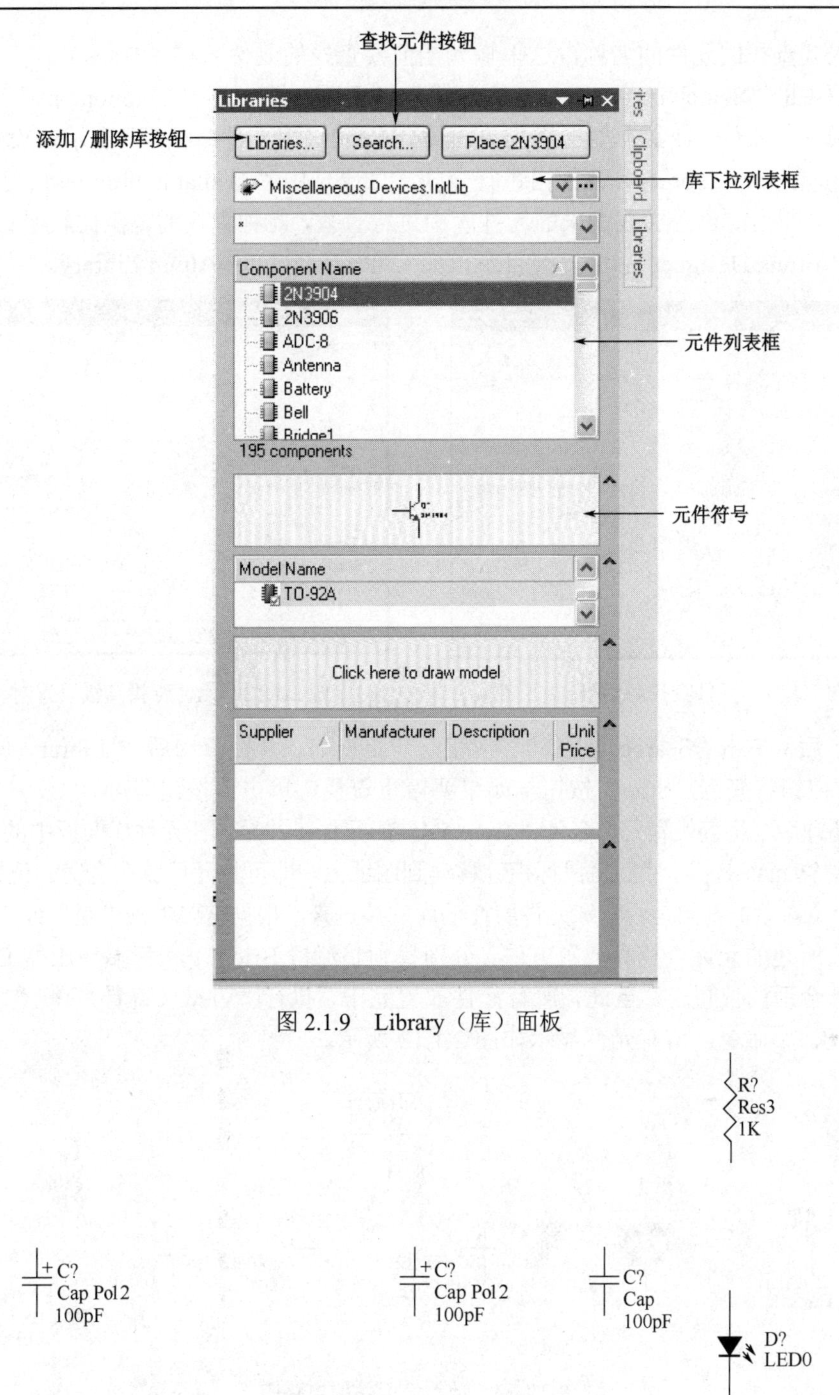

图 2.1.9　Library（库）面板

图 2.1.10　放置部分元件的电路图

下面放置变压器 Trans Eq，在当前的元件库 Miscellaneous Devices.Intlib 的元件列表中发现该元件不存在。

那么如何查找该元件呢？

作为初学者，并不知道变压器 Trans Eq 在哪个元件库中，所以查找起来有困难。这时可以单击元件库面板上方的“Search”按钮，将弹出一个元件查找对话框，如图 2.1.11 所示。

然后单击该对话框右侧的“Advanced”链接，打开高级设置对话框，如图 2.1.12 所示。在该对话框中输入要查找的元件的名称，这里输入当前要查找的元件名称“Trans Eq”。

在对话框中的“Search in（在……范围中搜索）”下拉列表选择“Components”选项，表示要查找的是普通的元器件；搜索类型选择“Libraries on path（库文件路径）”，表示在设置的路径（如 C:\Program Files\Altum\Library）范围内进行查找，如果选中“Available libraries（可用库）”单选按钮，则表示只在当前已经加载进来的元件库中进行查找，此种查找的范围比较小；在“Path（路径）”中选择 Altium Designer 的库安装目录，如 C:\Program Files\Altum\Library。

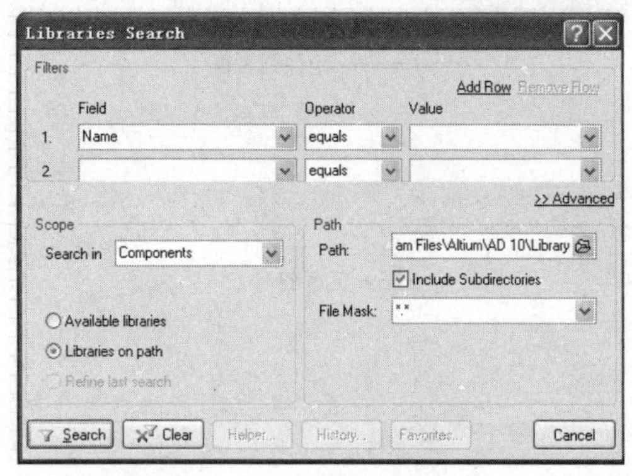

图 2.1.11　元件查找对话框

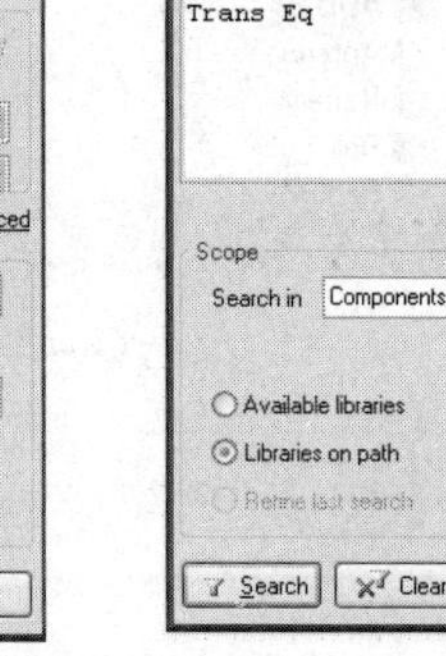

图 2.1.12　元件查找高级设置对话框

设置完毕后，单击“Search（查找）”按钮，开始查询。开始查询后，“Library（库）”面板上的“Search”按钮将变为“Stop”按钮，如果要停止查找，单击该按钮即可。

等待几秒钟后，将查找到元件名为“Trans Eq”的元件，并显示在元件库面板中的“元件列表”中。双击元件“Trans Eq”，然后将鼠标指针移动到图纸上，即可将元件放在合适的位置（双击元件后，会弹出一个对话框询问是否将该元件所在的库安装进来，根据需要单击“是”或“否”按钮）。

按照以上所述的元件查找和放置方法，分别找到整流桥 Bridge1 和三端稳压器 L7805T，并将其放置在图纸合适的位置上。至此，所有元件放置完毕，执行“View（查看）”→“Fit All Objects（适合所有对象）”命令，所有元件显示如图 2.1.13 所示。

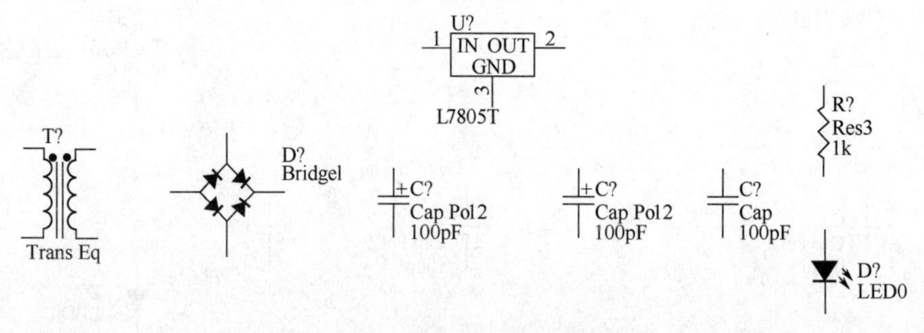

图 2.1.13　放置完元件的电路图

2．元件属性的设置

与图 2.1.1 相比较，发现在目前已经完成的原理图中，元件的名称和编号与要求的不一致。那么该如何修改元件的名称、编号等属性呢？

双击元件，打开该元件的属性对话框，就可以在其中修改相关的元件属性。在此，以电阻 Res3 为例，介绍元件属性对话框的设置。

双击 Res3，打开该元件的属性对话框，如图 2.1.14 所示。

元件属性对话框的左侧，“Designator”表示的是该元件所对应的编号，这里设置其为 R1，

“Comment”表示的是该元件的说明信息，如电阻显示的就是 Res3。如果希望其不显示，可以取消选中“Visible”复选框，将其不显示。在对话框右侧，将 Value 的值改为“10k”。

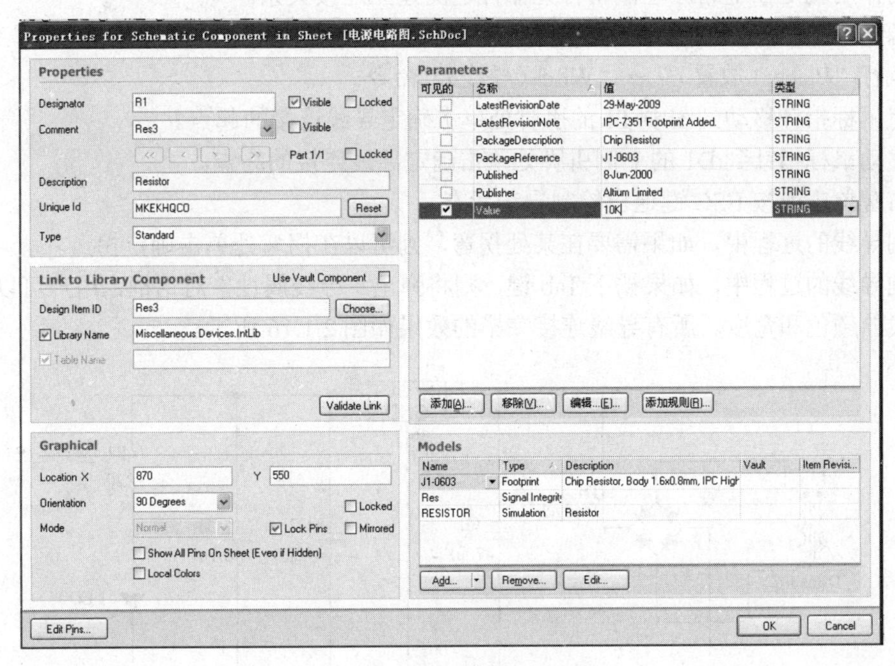

图 2.1.14　元件属性对话框

以此类推，分别按照如下要求设置其余元件的属性。

元件名称	Designator	Comment	Value
Cap Pol2	C1	不可视	470μF
Cap Pol2	C2	不可视	470μF
Cap	C3	不可视	0.1μF
Res3	R1	不可视	20
Trans Eq	T1	可视	
Bridge1	D1	可视	
LED0	LED0	不可视	
L7805T	U1	可视	

属性设置后的电路原理图如图 2.1.15 所示。

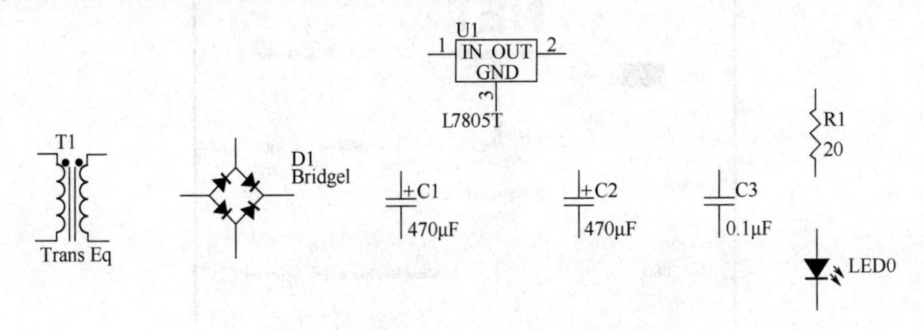

图 2.1.15　设置完元件属性的电路原理图

元件放置好，并且属性已经设置完毕，那么元件之间的导线如何连接，电源或者接地符号如何查找呢？

步骤 4：使用导线连接元器件。

导线的作用就是在电路原理图中各元器件之间建立连接关系。

在电源电路图中，如果需要将变压器 T1 和整流桥 D1 连接起来，步骤如下。

（1）执行“Place（放置）”→“Wire（导线）”命令。

（2）将鼠标指针移动到图中 T1 的引脚处单击确定导线连接的起点。

（3）移动鼠标指针到 D1 的上侧引脚处单击确定导线连接的终点。

（4）右键单击或按 ESC 键退出绘制导线状态。

在绘制导线的过程中，如果需要在某处拐弯，则可以在拐弯处单击确定拐点。

在绘制导线的过程中，如果按下 Tab 键，则将弹出“导线属性”对话框，用户可以在对话框中设置导线的颜色和宽度。所有导线连接完毕的效果如图 2.1.16 所示。

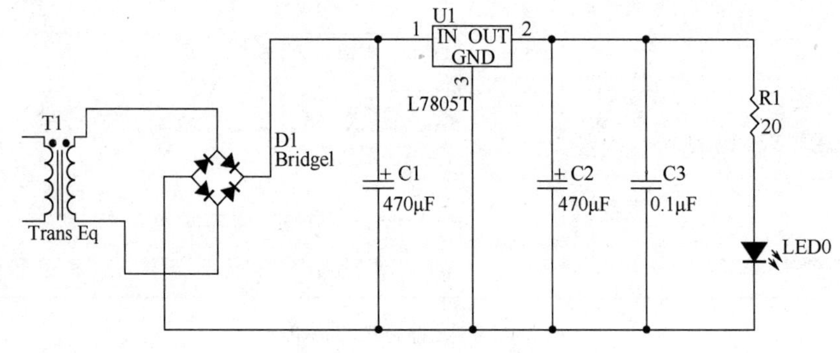

图 2.1.16　导线连接效果图

步骤 5　电源符号的使用。

图 2.1.1 中有两种电源符号，⏚和 VCC

放置电源符号的操作步骤：执行“Place（放置）”→“Power Port（电源端口）”命令，然后将鼠标指针移动到原理图中电阻 R1 的上方，按空格键，使电源符号转动 90°，将电源符号放到合适的位置。

放置接地符号的操作步骤：按照上述方法放置一电源符号后，双击电源符号，在弹出的属性对话框中，将电源符号的类型“Style”由“Bar”改为“Power Ground”，网络名称“Net”设置为“GND”，如图 2.1.17 所示。

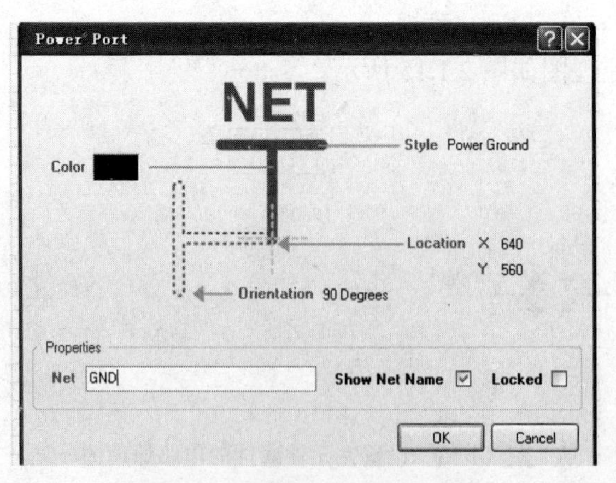

图 2.1.17　电源符号属性对话框

在电源符号属性对话框中，可以修改电源符号的名称、颜色、坐标位置、放置角度及显示形式。

至此，图 2.1.1 所示的训练任务全部完成，如图 2.1.18 所示，最后再次保存即可。

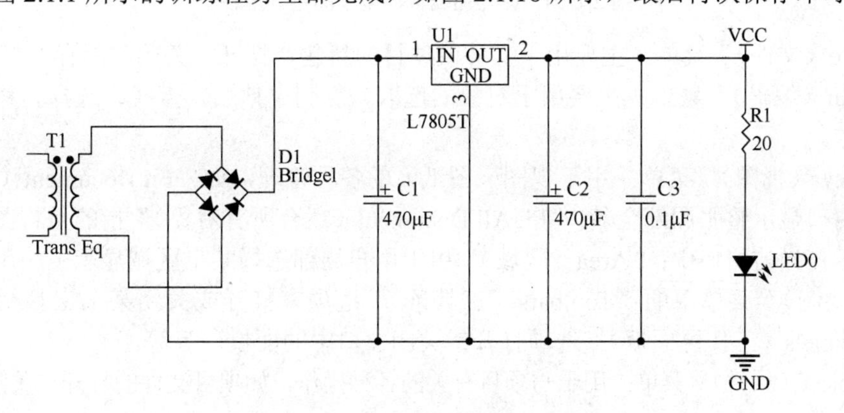

图 2.1.18　完成的电源电路图

2.1.2　知识库

1．原理图编辑器的界面简介

当新建或打开了一个原理图文件时，Altium Designer 的原理图编辑器就被启动了，也就是打开了电路原理图的编辑界面，如图 2.1.19 所示。

1）主菜单栏

Altium Designer 设计系统对于不同类型的文件进行操作时，主菜单的内容会发生相应的变化。在原理图编辑环境中，主菜单栏如图 2.1.20 所示。在设计过程中，对原理图的各种操作都可以通过主菜单栏中的相应命令来完成。

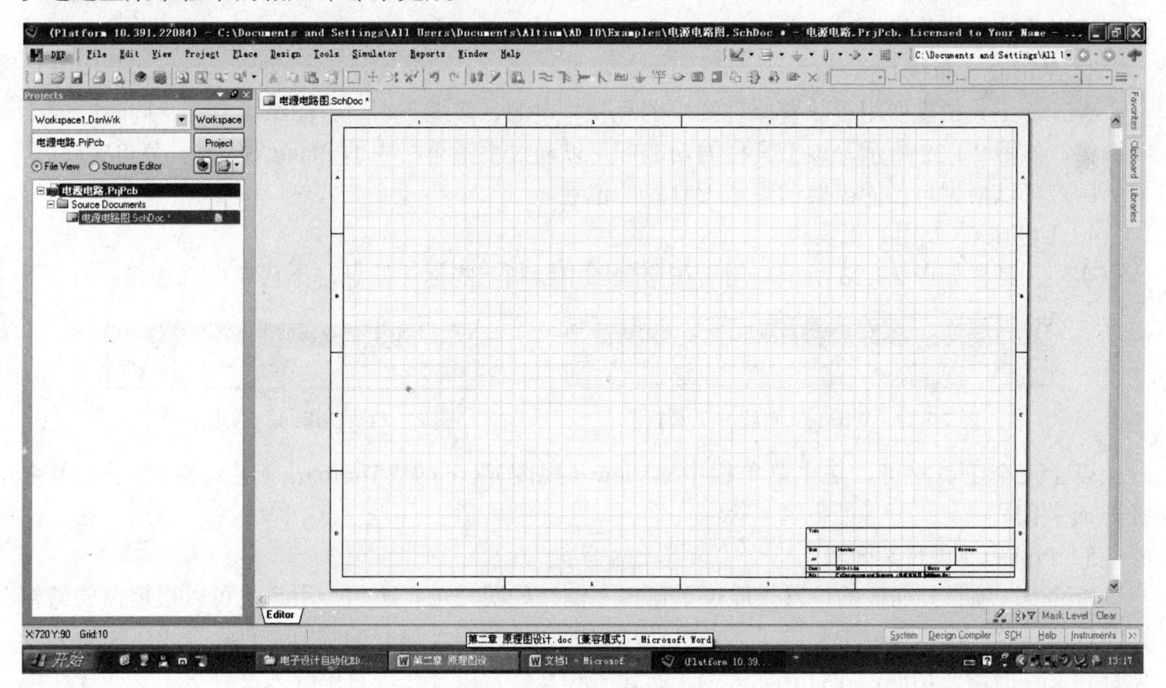

图 2.1.19　原理图编辑界面

图 2.1.20　原理图编辑环境下的主菜单栏

（1）“File（文件）”菜单：主要用于文件或项目的新建、打开、关闭、保存与打印等操作。

（2）“Edit（编辑）”菜单：主要用于对象的选取、复制、粘贴、查找、选择、移动等对于元件编辑的操作。

（3）“View（视图）”菜单：用于视图（图纸）的各种管理，如“Fit Document（适合文件）”就是在当前窗口显示整张图纸全貌；“Fit All Document（适合所有对象）”指的是将图纸上的所有对象全部显示在当前窗口中；“Area（区域）”用于用户局部选择某个区域显示……用户也可以通过“View（视图）”菜单下的“Toolbars（工具条）”选项来打开或关闭某个工具栏；可以通过“Workspace panels（工作区面板）”选项打开或关闭窗口中的面板，等等。

（4）“Project（项目）”菜单：用于与项目有关的各种操作，如项目文件的打开与关闭、项目文件的编译。

（5）“Place（放置）”菜单：用户放置原理图中的各种对象，如元件、电源端口等。

（6）“Design（设计）”菜单：主要用于对元件库进行操作、生成报表等。

（7）“Tools（工具）”菜单：可为原理图设计提供各种工具，如元件快速定位等操作。

（8）“Reports（报告）”菜单：可进行生成原理图中的各种报表文件。

（9）“Window（窗口）”菜单：可对窗口进行各种操作。

2）标准工具栏（图 2.1.21）

图 2.1.21　标准工具栏

标准工具栏为用户提供了一些常用文件操作的快捷方式，如新建、打开、保存等，这些操作也都可以通过主菜单栏实现。

3）Wiring（布线）工具栏

Wiring 工具栏主要用于放置原理图中的元件、电源、接地、端口、图纸符号等，同时完成连线操作，如图 2.1.22 所示，该工具栏的功能都可以通过主菜单栏中的 Place（放置）菜单实现。

用户可以根据自己的需要调整该工具栏的位置。

4）Utilities（实用）工具栏

实用工具栏如图 2.1.23 所示，用于在原理图中绘制一些标注信息，不代表电气连接。

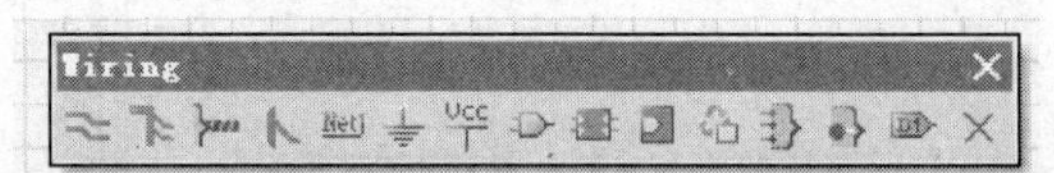

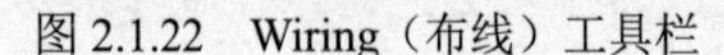

图 2.1.22　Wiring（布线）工具栏

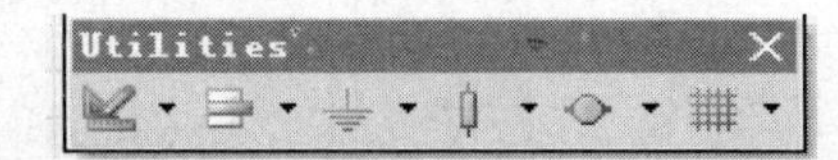

图 2.1.23　Utilities（实用）工具栏

以上三个工具栏可以在主菜单栏中“View（视图）”下的“Toolbars（工具栏）”子菜单中打开或关闭。

5）Project（项目）面板

Project（项目）面板的位置一般位于窗口左侧，如图 2.1.4 所示。用户也可以根据需要调整该面板的位置。在该面板中列出了当前打开项目的文件列表及所有的临时文件，提供了所有关于项目和文件的操作功能，如打开、关闭、新建各种文件，以及在项目中导入文件等。这些操作都可以在项目名或文件名上右击，在弹出的快捷菜单中实现。

Project（项目）面板的打开有以下两种方法。

（1）通过菜单打开或关闭：选择“View（视图）”→“Workspace Panels（工具区面板）”→“System（系统）”→“Project（项目）”选项来实现。

（2）单击 Altium Designer 窗口右下角状态栏中的“System”按钮，如图 2.1.24 所示。在弹出的菜单中选择“Project（项目）”选项，即可打开或关闭该面板。

图 2.1.24　状态栏

6）Library（库）面板

Library（库）面板如图 2.1.25 所示。在库（Library）面板上可以浏览当前加载的所有元件库，可以在原理图上放置元件，还可以对元件的封装、3D 模型、SPICE 模型和 SI 模型进行浏览。Library（库）面板是一个浮动面板，当鼠标指针移动到其标签上时，就会显示该面板。

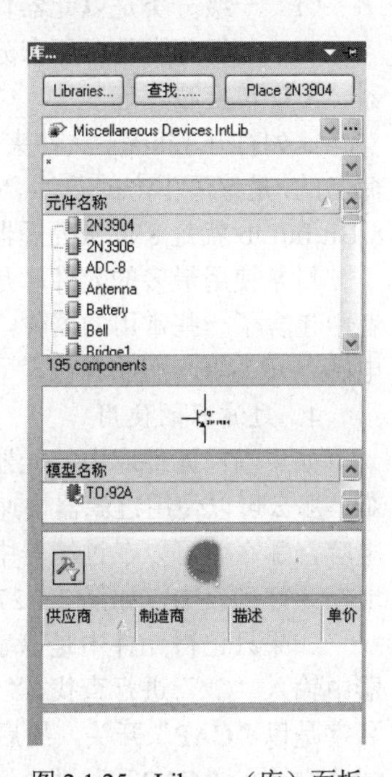

图 2.1.25　Library（库）面板

Library（库）面板的打开方法有以下两种：

（1）通过菜单打开或关闭：选择“View（视图）”→“Workspace Panels（工具区面板）”→“System 系统”→“Library（库）”选项来实现。

（2）单击 Altium Designer 窗口右下角状态栏中的“System”按钮，在弹出的菜单中选择“Library（库）”选项，即可打开或关闭该面板。

2．Altium Designer 的文件管理系统

Altium Designer 支持项目级别的文件管理，项目文件可以包含电路原理图文件、印制电路板文件、源程序文件等设计中生成的一切文件。例如，要设计一个电源电路板，可以将电源电路图文件、电路板 PCB 文件、各种报表文件等放在一个项目文件中，类似于 Windows 中的文件夹功能。这种组织结构以树型的形式显示在 Project 面板中，如图 2.1.26 所示。

项目文件只负责管理，项目中的各个文件是以单个文件的形式保存。

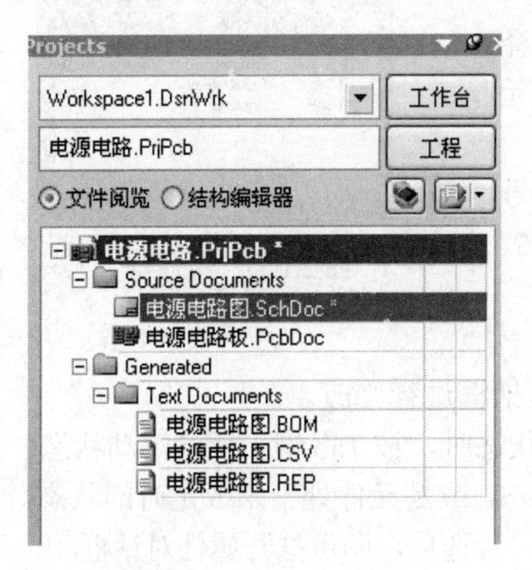

图 2.1.26　Project 面板

常见的项目文件类型有 PCB 项目（.PrjPCB）、FPGA 项目（.PrjFPG）、核心项目（.PrjCOR）、嵌入式软件项目（.PrjEmb）、集成元件库（.LibPkg）、脚本项目（.PrjScr）等。

常见的文件类型有原理图设计文件（.SchDoc）、PCB 设计文件（.PcbDoc）、VHDL 文件（FPGA 设计文件，即.vhdl）等。

Altium Designer 以项目设计文件为单位对这些存储在不同地方的文件进行设计和管理。一个项目文件中可以包含若干个类型相同或不相同的设计文件，这些文件可以存储在不同的地方。一般，用户在 Altium Designer 13 中为每一个项目独立建立一个文件夹，用来存放所有与项目有关的文件。

一个设计项目中如果没有包含设计文件，则该项目文件是空文件，无意义。

在设计使用过程中，设计项目不能单独使用。例如，如果需要复制某原理图，不能仅复制项目文件，还需要复制原理图文件。设计文件可以包含在某个设计项目中，并且其也可以独立存在，不从属于任何项目，称为自由文件。

3．元件库

在 Altium Designer 软件被安装到计算机中的同时，它所附带的元件库也被安装到计算机磁盘中了。在软件的安装目录下，有一个名为“Library”的文件夹，其中专门存放了这些元件库。

用户也可登录 Altium 公司的官网下载元件库，将下载的元件库复制到 Library 文件夹下即可使用（下载元件库网址为 http://techdocs.altium.com/display/ADOH/Download+Libraries）。

Altium Designer 元件库中的元器件数量庞大，分类明确，采用的是下面两级分类方法：

（1）一级分类是以元器件制造厂家的名称分类。

（2）二级分类是在厂家分类下面又以元器件类型进行分类（如模拟电路、逻辑电路、微控制器、A/D 转换芯片等）。

比如打开 Library 文件夹，可以找到一个名为“NEC”的文件夹，该文件夹就是以 NEC 公司命名的，是该厂生产的芯片。NEC 文件夹下是以元器件类型分类的元件库，如 NEC Microcontroller 8-Bit.IntLib 就是 8 位微处理器元件库。

日常使用最多的元件库是 Miscellaneous Connectors.IntLib 和 Miscellaneous Devices.IntLib，后者中包含了一些常用的器件，如电阻、电容、二极管、三极管、电感、开关等，而前者包含了一些常用的接插件，如插座等。

4．过滤器的使用

如果当前元件库中的元器件非常多，一个个浏览查找比较困难，那么可以使用过滤器快速定位需要的元器件。比如需要查找电容，那么就可以在过滤器中输入 CAP，名为 CAP 的电容将呈现在元件列表中，如图 2.1.27 所示。

如果只记得元件中是以字母“C”开头，则直接可以在过滤器中输入“C*”进行查找，“*”表示任意字符。如果记得元件的名字是以“CAP”开头，最后有一个字母不记得了，则可以在过滤器中输入“CAP？”，“？”表示一个字符。

需要注意的是，使用过滤器查找到所需的元件后，应将过滤器内容删除，以免影响查找下一个元件。

5．元件属性修改

元件属性主要包括元件编号（Designator）、元件注释（Comment）、元件位置（Location）、元件方向（Orientation）、元件值（Value）、元件封装（Footprint）等。

在原理图中，每一个元件都必须有一个唯一的编号（Designator），如图中有 5 个电阻，一般编号是 R1\R2\R3\R4\R5。

同一个项目文件中，元件之间的编号不能重复。

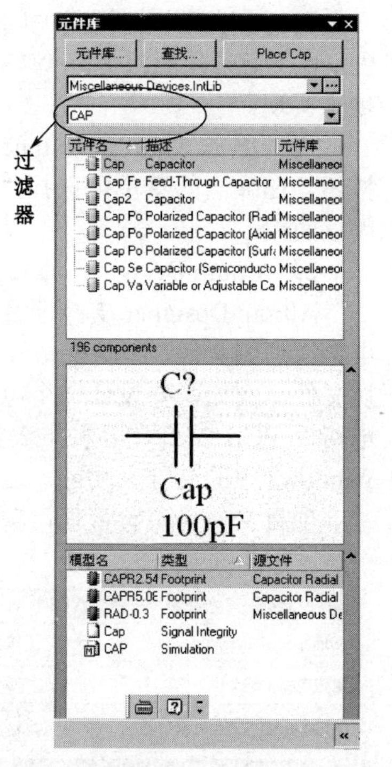

图 2.1.27　过滤器

绘图过程中，如果需要修改元件编号或元件名称的颜色及字体，只要双击要修改的元件名称或编号，即可打开元件属性对话框进行修改。

打开元件属性对话框的另外一种方法是，当元件处于浮动状态时，按 Tab 键。所谓浮动状态，就是单击元件，按住鼠标左键，鼠标指针变成“十”字形时的状态，或是元件处于未放定时的状态。

在元件上右击，在弹出的快捷菜单中选择“Properties（属性）”选项，即可打开属性对话框。

2.1.3　实验项目——555 电路图的绘制

要求在 Altium Designer 中绘制完成如图 2.1.28 所示的 555 电路图。

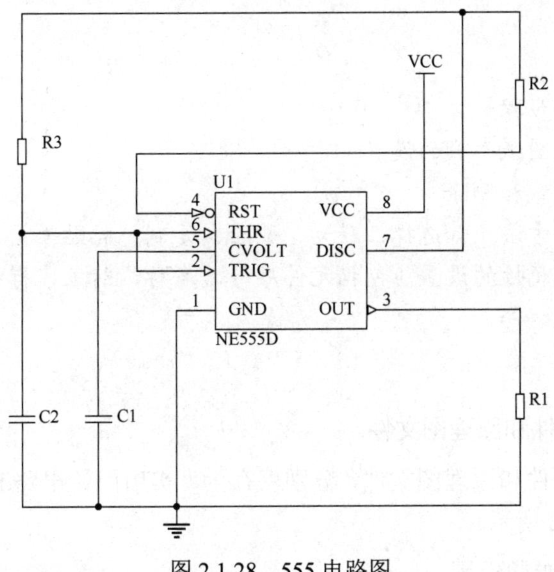

图 2.1.28　555 电路图

2.2　原理图绘制的一般步骤

本节通过一个实用门铃电路图的绘制来讲解如何设置电路原理图图纸参数（图纸大小、颜色等）、如何加载和删除元件库，以及如何实现对元件的编辑（包括剪切、复制、粘贴、删除、排列等）。

2.2.1　训练微项目——实用门铃电路图的绘制

图 2.2.1 是一种能发出“叮咚”声的门铃电路原理图。它是利用一块时基电路集成块 SE555D 和外围元件组成的。要求：图纸大小为 A4，水平放置，图纸颜色为白色，边框色为黑色，图纸可视栅格大小为 10，捕捉大小为 5，电气栅格捕捉的有效范围为 5，系统字体为宋体 12 号黑色。

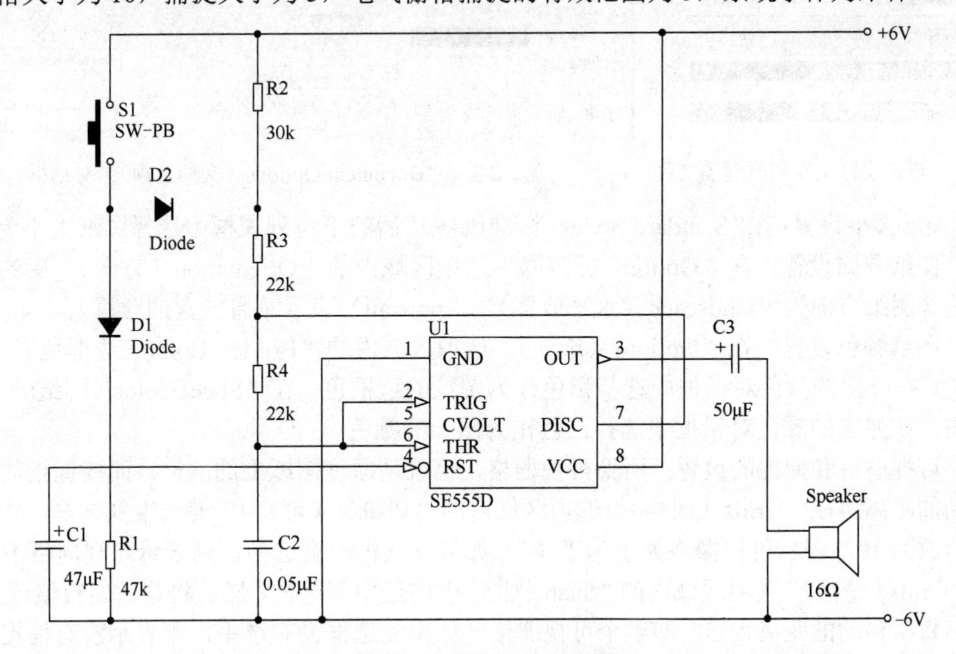

图 2.2.1　实用门铃电路图

◆ 学习目标

✧ 了解绘图的一般步骤
✧ 掌握电路原理图图纸参数的设置
✧ 掌握元件库的加载和删除
✧ 掌握元件的编辑方法（如选择、移动、删除、复制、粘贴等）
✧ 进一步掌握元件属性的设置（包括元件序号、名称、封装、标称值等）

◆ 执行步骤

步骤 1：新建项目文件和原理图文件。

建立一个新的项目文件和原理图文件，分别保存为“实用门铃电路.PrjPCB”和“实用门铃电路图.SchDoc”，如图 2.2.2 所示。

步骤 2：原理图图纸参数设置。

（1）选择“Design（设计）”→“Document Options（文档选项）”选项，弹出“Document Options（文档选项）”对话框，如图 2.2.3 所示。在该对话框中可以设置相关的图纸参数。

图 2.2.2　新建项目文件和原理图文件

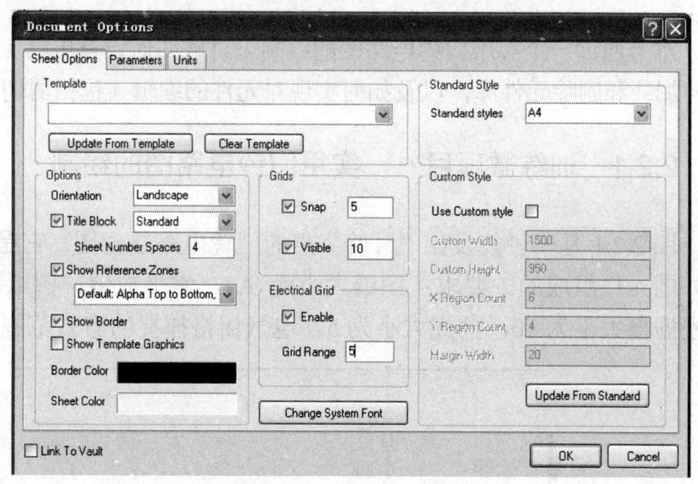

图 2.2.3　“Document Options（文档选项）”对话框

（2）图纸大小设置：在“Standard Styles（标准风格）”后的下拉列表框中选择图纸大小为“A4”。

（3）图纸方向设置：在“Options（选项）”选项区域内的“Orientation（方向）”后的下拉列表框中选择图纸方向为“landscape（水平放置）”（“portrait”表示垂直放置的意思）。

（4）图纸颜色设置：在“Options（选项）”选项区域内的“Border Color（边框色）”后的色块上单击，在弹出的颜色对话框中选择黑色作为图纸的边框色；在“Sheet Color（图纸颜色）”后的上单击，在弹出的颜色对话框中选择白色作为图纸的颜色。

（5）可视栅格和捕捉的设置：所谓可视栅格，也就是原理图纸上的网格。而捕捉指的是光标每次移动的距离。在“Grids（栅格）”选项区域内的“Visible（可视）”前选中复选框，然后将其后的数值改为 10，表示可视栅格大小为“10”。如果复选框没有选中，则表示可视栅格不可见。

在“Grids（栅格）”选项区域内的“Snap（捕捉）”前选中复选框，然后将其后的数值改为“5”，表示光标每次移动的距离为 5，即半个可视栅格。如果复选框没有选中，则表示没有捕捉，光标可以任意距离移动。

（6）电气捕捉的设置：在“Electrical Grid（电气栅格）”选项区域内，选中“Enable（有效）”复选框，表示电气栅格有效，然后将网格范围后的数值设置为 5。如果“Enable（有效）”复选框没有选中，则表示电气栅格无效。

所谓电气栅格范围为 5，表示在绘图的时候，系统能够自动在 5 的范围内自动搜索电气节点，如果搜索到了电气节点，光标自动会移动到该节点上，并在该节点上显示一个圆点。

（7）系统字体设置：单击“Change System Font（改变系统字体）”按钮，在弹出的对话框中设置图纸的系统字体为 12 号、宋体、黑色。设置完毕后，单击“OK”按钮。

步骤 3：元件库的加载。

本例中所需要的元件主要包含在 TI Analog Timer Circuit.IntLib 和 Miscellaneous Devices.IntLib 两个元件库中。因此，必须先将这两个元件库加载到项目中去。下面介绍这两个元件库的加载过程。

（1）单击窗口右侧的“Library（库）”标签，打开“Library（库）”面板。

（2）单击上方的“Library（库）”按钮，弹出“Available Libraries（可用库）”对话框，单击对话框上的“Installed（已安装）”标签，其中列出的就是当前项目已经安装可供使用的元件库。如图 2.2.4 所示，可以看到其中包含 Miscellaneous Devices.IntLib 元件库，表示其已经加载进来。下面只需要加载元件库 TI Analog Timer Circuit.IntLib 即可。

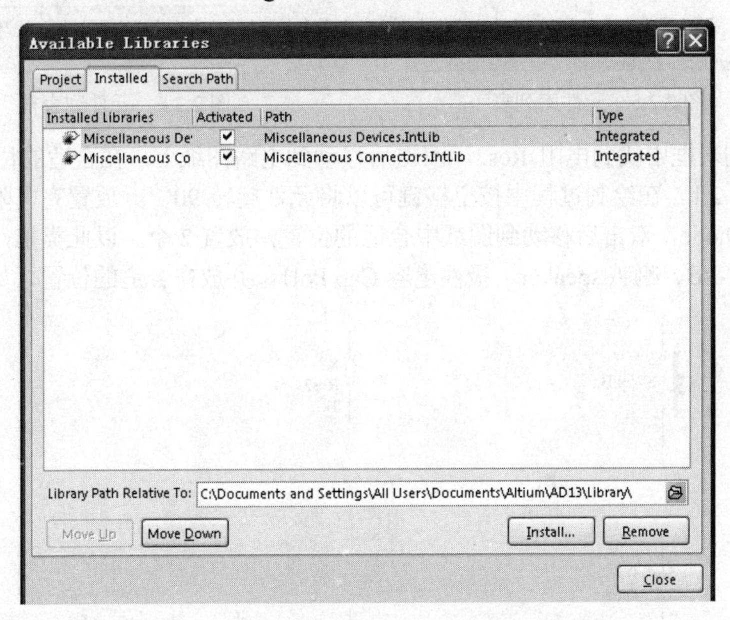

图 2.2.4 “Available Libraries（可用库）”对话框

说明：不同的读者打开的“Available Libraries（可用库）”对话框不一定相同，但一般 Miscellaneous Devices.IntLib 都是默认安装的。

（3）单击“Available Libraries（可用库）”对话框下边的“Install（安装）”按钮，在“打开”对话框中，找到 Texas Instruments 文件夹，双击打开，然后找到元件库 TI Analog Timer Circuit.IntLib，选中，单击“打开”按钮。元件库 TI Analog Timer Circuit.IntLib 即被加载进来可供使用了。

（4）单击“关闭”按钮，关闭“Available Libraries（可用库）”对话框。

需要提醒的是，Altium Designer 13 安装完毕后，用户初次使用时，很多元件库可能并没有安装进来，所以需要到 Altium 的官网下载相关元件库（参照 2.1.2 部分）。

如果需要删除元件库，只需要在“Available Libraries（可用库）”对话框中选中需要删除的元件库，然后单击对话框下方的“Remove”按钮。

步骤 4：元件的查找和放置。

在“Library（库）”面板中，在元件库下拉列表中可以看到元件库 TI Analog Timer Circuit.IntLib 和 Miscellaneous Devices.IntLib 都已经被安装并可供使用，如图 2.2.5 所示。

（1）选中 Miscellaneous devices.IntLib 作为当前元件库，下面的元件列表框中就列出了该元件库中所包含的所有元件，如图 2.2.6 所示。

图 2.2.5　元件库列表

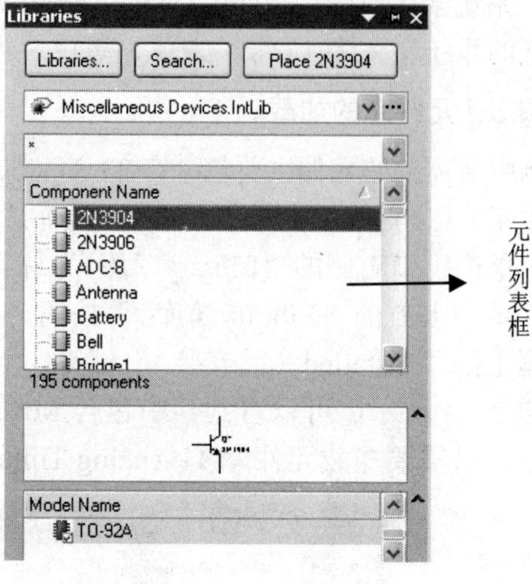

图 2.2.6　元件列表框

（2）在元件列表框中找到电阻 Res2，双击后移动到电路图纸上，在合适的位置放置 4 个，具体位置可参照图 2.2.1。在绘制过程中按空格键可以将元件旋转 90°。放置完电阻后，在元件列表框中找到二极管 Diode，双击后移动到图纸中合适的位置，放置 2 个。以此类推，分别找到普通电容 CAP、开关 SW-PB、喇叭 speaker、极性电容 Cap Pol1，并放在合适的位置，如图 2.2.7 所示。

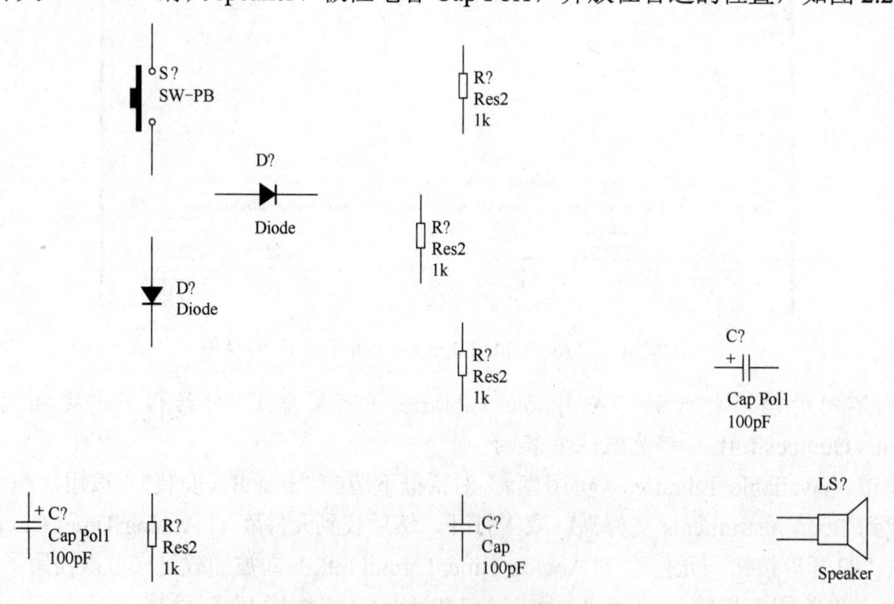

图 2.2.7　放置完元件的电路图

（3）由于元件 SE555D 包含在元件库 TI Analog Timer Circuit.IntLib 中，所以先在元件库列表中选择 TI Analog Timer Circuit.IntLib 作为当前元件库，然后在其下的元件列表框中找到元件 SE555D，双击后移动到图纸上，在合适的位置放置，放置完元件的电路图如图 2.2.8 所示。

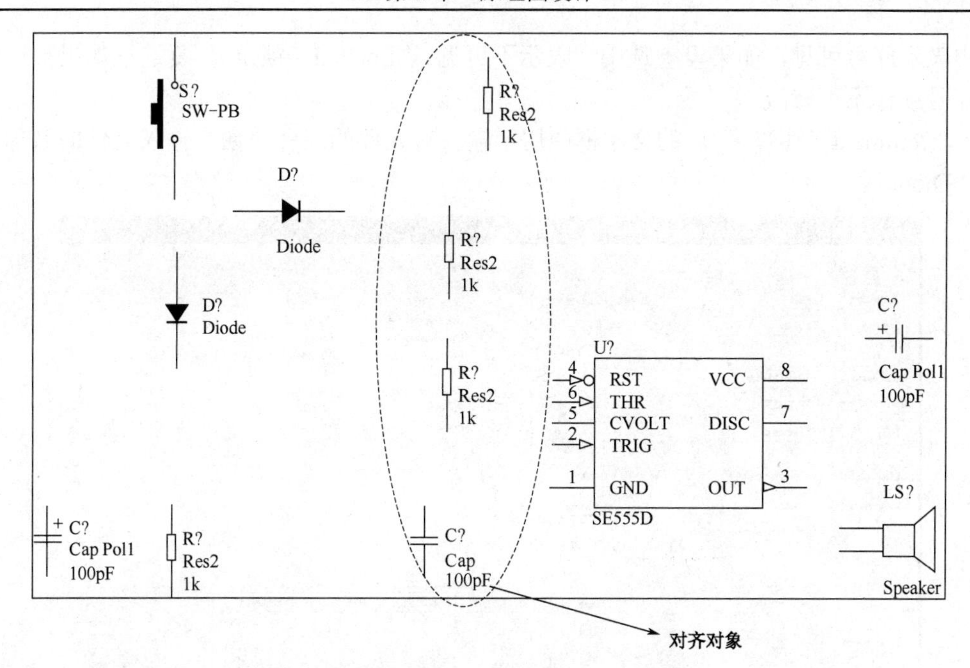

图 2.2.8　元件 SE555D 放置完成的电路图

步骤 5：元件的编辑。

（1）元件的选择：单击某个元件，即可将其选中。选中元件后，可以对其进行清除、剪切、复制、对齐等操作。

如果需要选择多个对象，则需按住键盘上的 Shift 键，然后依次单击要选择的对象。如果要取消选择，在图中空白处单击鼠标。

（2）元件的对齐：本操作中，需要对图 2.2.8 中所指示的 4 个对象进行纵向对齐操作。则先按住 Shift 键，然后依次选中 4 个对象。选中后，执行“Edit（编辑）”→“Align（对齐）”→“Align Left（左对齐）”命令，四个对象就实现了左对齐。Altium Designer 共提供了 10 种排列方式，用户可以根据自己的需要选择。

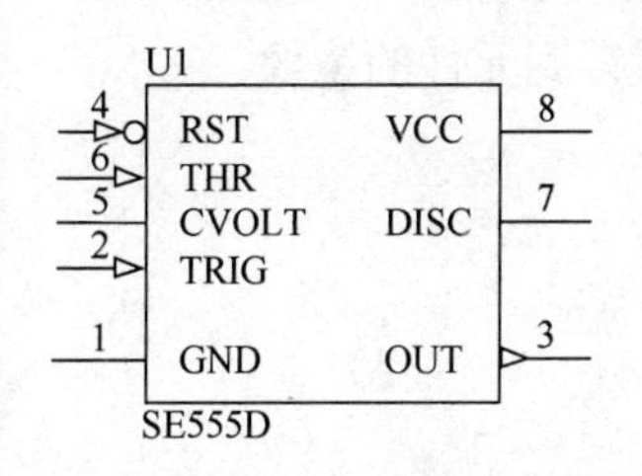

图 2.2.9　翻转前

（3）元件的翻转：选中元件 SE555D，按住鼠标左键不放，待到鼠标指针变成“十”字形状后，按 Y 键，将该元件上下翻转。图 2.2.9 为翻转前的效果，图 2.2.10 为翻转后的效果。在元件浮动状态时按 X 键可以实现左右翻转。

（4）元件的移动：如果需要移动对象，先选择对象，然后按住鼠标左键拖动。本例中，用户可以根据自己的需要适当地移动对象来调整布局。

元件的移动也可以通过执行“Edit（编辑）”→“Move（移动）”后的各个子菜单命令来执行。用户可以通过具体操作来理解各项的含义。

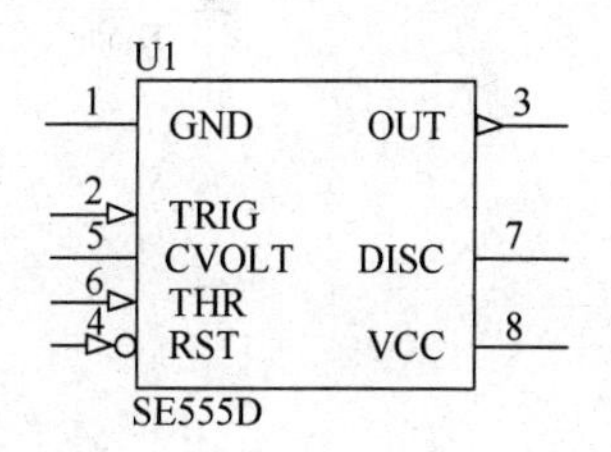

图 2.2.10　翻转后

步骤 6：元件属性的设置。

二极管属性的设置：双击原理图中最左侧的二极管，打开元件属性对话框，如图 2.2.11 所示。

（1）“Designator（元件编号）”后的文本框中可以输入元件在原理图中的序号。本例中输入“D1”。其后的“Visiable（可视）”复选框如果被选中表示序号可见，如果没被选中，表示不可见。“Locked（锁定）”复选框如果被选中，则表示将序号锁住不可修改。

（2）“Comment（注释）”后的文本框中用于输入对元件的注释，通常输入元件的名称。本例中输入“Diode”。

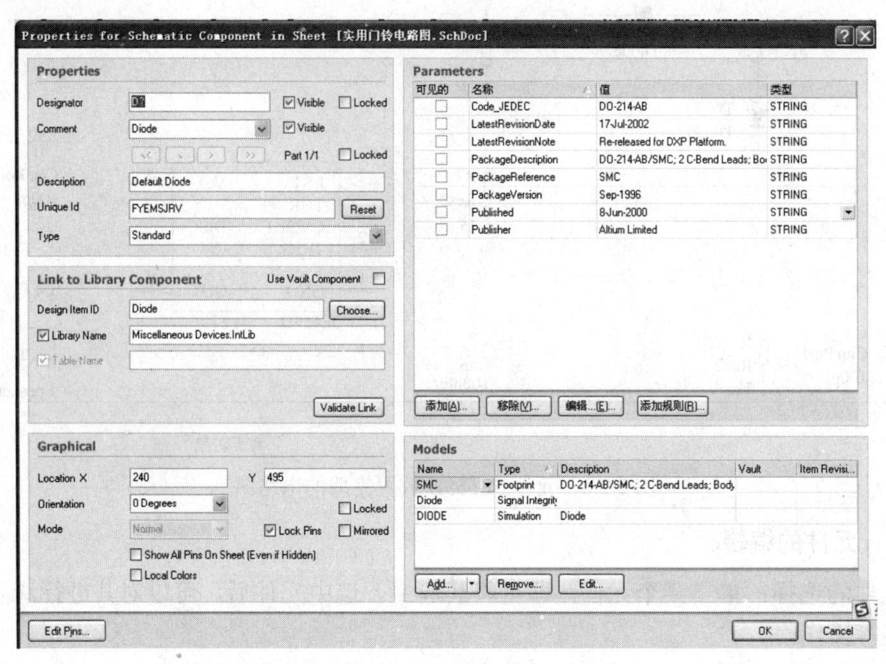

图 2.2.11　元件属性对话框

在“Graphical（图形）”选项区域中，“Location X（位置 X）”和“Location Y（位置 Y）”用来精确定位元件在原理图中的位置。用户可以在其后的文本框中直接输入坐标值。“Orientation”（方向）用于设置元件的翻转角度。“Mirrored（镜像）”复选框用于设置得到元件的镜像。

以此类推，参照图 2.2.12，设置图中所有的元件属性。

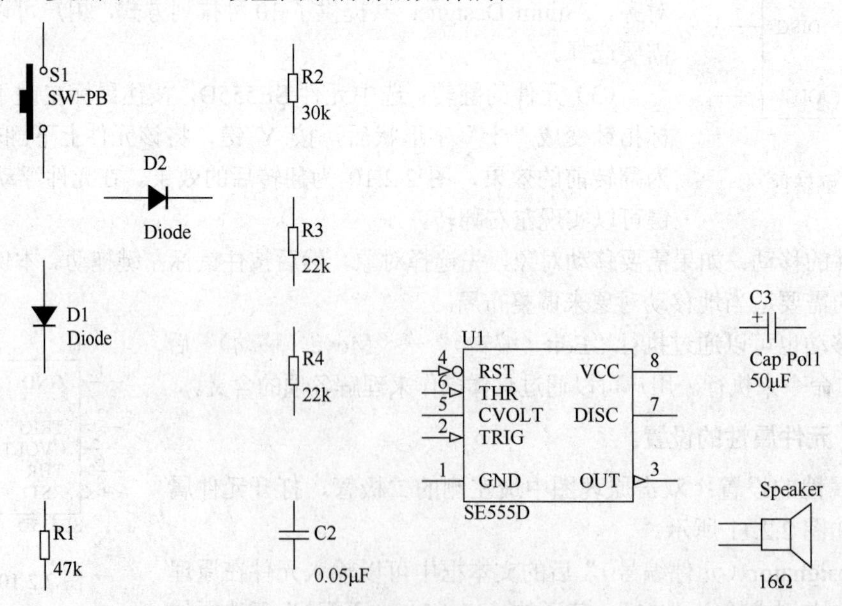

图 2.2.12　设置好元件属性的电路图

步骤 7：导线的连接。

执行“Place（放置）”→“Wire（导线）”命令，参照图 2.2.13，将各元件连接起来。

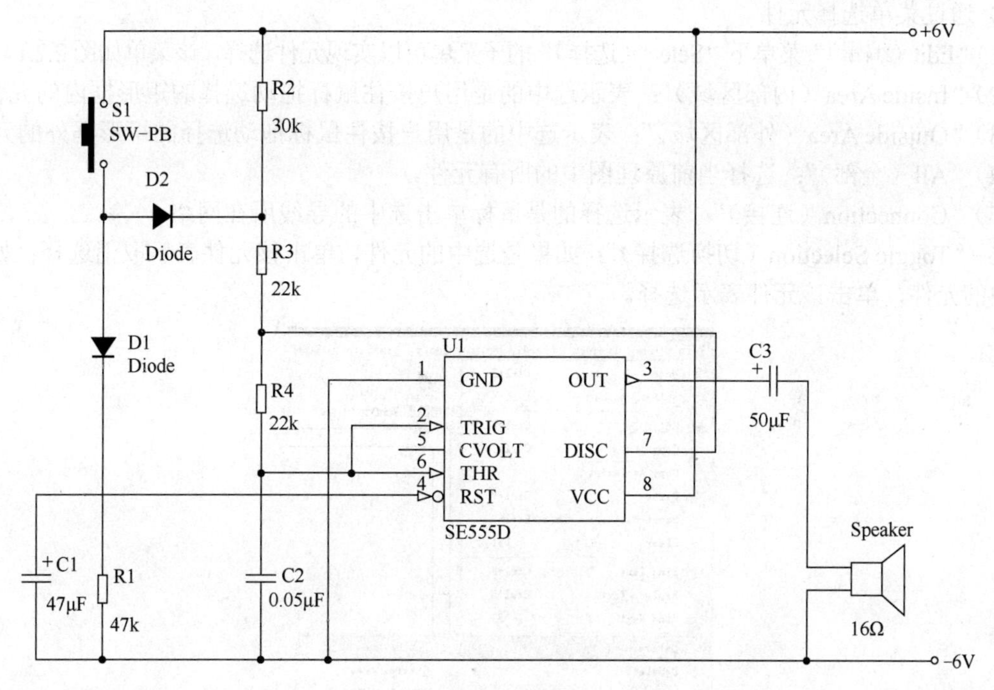

图 2.2.13　导线连接完成的电路图

步骤 8：放置电源符号。

执行“Place（放置）”→“Power Port（电源端口）”命令，然后将鼠标移动到图纸中的合适位置放置好。在放置的过程中，可以按空格键旋转元件的方向。

然后双击电源符号，打开“Power Port（电源端口）”属性对话框，将“Style”改为“Circle”，网络名称改为“+6V”。

步骤 9：电路绘制完成，保存。

2.2.2　知识库

1．绘制原理图的一般步骤

在 Altium Designer 13 中绘制原理图的一般步骤是如下。

（1）新建项目和文件。

（2）设置图纸参数。

（3）安装所需要的元件库。

（4）查找和放置元件，并设置元件的属性。

（5）根据需要对元件进行适当的编辑（如移动、删除、翻转、对齐等）。

（6）导线的连接。

（7）检查、修改。

（8）保存。

绘制原理图的步骤并不是固定的，在用户实际操作过程中，可以根据需要调整先后顺序。

2．元件的选择

元件的选择可以通过菜单和鼠标两种方式实现。

1）通过菜单选择元件

（1）“Edit（编辑）”菜单下“Select（选择）”的子菜单可以实现元件选择，该菜单如图 2.2.14 所示。

（2）“Inside Area（内部区域）”：表示选中的是用户按住鼠标拖动选择的矩形框内的元件。

（3）“Outside Area（外部区域）”：表示选中的是用户按住鼠标拖动选择的矩形框外的元件。

（4）“All（全部）”：选择当前原理图中的所有元件。

（5）“Connection（连接）”：表示选择的是鼠标单击选中的导线所在网络。

（6）“Toggle Selection（切换选择）”：如果是选中的元件，单击该元件表示取消选择；如果是未选中的元件，单击该元件表示选择。

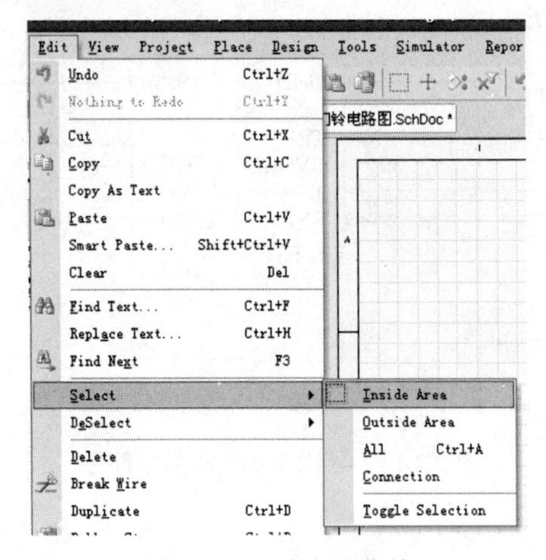

图 2.2.14　选中子菜单

2）通过鼠标选择元件

（1）选择单个元件：单击该元件即可。

（2）选择多个元件：按住 Shift 键，标依次单击需要选中的元件。

（3）选择一个矩形区域：将鼠标指针移动到选择范围的左上角单击，按住鼠标拖动到选择范围的右下角单击，即可选中鼠标拖动的范围。

3．元件的移动

移动有两种：一种是位置的移动；一种是调整元件和元件之间的上下位置关系。

移动可以通过“Edit（编辑）”菜单中的“Move（移动）”子菜单实现。移动也可以通过直接使用鼠标来实现，该种方法在绘制原理图的过程中更方便快捷。鼠标移动元件的情况如下。

1）使用鼠标移动单个元件

将鼠标指针指向需要移动的元件，按住鼠标左键不放并拖动，元件随着鼠标移动，到达合适位置后，松开鼠标左键，元件就被移到了当前位置。

2）使用鼠标移动多个元件

先选择需要移动的元件，然后在其中任意一个元件上单击鼠标左键并拖动，到适当位置后松开鼠标左键，就将选中的元件移动到了当前的位置。

4．元件的剪切、复制、粘贴、清除

（1）元件的剪切：选中需要剪切的对象后，执行“Edit（编辑）”→“Cut（剪切）”命令。该命令等同于快捷键“Ctrl+X”。

（2）元件的复制：选中需要复制的对象后，执行“Edit（编辑）”→“Copy（复制）”命令。

该命令等同于快捷键“Ctrl+C”。

（3）元件的粘贴：该操作执行的前提是已经剪切或复制完元件。执行“Edit（编辑）”→“Paste（粘贴）”命令，然后将鼠标指针移动到图纸上，此时，粘贴对象呈现浮动状态并且随鼠标指针一起移动，在图纸的合适位置单击，即可将对象粘贴到图纸中。该命令等同于快捷键“Ctrl+V”。

（4）元件的清除：选中需要清除的对象后，执行“Edit（编辑）”→“Clear（清除）”命令，或者按键盘上的 Delete 键。

2.2.3　实验项目——开关电源电路的设计

新建一个项目文件和原理图设计文件，分别保存在 D 盘，名称分别为“开关电源电路.PrjPCB”和“开关电源电路图.SchDoc”。要求：图纸大小为 A4，图纸颜色为白色，边框为蓝色，水平放置，图纸可视栅格大小为 10，捕捉大小为 2.5，电气栅格捕捉的有效范围为 8，绘制电路图如图 2.2.15 所示。

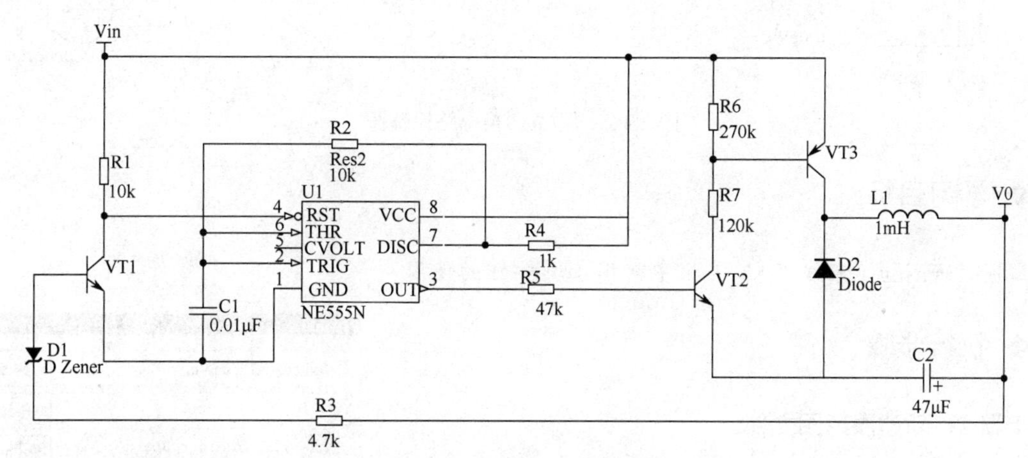

图 2.2.15　开关电源电路图

2.3　Wiring（布线）工具栏的使用

Altium Designer 13 提供了一个用于绘制电路原理图的工具栏——“Wiring（布线）”工具栏，如图 2.3.1 所示。

图 2.3.1　“Wiring（布线）”工具栏

当鼠标指针移动到工具栏上某个工具按钮时，稍作停顿就会出现工具按钮名提示。

该工具栏可以通过执行“View（查看）”→“Toolbars（工具条）”→“Wiring（布线）”命令来打开或关闭。“Wiring（布线）”工具栏的主要作用是用来放置导线、总线、总线分支、网络标号、接地符号、电源符号等。下面在具体任务中来介绍“Wiring（布线）”工具栏中各工具按钮的使用。

2.3.1　训练微项目——模/数转换电路原理图的绘制

图 2.3.2 是一个用来实现模拟信号/数字信号转换的电路原理图，要求使用 Altium Designer 13 绘制完成。

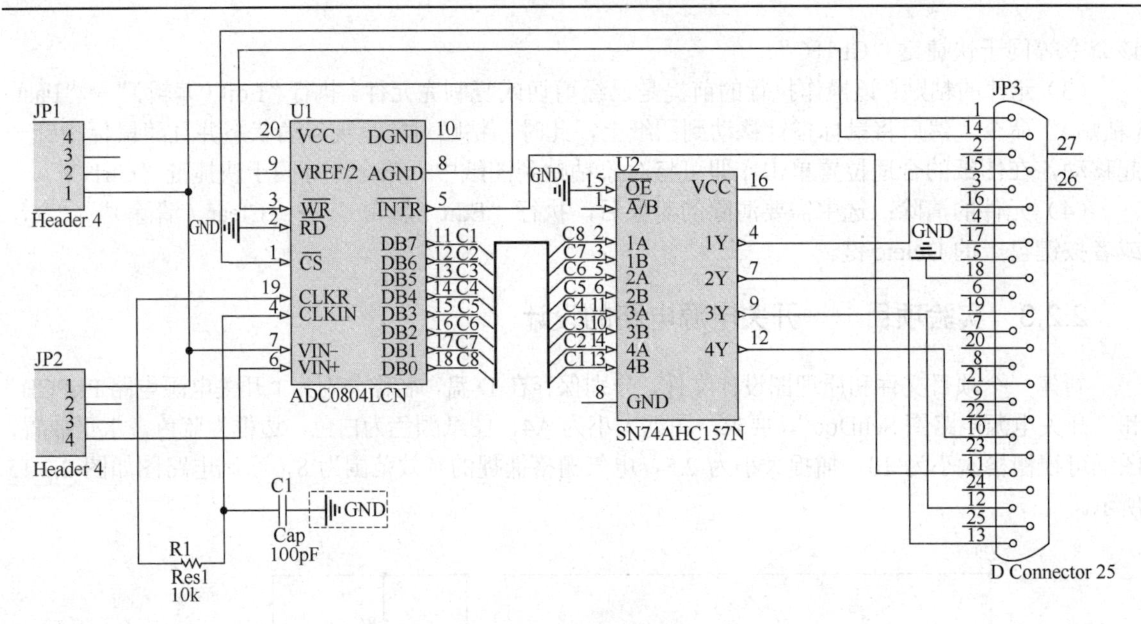

图 2.3.2　模/数转换电路原理图

◆ 学习目标

掌握"Wiring（布线）"工具栏中常用工具按钮的使用

◆ 执行步骤

步骤 1：新建原理图文件。

新建一个原理图文件，并将新建的文件保存为"模数转换电路.SCHDOC"，如图 2.3.3 所示。

图 2.3.3　新建原理图文件

步骤 2：放置元件、设置属性。

本图中所需要的元件有 4 针接头 Header 4、电阻 Res1、电容 Cap、A/D 芯片 ADC0804LCN、SN74AHC157N、连接器 D Connector 25。

这些元件主要包含在以下元件库中：Miscellaneous Devices.IntLib、Miscellaneous Connectors.IntLib、NSC ADC.IntLib、TI Logic Multiplexer.IntLib 中。

在系统默认的情况下，Miscellaneous Devices.IntLib 和 Miscellaneous Connectors.IntLib 已经加载进来了。元件库 NSC ADC.IntLib 在文件夹 Library 中的 National Semiconductor 子文件夹下。元件库 TI Logic Multiplexer.IntLib 在文件夹 Library 中的 Texas Instruments 子文件夹下。

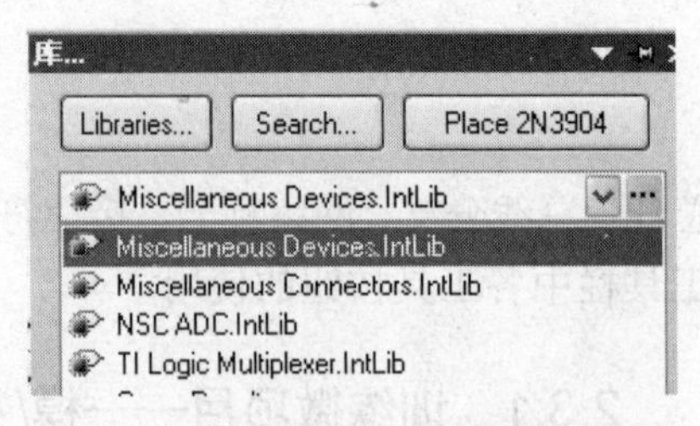

图 2.3.4　加载元件库后的元件库面板

按照图 2.2.1 中所述方法将这两个元件库加载到系统中。同时将其他用不到的元件库删除，加载后的 Library（库）面板如图 2.3.4 所示。

如果已经将元件所在的元件库加载进来，此时查找放置元件可以通过"Wiring（布线）"工具栏中的“Place Part（放置元器件）”按钮进行。单击该按钮后，将弹出如图 2.3.5 所示的对话框。单击该对话框上的“Choose”按钮，将弹出如图 2.3.6 所示的“Browse Libraries（浏览库）”对话框。

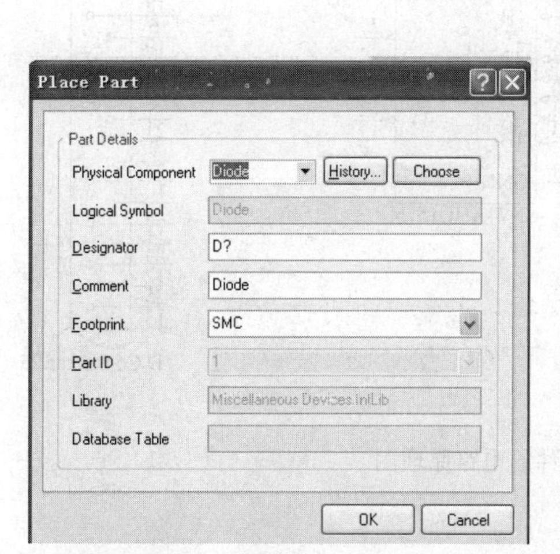

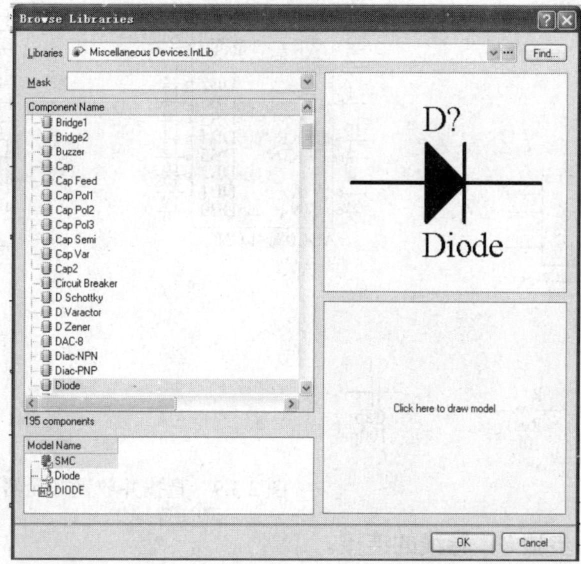

图 2.3.5　放置元件对话框　　　　图 2.3.6　“Browse Libraries（浏览库）”对话框

在对话框中“Libraries（库）”后的下拉列表中选择元件库 Miscellaneous Connectors.IntLib 作为当前元件库，在“Component Name（元件名称）”下的列表框中找到元件 Header 4，然后单击“OK”按钮，回到“Place Part（放置元件）”对话框，如图 2.3.7 所示。

在“Place Part（放置元件）”对话框中的“Designator（标识）”后的文本框内输入元件编号“JP1”。单击“确定”按钮后，系统就会从加载进来的元件库中查找到元件 Header 4，如图 2.3.8 所示。在图纸上合适的位置单击，即可将元件放置。继续单击可以连续放置，同时会发现元件的序号递增。如第一次设置的元件序号为 JP1，第二次放置的元件编号为 JP2……

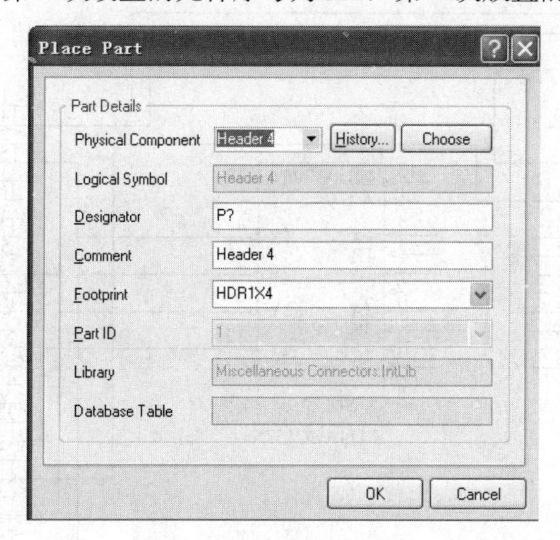

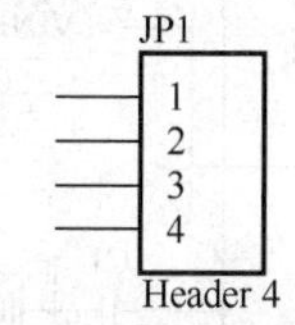

图 2.3.7　放置元件对话框　　　　图 2.3.8　Header 4

“Place Part（放置元件）”按钮的功能等同于执行“Place（放置）”→“Part（元件）”命令。

在放置元件的过程中，可以根据需要按 X 键实现左右翻转，按 Y 键实现上下翻转。

按照以上方法查找放置好所有元件，调整布局并设置属性，如图 2.3.9 所示。

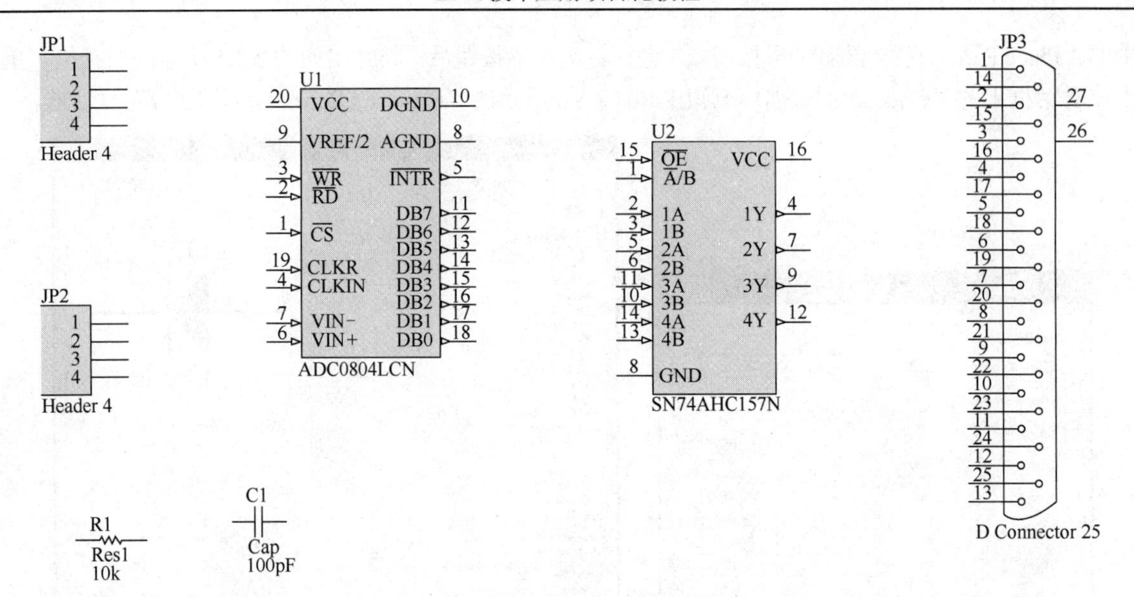

图 2.3.9　查找并放置好元器件的电路原理图

步骤 3：导线的连接。

导线的作用就是在原理图中各个元器件之间建立连接关系。

“Wiring（布线）”工具栏中的第一个工具按钮就是“Place Wire（放置导线）”按钮。单击该按钮后，将鼠标指针移动到需要连接的引脚处单击确定起点，在需要拐弯的地方单击确定拐点，最后单击确定终点。

在绘制导线的过程中，如果按 Tab 键，则将弹出“Wire（导线属性）”对话框，用户可以在该对话框中设置导线的颜色和宽度。

放置导线也可通过执行“Place（放置）”→“Wire（导线）”命令实现。

参照图 2.3.10 将相应的引脚用导线连接起来。

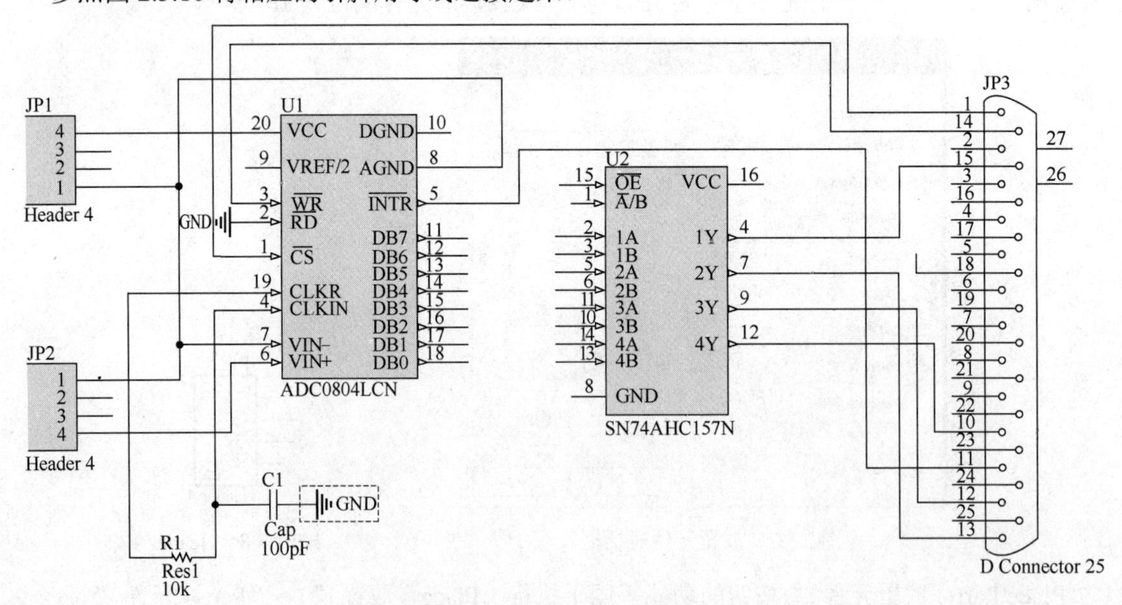

图 2.3.10　导线连接后的电路原理图

步骤 4：绘制总线和总线分支。

总线是一组功能相同的导线的集合，用一条粗线来表示几条并行的导线，从而能够简化电路原理图。导线与总线的连接是通过总线分支来实现的。总线、总线分支和导线的关系如图 2.3.11 所示。导线 A0～A12 通过 13 条总线分支会合成一条总线。

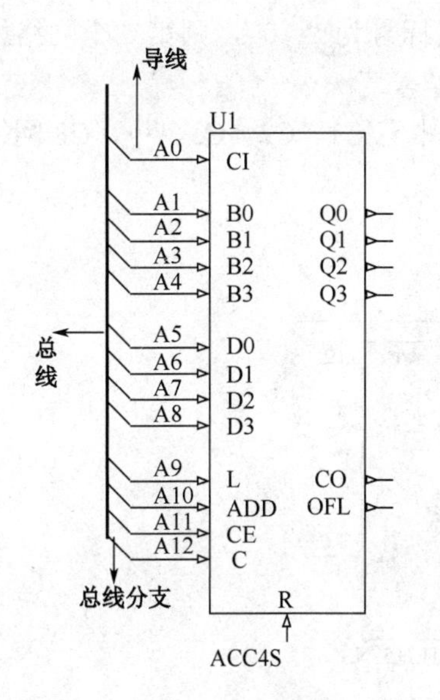

图 2.3.11　导线、总线和总线分支的关系

（1）总线的绘制。总线的使用方法和导线类似。

单击“Wiring（布线）”工具栏中的工具按钮，进入放置总线状态，将鼠标指针移动到图纸上需要绘制总线的起始位置，单击确定总线的起点，将鼠标指针移动到终点位置，单击确定总线的终点。当总线绘制完后，单击鼠标右键或者按下 Esc 键退出放置总线状态。

绘制总线也可以通过执行“Place（放置）”→“Bus（总线）”命令实现。

在放置总线状态时，按 Tab 键，即会弹出“Bus（总线属性）”对话框，在该对话框中可以设置总线的宽度和颜色。

（2）总线分支的绘制。总线分支是 45° 或 135° 倾斜的短线段，长度是固定的。在绘制过程中可以按空格键在 45° 和 135° 之间进行切换。

单击“Wiring（布线）”工具栏中的“Place Bus Entry（放置总线分支）”按钮，进入放置总线分支的状态，将鼠标移动到总线和导线之间，单击鼠标左键就可以放置了。

绘制总线分支也可以通过执行“Place（放置）”→“Bus Entry（总线分支）”命令实现。

在放置总线分支状态时，按 Tab 键，即会弹出“Bus Entry（总线分支）”对话框，可以在该对话框中设置总线分支的颜色、位置和宽度。

按照以上绘制方法完成元件 U1 和 U2 之间总线和总线分支的绘制，完成后效果如图 2.3.12 所示。

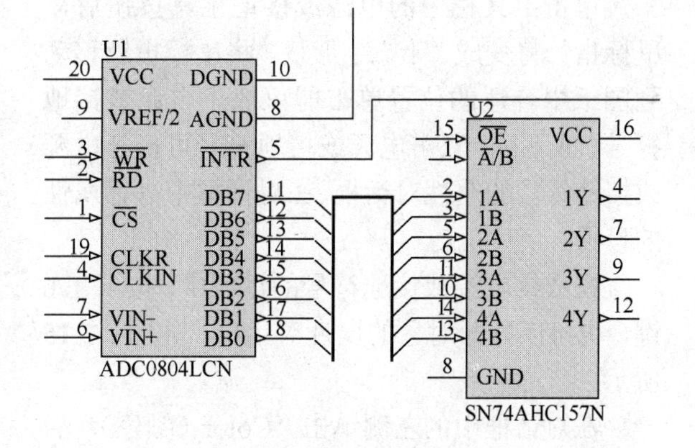

图 2.3.12　完成总线和总线分支后的效果

步骤 5：网络标号的使用。

如果一个电路图很复杂，元器件之间的连线非常多，则电路图会显得凌乱，在这种情况下，可以通过网络标号来简化电路图，在两个或多个互相连接的出入口处放置相同名称的网络标号即可表示这些地方是连接在一起的，如图 2.3.13 所示。

D1 的端口 2 的网络标号为 IO，R1 的左侧端口网络标号也为 IO，虽然两个端口并没有导线相连接，但是因为网络标号相同，所以两个端口实际是相连接的。

放置网络标号可以通过“Wring（布线）”工具栏中的按钮 Net 进行放置。单击该按钮后，将进入放置网络标号状态，鼠标指针处将出现一个虚框，将虚框移动到需要放置网络标号的位置，

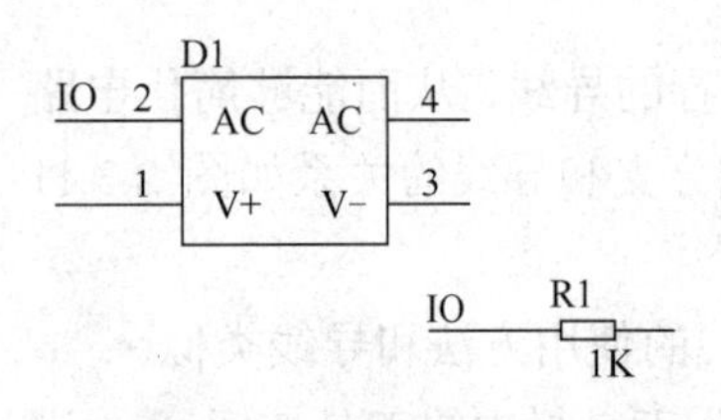

图 2.3.13　网络标号的作用

单击可以放下网络标号，将鼠标指针移到其他位置可以继续放置，单击右键或者按 Esc 键可以退出放置状态。

在网络标号的放置过程中，如果按下 Tab 键，将弹出网络标号属性对话框，可以在其中设置网络标号的内容和字体格式。设置网络标号内容后，如果最后是数字，则在继续放置的过程中将自动递增，比如开始设置网络标号为“A0”，则第二个网络标号自动为“A1”，第三个自动为“A2”……

参照图 2.3.14 可知，本例中有 C1、C2、C3、…、C8 网络标号。按照上述步骤在图中放置网络标号。

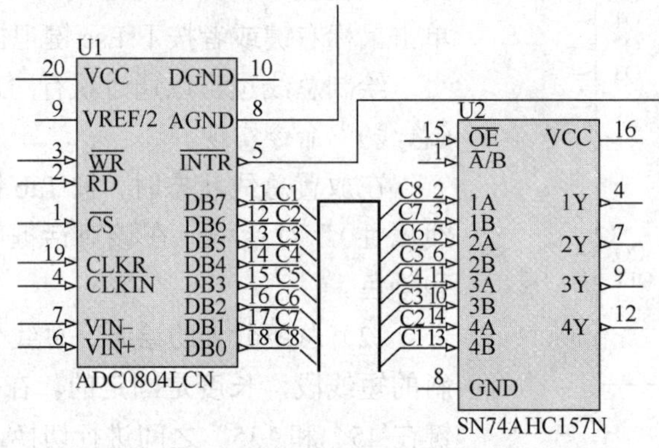

图 2.3.14　放置完网络标号的原理图

步骤 6：放置接地符号和电源符号。

“Wiring（布线）”工具栏中的工具 是用来绘制接地符号的，工具 是用来绘制电源符号的。

单击工具栏中的电源或接地工具按钮后，鼠标指针将变成“十”字形状，将鼠标指针移动到图纸中合适的位置单击即可放下电源或接地符号。放下后，双击电源或接地符号可打开电源或接地符号的属性对话框，在对话框中进行属性的设置。

在放置电源或接地符号的过程中，按下 Tab 键，也可以打开对象的属性对话框，如图 2.3.15 所示。

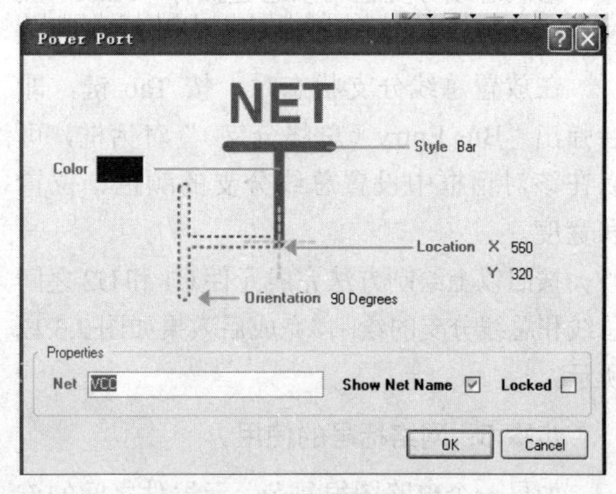

图 2.3.15　电源属性对话框

在对话框中的左侧单击“Color（颜色）”后的色块，在弹出的对话框中选择合适的颜色，设置电源或接地符号的颜色。

在对话框的下侧“Net（网络名称）”后的文本框内可以输入电源或接地符号的网络名称。

在对话框的右上侧“Style（风格）”后单击，可以在弹出的列表项所提供的 7 个选项中选择一个。7 种风格所对应的样式如下：

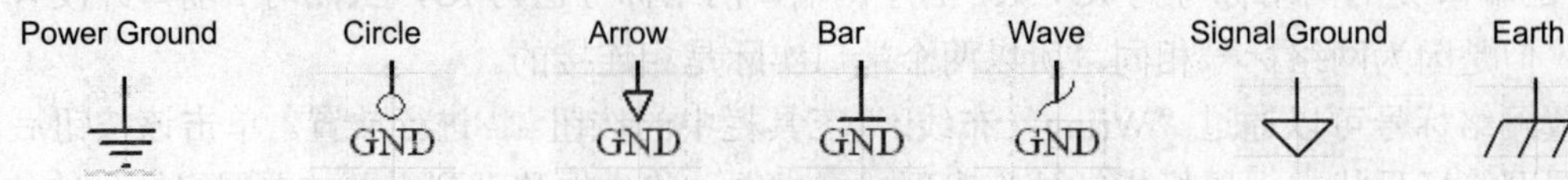

在对话框的右下侧“Location（位置）”处可以设置坐标位置。

放置电源和接地符号也可以通过执行“Place（放置）”→“Power Port（电源端口）”命令来实现。

按照如上所述方法放置电源和接地符号后的效果如图 2.3.16 所示。整个电路图完成，保存。

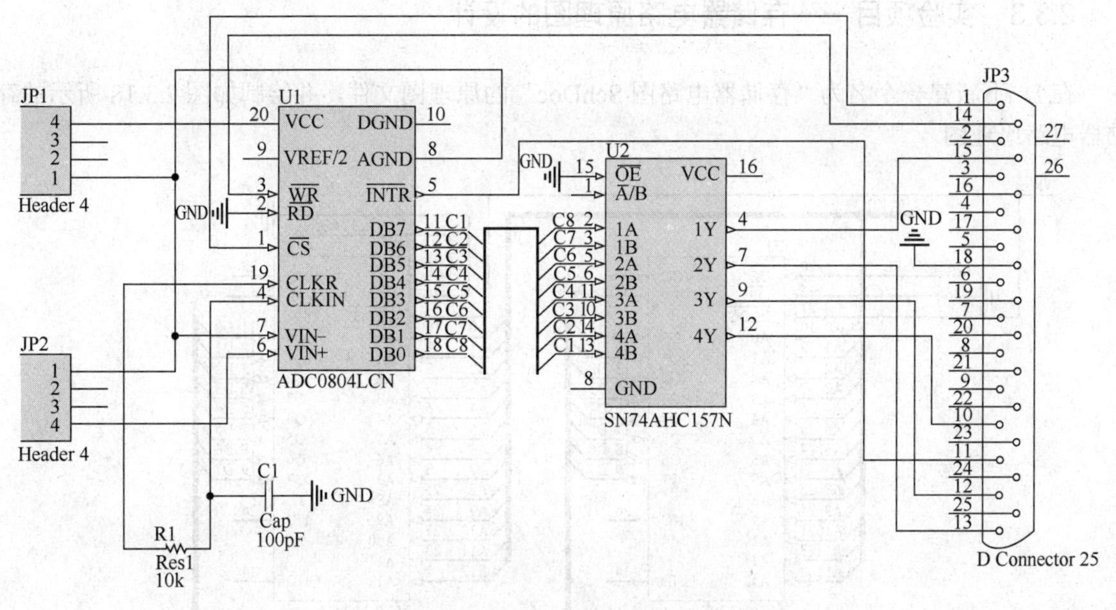

图 2.3.16　最终完成的原理图

2.3.2　知识库

1．布线工具栏的位置调整

布线工具栏的位置可以根据用户需要任意调整，默认情况下它的位置在窗口上部的主工具栏旁，如图 2.3.17 所示。

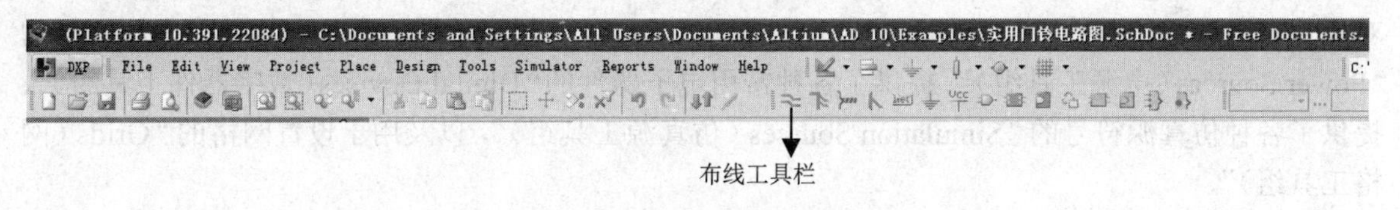

图 2.3.17　布线工具栏的位置

将鼠标指针移动到该工具栏左侧的边缘竖线处，按住鼠标左键拖动即可将该工具栏移动到需要的位置。

2．绘图过程中的元件捕捉和电气捕捉

（1）元件捕捉。在绘图过程中，为了方便对象的对齐，Altium Designer 提供了元件捕捉的功能，通过设置可以使元件或其他绘图对象随着光标每次移动固定的距离。例如，网格大小是“10”，如果元件捕捉为“10”则表示每次对象随着光标移动 1 个网格，如果元件捕捉为“5”则表示每次移动半个网格。用户可以根据需要设置具体数值。

（2）电气捕捉。绘制导线过程中，当导线移动到某个引脚端点或者导线端点时，将出现红色的“×”，这是前面所提到的电气栅格的作用，能够在规定的距离内自动捕捉到电气端点而进行连接。用户可以根据需要灵活设置距离。

元件捕捉和电气捕捉的设置可以通过“Design（设计）”菜单下的“Document Options（文档选项）”对话框来设置。

2.3.3 实验项目——存储器电路原理图的设计

在 D:\下新建一个名为“存储器电路图.SchDoc”的原理图文件，并绘制如图 2.3.18 所示的存储器电路原理图。

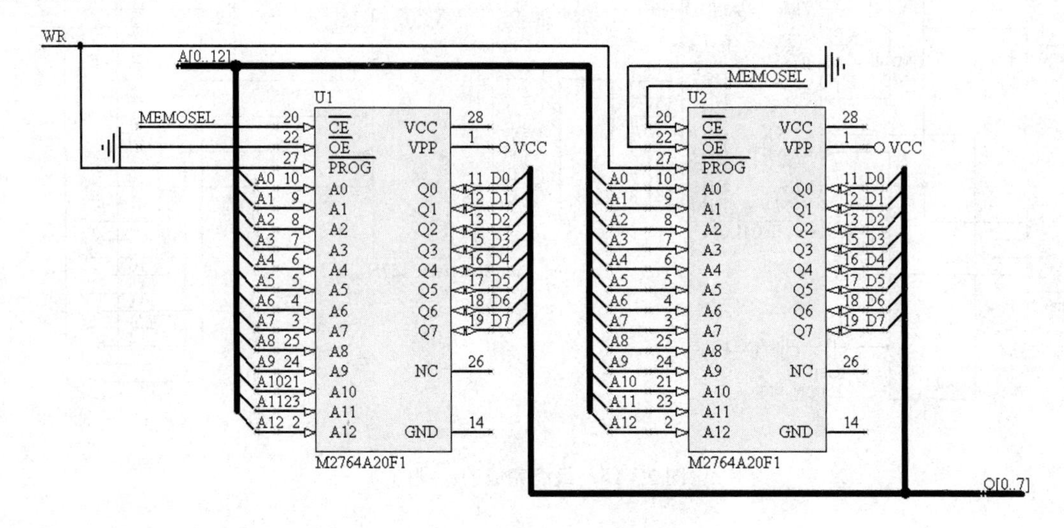

图 2.3.18　存储器电路原理图

2.4 Utilities（实用）工具栏的使用

Altium Designer 13 中的实用工具栏包含了对原理图进行修饰的“Utility Tools（实用工具组）”、对元件布局进行调整的“Alignment Tools（排列工具组）”、用来放置各种类型接地和电源符号的“Power Sources（电源工具组）”、提供了各种常用电子器件的“Digital Devices（数字器件工具组）”、提供了各种仿真源符号的“Simulation Sources（仿真源工具组）”，以及用于设置网格的“Grids（网格工具组）”。

Utilities（实用）工具栏可以通过选择“View（查看）”→“Toolbars（工具条）”→“Utilities（实用）”选项打开，实用工具栏共包含 6 组工具，如图 2.4.1 所示。

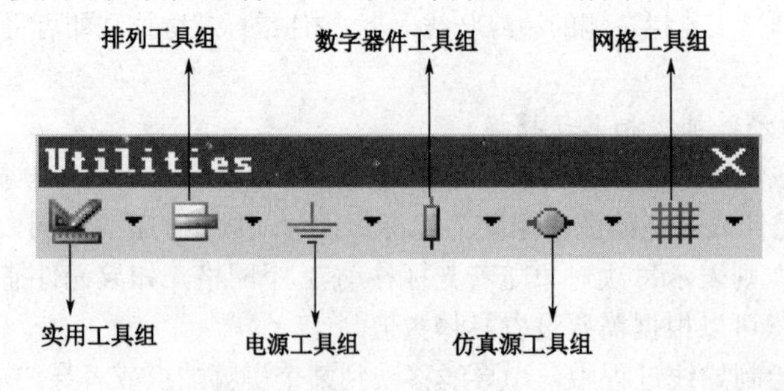

图 2.4.1　实用工具栏

单击每种工具组旁边的向下按钮，可打开该工具组所对应的所有工具。

下面结合实例来介绍实用工具栏的使用。

2.4.1　训练微项目——手机充电器电路图的绘制

使用 Altium Designer 13 设计如图 2.4.2 所示的手机充电器电路图，要求布局整齐美观。

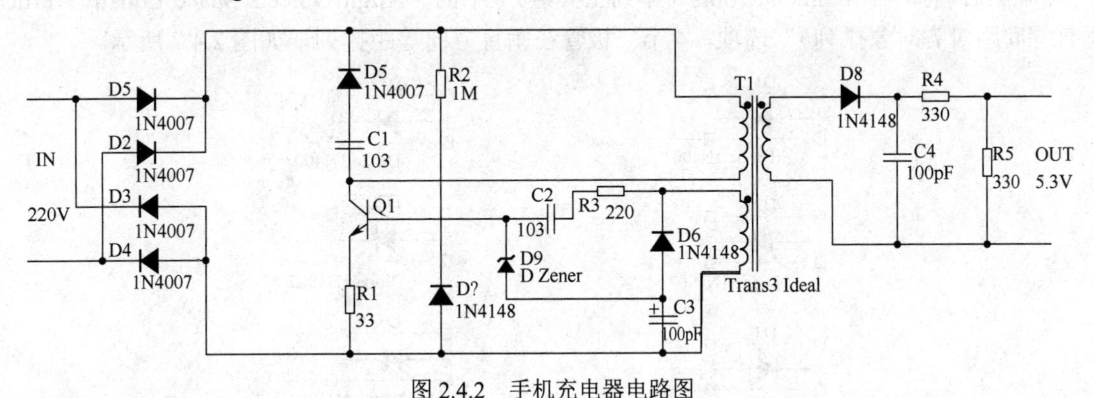

图 2.4.2　手机充电器电路图

◆ 学习目标

掌握 Utilities（实用）工具栏中各工具组的使用

◆ 执行步骤

步骤 1：新建项目文件和原理图文件。

新建项目文件和电路原理图文件，分别命名为“手机充电器.PrjPCB”和“手机充电器电路图.SchDoc”，如图 2.4.3 所示。

图 2.4.3　新建并保存项目文件和原理图文件

步骤 2：放置元件、布局、设置属性。

在元件库 Miscellaneous Devices.IntLib 中找到二极管“Diode 1N4007”，双击选中元件，按下 Tab 键，在弹出的元件属性对话框中将元件编号设置成 D1，然后在合适的位置放 4 个该元件，如图 2.4.4 所示。

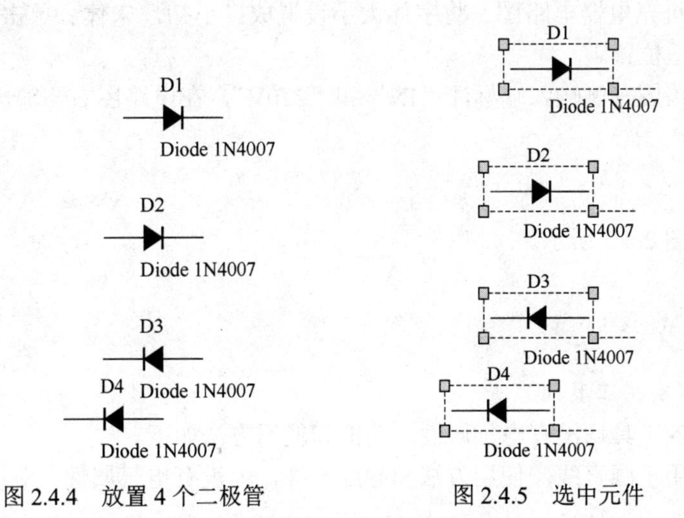

图 2.4.4　放置 4 个二极管　　　　图 2.4.5　选中元件

下面对这 4 个二极管进行对齐操作：

（1）选中这 4 个元件，选中后如图 2.4.5 所示。

（2）单击实用工具栏中的第二个按钮“Alignment Tools（排列工具组）”，选择其中的“Align Objects Left（器件左对齐）”选项，选中后 4 个二极管向左对齐，如图 2.4.6 所示。

（3）然后选择“Alignment Tools（排列工具组）”中的“Align Objects Space Equally Vertical（垂直等间距对齐对象排列）”选项，4 个二极管在垂直方向等距排列，如图 2.4.7 所示。

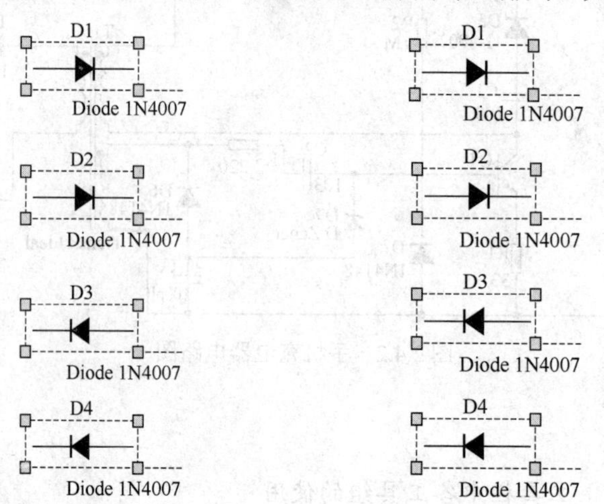

图 2.4.6　元件左对齐　　图 2.4.7　垂直等距排列

电路图中的电阻可以在“Utilities（实用）”工具栏中的“Digital Devices（数字器件工具组）”中找到并设置属性。其他所有元器件均可在元件库 Miscellaneous Devices.IntLib 中找到。

元件的相关属性参照图 2.4.1 进行设置。

步骤 3：导线连接。

参照图 2.4.2 进行导线连接。

步骤 4：增加文字注释。

单击“Utilities（实用）”工具栏中第一个工具组“Utility Tools（实用工具组）”，选择其中的“Place Text String（放置文本字符串）”，按下 Tab 键，在弹出的“Annotation（标注）”对话框中将文本内容设置为：手机充电器电路图。将字体大小设置成：小初，宋体。单击“OK”按钮后将文本放在电路图上合适位置。

以此类推，在电路图左侧输入端标注“IN”和“220V”，在电路图右侧输出端标注“OUT”和“5.3V”。

步骤 5：保存。

完成的电路图如图 2.4.2 所示。

2.4.2　知识库

1．Utility Tools（实用工具组）

实用工具组中的各工具均没有电气属性，功能和使用方法如下。

（1）／：该工具用于画直线，使用方法和导线一样，但没有电气属性。

（2）⌛：该工具用于画多边形，单击该工具按钮后，将鼠标移动到图纸上，在合适的位置单击确定多边形的起点，然后继续移动鼠标指针到合适的位置，单击可以确定多边形的一个拐点，依次类推，每次单击都可以确定多边形的一个拐点，最后将鼠标指针移动到起点，单击左键确定，然后可以单击右键退出绘图状态。可以绘制规则或不规则的多边形。

（3）◠：该工具用来绘制椭圆弧，如图 2.4.8 所示。绘制一个椭圆弧有五要素，即圆心、长轴半径、短轴半径、圆弧起点、圆弧终点。

单击该工具按钮后，移动到图纸中合适的位置，单击确定圆心的位置，然后再移动到合适的位置单击，此时第二次单击点与第一次单击点的距离就是椭圆弧的长轴半径；再次移动鼠标指针到合适的位置单击，第三次单击点与第一次单击点的距离就是椭圆弧的短轴半径；第四次单击确定椭圆弧的起点，第五次单击确定椭圆弧的终点位置。

（4）∿：该工具用来绘制贝塞尔曲线，单击该工具按钮后，先在合适的位置单击确定曲线的起点，然后第二次单击确定曲线的第 2 点，第三次单击确定曲线的第 3 点，第四次单击确定曲线的第 4 点，…，最后一次单击后，单击右键退出绘制曲线状态。系统将各个单击点连接起来就构成了一个贝塞尔曲线，如图 2.4.9 所示。

（5）A：该工具用来放置作为注释使用的文本字符串，单击该工具按钮后，移动鼠标指针到图纸中合适的位置，单击即可确定字符串的位置。

如果需要改变注释的内容，可以双击该对象，弹出一个对话框，在该对话框的“Text（文本）”后的文本框中可以输入注释的内容。单击“Font（字体）”后的按钮，在弹出的“Font（字体）”对话框中，可以设置注释的字体颜色。另外，在该对话框中还可以设置注释的颜色和位置，以及注释的放置方向和对齐方式，是否镜像。

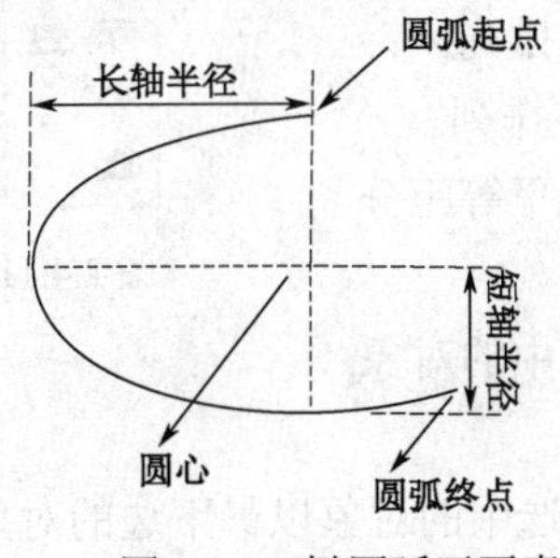

图 2.4.8　椭圆弧五要素

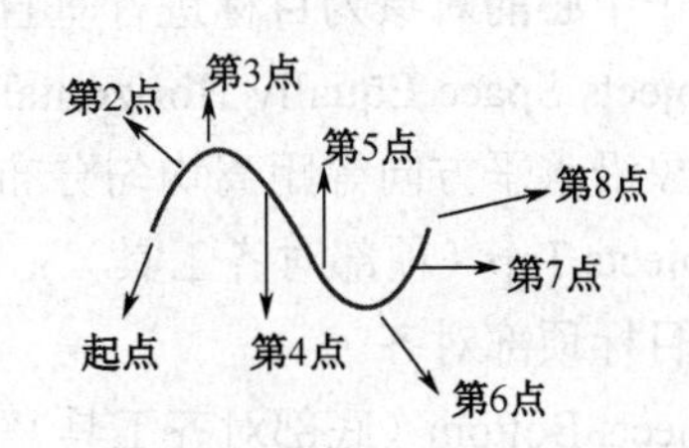

图 2.4.9　贝塞尔曲线

（6）▤：该工具是用来放大段注释的文本框，单击该工具按钮后，将鼠标指针移动到图纸中合适的位置单击，可以确定矩形框的左上角点，然后移动到另一个点单击，可以确定矩形框的右下角点。绘制完毕按右键退出。双击矩形框，将弹出一对话框，可以在该对话框中设置注释的内容、字体格式、位置、是否显示边界、是否有填充色等。

（7）□：该工具用来放置矩形，单击该工具后，先单击确定矩形的一个角点，移动鼠标指针到合适的位置再次单击，确定矩形的另一个角点。放置完毕后单击右键退出。双击矩形，可以在打开的对话框中设置矩形的边框颜色、宽度、填充颜色及矩形的位置等。

（8）▢：该工具用来放置圆角矩形，使用方法同上。

（9）⬭：该工具用来绘制椭圆，单击该工具按钮后，移动到图纸中合适的位置单击确定椭圆的圆心，然后移动到合适的位置单击，第二次单击点与第一次单击点的距离为椭圆的长轴半径，第三次单击点与第一次单击点的距离为椭圆的短轴半径。绘制完毕后单击右键退出。

（10）◔：该工具是用来绘制馅饼图，如图 2.4.10 所示。单击该工具按钮后，移动到图纸中

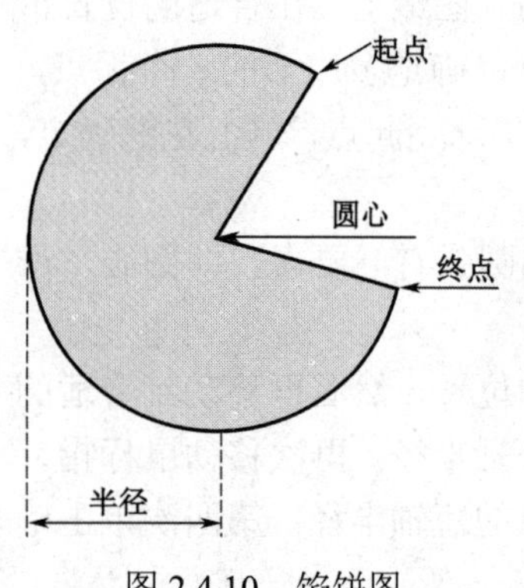

图 2.4.10　馅饼图

合适的位置单击确定馅饼图的圆心，然后移动到合适的位置单击，确定馅饼图的半径，第三次单击确定馅饼图的起点位置，第四次单击确定馅饼图的终点位置。

（11）：该工具用来在图纸上放置图片，单击该工具按钮后，将鼠标指针移动到图纸中合适的位置，单击确定图片放置的一个角点，移动鼠标指针到另一位置单击，确定另一个角点的位置，然后将弹出一个对话框，在该对话框中查找到需要插入的图片，确定后，即可将图片插入进来。

注意： 在使用这些工具的过程中，按下 Tab 键，将弹出该工具的属性设置对话框，可以在该对话框中设置绘制对象的颜色、粗细、位置等相关属性。放置完毕后，如果需要设置对象的属性，也可以双击对象，同样会弹出该对象的属性对话框。

2．Alignment Tools（排列工具组）

排列工具组如图 2.4.11 所示。

需要提醒的是，只有在已经将需要排列的对象选择好后，排列工具组中各工具按钮才有效。否则排列工具组中各工具呈现不可用状态。

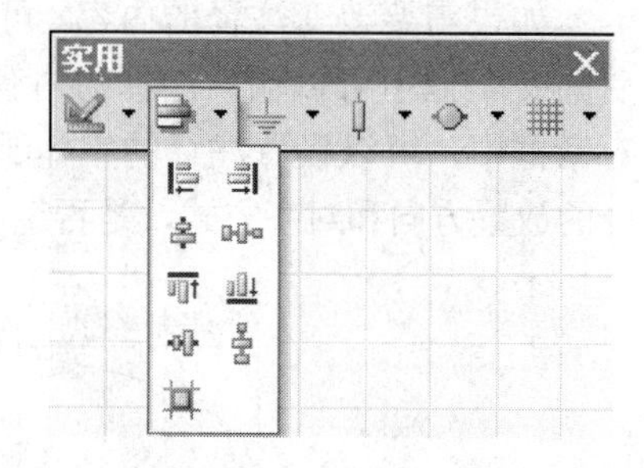

图 2.4.11　排列工具组

（1）“Align Objects Left（左对齐工具）”：将选中的对象以最左边的对象为目标，所有对象左对齐。

（2）“Align Objects Right（右对齐工具）”：将选中的对象以最右边的对象为目标，所有对象右对齐。

（3）“Align Objects Center Horizontal（水平中心排列）”：将选中的对象以水平中心的对象为目标进行垂直对齐排列。

（4）“Align Objects Space Equally Horizontal（水平等距分布）”：将选中的对象沿水平方向等距离均匀分布。

（5）“Align Objects Top（顶部对齐工具）”：将选中的对象以最上边的对象为目标顶部对齐。

（6）“Align Objects Bottom（底部对齐工具）”：将选中的对象以最下边的对象为目标底部对齐。

（7）“Align Objects Center Vertical（垂直中心排列）”：将选中的对象以垂直中心的对象为目标进行水平对齐排列。

（8）“Align Objects Space Equally Vertical（垂直等距分布）”：将选中的对象沿垂直方向等距离均匀分布。

（9）“Align Objects To The Current Snap Grid（排列对象到当前网格）”：表示将选中的对象都排列到网格上，前提条件是网格已打开。

3．Power Sources（电源工具组）

电源工具组用于放置各种类型的电源和接地符号。

4．Digital Devices（数字器件工具组）

数字器件工具组共包含 1kΩ 电阻、4.7kΩ 电阻、10kΩ 电阻、100kΩ 电阻、0.01μF 电容、0.1μF 电容等 20 个常见的元器件工具。当鼠标指针停留在某个工具按钮上时，会出现该工具的属性提示。

当用户需要使用某个元件时，只需要在该元件所对应的工具按钮上单击，然后将鼠标指针移动到电路图纸中的合适位置，即可放置该工具所对应的元件。

5. Simulation Sources（仿真源工具组）

仿真源工具组用于提供各种仿真时所需的信号源，如方波、正弦波等。

6. Girds（网格工具组）

网格工具组用于栅格的设置。

“Utilities（实用）”工具栏提供的 6 个工具组为用户提供了极大的方便，在使用过程中用户需要注意以下区别：

（1）“配线”工具栏中“导线”按钮和“实用工具组”中“直线”按钮的区别是，前者具有电气属性，而后者没有电气属性。

（2）“配线”工具栏中“网络标号”和“实用工具组”中“文本字符串”的区别同上，前者具有电气属性，而后者只是对原理图的说明，没有电气属性。

2.4.3　实验项目——三裁判电路图的设计

新建一个原理图文件，保存为“三裁判电路图.SchDoc”，并绘制如图 2.4.12 所示的三裁判电路图，要求元器件布局整齐美观。

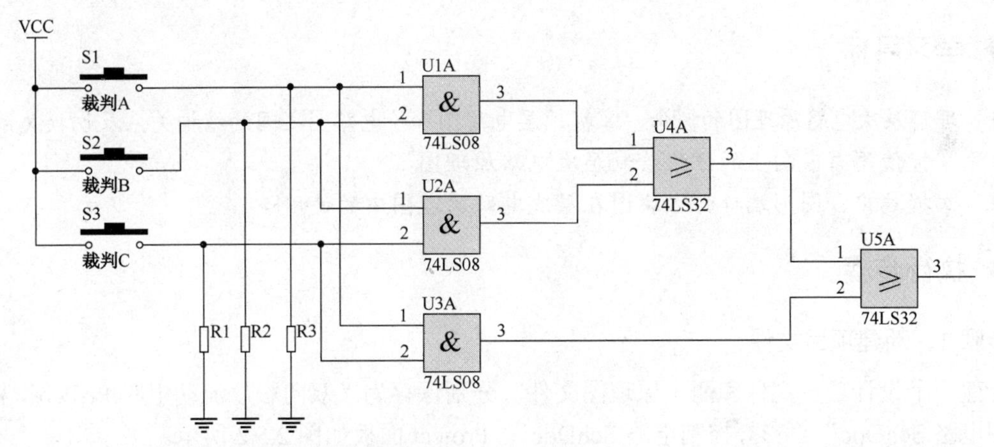

图 2.4.12　三裁判电路图

2.5　层次电路图的绘制

在设计电路原理图的过程中，有时会遇到电路比较复杂的情况，用一张电路原理图来绘制显得比较困难，此时可以采用层次电路的方法来简化电路原理图。

层次电路就是将一个较为复杂的电路原理图分成若干个模块，而且每个模块还可以再分成几个基本模块。各个基本模块可以由工作组成员分工完成，这样就能够提高设计的效率。层次电路图可以采取自顶向下或自底向上的设计方法。

下面通过具体案例来介绍自底向上设计层次电路图的方法。

2.5.1　训练微项目——双向彩灯流动电路图的设计

图 2.5.1 是一个 5 路彩灯双向流动电路图，图中的 5 个发光二极管代表 5 个彩灯，555 脉冲电路发出的时钟信号控制彩灯变换的频率，74LS160 和 74LS138 构成的电路控制彩灯的变换方向。

要求采用层次电路设计的方法把该电路图分解成两个子电路图：时钟脉冲电路图和彩灯控制电路图，从图中虚线处分割，左侧为时钟脉冲电路图，右侧为彩灯控制电路图。

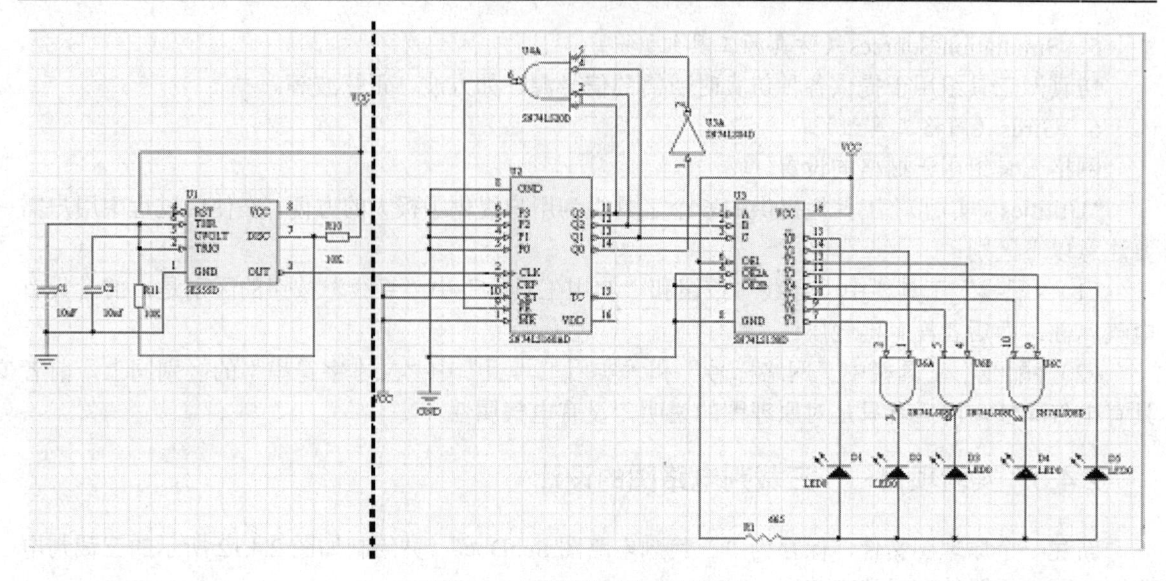

图 2.5.1　双向彩灯流动电路图

◆ 学习目标

✧ 理解层次电路原理图的概念，掌握顶层电路图和子电路图之间的结构关系及切换关系

✧ 掌握使用自底向上的方法绘制层次电路原理图

✧ 掌握端口、图形端口、方块图在层次电路原理图中的使用

◆ 执行步骤

步骤 1：新建项目文件。

新建一个设计项目文件和两个原理图文件。分别保存为“双向彩灯流动电路.PrjPcb”和“时钟脉冲电路.SchDoc”、“彩灯控制电路.SchDoc”。Project 面板如图 2.5.2 所示。

步骤 2：绘制“时钟脉冲电路”。

在 Project 面板中，双击“时钟脉冲电路.SchDoc”，打开其所对应的图纸，在其中绘制如图 2.5.3 所示的电路图。

图 2.5.2　Project 面板

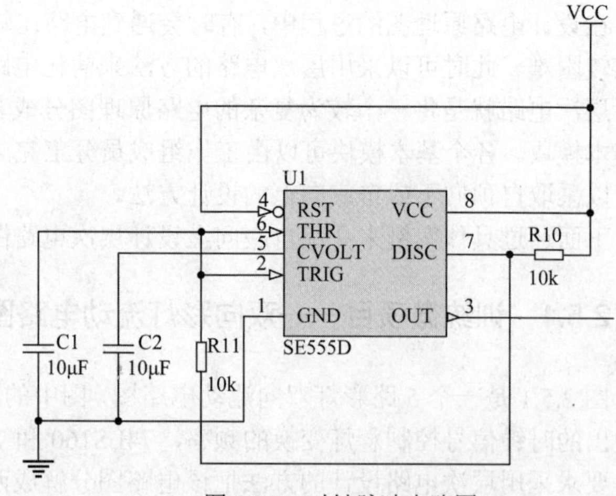

图 2.5.3　时钟脉冲电路图

步骤 3：绘制“彩灯控制电路”。

在 Project 面板中，双击“彩灯控制电路.SchDoc”，打开其所对应的图纸，在其中绘制如图 2.5.4 所示的电路图。

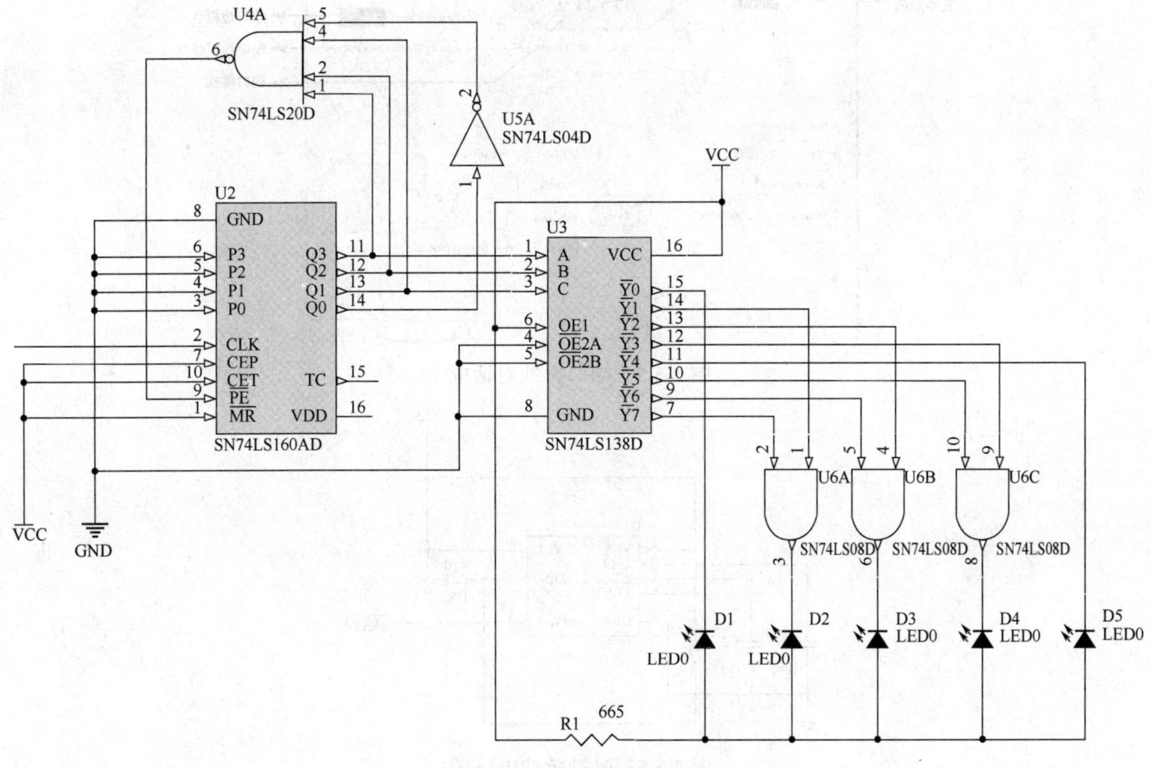

图 2.5.4　彩灯控制电路图

步骤 4：添加端口。

“时钟脉冲电路.SchDoc”和“彩灯控制电路.SchDoc”是由一张完整的电路图分成两块的。那么这两张图纸之间有什么联系呢？通过比较图 2.5.1、2.5.3、2.5.4，可以得知，“时钟脉冲电路.SchDoc”和“彩灯控制电路.SchDoc”之间是通过一根导线相连接的，该根导线的作用是将脉冲电路发出的时钟信号传送给 74LS160，用来控制彩灯变换的频率。

在层次电路图中，子电路图之间的联系可以通过端口来表示。

端口的使用方法：单击“Wiring（布线）”工具栏中的放置端口按钮 D1，然后将鼠标指针移动到图纸上的合适位置，单击确定端口的左起始位置，移动鼠标指针到右端点处，单击确定端口的右侧位置。如果需要修改端口的属性，可以双击放置好的端口，在打开的属性对话框中设置端口的对齐方式、文字颜色、端口的长度、端口的填充色、端口的边缘色、端口的名称、端口的 I/O 属性、端口的模式和位置。端口属性对话框各项的含义如图 2.5.5 所示。

参照如上使用方法，在“时钟脉冲电路.SchDoc”和“彩灯控制电路.SchDoc”中分别添加端口，如图 2.5.6 和图 2.5.7 所示。

时钟脉冲电路图中的端口名称为 CLK，I/O 属性是“Output（输出）”，长度为 30；彩灯控制电路图中的端口名称为 CLK，I/O 属性是“Input（输入）”，长度为 30。

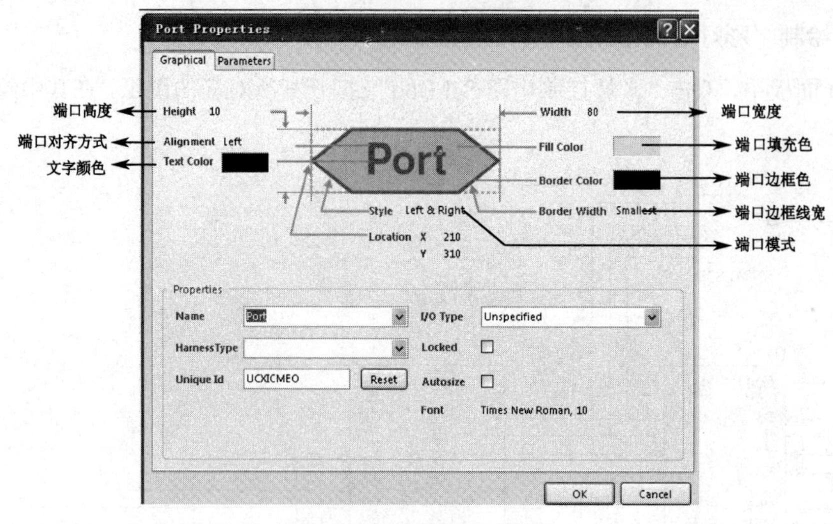

图 2.5.5　端口属性对话框

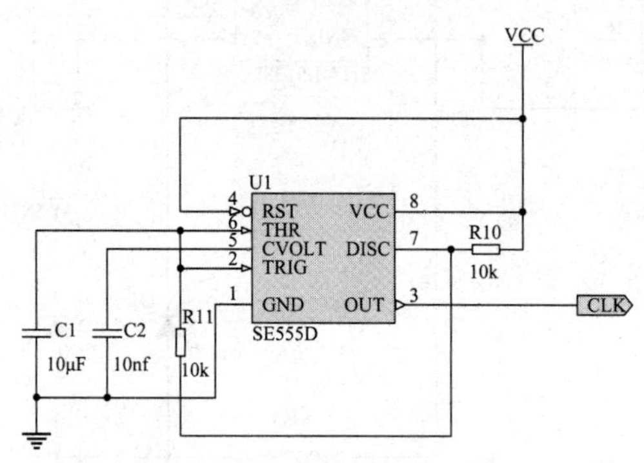

图 2.5.6　时钟脉冲电路图

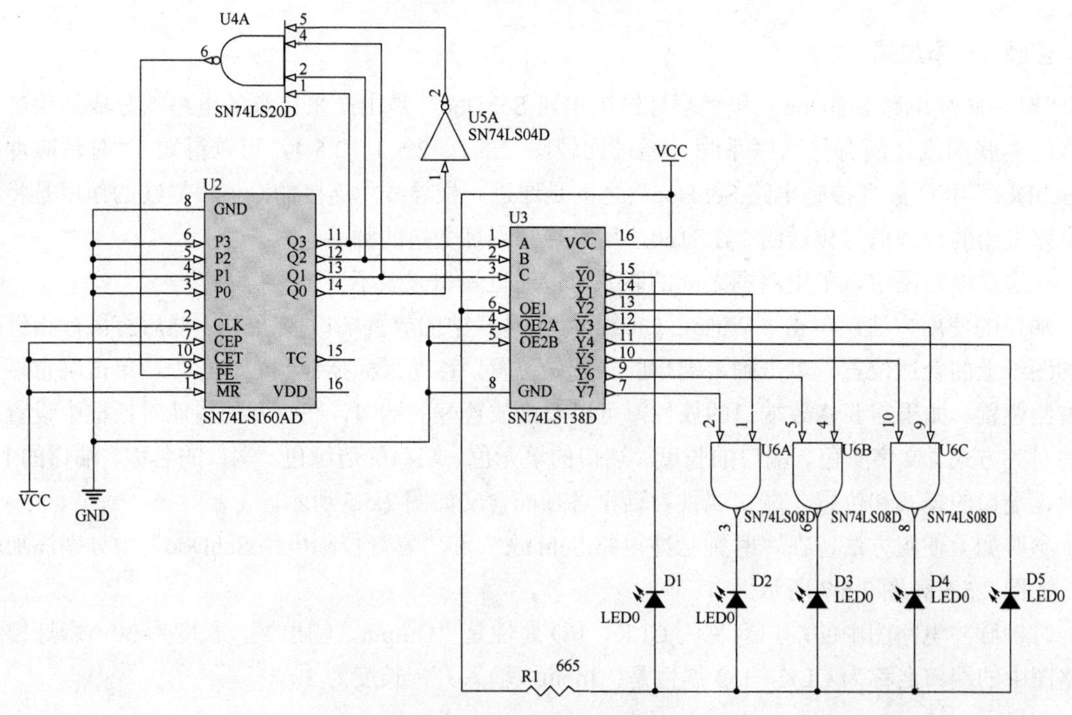

图 2.5.7　彩灯控制电路图

步骤 5：生成顶层电路图。

虽然时钟脉冲电路图和彩灯控制电路图中具有相同的端口，但是两张图之间还没有建立联系。所以需要新建一张顶层电路图，在顶层电路图中体现两张图之间的关系。

执行“File（文件）”→“New（新建）”→“Schematic（原理图）”命令，在“双向彩灯流动电路.PrjPcb”项目文件中添加了一个空白的原理图文件，然后将其保存为“顶层电路图.SchDoc”。

双击打开“顶层电路图.SchDoc”，执行“Design（设计）”→“Creat Sheet Symbol From Sheet or HDL（HDL 文件或图纸生成图表符）”命令，在弹出的对话框中选择“时钟脉冲电路.SchDoc”，单击“确定”后，将生成如图 2.5.8 所示的方块图。

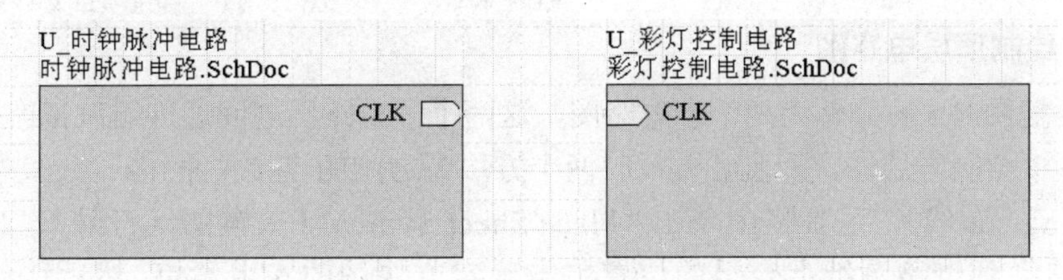

图 2.5.8　生成的电路方块图

按照上述方法生成“彩灯控制电路.SchDoc”的方块图，如图 2.5.8 所示。

此时两个方块之间还没有连接关系，而实际上，两个电路图之间是通过端口 CLK 相连接的。所以使用导线将这两个端口对应连接起来，连接后的效果如图 2.5.9 所示。

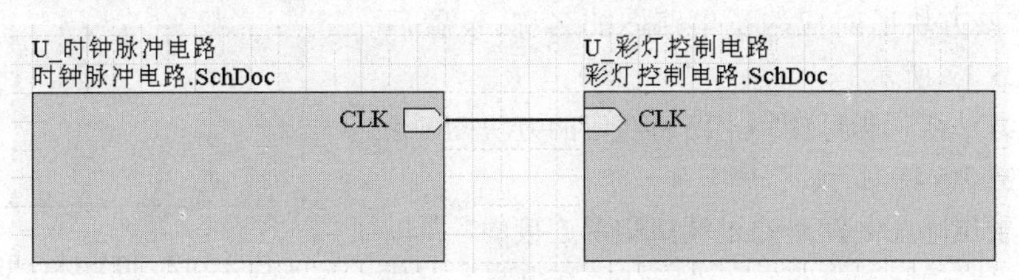

图 2.5.9　连接后的方块图

至此，由图 2.5.1 所分解而成的层次电路图已经绘制完毕，保存所有文件即可。下面通过切换来观察层次电路图之间的对应关系。

打开“顶层电路图.SchDoc”，单击主菜单栏中的层次电路原理图切换按钮，鼠标指针将变成“十”字形状，然后将鼠标指针移动到时钟脉冲电路图所对应的方块上，单击后，将打开该方块所对应的子电路图，即“时钟脉冲电路.SchDoc”。

如果要从子电路图“时钟脉冲电路.SchDoc”切换回到顶层电路图，只需要在“时钟脉冲电路.SchDoc”中的 CLK 端口上单击，即可回到顶层电路图。

项目文件、顶层电路图、两个子电路图之间的结构关系如图 2.5.10 所示。

图 2.5.10　层次电路图的结构关系

2.5.2　知识库

自顶向下设计层次电路图

上述方法是先画子电路图，然后由子电路图生成顶层电路图中的方块，称为自底向上。另外有一种方法，是先绘制好顶层的方块电路图，然后生成各方块所对应的子电路图，称为自顶向下设计层次电路图。

结合以上的例题“双向彩灯流动电路图”的设计，下面讲述自顶向下设计层次电路图的方法。

步骤 1：新建项目文件和原理图文件。

新建一个项目文件和原理图设计文件，分别保存为“双向彩灯流动电路.PrjPcb”和“顶层电路图.SchDoc”，如图 2.5.11 所示。

图 2.5.11　新建项目文件和原理图文件

步骤 2：绘制顶层电路图。

因为需要把图 2.5.1 分解为两个子电路图，这两个子电路图之间通过端口相连接，所以需要在顶层电路图中绘制方块图，而且还要反映两个方块图之间的连接关系。

在“Wiring（布线）”工具栏中单击“Place Sheet Symbol（放置图纸符号）”工具按钮，将鼠标指针移动到电路图纸上合适的位置单击确定方块图的左上角点，然后移动到右下角某处单击确定右下角点，方块图即绘制完毕。双击方块图，在弹出的属性对话框中，将“Designator（标识）”设置为“时钟脉冲电路”，将“File Name（文件名）”设置为“时钟脉冲电路.schdoc”。标志符号表示方块的名称，而文件名表示该方块所对应的子电路图的名称。设置后效果，如图 2.5.12 所示。

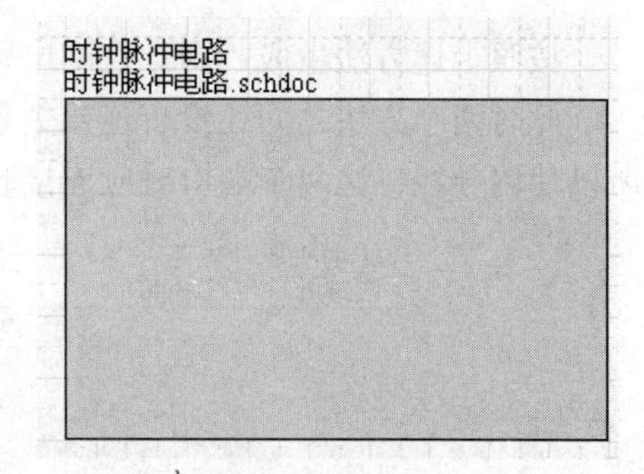

图 2.5.12　时钟脉冲电路方块图

按照上述方法绘制彩灯控制电路所对应的方块图，绘制后的效果如图 2.5.13 所示。

由于两个子电路图之间是通过端口实现连接的，所以需要在方块图“时钟脉冲电路”和“彩灯控制电路”上放置端口，表示连接关系。

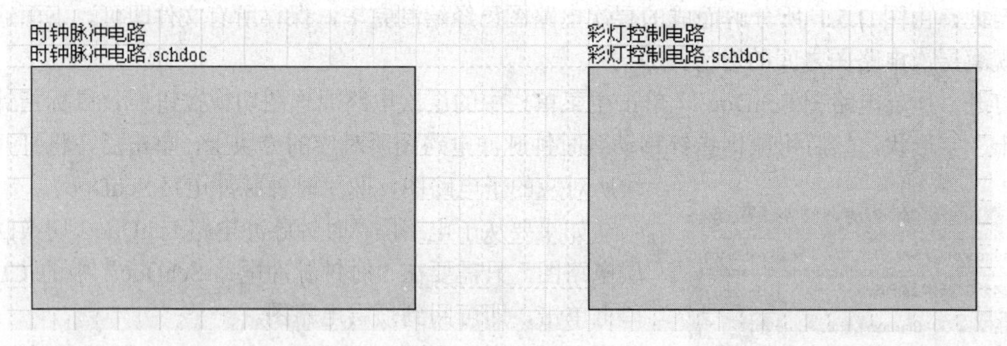

图 2.5.13　两个方块图

在“Wiring（布线）”工具栏中单击“Place Sheet Entry（放置图纸入口）”工具按钮，然后将鼠标指针移动到方块图“时钟脉冲电路”中，第一次单击确定端口在方块图处于上下左右哪一侧，第二次单击确定端口的具体位置。放置好，双击端口，修改属性。“时钟脉冲电路”中的端口的属性是：I/O 类型为“Output（输出）”，名称为 CLK。“彩灯控制电路”中端口的属性是：I/O 类型为“Input（输入）”，名称为 CLK。

然后用导线对应将两个端口连接起来，如图 2.5.14 所示。

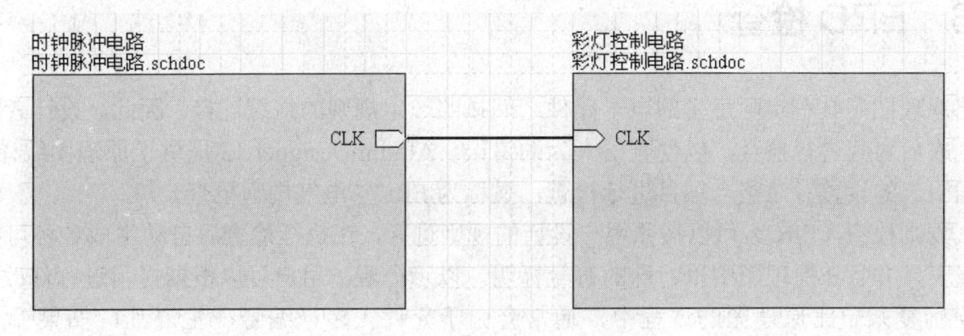

图 2.5.14　连线完毕的方块图

步骤 3：生成子电路图纸并绘制电路。

执行“Design（设计）”→“Creat Sheet From Sheet Symbol（根据方块生成图纸）”命令，鼠标指针将变成“十”字形状，将鼠标指针移动到方块图“时钟脉冲电路”上单击，将生成方块图“时钟脉冲电路”所对应的子电路图纸，图纸上有一个端口，也就是根据方块图“时钟脉冲电路”所自动产生的端口，名称和数量都是和对应方块图中的端口是对应的。在该图纸中绘制如图 2.5.6 所示的电路，需要注意的是，端口已经自动生成，绘制好元件后，只需要把端口移动到合适的位置即可。

按照上述方法，自动生成彩灯控制电路方块所对应的“彩灯控制电路.SchDoc”的图纸，然后绘制如图 2.5.7 所示的电路。绘制完毕后，可以通过层次电路图切换按钮来验证层次电路图之间的对应关系。

以上所述的是自顶向下绘制层次电路图的方法。

2.5.3　实验项目——红外遥控信号转发器电路图的设计

图 2.5.15 是一张红外遥控信号转发器电路图，要求使用层次电路的设计方法来简化电路，将电路图分为两个模块“电路图 1.SchDoc”和“电路图 2.SchDoc”，要求从图中虚线处分开。

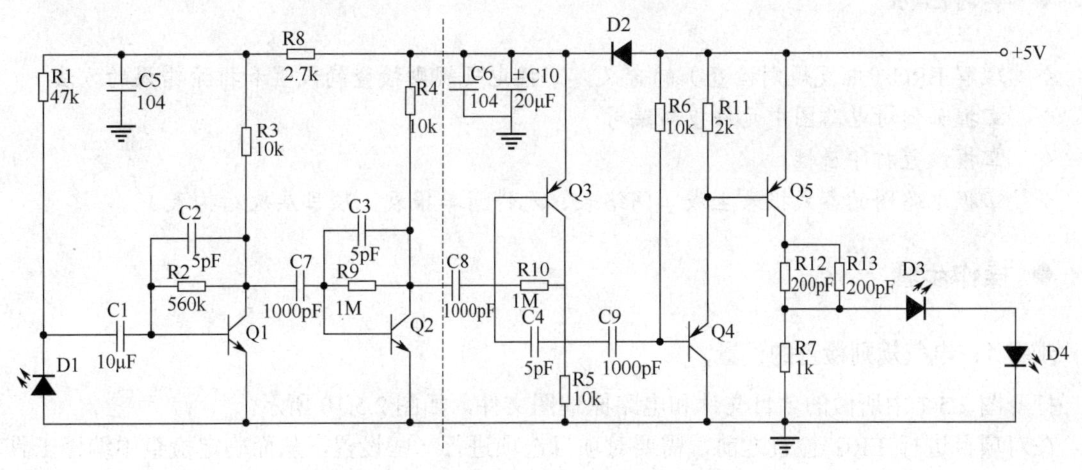

图 2.5.15　红外遥控信号转发器电路图

2.6　ERC 检查

电路原理图是具有实际意义的电子元件之间按照一定规则的组织连接。因此，设计者需要在原理图完成后对其进行检查，以便查出人为的错误。Altium Designer 13 提供了原理图编译功能，能够根据用户的设置，对整个项目进行检查，又称为 ERC（电气规则检查）。

电气规则检查（ERC）可以按照用户设计的规则进行，在执行检查后自动生成各种可能存在错误的报表，并且在原理图中以特殊的符号标明，以示提醒。用户可以根据提示进行修改。

在绘制复杂电路原理图的过程中，通常会由于元件太多，编号产生混乱，如果手工逐个修改，容易出错，而且很浪费时间。Altium Designer 13 提供了元件编号管理功能，可以实现自动重新编号。

在原理图设计完毕后，为了方便查找数据，经常需要打印原理图或输出相关报表。Altium Designer 13 提供了图纸打印和报表输出功能。

下面以图 2.5.1 中所绘制的双向彩灯流动电路图为例，讲解电气规则检查、设置元件编号、打印设置及各种报表的生成。

2.6.1　训练微项目——双向彩灯流动电路的编译及报表的生成

以图 2.5.1 中绘制的双向流动彩灯电路图为操作对象，按照如下要求进行操作：

（1）对电路图进行 ERC 电气规则检查，并排除查找出的错误。

（2）对电路图中包含的所有元件重新编号。

（3）进行打印设置。

（4）生成网络表。

（5）生成元件清单报表。

（6）生成项目层次结构表。

◆ 学习目标

✧　理解 ERC（电气规则检查）的含义，掌握电气规则检查的设置和排除错误的方法

✧　掌握如何对电路图中元件重新编号

✧　掌握设置打印属性

✧　掌握电路图的各式报表生成（网络表、元件清单报表、项目层次结构表）

◆ 操作步骤

步骤 1：电气规则检查的设置。

打开图 2.5.1 中所做的项目文件和电路原理图文件，如图 2.5.10 所示。

在对项目进行 ERC 检查之前，需要对项目选项进行一些设置，从而确定检查中编译工具对项目所做的具体工作。

执行“Project（项目）”→“Project Options（项目参数）”命令，系统将弹出如图 2.6.1 所示的对话框。该对话框主要对 ERC 检查内容和产生错误报告的类型进行一些设置。

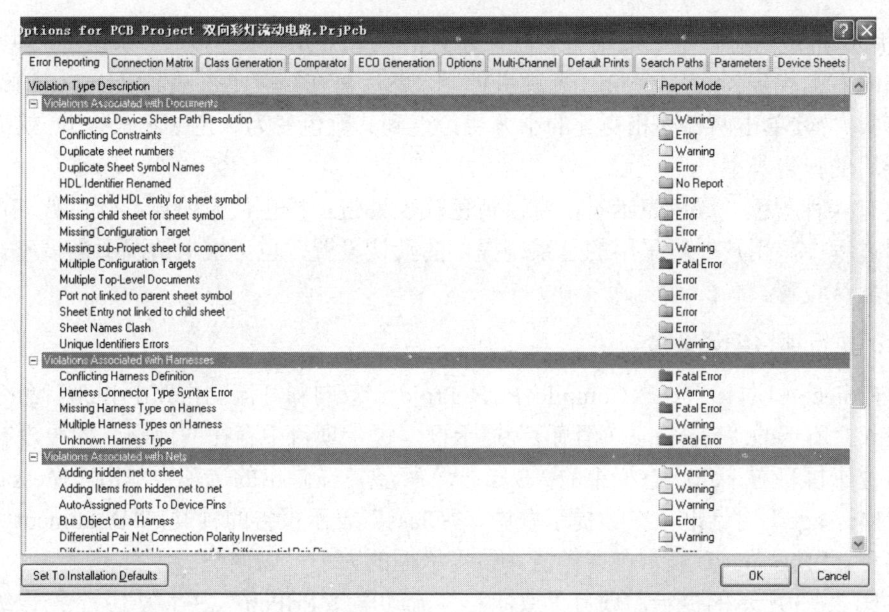

图 2.6.1　“Project Options（项目参数）”设置对话框

下面主要对常用的“Error Reporting”和“Connection Matrix”两个标签做一些介绍。

1. “Error Reporting”标签

在该标签中，可以设置所有可能出现的错误的报告类型。错误报告类型可以分为四种：“Error（错误）”、“Warning（警告）”、“Fatal Error（严重警告）”、“No Report（不报告）”。

如果用户希望当在项目中出现“Floating Net Labels（网络标号悬浮）”（位置错误）这样的错误时，系统的报告类型为“Error（错误）”。用户可以在该标签中的错误类型“Floating Net Labels”后单击，将错误类型选择设置为“Error（错误）”。

2. “Connection Matrix”标签

该标签中的选项也是用来设置错误的报告类型的，如图 2.6.2 所示。用户也可以在其中设置产生错误的报告类型。

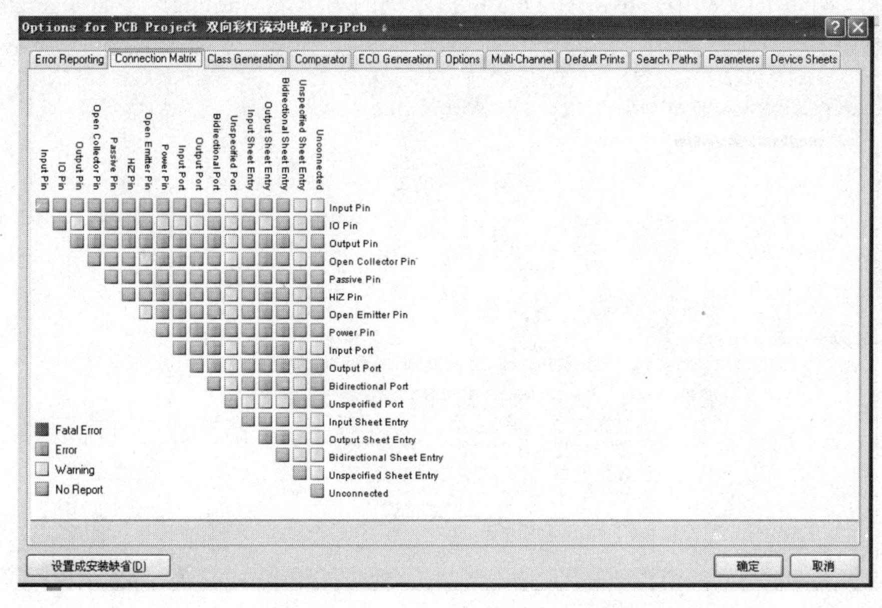

图 2.6.2　电气连接矩阵设置对话框

例如，用户希望当进行电气规则检查时，对于元件无源引脚未连接时，系统不产生报告信息，可以在矩阵的右侧找到“Passive pin（无源引脚）”，然后再在矩阵上部找到“Unconnnected（未连接）”这一列，持续单击两行列相交处的小方块，直到其颜色变为绿色（不报告），就可以改变电气规则检查后的报告类型。

小方块有 4 种颜色：绿色表示不报告；黄色代表警告；橙色代表错误；红色代表严重错误。在实际使用过程中，用户一般采用的是系统提供的默认设置，也可根据情况适当调整。本例中，采用系统的默认设置。

步骤 2：执行项目编译命令。

执行“Project（项目）”→“Compile PCB Project 双向彩灯流动电路.PrjPcb”命令，系统会弹出如图 2.6.3 所示的“Message（消息）”提示框，提示项目中存在的问题。如果没有出现提示框，则单击位于屏幕右下角状态栏中的“System”标签，在弹出的选项中单击“Message”标签，可以打开“Message”对话框。在该提示框中，“Class”表示报告的种类，“Document”表示报告对象文档名称，“Message”表示错误详情。该提示框的大小可以调整。

根据如图 2.6.3 所示的提示，项目“双向彩灯流动电路.PrjPcb”中存在 10 个警告级别的错误和 1 个提示。

Messages

Class	Document	Sou...	Message	Time	Date	N..
[W...	彩灯控制...	Com...	Adding items to hidden net GND	下午 1...	2015-1...	1
[W...	彩灯控制...	Com...	Adding items to hidden net VCC	下午 1...	2015-1...	2
[W...	顶层电路...	Com...	Component U4 SN74LS20D has unused sub-part (2)	下午 1...	2015-1...	3
[W...	顶层电路...	Com...	Component U5 SN74LS04D has unused sub-part (2)	下午 1...	2015-1...	4
[W...	顶层电路...	Com...	Component U5 SN74LS04D has unused sub-part (3)	下午 1...	2015-1...	5
[W...	顶层电路...	Com...	Component U5 SN74LS04D has unused sub-part (4)	下午 1...	2015-1...	6
[W...	顶层电路...	Com...	Component U5 SN74LS04D has unused sub-part (5)	下午 1...	2015-1...	7
[W...	顶层电路...	Com...	Component U5 SN74LS04D has unused sub-part (6)	下午 1...	2015-1...	8
[W...	顶层电路...	Com...	Component U6 SN74LS08D has unused sub-part (4)	下午 1...	2015-1...	9
[W...	时钟脉冲...	Com...	Net NetC1_2 has no driving source (Pin C1-2,Pin R11-2,Pin...	下午 1...	2015-1...	10
[In...	双向彩灯...	Com...	Compile successful, no errors found.	下午 1...	2015-1...	11

图 2.6.3　“Message”提示框

双击“Warning”旁边的小方块，将会弹出一个消息框，提示和这个错误相关的具体信息，同时切换到可能出错的文档中。单击图 2.6.3 中提示框的第一条 Warning，界面如图 2.6.4 所示。

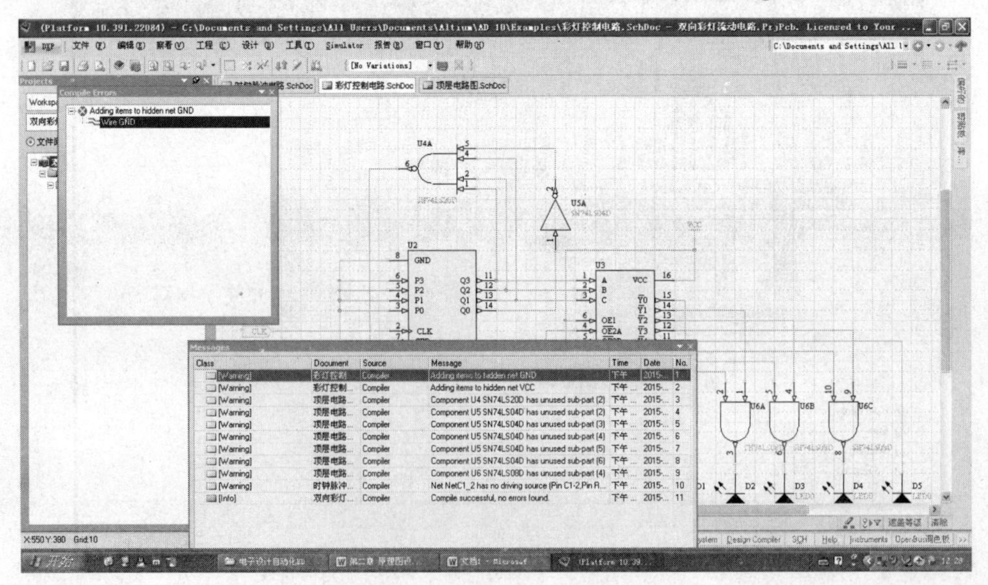

图 2.6.4　Warning 界面

该条错误提示的内容是“Adding items to hidden net GND”，指的是图中有GND隐藏引脚未连接，该种错误可以忽略。可以将图2.6.1所示对话框中的“Adding items from hidden net to net”报告类型设置为“No Report（不报告）”。

再次执行“Project（项目）”→“Compile PCB Project 双向彩灯流动电路.PrjPcb”命令，系统会弹出如图2.6.5所示的“Message（消息）”提示框，该提示框中不再提示“Adding items to hidden net GND”内容。提示框中有7条提示内容类型相同“Component ** has unused sub_part”，提示的是U4\U5\U6有未使用的子件，该条Warning也可以忽略。最后一条Warning是“Net Net C1-2 has no driving source”，指的是C1无驱动源。本设计中无须驱动源，所以也可以忽略。提示框的最后一条信息是“Compile successful, no errors found”，指的是编译成功，系统无错。上述Warning只是系统给出的提示，并非错误。

Messages

Class	Document	Source	Message	Time	Date	No.
[Warning]	顶层电路...	Compiler	Component U4 SN74LS20D has unused sub-part (2)	下午 ...	2015-...	1
[Warning]	顶层电路...	Compiler	Component U5 SN74LS04D has unused sub-part (2)	下午 ...	2015-...	2
[Warning]	顶层电路...	Compiler	Component U5 SN74LS04D has unused sub-part (3)	下午 ...	2015-...	3
[Warning]	顶层电路...	Compiler	Component U5 SN74LS04D has unused sub-part (4)	下午 ...	2015-...	4
[Warning]	顶层电路...	Compiler	Component U5 SN74LS04D has unused sub-part (5)	下午 ...	2015-...	5
[Warning]	顶层电路...	Compiler	Component U5 SN74LS04D has unused sub-part (6)	下午 ...	2015-...	6
[Warning]	顶层电路...	Compiler	Component U6 SN74LS08D has unused sub-part (4)	下午 ...	2015-...	7
[Warning]	时钟脉冲...	Compiler	Net NetC1_2 has no driving source (Pin C1-2,Pin R...	下午 ...	2015-...	8
[Info]	双向彩灯...	Compiler	Compile successful, no errors found.	下午 ...	2015-...	9

图2.6.5　“Message”提示框

在实际工作和学习中，用户所遇到的问题可能很多，Altium Designer 13给出的编译信息并不都是准确的。用户可以根据自己的设计思想和原理判断错误信息。

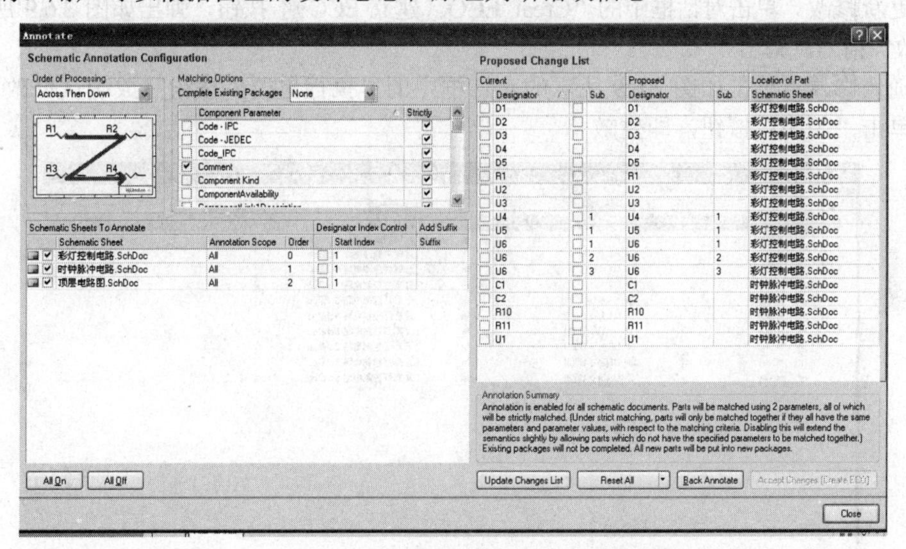

图2.6.6　“Annotate（注释）”对话框

步骤3：元件编号重新排列。

对于复杂电路，如果元件很多，则编号很容易混乱。如果采用手工修改，不但浪费时间，还很容易出错。而Altium Designer 13提供了元件编号管理功能。可以对编号自动按照一定的规则重新排列。

下面以“双向流动彩灯电路”为例，具体介绍元件编号管理功能。

（1）执行“Tools（工具）”→“Annotate Schematics（注释原理图）”命令，将弹出“Annotate（注释）”对话框，如图2.6.6所示。

（2）选择编排方法。对话框左上角的“Order of Processing（处理顺序）”下拉列表中提供了4

种编号的编排方法：

① “Up Then Across”：从下到上、从左到右重新排列元件编号。

② “Down Then Across”：从上到下、从左到右重新排列元件编号。

③ “Across Then Up”：从左到右、从下到上重新排列元件编号。

④ “Across Then Down”：从左到右、从上到下重新排列元件编号。

当用户选择了某种编排方法时，列表框下方将出现一个图形，能够形象地说明该种排列方法。

本例中，选择“Up Then Across”排列方法，即从下到上、从左到右排列。

（3）重新编号。单击对话框中的“Reset All”按钮，将删除原理图中的所有编号，便于重新编号。系统会弹出如图 2.6.7 所示的对话框，提示用户原理图中发生了哪些变化。本例提示的是共产生了 18 个变化。

（4）重新编号。单击对话框中的“Update Changes List（更新更改列表）”按钮，系统将会弹出信息提示框，提示重新编号后，和原来的图形比较，有多少元件编号发生了变化，如图 2.6.8 所示。提示原图中共有 10 处发生了变化。

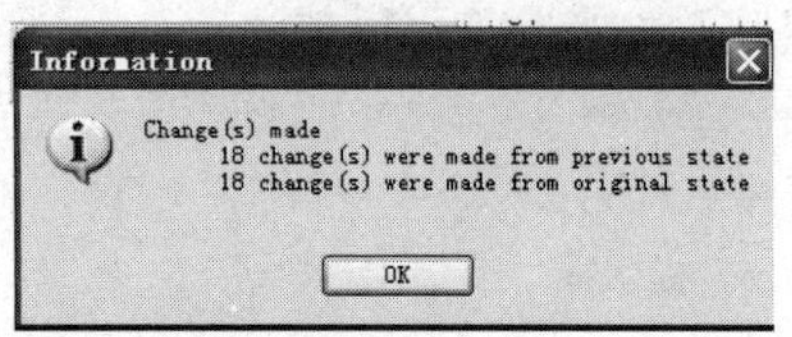

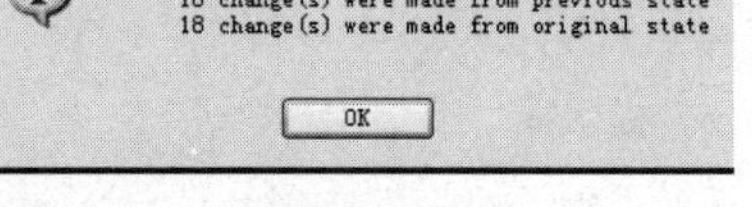

图 2.6.7　元件编号删除提示对话框

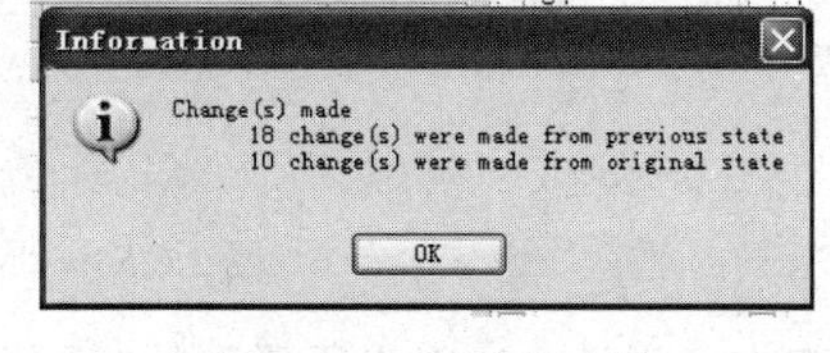

图 2.6.8　信息提示框

（5）更新修改。单击对话框中的“Creat ECO（建立 ECO）”按钮，弹出如图 2.6.9 所示的对话框，将更改详情一一列出。

（6）确认修改。单击如图 2.6.9 所示的对话框中的“执行更改”按钮完成确认修改。

（7）单击“关闭”按钮，即生效。

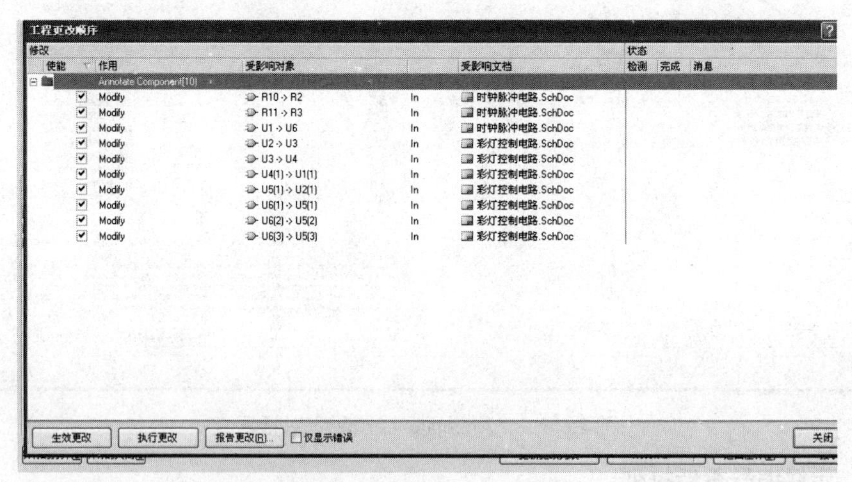

图 2.6.9　项目变化订单对话框

步骤 4：打印输出。

用户在打印之前，一般需要先进行页面设置，然后进行打印设置。

1. 页面设置

页面设置的主要作用是设置纸张大小、纸张方向、页边距、打印缩放比例、打印颜色设置等。

执行“File”→“Page Setup”命令，将弹出如图 2.6.10 所示的对话框，该对话框中各选项的功能如下。

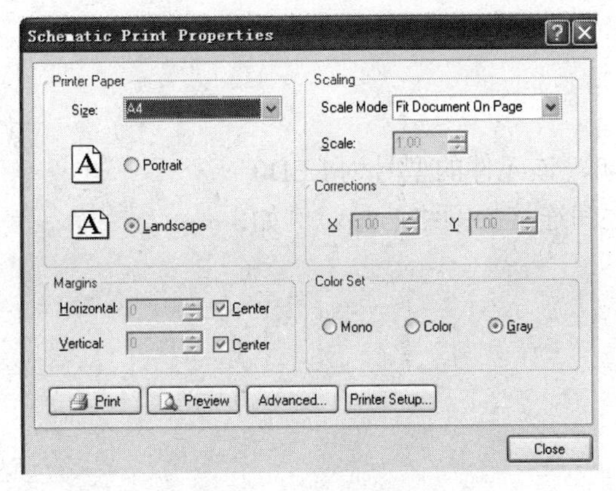

图 2.6.10　页面设置对话框

（1）“Size”用于设置打印纸张的大小，可以在其后的下拉列表中选择。

（2）“Portrait”表示将图纸设置为横向放置。

（3）“Landscape”表示将图纸设置为纵向放置。

（4）“Margins”用于设置纸张的边缘到图框的距离，分为水平距离和垂直距离。

（5）“Scale Mode”用于设置打印时的缩放比例。电路图纸的规格与普通打印纸的尺寸规格不同。当图纸的尺寸大于打印纸的尺寸时，用户可以在打印输出时对图纸进行一定的比例缩放，从而使图纸能在一张打印纸中完全显示。

有两种刻度模式可供选择：

① “Fit Document On Page”表示根据打印纸张大小自动设置缩放比例来输出原理图。

② “Scaled Print”用于自行设置打印缩放比例。当选择该项后，可以在“Corrections”下设置 X 和 Y 方向的缩放比例。

（6）“Color Set”用于颜色的设置。“Mono”表示将图纸单色输出；“Color”表示将图纸彩色输出；“Gray”表示将图纸灰色输出。

本例中，将图纸大小设置为 B5，放置方式设置为横向，图纸单色输出。

2．打印设置

执行“File”→“Print”命令，打开打印设置对话框。在该对话框中可以选择打印机的名称、打印范围、打印份数等。用户可以根据具体工作要求进行设置。设置如后，如果用户的计算机已经连接了打印机，就可以打印了。

步骤 5：生成网络表。

网络表是反映原理图中元器件之间连接关系的一种文件，它是原理图与印制电路板之间的一座桥梁。在制作印制电路板的时候，主要是根据网络表来自动布线的。网络表也是 Altium Designer 13 检查、核对原理图及 PCB 是否正确的基础。

网络表可以由原理图文件直接生成，也可以在文本编辑器中由用户手动编辑完成，也可以在 PCB 编辑器中，由已经布好线的 PCB 图导出网络表。网络表中主要包含元件的信息和元件之间连接的网络信息。

生成网络表的步骤如下：

（1）打开文件“双向流动彩灯电路.PrjPcb”及其下的原理图纸。

（2）执行“Design”→“NetList for Project”→“Protel”命令，就会生成“双向流动彩灯电路.Prjpcb”项目文件中原理图所对应的网络表文件，如图 2.6.11 所示。双击即可打开网络表文件“顶层电路图.NET”。

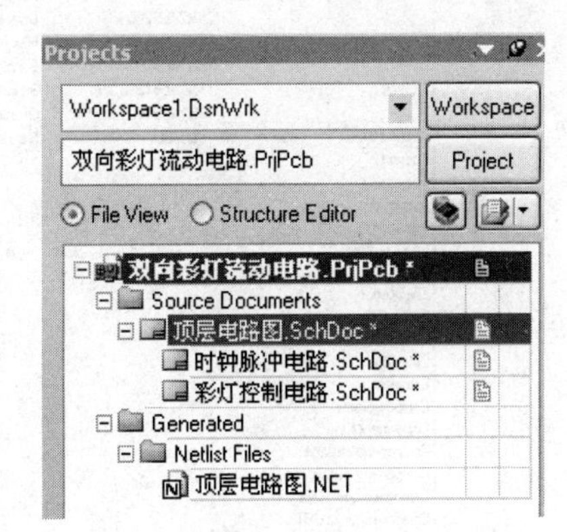

图 2.6.11　生成的网络表文件

在网络表文件中，包含两部分信息：元件信息及元件之间连接的网络信息。

网络表文件中前面部分的[ ]中列出的是元件信息。例如：

[

D1

LED-0

LED0

]

列出的是元件 D1 的信息，该元件的封装为 LED-0，该元件的型号为 LED0。

网络表文件中后面部分的（ ）中列出的是元件之间连接的网络信息。例如：

(
VCC
R1-1
R2-2
U1-14
U2-14
U3-1
U3-7
U3-10
U4-6
U4-16
U5-14
U6-4
U6-8
)

表示网络名为 VCC，其中所包含的引脚有 R1 的引脚 1、R2 的引脚 2、U1 的引脚 14、U2 的引脚 14、U3 的引脚 1、U3 的引脚 7、U3 的引脚 10、U4 的引脚 6、U4 的引脚 16、U5 的引脚 14、U6 的引脚 4 和引脚 8。

步骤 6：生成元件清单报表。

元件清单报表包括原理图中所有的元件信息。如果需要采购原理图中的所有元件，则可以生成元件清单报表，按照元件清单报表去购买。

执行“Reports”→“Bill of Materials”命令，打开元件清单报表对话框，如图 2.6.12 所示。

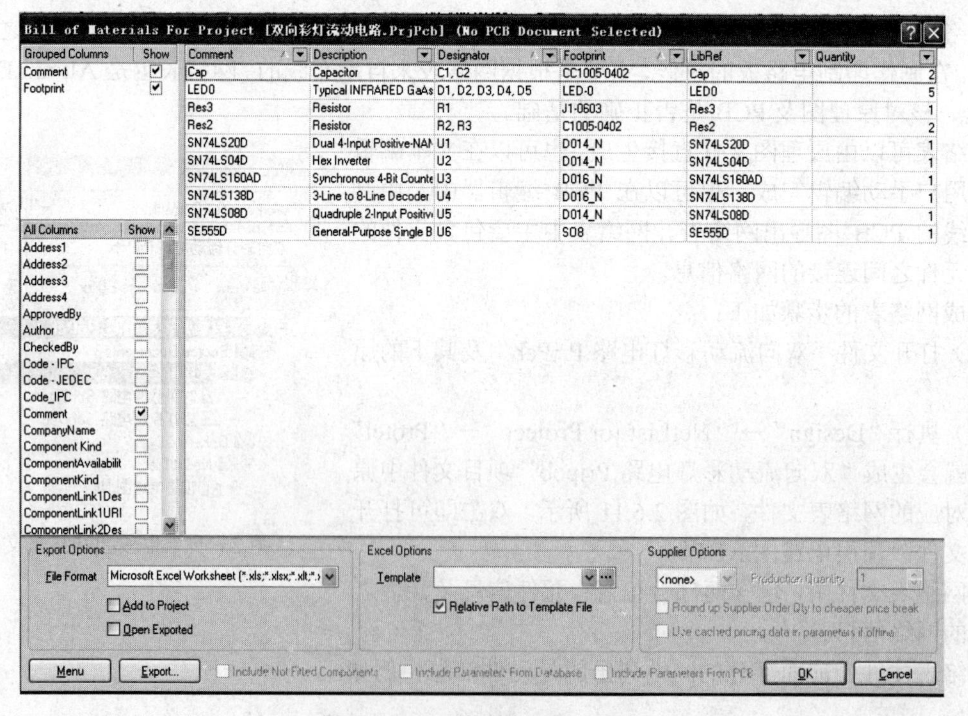

图 2.6.12　元件清单报表对话框

对话框的右边列出了要产生的元件的列表信息。

单击“Export（输出）”按钮，将弹出如图 2.6.13 所示的输出对话框。

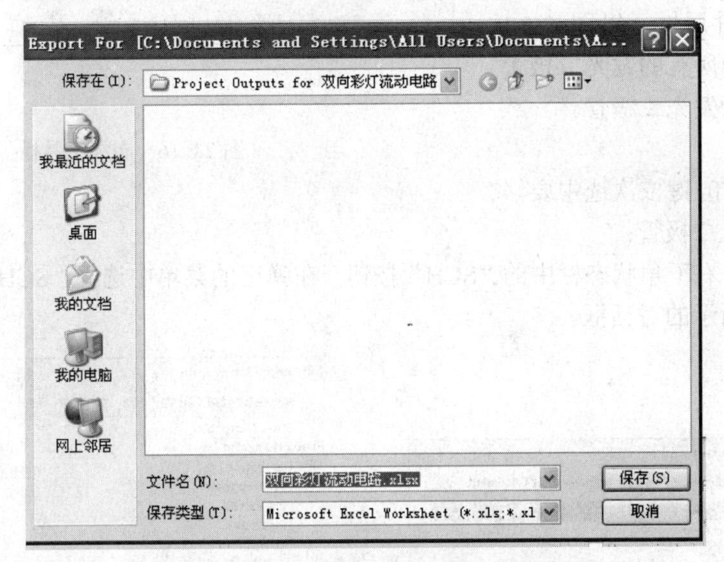

图 2.6.13　项目清单输出对话框

在该对话框中设置保存的名称，选择保存的类型和位置，即可将元件清单输出到指定的文件中了。

该项目元件清单如图 2.6.14 所示。

步骤 7：生成项目结构图。

执行“Report”→“Report Project Hierarchy”命令，即可生成该项目结构的项目结构图“顶层电路图.REP”，如图 2.6.15 所示。

	A	B	C	D	E	F
1	Comment	Description	Designator	Footprint	LibRef	Quantity
2	Cap	Capacitor	C1, C2	CC1005-0402	Cap	2
3	LED0	Typical INFRARED GaAs	D1, D2, D3, D4, D5	LED-0	LED0	5
4	Res3	Resistor	R1	J1-0603	Res3	1
5	Res2	Resistor	R2, R3	C1005-0402	Res2	2
6	SN74LS20D	Dual 4-Input Positive-NAN	U1	D014_N	SN74LS20D	1
7	SN74LS04D	Hex Inverter	U2	D014_N	SN74LS04D	1
8	SN74LS160AD	Synchronous 4-Bit Counte	U3	D016_N	SN74LS160AD	1
9	SN74LS138D	3-Line to 8-Line Decoder	U4	D016_N	SN74LS138D	1
10	SN74LS08D	Quadruple 2-Input Positive	U5	D014_N	SN74LS08D	1
11	SE555D	General-Purpose Single B	U6	SO8	SE555D	1

图 2.6.14　双向彩灯流动电路元件清单

图 2.6.15　项目结构图

2.6.2　知识库

1. 忽略 ERC 检查

电气规则检查并不能检查出原理图功能结构方面的错误，也就是说，假如用户设计的电路图原理方面实现不了，ERC 是无法检查出来的。ERC 能够检查出一些人为的疏忽，如元件引脚忘记连接了，或是网络标号重复了等。

如果用户在设计时，某个元件确实不需要连接，则可以忽略该检查。可以在忽略检查的地方放置一个“忽略 ERC”检查点。该工具在“配线”工具栏中，如图 2.6.16 所示。

2．全局属性修改

所谓全局属性修改，就是批量修改电路图中的元件属性。以图 2.5.1 为例，要求将其中所有的发光二极管名称由 LED0 改为发光二极管。

图 2.6.16　布线工具栏

方法如下。

（1）按住 Shift 键依次选中要修改属性的 5 个发光二极管；

（2）单击窗口右下角状态栏中的“SCH”按钮，在弹出的菜单中选择“SCH Inspector”选项，弹出如图 2.6.17 所示的对话框。

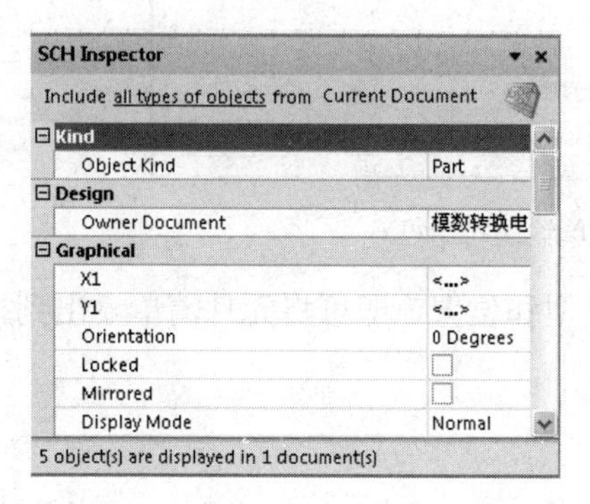

图 2.6.17　“SCH Inspector”对话框

图 2.6.18　找到“Part Comment”项

（3）拖动对话框右侧的滚动条，找到 Part Comment 项，将其后的“LED-0”修改为“发光二极管”，如图 2.6.18 所示。按 Enter 键确定后，关闭对话框即可。

以此类推，用户如果需要修改其他相关属性，参照此方法即可。

2.6.3　实验项目——晶闸管控制闪光灯电路的设计

绘制出如图 2.6.19 所示的晶闸管控制闪光灯电路，检查 ERC 错误，并根据提示修改错误，按照 Across Then Up 方式自动编号，生成网络表、元件清单表。

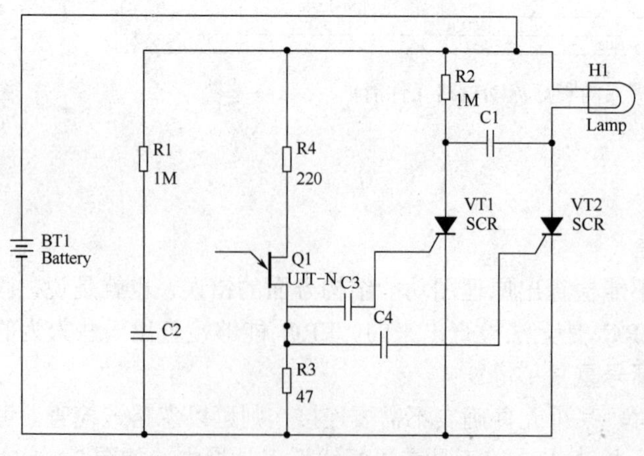

图 2.6.19　晶闸管控制闪光灯电路

2.7 元件库设计

Altium Designer 13 为用户提供了非常丰富的元器件库，其中包含了世界著名的大公司生产的各种常用的元器件。

但是在电子技术日新月异的今天，每天都会诞生新的元器件，所以用户在绘制原理图的过程中，经常会遇到器件查找不到的情况或是库中的器件和需要的元件外观不一样。那该怎么办呢？

当需要使用库中不存在的元器件时，用户可以自己绘制完成。Altium Designer 13 提供了强大的元件编辑功能，用户可以根据自己的要求修改系统提供的元件，也可以根据实际需要创建新的元件库，并在其中设计自己需要的元件。

下面通过实例介绍如何创建元件库，以及如何在库中创建元件。

2.7.1 训练微项目——74XX 系列元件的设计

要求新建一个元件库文件“74XX.SchLib”，在其中创建如下元件。

1．74LS138

创建一个 3-8 译码器元件 74LS138，该元件共包含 16 个引脚，如图 2.7.1 所示。各引脚 I/O 属性如下。

（1）1、2、3、4、5、6 引脚是 Input 引脚。

（2）7、9、10、11、12、13、14、15 是 Output 引脚。

（3）8 和 16 是 Power 引脚，属性为隐藏。

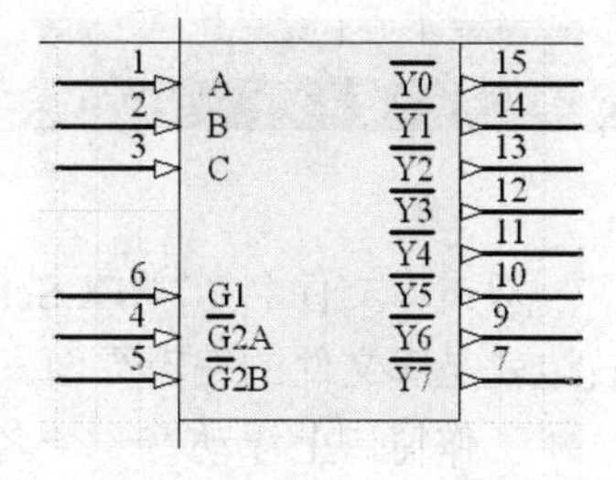

图 2.7.1　74LS138 引脚图

2．74LS00

在元件库文件“74XX.SchLib”中添加一个名为 74LS00 的器件，该器件包含 4 个子件，如图 2.7.2 所示。

1、2、4、5、9、10、12、13 引脚为输入；3、6、8、11 引脚是输出，另外有一个电源引脚 VCC，编号为 14，隐藏；一个接地引脚 GND，编号为 7，隐藏。

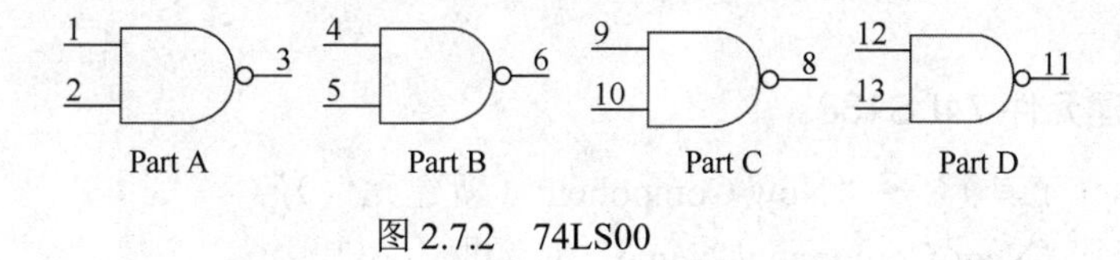

图 2.7.2　74LS00

◆ 学习目标

✧　熟悉原理图库文件编辑器的环境

✧　掌握创建库文件和元件的方法

✧　掌握创建各种原理图符号的方法

◆ 执行步骤

步骤 1：新建库文件。

执行“File（文件）”→“New（新建）”→“Library（库）”→“Schematic Library（原理图

库）”命令，创建了一个原理图库文件，保存为“74XX.SchLib”，如图 2.7.3 所示。

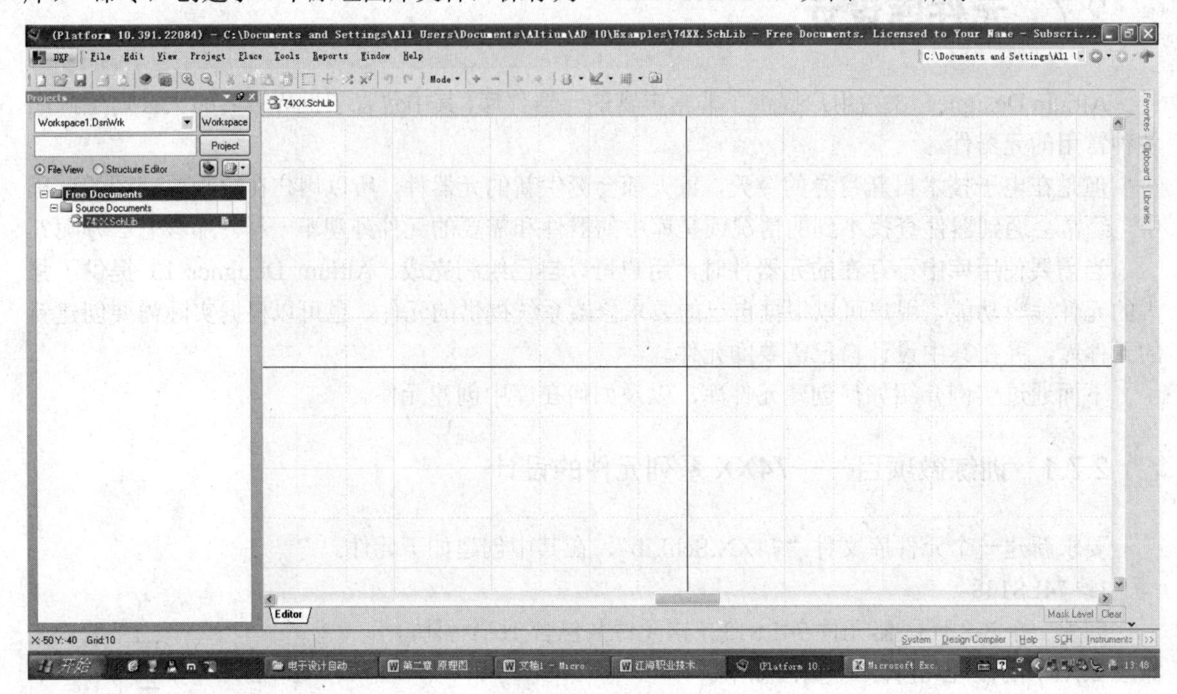

图 2.7.3　新建库文件

双击库文件名“74XX.SchLib”，打开库文件。此时窗口的右边就是库文件的编辑界面。

工作窗口上浮动着一个名为“SCH Library”的工作面板，该面板主要是对原理图元件库中的元件进行管理，如图 2.7.4 所示。

单击窗口右下角状态栏上的“SCH”按钮，在弹出的菜单中选择“SCH Library”选项，可以打开或关闭“SCH Library”的工作面板。

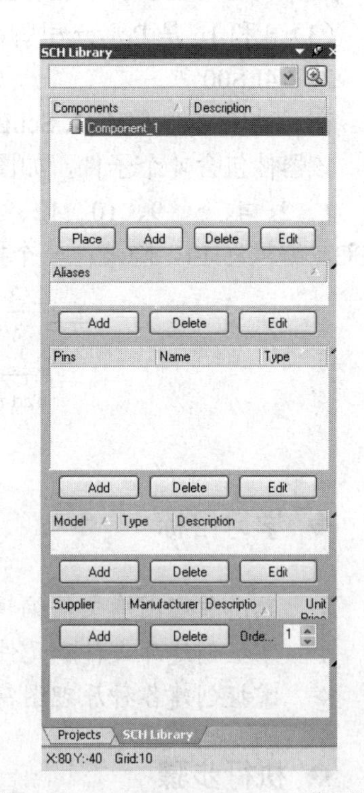

图 2.7.4　“SCH Library”工作面板

步骤 2：创建元件 74LS138。

执行“Tools（工具）”→“New Component（新建元件）”命令，将弹出一个“New Component Name”对话框，在其中输入要创建的元件名称“74LS138”，如图 2.7.5 所示。

该命令的执行也可以通过单击“SCH Library”工作面板中的“Add（追加）”按钮执行。

步骤 3：绘制 74LS138 的矩形框。

单击实用工具栏中的“Place Rectangle（绘制矩形）”按钮，如图 2.7.6 所示。移动鼠标指针到图纸的参考点上，在第四象限的原点处单击鼠标确定矩形的左上角点。然后拖动鼠标画出一个矩形，再次单击确定矩形的右下角点，如图 2.7.7 所示。

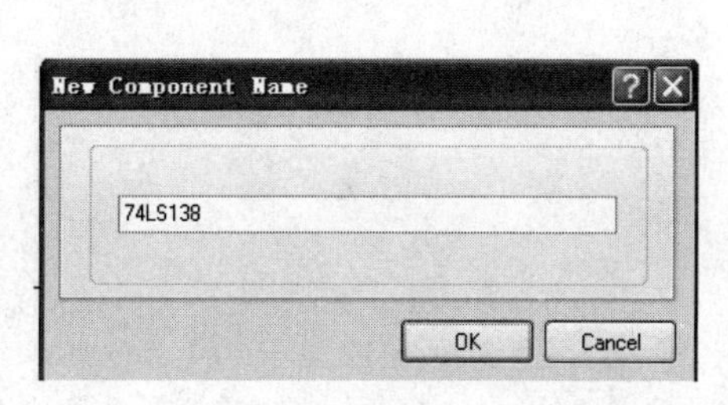

图 2.7.5　“New Component Name”对话框

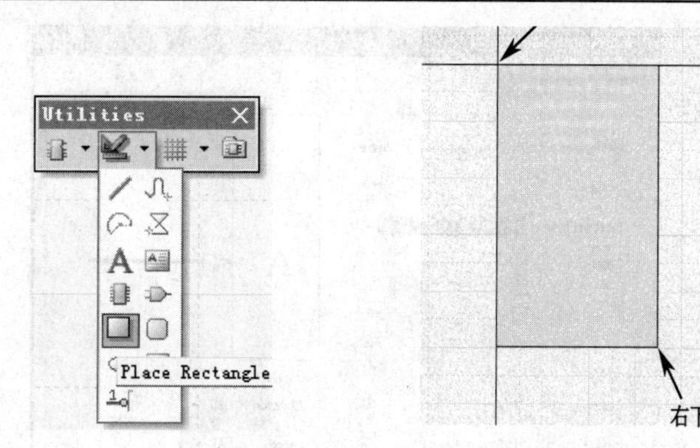

图 2.7.6　“Place Rectangle（绘制矩形）”按钮　图 2.7.7　绘制矩形框

步骤 4：放置 74LS138 的引脚。

单击实用工具栏中的“放置引脚”工具按钮，如图 2.7.8 所示。

此时鼠标指针会变成“十”字形状，并且伴随着一个引脚的浮动虚影，移动鼠标指针到目标位置，单击就可以将该引脚放置到图纸上。需要注意的是，在放置引脚时，有“米”字形状电气捕捉标志的一端应该是朝外的。

在放置过程中可以按空格键旋转引脚。

按照图 2.7.9 放置好 74LS138 的 16 个引脚。

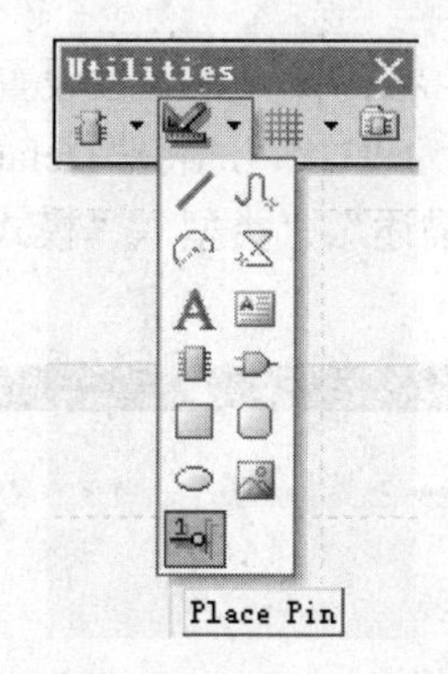

图 2.7.8　“Place Pin（绘制引脚）”按钮

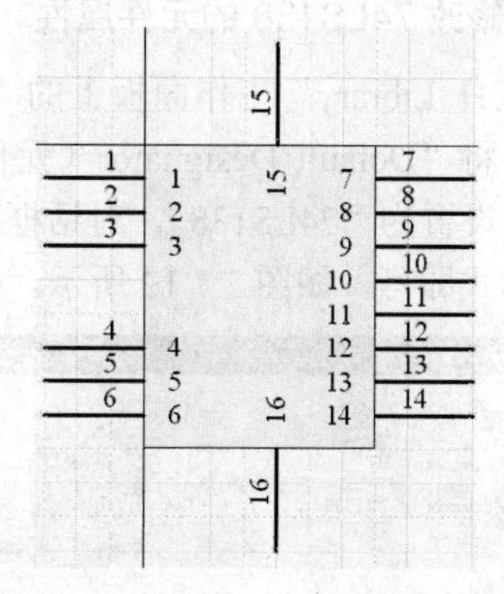

图 2.7.9　放置好引脚的 74LS138

步骤 5：修改 74LS138 的引脚属性。

下面以图 2.7.9 中的 1 引脚、15 引脚、16 引脚为例，介绍引脚属性的设置。

将鼠标指针对准 1 引脚双击，可以打开该引脚所对应的“Pin Properties（引脚属性）”对话框。将“Display Name（显示名称）”改为“A”，“Designator（编号）”设置为“1”，将“Electrical Type（电气类型）”设置为“Input”，如图 2.7.10 所示。

将鼠标对准 15 引脚双击，打开引脚的属性对话框，将“Display Name（显示名称）”改为“Y\0\”，将“Designator（编号）”设置为“15”，将“Electrical Type（电气类型）”设置为“Output”。

将鼠标对准 16 引脚单击，打开引脚属性对话框，将“Display Name（显示名称）”设置为 VCC，“Designator（编号）”设置为“16”，“Electrical Type（电气类型）”设置为“Power”。选中“隐藏”后的复选框，将该引脚设置为隐藏。隐藏的引脚将变得不可见。

按照以上方法，将所有引脚属性设置好后的效果，如图 2.7.11 所示。

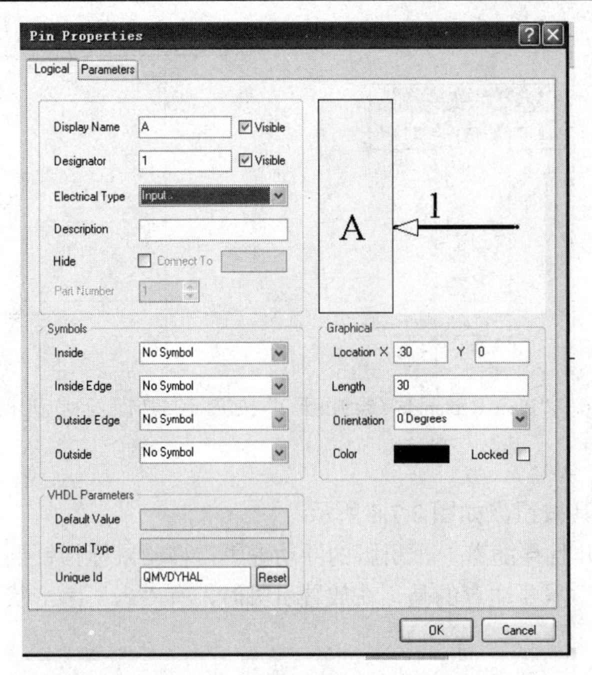

图 2.7.10　“Pin Properties（引脚属性）”对话框

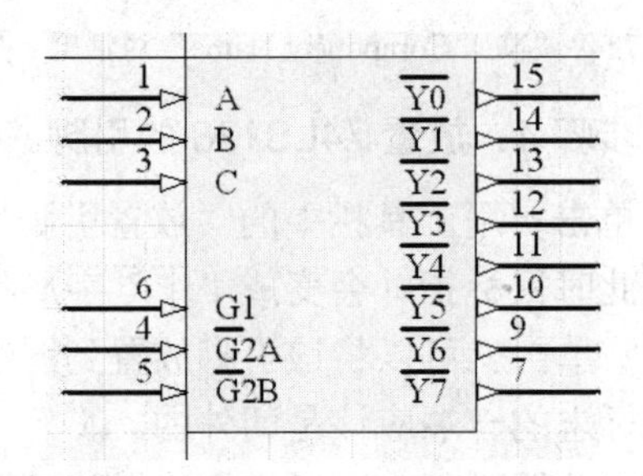

图 2.7.11　设置好引脚属性的 74LS138

步骤 6：修改 74LS138 的元件属性。

单击“SCH Library”工作面板上的“Edit（编辑）”按钮，将打开元件属性设置对话框。在该对话框中，将“Default Designator（元件的默认编号）”设置为“U？”，将“Default Comment（默认注释）”设置为“74LS138”。对话框下方的“库参考”、“描述”、“类型”、“模式”等设置可以采用默认形式即可，如图 2.7.12 所示。

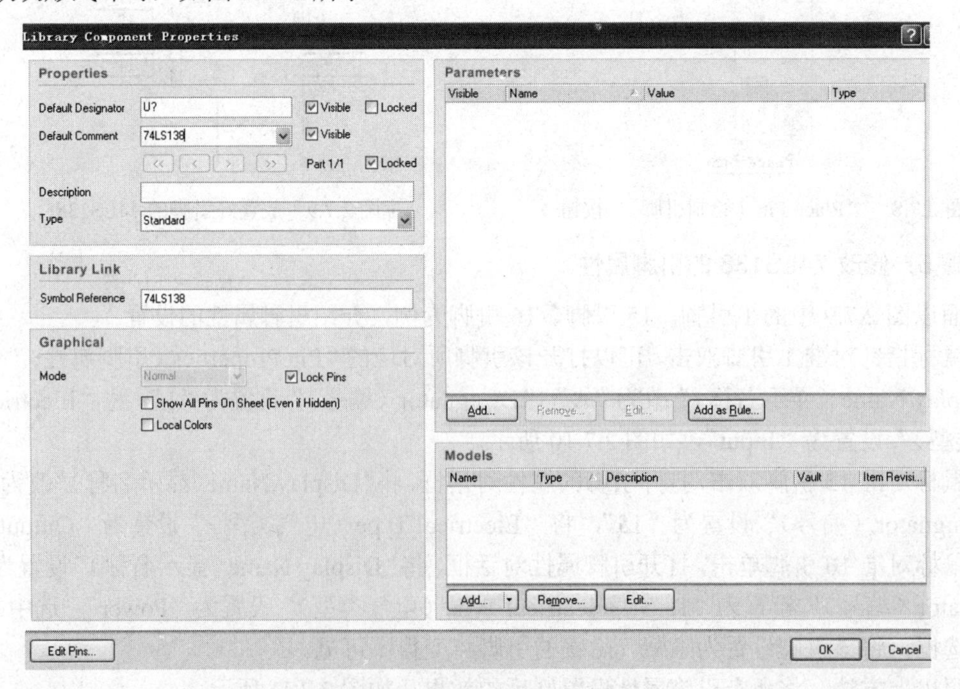

图 2.7.12　元件属性设置对话框

以上步骤完成了元件 74LS138 的设计。下面介绍 74LS00 的设计过程。

步骤 7：创建元件 74LS00。

执行“Tools”→“New Component（新建元件）”命令，在弹出的“New Component Name”对话框中输入新建元件的名称“74LS00”，单击“OK”按钮。

在 SCH Library 面板中可以看到此时元件库包括一个空元件 Component_1、74LS138、74LS00，如图 2.7.13 所示。

图 2.7.13　SCH Library 面板

在 Component_1 空元件上右击，在弹出的快捷菜单中选择“Delete”选项，将该空元件删除。

步骤 8：74LS00 中 Part A 的绘制。

Part A 由三根直线和一个圆弧所构成，绘制过程如下。

（1）绘制直线：单击实用工具栏上的“放置直线”按钮，如图 2.7.14 所示。移动鼠标指针到图纸中，第一次单击确定直线的起点；然后拖动鼠标指针到合适的位置，第二次单击确定直线的拐点，再次移动鼠标指针在第三处单击确定拐点，以此类推，完成如图 2.7.15 所示图形的绘制。

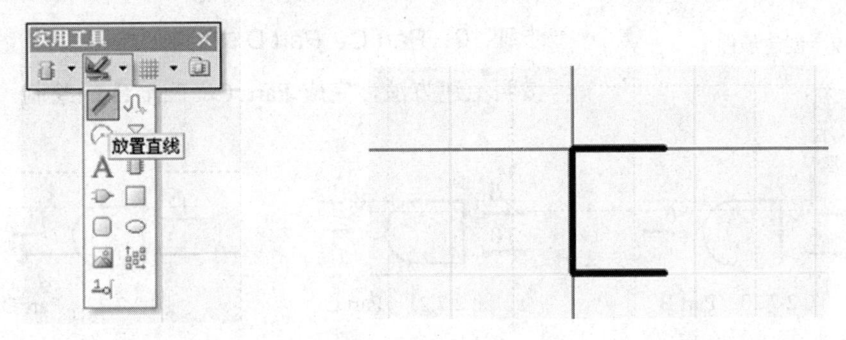

图 2.7.14　“放置直线”按钮　　图 2.7.15　绘制直线

（2）绘制圆弧：单击工具栏中的放置椭圆弧按钮，如图 2.7.16 所示。然后移动鼠标指针到如图 2.7.17 所示的“1 点”单击确定圆心，然后将鼠标移动到“2 点”单击确定圆弧的长轴半径（第 2 次单击点到圆心的距离），移动到“3 点”处单击确定短轴半径（第 3 次单击点距离圆心的距离，长轴半径和短轴半径是一样的），移动到“3 点”处单击确定圆弧的起点，“2 点”处单击确定圆弧的终点。单击右键退出。

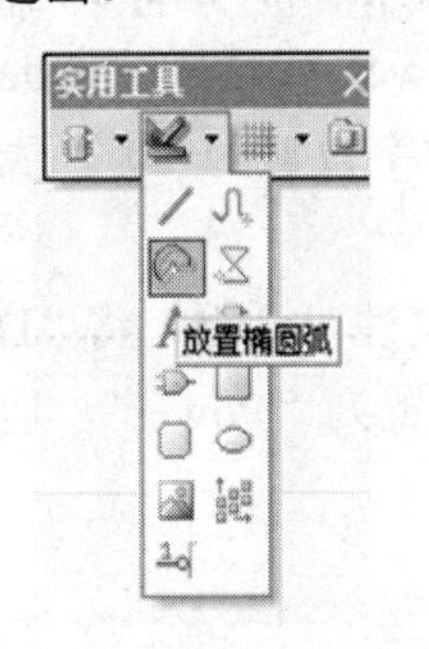

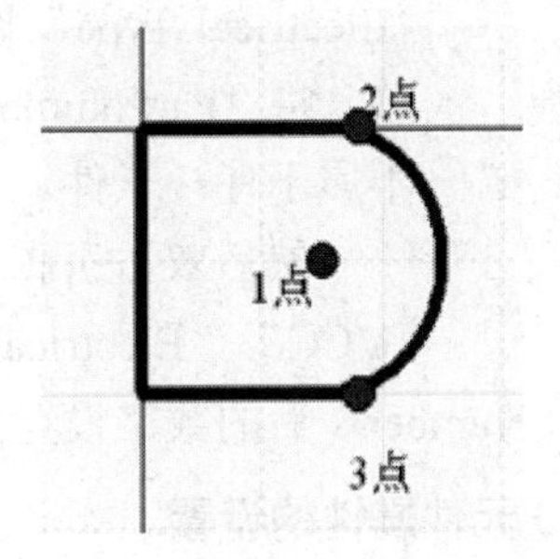

图 2.7.16　“放置椭圆弧”按钮　　图 2.7.17　确定圆心

放置引脚：参照图 2.7.2，放置三个引脚，如图 2.7.18 所示。

引脚 1，Display Name 设置为不可视，Designator 设置为 1，Electrical Type 为 Input；

引脚 2，Display Name 设置为不可视，Designator 设置为 2，Electrical Type 为 Input；

引脚 3，Display Name 设置为不可视，Designator 设置为 3，Electrical Type 为 Output；Outside

Edge 设置为 Dot。

步骤 9：Part B 的绘制。

执行“Tools”→“New Part（创建子件）”命令，系统会再次自动打开一个工作区，同时在 SCH Library 工作面板中可以看到元件 74LS00 有了两个子件，即 Part A 和 Part B，如图 2.7.19 所示。

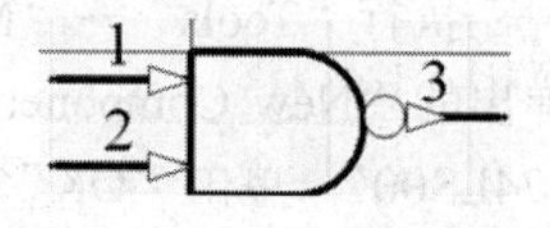

图 2.7.18　放置引脚

Part B 和 Part A 的区别只是元件引脚编号的不同，所以只需要将“Part A”选中后复制，在 Part B 中粘贴，然后改变元件引脚编号即可。方法如下：

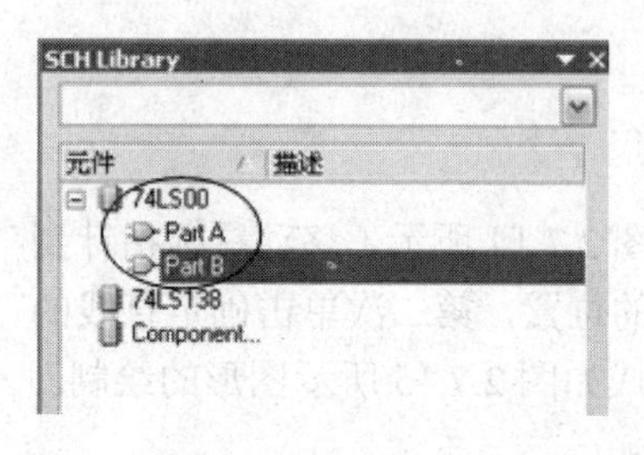

图 2.7.19　创建子件

切换到 Part A：单击 SCH Library 面板中的“Part A”，就可以切换到 Part A 中了。选中“Part A”中需要复制的内容，然后执行“Edit”→“Copy”命令。

切换到 Part B：单击 SCH Library 面板中的“Part B”，执行“Edit”→“Paste”命令，就将 Part A 选中粘贴过来了。

将 Part B 中各引脚的编号 Designator 按照图 2.7.20 进行修改。

步骤 10：Part C、Part D 的绘制。

按照上述方法，完成 Part C、Part D 的绘制，如图 2.7.21 和图 2.7.22 所示。

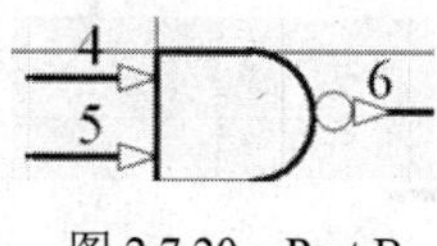

图 2.7.20　Part B

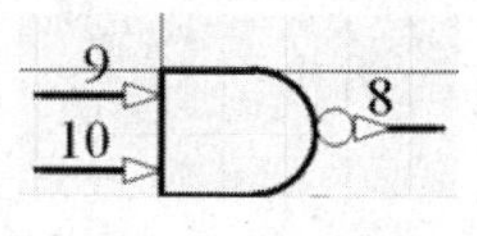

图 2.7.21　Part C

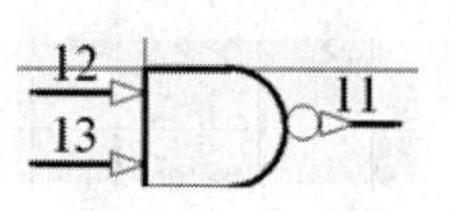

图 2.7.22　Part D

步骤 11：隐藏引脚的放置和设置。

在元件 74LS00 中，电源引脚 7 和 14 是隐藏的，且并不属于某个子件，而属于各子件共享的电源和接地。

先把电源 14 脚和接地 7 脚放置在子件 Part A 中，然后设置其属性。

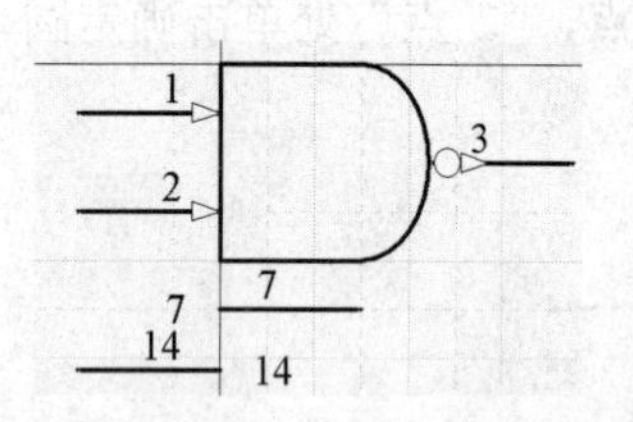

图 2.7.23　放置引脚

切换到 Part A，放置引脚 7 和 14，如图 2.7.23 所示。

双击引脚 7，打开属性对话框，将“Display Name”设置为“GND”，“Electrical Type”设置为“Power”，选中“Hide”后的复选框将其隐藏，将“Part Number”后的数字设置为“0”，表示其属于公共端，并不属于任一子件。

然后双击引脚 14，打开属性对话框，将“Display Name”设置为“VCC”，“Electrical Type”设置为“Power”，选中“Hide”后的复选框将其隐藏，将“Part Number”后的数字设置为“0”。

步骤 12：74LS00 元件属性的设置。

双击“SCH Library”面板上的“Edit”按钮，打开元件属性设置对话框，将元件的“Default Designator”设置为“U？”，将“Default Comment”设置为“74LS00”。

至此，包含 4 个子件的 74LS00 就绘制完成了。

步骤 13：使用自己设计的元件。

选中需要放置到电路图上的元件，单击 SCH Library 面板上的“Place”按钮，就可以将该器件放置到原理图中。

也可以在原理图中将自己设计的库加载进来，然后就能方便地使用其中的元件了。

2.7.2　知识库

1．元件设计过程

设计一个新元件的主要步骤如下。

（1）新建原理图库文件，并保存。

（2）新建库元件。

（3）在第四象限的原点附近绘制元件外形。如果不在第四象限原点处绘制元件，在使用元件的时候，将出现参考点离元件很远的情况。

（4）放置元件引脚并设置引脚属性。

在设计一个元件的过程中，要特别注意每个引脚的属性，尤其是电气特性等属性一定要和元件的具体情况相符合，否则在其后的 ERC 检查或仿真过程中，可能会产生各种各样的错误。

（5）设置元件属性（名称、编号、封装等）。

（6）保存元件。

2．矩形框属性的改变

双击矩形框，可以打开它的属性对话框，可以在其中修改矩形框的“Border Color（边缘色）”和“Border Width（边框宽）”，还可以改变矩形框的“Fill Color（填充色）”，是否“Draw Solid（透明）”。矩形框的大小可以通过左下角点和右上角点的坐标来精确修改。

其他对象的属性修改和矩形框相同，双击对象打开其属性对话框即可修改。

3．元件子件的使用注意事项

在常用的 TTL 集成门电路中，有的集成块包含了若干个功能子件，如 74LS00 包含了 4 个与非门；74LS20 包含了 2 个与非门的；74LS08 包含了 4 个与门；74LS32 包含了 4 个或门；74LS04 包含了 6 个非门。在设计和使用元件时，通常第一部分称为 Part A，第二部分称为 Part B，以此类推。

在绘制电路图时，如果一个电路中共需要 3 个与门，那么只需要使用一块 74LS08 就可以了，这三个与门的器件编号可以是 U1A、U1B、U1C，表示使用的是同一个集成块上的 A\B\C 三个子件。同理，如果需要使用 5 个与门，编号可以是 U1A、U1B、U1C、U1D、U2A，表示使用了两个 74LS00 集成块，第二片 74LS00 只使用了 Part A 子件。

2.7.3　实验项目——SN74LS78AD 和 74F74 的设计

实验 1

新建一个元件库，库名为“我的库.Schlib”，在该库中创建元件 SN74LS78AD，该元件共包含 14 个引脚，其中 1、2、3、5、6、7、10、11、14 为输入引脚，8、9、12、13 为输出引脚，4 和 11 为电源引脚，如图 2.7.24 所示。

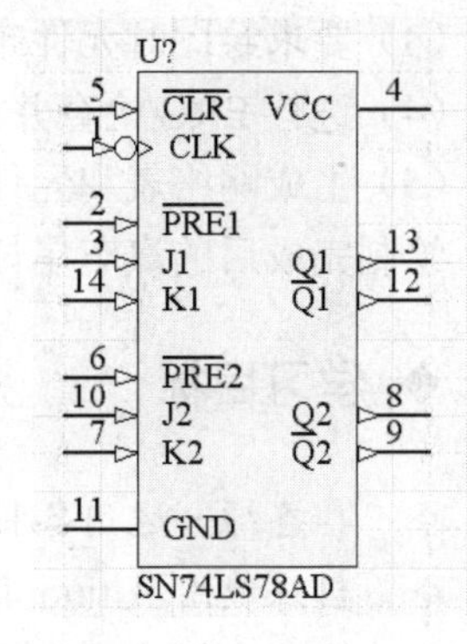

图 2.7.24　元件 SN74LS78AD

实验 2

在题 1 库中添加一个名为 74F74D 的器件，该器件包含 2 个子件，如图 2.7.25 所示。

1（Part A 下方的引脚）、2、3、4、10、11、12、13（Part B 下方的引脚）引脚为输入；5、6、8、9 引脚是输出，另外有一个电源引脚 14 为 VCC 和一个接地引脚 7 为 GND，7 和 14 是隐藏引脚。

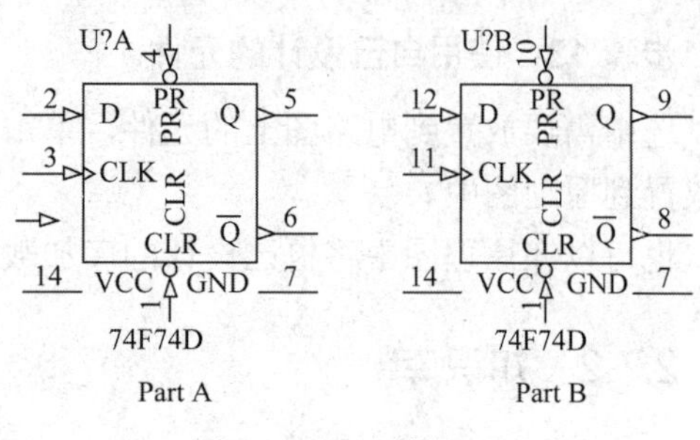

图 2.7.25　元件 74F74

2.8　综合实训项目——汽车尾灯控制电路的设计

在前面的 7 个单项训练中，讲解了如下内容：项目文件和设计文件的区别；如何新建项目和文件；如何安装和使用元件库；如何根据需要查找使用元器件；如何使用导线、总线、总线分支、网络标号等；如何编辑原理图（选择、对齐、移动等）；如何绘制多层电路图；如何按照自己的要求建立元件库，并在其中新建元件。

下面通过一个综合项目来巩固所学过的知识。

绘制汽车尾灯控制电路的要求如下。

（1）项目名称为“汽车尾灯控制电路.PrjPcb”，电路图名称为“汽车尾灯控制电路.SchDoc”图纸大小为 A4。栅格大小为 10，捕捉为 5，电气捕捉为 6。

（2）在“汽车尾灯控制电路.PrjPcb”项目下追加一元件库文件，保存名为“我的库.SchLib”，在其中添加一个元件 74LS76，该元件包括两个子件 Part A 和 Part B，如图 2.8.1 所示。

其中 5 脚为 VCC，13 脚为 GND，均隐藏。

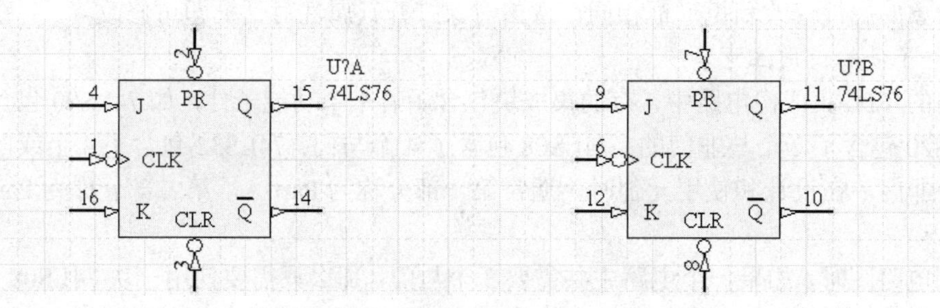

图 2.8.1　74LS76 的 Part A 和 Part B

（3）要求绘图时元件布局均匀、整齐、美观。

（4）进行 ERC 检查并修改所有存在的错误。

（5）生成网络表和元件清单。

绘制完成后的汽车尾灯控制电路如图 2.8.2 所示。

◆ **学习目标**

✧ 具备综合运用各种菜单和工具的能力

✧ 熟练使用 Altium Designer 13 设计布局规范、合理的原理图

✧ 熟练地解决在使用 Altium Designer 13 过程中出现的问题

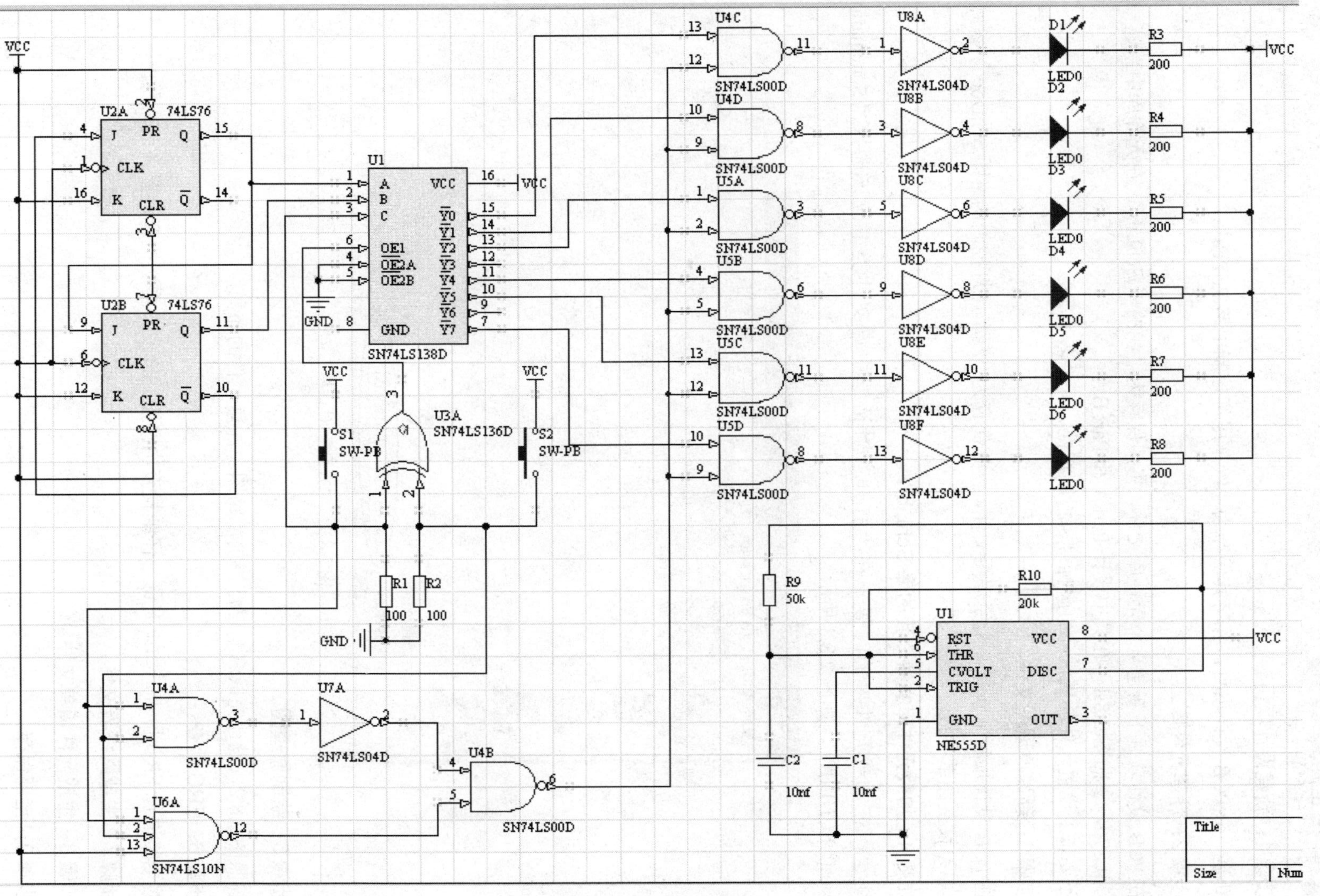

图 2.8.2　汽车尾灯控制电路

◆ 执行步骤

步骤 1：新建设计项目。

新建一个 PCB 设计项目，并将其保存为“汽车尾灯控制电路.PrjPcb”。

步骤 2：新建元件库。

在 PCB 设计项目下新建一个元件库文件，将其保存为“我的库.SchLib”。在元件库中新建一元件 74LS76，参照图 2.8.1，在其中设计 Part A 和 Part B。

不要忘了设置元件的属性（引脚标号、引脚特性、元件名称等）。

步骤 3：新建原理图文件。

在 PCB 设计项目下新建一个原理图文件，将其保存为“汽车尾灯控制电路图.SchDoc”。参照要求（1）设置图纸参数。

步骤 4：加载元件库文件“我的库.SchLib”。

注意，在加载元件库的时候，在“打开”对话框中，文件类型应该选择“Schematic Libraries(*.SCHLIB)”，如图 2.8.3 所示。

图 2.8.3　“打开”对话框

步骤 5：绘制原理图。

参照图 2.8.2，设计完成汽车尾灯控制电路图。注意元件的布局。

步骤 6：ERC 检查。

对电路进行 ERC 检查，如果有错，仔细检查电路图并修改，再次检查，直到正确为止。

步骤 7：生成网络表文件。

步骤 8：生成元件清单文件。

步骤 9：全部保存。

第 3 章　印制电路板（PCB）的制作

3.1　印制电路板设计入门

第 2 章中介绍了用 Altium Designer 软件进行原理图设计，本章继续介绍如何用 Altium Designer 设计印制电路板。

3.1.1　训练微项目——555 电路印制电路板的设计

如图 3.1.1（a）所示的是一个简单的 555 电路原理图。现在将它生成印制电路板图，如图 3.1.1（b）所示。要求使用 Altium Designer 软件绘制完成。印制电路板中度量单位为 mil，元件移动的栅格大小为 10mil，可视栅格大小为 200mil，电路板尺寸为 1000mil×1000mil。

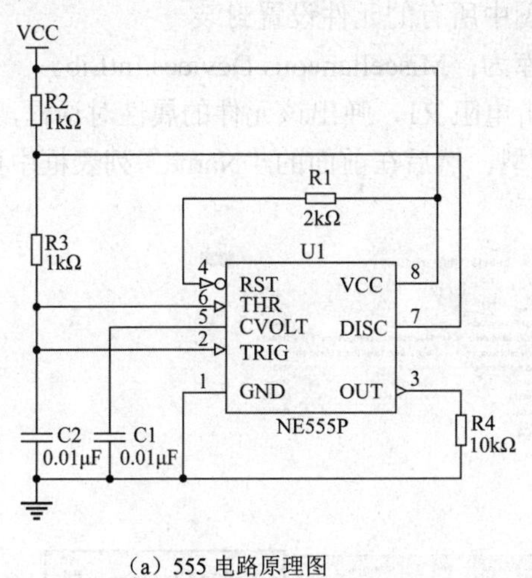

（a）555 电路原理图

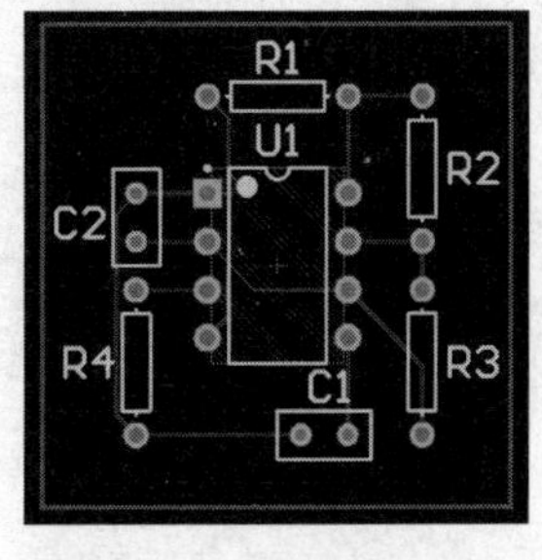

（b）印制电路板图

图 3.1.1　555 电路

◆ 学习目标

✧ 掌握印制电路板的概念及分类
✧ 了解元器件封装的概念
✧ 掌握为原理图元件添加封装的方法
✧ 学会新建和保存印制电路板图文件的方法
✧ 掌握 PCB 板的更新方法
✧ 掌握 PCB 板的元件手工布局方法
✧ 了解 PCB 板的自动布线

◆ 执行步骤

在 D 盘新建一个文件夹，重命名为 PCB 制板，以后所有的项目都保存在该文件夹中。

在 PCB 制板文件夹中新建一个文件夹：555 电路。本项目涉及的文件均存放于该文件夹中。

本章所提到的 PCB 工程或 PCB 工程项目，和第二章的 PCB 项目是一个概念，是英文 Project 的两种中文译法。

步骤 1：新建工程项目文件和原理图文件。

（1）新建 PCB 工程：选择“File（文件）”→“New（新建）”→“Project（工程）”→“PCB Project（PCB 工程）”命令，新建一个名为“PCB_Project1.PrjPCB”的空白 PCB 工程项目文件。此时的工程文件名显示在窗口左侧工作区面板“Projects”选项卡中。

（2）保存设计工程：右击该工程名称，在弹出的快捷菜单中，选择“Save Project（保存工程）”命令，在弹出的对话框中，选择保存路径：D：\PCB 制板\555 电路\，将工程文件保存为“555 电路工程项目.PrjPCB”。

（3）新建或导入原理图文件：创建一个原理图文件，绘制如图 3.1.1 所示的 555 电路原理图。如果有现成的原理图，也可以右击该工程名称，在弹出的快捷菜单中，选择“Add Existing to Project（添加现有的文件到该工程中）”命令，将原理图文件导入。

步骤 2：为原理图元件添加封装（Footprint）。

在生成印制电路板图之前，需要给原理图中所有的元件设置封装。

（1）加载元件库：确保当前加载的元件库为：Miscellaneous Devices.IntLib。

（2）为元件添加封装：打开原理图，双击电阻 R1，弹出该元件的属性对话框，如图 3.1.2 所示。在右下方的“Type”中选择 Footprint 类型，然后在前面的“Name”列表框中可以选择相应的元件封装类型。

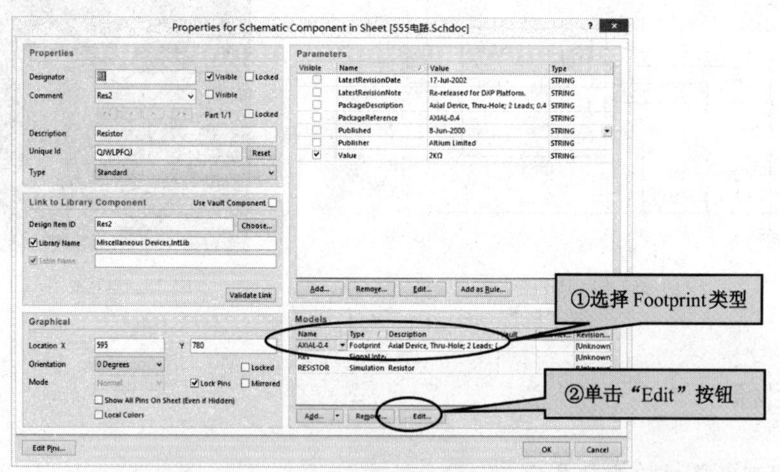

图 3.1.2　元件属性对话框

本项目中，需要将电阻元件的封装设为 AXIAL-0.3，“Name”列表中不存在该选项，单击“Edit（编辑）”按钮，弹出“PCB Model（PCB 模型）”对话框，如图 3.1.3 所示，在“PCB Library（PCB 元件库）”选项区域中，选中“Any（任意）”单选按钮，则“Footprint Model（封装模型）”选项区域处于可编辑状态，将“Name（名称）”文本框中的内容改为“AXIAL-0.3”，然后依次单击“OK（确认）”按钮退出。

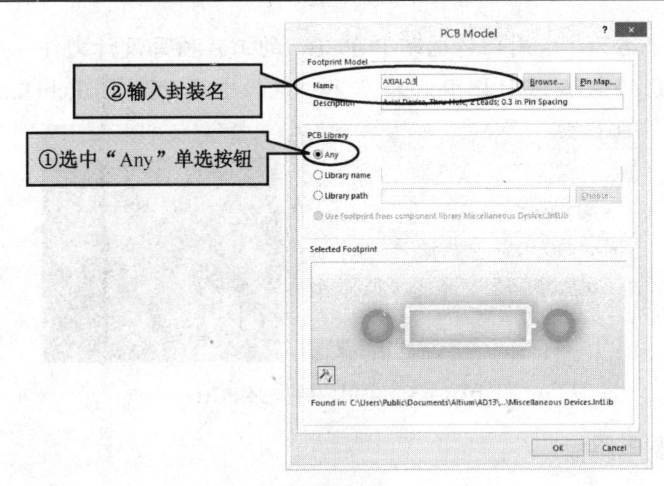

图 3.1.3　PCB 模型对话框

以此类推，按照如表 3.1.1 所示的要求分别设置其余元件的封装属性。

表 3.1.1　555 电路元件封装清单

元件名称	标识符	封装
电阻	R1、R2、R3、R4	AXIAL-0.3
电容	C1、C2	RAD-0.1
集成块 555	U1	DIP-8

注意：封装名称中出现的所有符号均为英文符号，必须在英文输入法状态下进行输入。

步骤 3：ERC 检查。

元件封装设置好以后，对原理图进行 ERC 检查，排除错误。

步骤 4：新建印制电路板文件。

（1）新建印制电路板文件：选择“File（文件）”→“New（新建）”→“PCB”命令，新建一个名为“PCB1.PcbDoc”的印制电路板文件，显示在 PCB 工程“555 电路.PrjPCB”的下方。

（2）保存印制电路板文件：单击工具栏“保存”按钮，在弹出的对话框中，选择保存路径：D：\PCB 制板\555 电路\，将印制电路板文件保存为“555 电路 PCB 图.PcbDoc”。

保存后，工作区面板中的文件名也同步更新为“555 电路 PCB 图.PcbDoc”，如图 3.1.4 所示。窗口右边的黑底灰线栅格图纸就是 Altium Designer 的印制电路板绘制的工作区域。在 PCB 图编辑环境中，除了图纸颜色默认为黑色背景外，菜单栏增加了“Auto Route（自动布线）”一栏。其余菜单的内容也有很大的变化，具体操作在后面会有详细介绍。

图 3.1.4　新建并保存印制电路板文件

试一试：新建一个名为“实用门铃电路.PrjPCB”的工程项目设计文件，并在其中新建两个印制电路板文件“实用门铃电路 PCB 图.PcbDoc”和“电源电路 PCB 图.PcbDoc”，如图 3.1.5 所示。

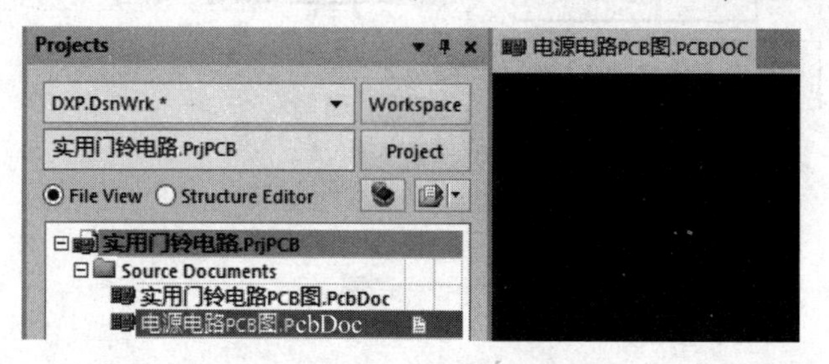

图 3.1.5　实用门铃电路 PCB

步骤 5：规划印制电路板。

1．度量单位和栅格步进值的设定

（1）选择度量单位：选择“Design（设计）”→“Board Options（板参数选项）”命令，弹出“Board Options”对话框，如图 3.1.6 所示。在“Measurement Unit（度量单位）”选项区域中的“Unit（单位）”下拉列表框中选择“Imperial”（即为英制单位 mil）；在“Snap Options（捕获选项）”选项区域选中“Snap To Grids（捕捉到栅格）”（即自动捕捉到设定的栅格值范围）复选框。其余默认。

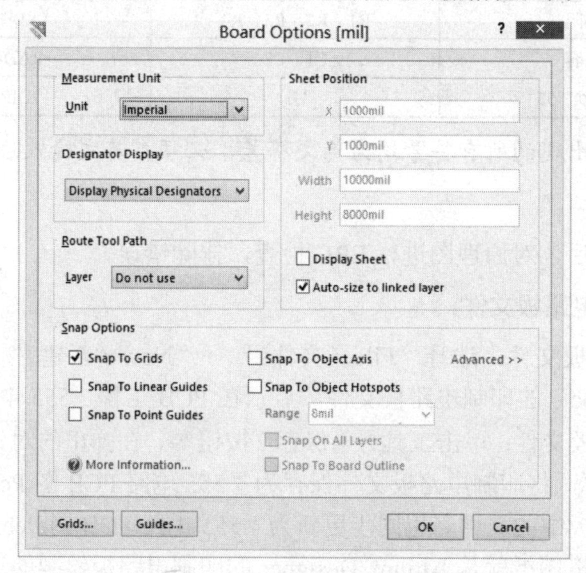

图 3.1.6　“Board Options”对话框

系统提供两种度量单位，一种是 Imperial（英制单位），在印制电路板中常用的是 inch（英寸）和 mil（千分之一英寸），其换算关系是 1inch＝1000mil；另一种单位是 Metric（公制单位），常用的有 cm（厘米）和 mm（毫米）。两种度量单位转换关系为 100mil ＝ 2.54mm。系统默认使用英制单位。

（2）设置栅格步进值：单击左下角“Grids（栅格）”按钮，弹出“Grid Manager（栅格管理器）”对话框，如图 3.1.7 所示，双击“Default（默认）”项，弹出“Cartesian Grid Editor（栅格编辑器）”对话框，如图 3.1.8 所示，在“Steps（步进值）”选项区域，若 X 值与 Y 值处于同步变化的状态（即有图标出现时），将“Step X（步进 X）”的值改为 200mil，同时“Step Y（步进 Y）”的值同步变为 200mil。其余默认。然后依次单击“OK（确定）”按钮退出。

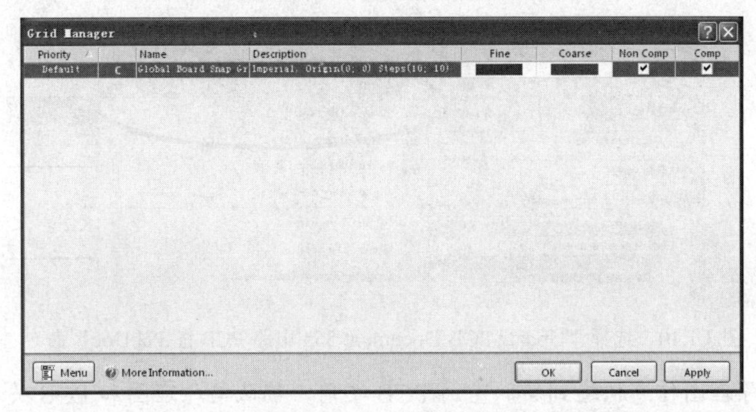

图 3.1.7　“Grid Manager（栅格管理器）”对话框

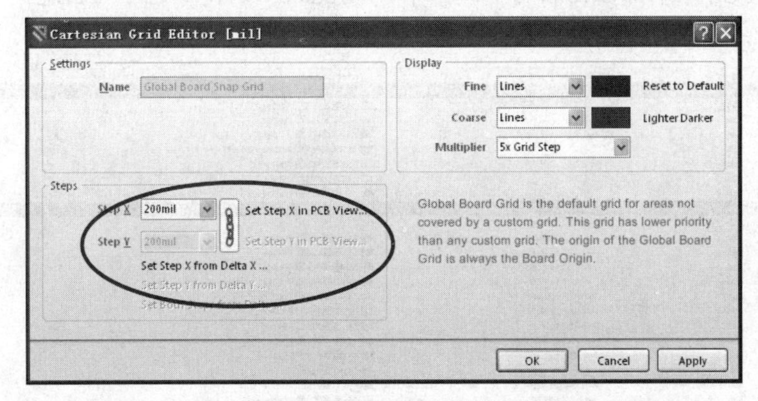

图 3.1.8　“Cartesian Grid Editor（栅格编辑器）”对话框

2．规划 PCB 尺寸

规划 PCB 是指定义 PCB 的机械轮廓和电气轮廓。

PCB 的机械轮廓是指 PCB 的物理外形和尺寸，定义在机械层上。通常是在机械层 1（Mechanical 1）上绘制 PCB 的物理轮廓，而在其他机械层上放置物理尺寸、队列标记和标题信息等。

PCB 的电气轮廓的作用是将所有的焊盘、过孔和线条限定在适当的范围之内。电气轮廓一般定义在禁止布线层（Keep-Out Layer）上，是一个封闭的区域。电气轮廓的范围不能大于物理轮廓，一般的电路设计仅规划 PCB 的电气轮廓即可。

图 3.1.9　电路板的电气轮廓

（1）单击编辑区下方的 Keep-Out Layer（禁止布线层）标签，将 Keep- Out Layer 设置为当前层。

（2）PCB 编辑器的工作区是一个二维坐标系，其绝对原点位于电路板图的左下角，一般在工作区的左下角附近开始设计印制电路板。选择“Place（放置）”→“KeepOut（禁止布线区）”→“Track（线径）”命令，在编辑区适当位置单击，绘制第一条边，再依次绘制其他边，最后绘制成一个封闭的多边形。这里是一个矩形，尺寸为 1000mil×1000mil（因为可视栅格尺寸为 200mil，矩形的每条边占五个栅格即可），图 3.1.9 所示的是电路板的电气轮廓。此后，放置元件和布线都要在此边框内部进行。

步骤 6：将电路原理图文件传输到 PCB 中。

（1）打开“555 电路”原理图，如图 3.1.10 所示，选择“Design（设计）”→“Update PCB Document 555 电路 PCB 图.PcbDoc（更新 PCB 图）”命令，弹出如图 3.1.11 所示的“Engineering Change Order（工程变化订单）”对话框。

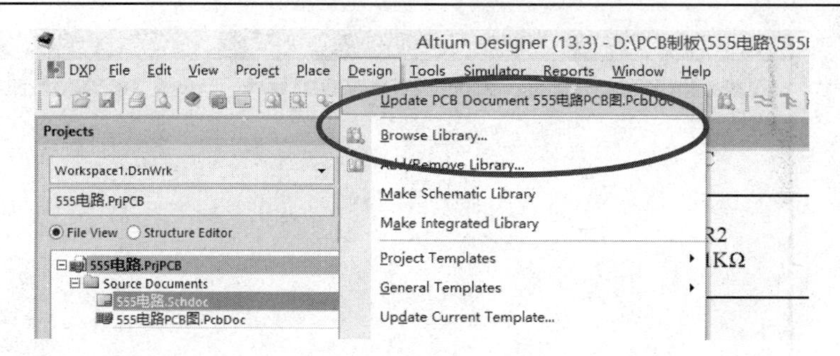

图 3.1.10　选择“Update PCB Document 555 电路 PCB 图.PcbDoc”命令

注意：在将原理图信息传输到新的空白 PCB 之前，确认与原理图和 PCB 关联的所有库均可用。如果新建的 PCB 未和原理图在同一工程中，“Update”的命令也不会出现。

Engineering Change Order

Enable	Action	Affected Object		Affected Document	Check	Done	Message
	Add Components(7)						
☑	Add	C1	To	555电路PCB图.PcbDoc			
☑	Add	C2	To	555电路PCB图.PcbDoc			
☑	Add	R1	To	555电路PCB图.PcbDoc			
☑	Add	R2	To	555电路PCB图.PcbDoc			
☑	Add	R3	To	555电路PCB图.PcbDoc			
☑	Add	R4	To	555电路PCB图.PcbDoc			
☑	Add	U1	To	555电路PCB图.PcbDoc			
	Add Pins To Nets(20)						
☑	Add	C1-1 to NetC1_1	In	555电路PCB图.PcbDoc			
☑	Add	C1-2 to GND	In	555电路PCB图.PcbDoc			
☑	Add	C2-1 to NetC2_1	In	555电路PCB图.PcbDoc			
☑	Add	C2-2 to GND	In	555电路PCB图.PcbDoc			
☑	Add	R1-1 to VCC	In	555电路PCB图.PcbDoc			
☑	Add	R1-2 to NetR1_2	In	555电路PCB图.PcbDoc			
☑	Add	R2-1 to NetR2_1	In	555电路PCB图.PcbDoc			
☑	Add	R2-2 to VCC	In	555电路PCB图.PcbDoc			
☑	Add	R3-1 to NetC2_1	In	555电路PCB图.PcbDoc			
☑	Add	R3-2 to NetR2_1	In	555电路PCB图.PcbDoc			
☑	Add	R4-1 to GND	In	555电路PCB图.PcbDoc			
☑	Add	R4-2 to NetR4_2	In	555电路PCB图.PcbDoc			
☑	Add	U1-1 to GND	In	555电路PCB图.PcbDoc			

Validate Changes　Execute Changes　Report Changes...　Only Show Errors　Close

图 3.1.11　“Engineering Change Order（工程变化订单）”对话框

在“工程变化订单”对话框中，显示出当前对电路进行修改的内容。左边为 Modifications（修改）列表，右边是对应修改的 Status（状态）。主要的修改有 Add Components（增加元件）、Add Nets（增加网络）、Add Components Classes（增加元件组）和 Add Rooms（增加区域）等。

（2）单击“Validate Changes（使变化生效）”按钮，系统将检查所有的更改是否都有效，如果有效，将在右边“Check（检查）”栏对应位置显示绿色钩；如果有错误，“Check（检查）”栏中将显示红色错误标识，如图 3.1.12 所示。

Engineering Change Order

Enable	Action	Affected Object		Affected Document	Check	Done	Message
	Add Components(7)						
☑	Add	C1	To	555电路PCB图.PcbDoc	✓		
☑	Add	C2	To	555电路PCB图.PcbDoc	✓		
☑	Add	R1	To	555电路PCB图.PcbDoc	✓		
☑	Add	R2	To	555电路PCB图.PcbDoc	✓		
☑	Add	R3	To	555电路PCB图.PcbDoc	✓		
☑	Add	R4	To	555电路PCB图.PcbDoc	✓		
☑	Add	U1	To	555电路PCB图.PcbDoc	✓		
	Add Nets(7)						
☑	Add	GND	To	555电路PCB图.PcbDoc	✓		
☑	Add	NetC1_1	To	555电路PCB图.PcbDoc	✓		
☑	Add	NetC2_1	To	555电路PCB图.PcbDoc	✓		
☑	Add	NetR1_2	To	555电路PCB图.PcbDoc	✓		
☑	Add	NetR2_1	To	555电路PCB图.PcbDoc	✓		
☑	Add	NetR4_2	To	555电路PCB图.PcbDoc	✓		
☑	Add	VCC	To	555电路PCB图.PcbDoc	✓		
	Add Component Classes(1)						
☑	Add	555电路	To	555电路PCB图.PcbDoc	✓		
	Add Rooms(1)						
☑	Add	Room 555电路 (Scope=InComponent	To	555电路PCB图.PcbDoc	✓		

Validate Changes　Execute Changes　Report Changes...　Only Show Errors　Close

图 3.1.12　显示检查结果

一般的错误都是由于元器件封装定义不正确，系统找不到给定的封装，或者设计 PCB 板时没有添加对应的集成库。此时应返回到原理图编辑环境中，对有错误的元器件进行更改，然后重新执行步骤 6，如此反复，直到修改完所有的错误即“Check（检查）”栏中全为绿色的钩为止。

（3）单击“Execute Changes（执行更改）”按钮，系统将执行所有的更改操作，如果执行成功，“Status（状态）”区域下的“Done（完成）”列表栏将被选中，执行结果如图 3.1.13 所示。

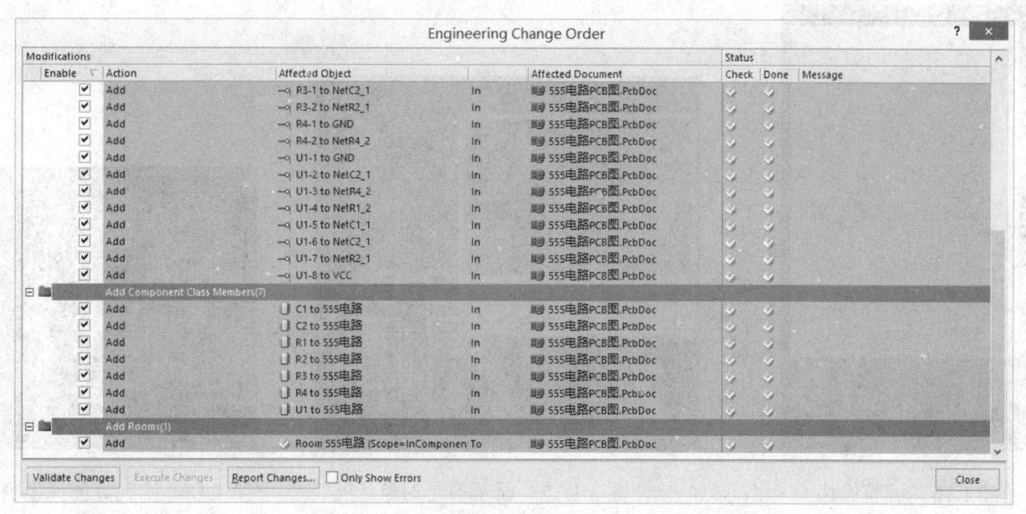

图 3.1.13　执行结果

（4）单击“Close（关闭）”按钮，退出。PCB 板编辑区变成如图 3.1.14 所示的形式。元器件封装已导入当前 PCB 文件中，PCB 文件被更新。

步骤 7：元器件布局。

（1）此时可以看到，元器件封装被一个称作“555 电路”的红色 ROOM 区域包围，单张电路图生成的 PCB 通常不需要这个区域，单击 ROOM 空白区，将其删除即可，如图 3.1.15 所示。

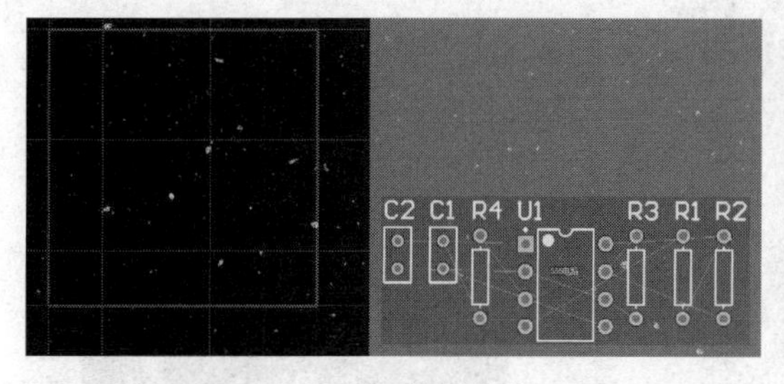

图 3.1.14　导入元器件封装的 PCB 图

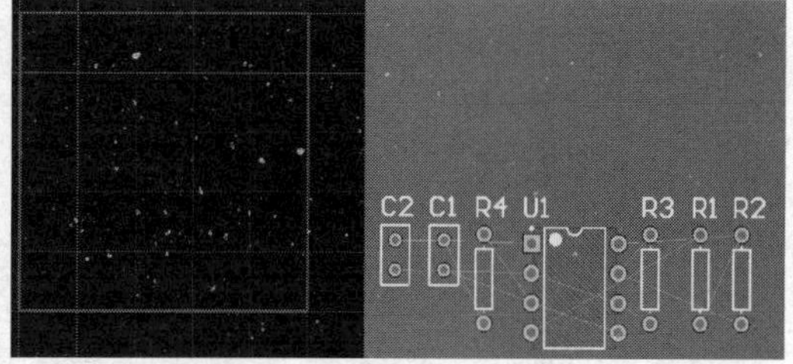

图 3.1.15　去除 ROOM 区的 PCB 板

各元件之间存在的灰色细线称为“网络飞线”，体现了节点间的连接关系，但它不是实际连线。电路板制作好之后，这些飞线会被导线代替。

（2）调整栅格。因为元器件要排放在比较紧凑的位置，此时需要设置元件移动栅格（即元器件移动一次所经过的距离）。按 G 键，如图 3.1.16 所示，在弹出的快捷菜单中选择 10mil，将元件移动的栅格尺寸改成 10mil，后面可以根据元器件的大小随时调整栅格尺寸。

（3）单击元件，将元器件封装一个个放置在电路板区域（紫红色区域）中。如果选择的区域有多个对象，会出现一个重叠图件对话框，将对象一一列出，根据需要进行选择。如图 3.1.17 所示，选择电容 C2 时，弹出对话框中有两个对象，一个是 C2 的焊盘 2，一个是 C2，若要移动 C2，选择下面的 C2 即可。

（4）放置过程中，注意元器件的布局排列，可参考原理图元器件相关位置；飞线尽可能拉直，不要交叉；名称不要倒置，紧靠元器件摆放，不要挡住元器件。可以按“X”键（水平镜像翻转）、“Y”键（垂直镜像翻转）和空格键（按指定角度旋转）完成方向的转换。但在移动 IC 芯片时不要用“X”键和“Y”键，以免封装与实物相反。元器件封装排列好的 PCB 板如图 3.1.18 所示。

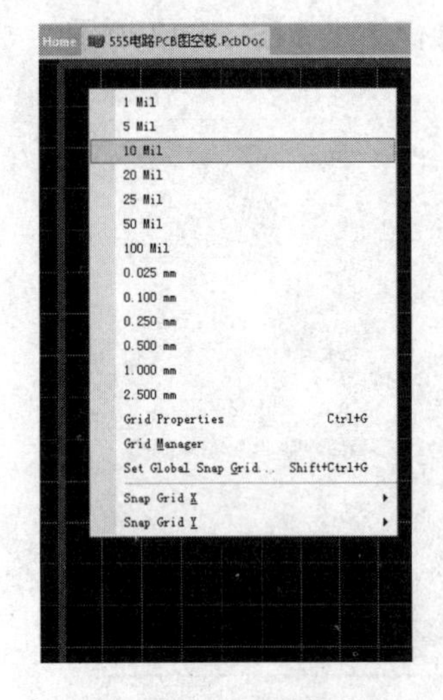

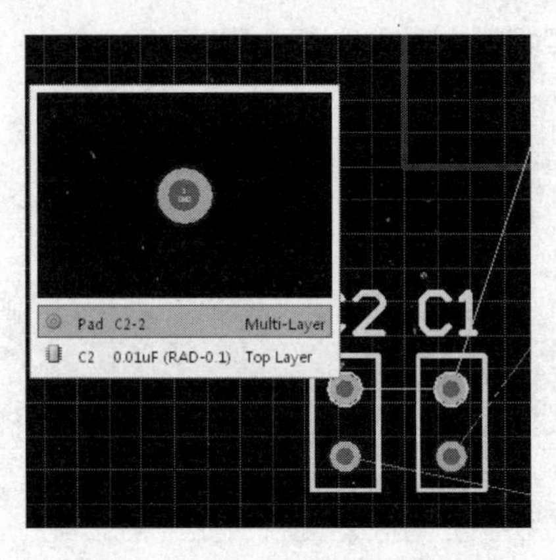

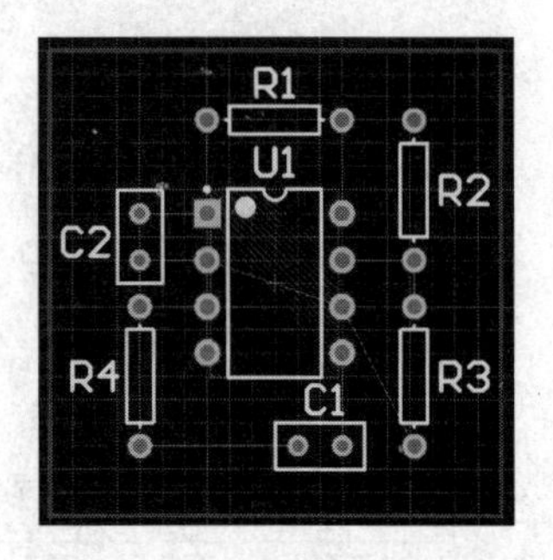

图 3.1.16　调整栅格　　　图 3.1.17　显示多个对象　　　图 3.1.18　排列好的元器件封装

步骤 8：自动布线。

（1）选择“Auto Route（自动布线）”→“All（全部）”命令，系统弹出“Situs Routing Strategies（布线策略）”对话框，如图 3.1.19 所示，单击“Route All”按钮即可。

（2）软件开始自动布线。布好线的 PCB 板如图 3.1.20 所示。

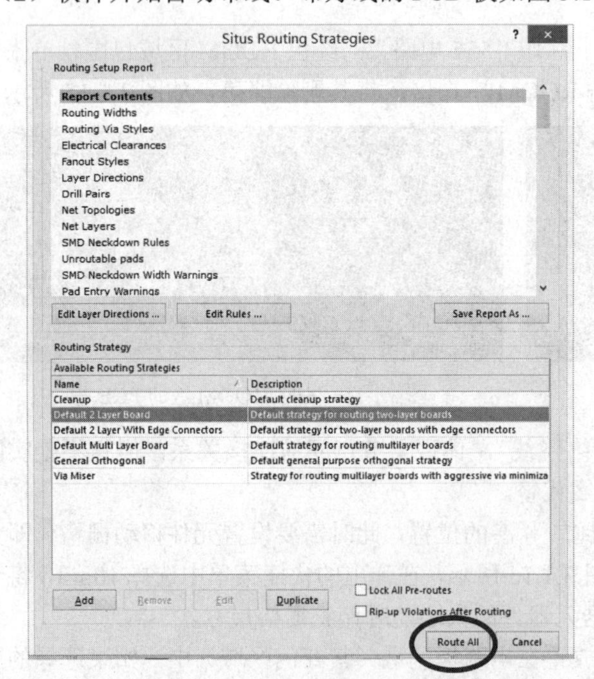

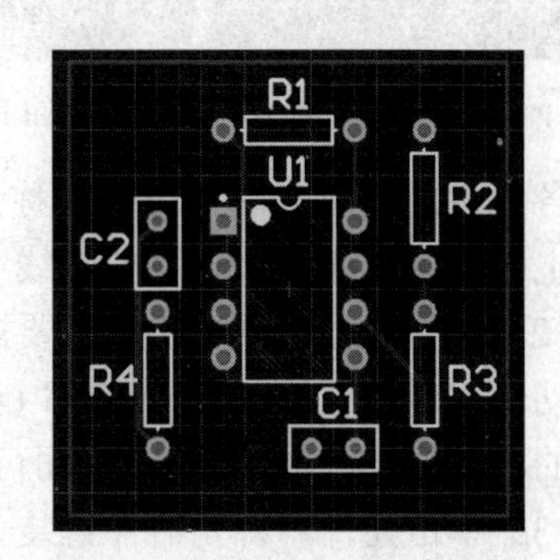

图 3.1.19　“Situs Routing Strategies（布线策略）”对话框　　　图 3.1.20　布好线的 PCB 板图

步骤 9：保存文件，PCB 设计结束。

3.1.2　知识库

1．印制电路板的概念

电路原理图完成以后，还必须设计印制电路板图，最后由制板厂家依据用户所设计的印制电路板图制作出印制电路板。

在认识印制电路板之前，首先认识一下电路板的外观。图 3.1.21 所示的是一块型号为 TYAN5370G2NR 的服务器的主板。

印制电路板的英文全称为 Printed Circuit Board，简称为 PCB，是一种印制或蚀刻了导电引线的非导电材料，是电子产品的重要部件之一。电子元器件安装在这种板子上，由引线连接各个元器件，进行装配，构成工作电路。

没有安装元件的印制电路板也称为印制线路板（Printed Wiring Board，PWB），俗称为裸板，如图 3.1.22 所示。

图 3.1.21　电路板外观

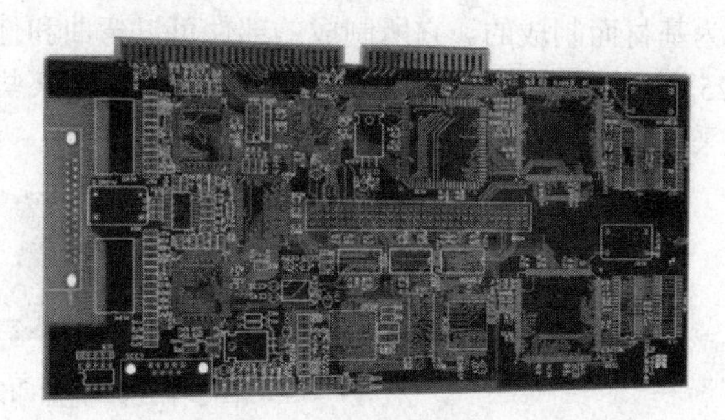

图 3.1.22　裸板实物图

使用制图软件设计完成的标准 PCB 就是裸板，如图 3.1.23 所示。

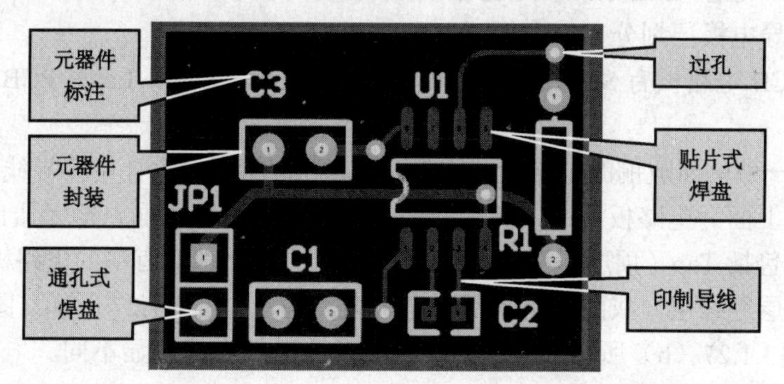

图 3.1.23　Altium Designer 软件制作的印制电路板图

2．印制电路板的分类

PCB 板可以有一层或两层导体，也可以有多层导体——多个导电夹层，每层通过绝缘层隔离。最常用的电路板是由塑料或玻璃纤维及树脂复合物和铜线制成的，当然，也会用到其他各种材料。元件可以利用 SMD（表面贴装）或过孔技术安装。

PCB 按基板材料的性质可分为刚性印制板、挠性印制板、刚-挠性印制板；按导电板层可分为单面板、双面板和多层板，目前，双面板的应用最为广泛。

1）按PCB所用基板材料划分

（1）刚性印制板（Rigid Printed Board）具有一定的机械强度，用它装成的部件具有一定的抗弯能力，在使用时处于平展状态。一般电子设备中使用的都是刚性印制板，如图3.1.24所示。

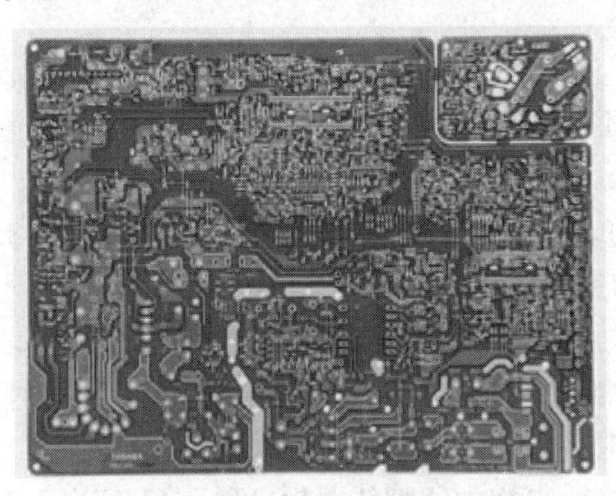

图3.1.24　刚性印制板

（2）挠性印制板（Flexible Printed Board），又称柔性印制板，是以软层状塑料或其他软质绝缘材料为基材而制成的。它所制成的部件可以弯曲和伸缩，在使用时根据安装要求将其弯曲，如图3.1.25所示。挠性印制板一般用于特殊场合，如某些数字万用表的显示屏是可以旋转的，其内部往往采用挠性印制板。

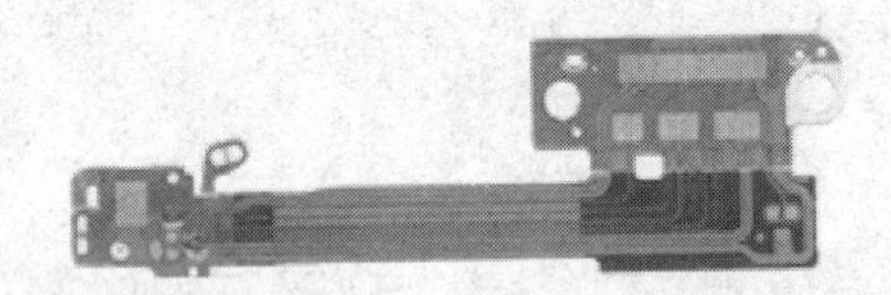
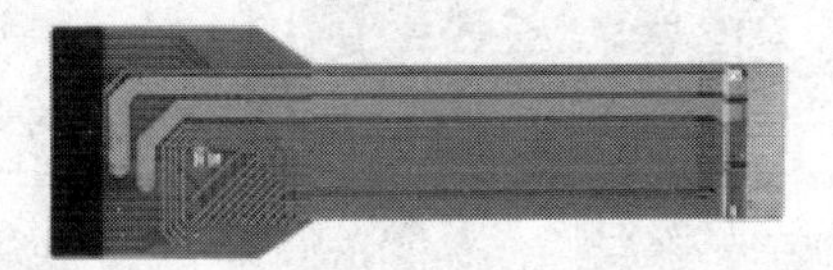

图3.1.25　挠性印制板

（3）刚-挠性印制板（Rigid-Flex Printed Board）是指利用软性基材，并在不同区域与刚性基材结合制成的PCB，它主要应用于印制电路的接口部分。

2）根据PCB导电板层划分

一般所谓的PCB电路板有Single Layer PCB（单面板）、Double Layer PCB（双面板）、多层板等。

（1）单面板是一种单面敷铜的电路板，因此利用它敷铜的一面设计电路导线和元器件的焊接，如图3.1.26所示，上面为电路板背面，即走线面，下面为电路板正面，即元器件面。

（2）双面板是包括Top（顶层）和Bottom（底层）的双面都敷有铜的电路板，双面都可以布线焊接，中间有一层绝缘层，双面板是常用的电路板类型，如图3.1.27所示，图3.1.27（a）所示是电路板背面，图3.1.27（b）所示的是电路板正面，两面的布线明显不同。

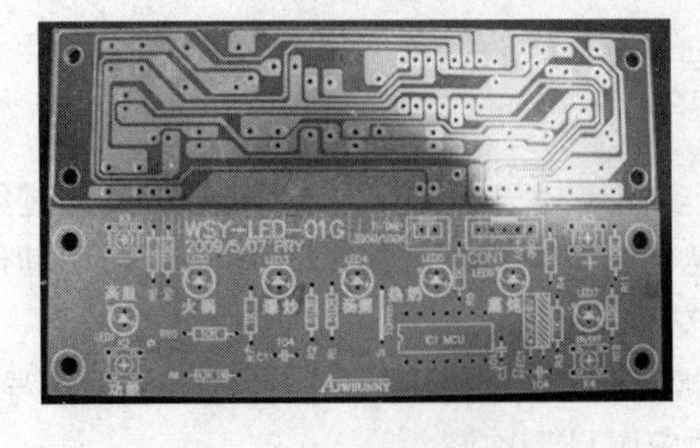

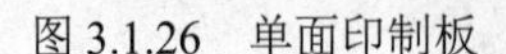

图3.1.26　单面印制板

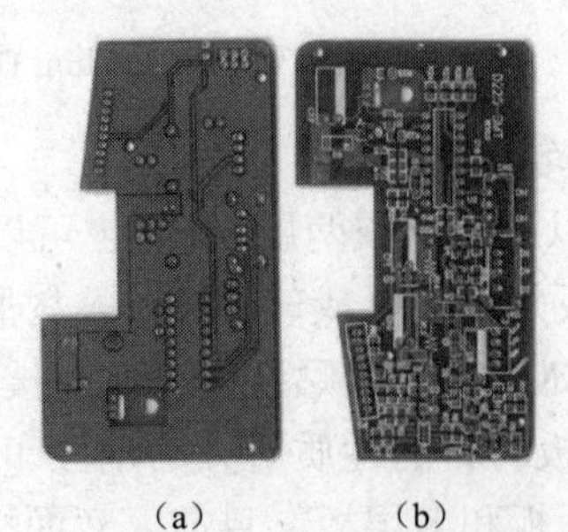

（a）　（b）

图3.1.27　双面印制板

（3）如果在双面板的顶层和底层之间加上别的层，即构成了多层板，比如放置两个电源板层所构成的四层板，即多层板。

3．元器件封装（Component Package）概述

从图 3.1.23 可以看出，所有元件图形与原理图中所见的元件图形符号不同，这种在 PCB 板中表示的元件图形称为“元件的封装图形”。

1）元件封装的概念

元件的封装是指实际元件焊接到印制电路板时的焊接位置与焊接形状，包括实际元件的外形尺寸、所占空间位置、各引脚之间的间距等。

元件封装是一个空间的概念，不同的元件可以使用同一个元件封装，同种元件也可以有不同的封装形式。

2）元件实物封装与 Altium Designer 软件中的元件图形符号的区别

如图 3.1.28 所示的元器件，它们都有一个共同的名称：电阻，但是它们的形状不同，大小不同。

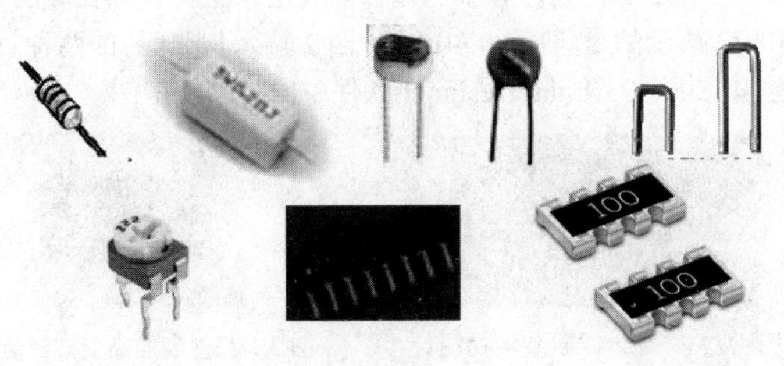

图 3.1.28　元件实物形状

在原理图中，表示电阻的形状有如图 3.1.29 所示的几种符号，它们只是一种图形符号，代表电阻，用以与其他元器件区别。

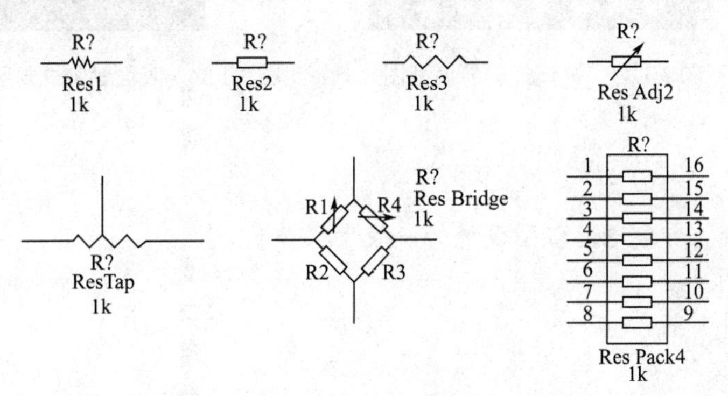

图 3.1.29　Altium Designer 软件中电阻的原理图图形符号

但在实际中制作电路板时，必须要对实物进行焊接。因为元器件的大小、形状、尺寸各不相同，所以，除了知道元件的名称，还要知道该元件的封装形式。

在 PCB 图纸中，电阻的封装符号有如图 3.1.30 所示的几种形式，由此可知，它和原理图中的图形符号也不一样，必须和实物外形、焊盘尺寸等一一对应。

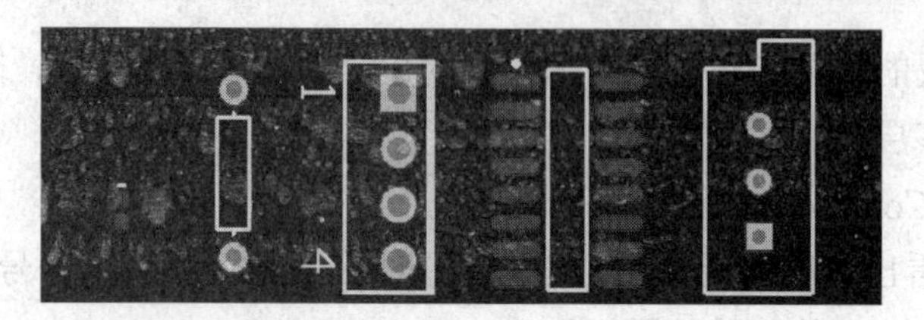

图 3.1.30　Altium Designer 软件中电阻的封装图形符号

3）元件封装的分类

普通的元件封装根据焊接面的不同可以分为插针式封装（THT）和表面黏着式封装（SMD）两大类，它们的区别主要在焊盘上。

（1）插针式封装（THT）。安装 THT 元件时，元件在电路板的一面，引脚要插入焊盘的穿孔中，在另一面进行焊接。

（2）表面黏着式封装（SMD）。这种 SMD 元件的引脚焊点和元件在同一面，焊接时不需要穿孔。利用钢模将半熔状锡膏倒入电路板上，再把 SMD 元器件放上去，通过回流焊将元器件焊接在印制电路板上。根据需要可将元件焊于电路板的表层，也可以焊在底层。

图 3.1.31 和图 3.1.32 所示的是集成块 74LS00（四 2 输入与非门）的两种封装实物图，图 3.1.33 和图 3.1.34 所示的是 74LS00 在 Altium Designer 软件中的封装模型图。

图 3.1.31　插针式封装实物图

图 3.1.32　表面黏着式封装实物图

图 3.1.33　插针式封装模型图

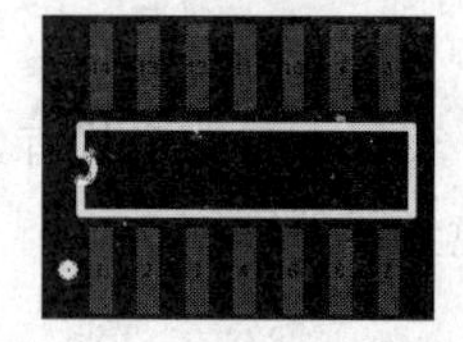

图 3.1.34　表面黏着式封装模型图

◆ 项目总结

由上述实训可知，印制电路板图设计的一般步骤如下。

（1）绘制原理图。

（2）设置元器件封装。

（3）新建 PCB 文件。

（4）规划印制电路板，PCB 图纸的基本设置。

（5）将电路原理图文件传输到 PCB 中，更新 PCB 图。

（6）PCB 元器件布局。

（7）布线规则设置。

（8）手工或自动布线。

（9）文档保存。

3.1.3　实验项目——实用门铃电路的 PCB 设计

新建一个工程项目设计文件和一个原理图文件，保存在“D 盘\PCB 制板\实用门铃电路\”目录下，文件名称分别为“实用门铃电路项目.PrjPcb”和“实用门铃电路.SchDoc”。绘制如图 3.1.35 所示的电路图。生成印制电路板“实用门铃电路 PCB.PcbDoc”。要求：电路板尺寸大小为 1500mil ×1500mil。电阻的封装设为 AXIAL-0.4，二极管封装为 Diode-0.7，其余默认。

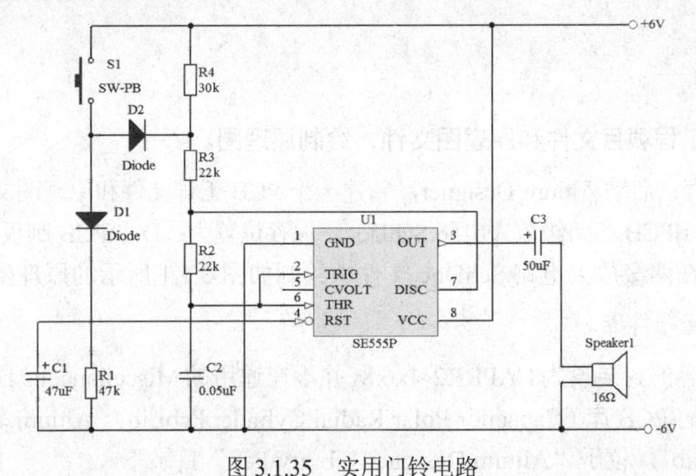

图 3.1.35　实用门铃电路

3.2　手工布线设计印制电路板

3.2.1　训练微项目——两级放大电路印制电路板的设计

如图 3.2.1 所示的是一个两级放大电路的原理图。下面将它生成印制电路板图。要求使用 Altium Designer 软件绘制完成。印制电路板使用模板向导生成，水平放置，图纸为矩形板，电路板尺寸为 1500mil×1500mil；双层板；采用通孔元件，邻近焊盘间的导线数为 2 根；可视网格大小为 200mil；手工布线。

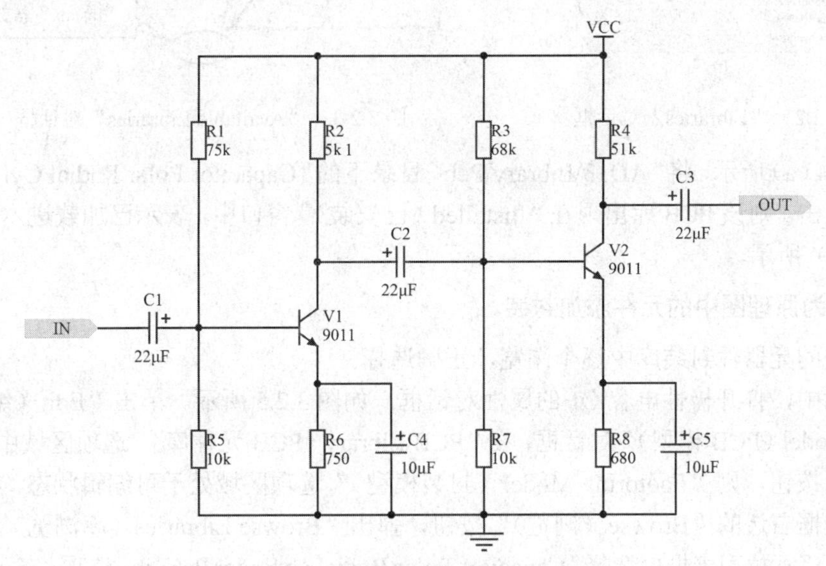

图 3.2.1　两级放大电路的原理图

◆ 学习目标

- ✧ 掌握“利用向导生成 PCB 板”的方法
- ✧ 了解 PCB 元器件库
- ✧ 掌握元件的布局原则
- ✧ 掌握手工布线的方法

◆ 执行步骤

步骤 1：新建工程项目文件和原理图文件，绘制原理图。

新建文件并保存：启动 Altium Designer，新建一个 PCB 工程文件和原理图文件，分别命名为：两级放大电路项目.PrjPCB 和两级放大电路.SchDoc。保存位置为：D：\PCB 制板\两级放大电路\ 。

绘制原理图：在两级放大电路.SchDoc 文件中绘制如图 3.2.1 所示的原理图。

步骤 2：加载元器件库。

项目中极性电容的封装设为 CAPRR2-4x6.8，并不在通用的 Miscellaneous Devices.IntLib 库中。需要另外安装相应的 PCB 库（Capacitor Polar Radial Cylinder.PcbLib）。Altium 软件自带的 PCB 库的扩展名为“.PcbLib”，位于“Alitum Designer\Library\Pcb”目录下。

安装的方法与安装集成库类似，单击窗口右侧的“Libraries（元件库）”按钮，弹出“Libraries”对话框，如图 3.2.2 所示，再单击“Libraries（元件库）”按钮，弹出“Available Libraries（可用元器件库）”对话框。如图 3.2.3 所示，单击“Installed（已安装）”标签，此时可以看见当前已经安装的库。单击右下方的“Install（安装）”按钮，弹出“打开”对话框。

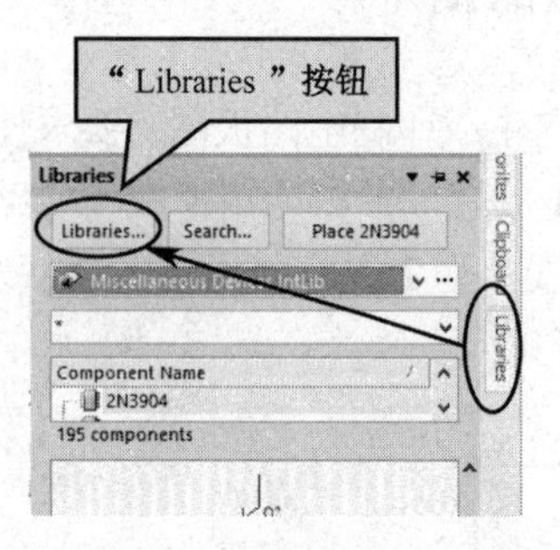

图 3.2.2　“Libraries”对话框

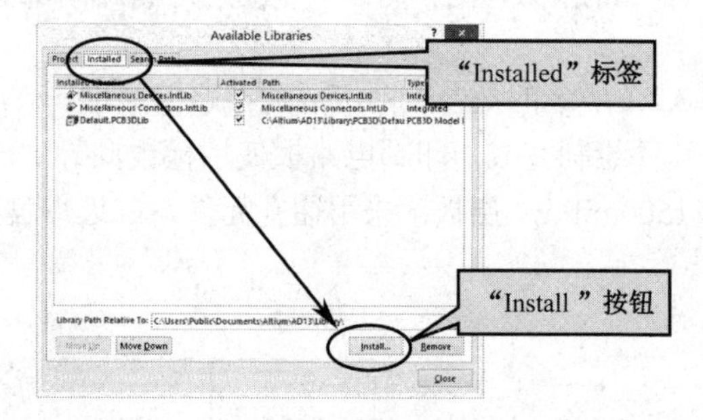

图 3.2.3　“Available Libraries”对话框

如图 3.2.4（a）所示，将“AD13\Library\Pcb”目录下的“Capacitor Polar Radial Cylinder.PcbLib”文件选中并双击。则该 PCB 库出现在“Installed（已安装）”窗口中，表示已加载进本工程项目中，如图 3.2.4（b）所示。

步骤 3：为原理图中的元件添加封装。

在已安装的元器件封装库中逐个浏览，正确选择。

在原理图中，打开极性电容 C1 的属性对话框，如图 3.2.5 所示。单击“Edit（编辑）”按钮，弹出“PCB Model（PCB 模型）”对话框，在“PCB Library（PCB 元件库）”选项区域中，选中“Any（任意）”单选按钮，则“Footprint Model（封装模型）”选项区域处于可编辑状态，单击“Name（名称）”文本框右边的“Browse（浏览）”按钮，弹出“Browse Libraries（库浏览）”对话框。在“Libraries（库）”下拉列表框中选择“Capacitor Polar Radial Cylinder.PcbLib”选项，在下方的“Name

（名称）”面板中利用键盘中的方向键（↓或↑）逐个浏览，选择“CAPPR2-4x6.8”选项，单击“OK（确认）”按钮退出。

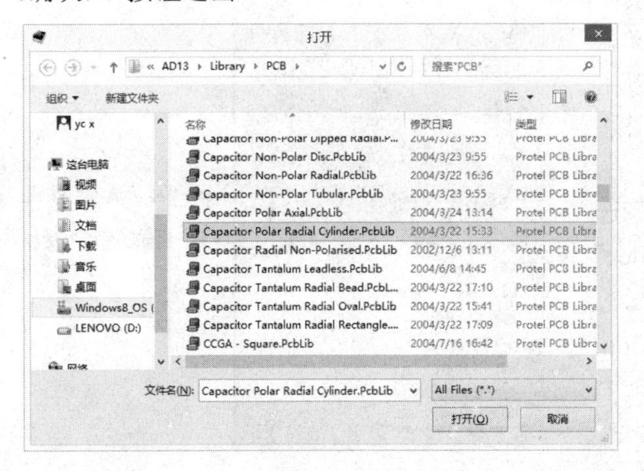

（a）

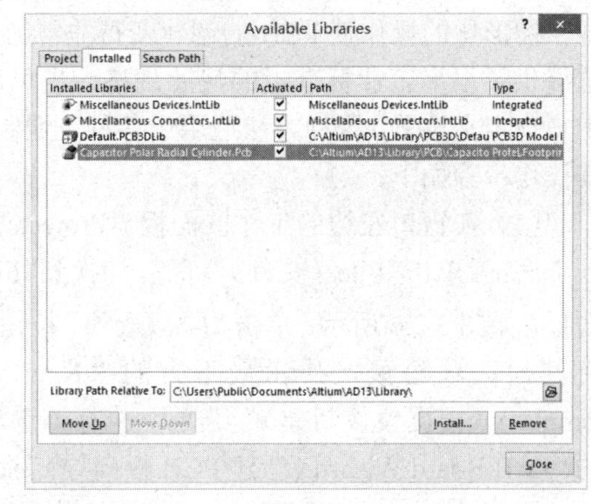

（b）

图 3.2.4　安装“Capacitor Polar Radial Cylinder.PcbLib”文件

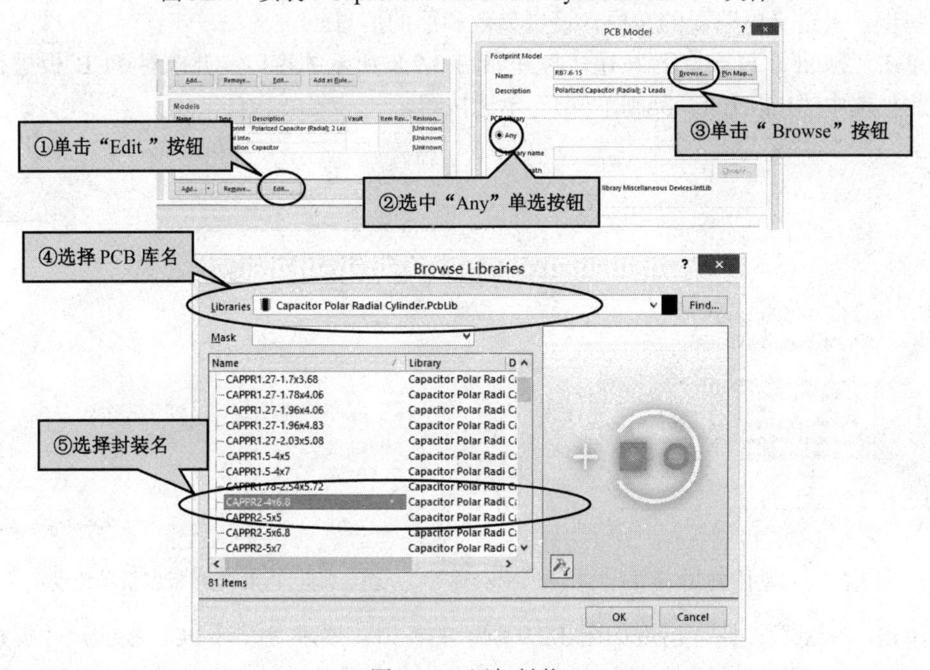

图 3.2.5　添加封装

以此类推，按照如表 3.2.1 所示的要求分别设置其余元件的封装属性。

表 3.2.1　两级放大电路元件封装清单

元件名称	标识符	封装
电阻	R1～R8	AXIAL-0.3
极性电容	C1～C5	CAPPR2-4x6.8
三极管	V1～V2	TO-92A

步骤 4：ERC 检查。

元件封装设置好后，对原理图进行 ERC 检查，排除错误。

步骤 5：根据模板向导生成 PCB 文件。

Altium Designer 软件提供了 PCB 设计模板向导，图形化的操作使 PCB 的创建变得非常简单。它提供了很多工业标准板的尺寸规格，也可以由用户自定义设置。这种方法适用于各种工业制板。其操作步骤如下。

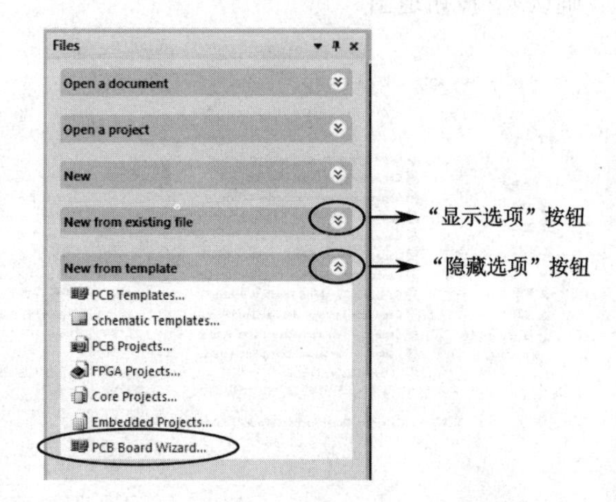

图 3.2.6　选择“PCB Board Wizard”命令

（1）在窗口左边的工作区面板“Projects”选项卡底部，单击“Files（文件）”标签，切换到“Files”面板，如图 3.2.6 所示。单击“隐藏选项”按钮，将其他选项隐藏，显示最下方的“New from template（根据模板新建）”选项，执行该选项中的“PCB Board Wizard（新建 PCB 板向导）”命令。

启动的 PCB 电路板设计向导如图 3.2.7 所示。此向导将帮助建立和设定一个新的印制电路板，且通过一些步骤来定义电路板的布局、设置参数和层的信息。

（2）单击“Next（下一步）”按钮，打开如图 3.2.8 所示的窗口，要求对 PCB 板进行度量单位设置。此处选中“Imperial（英制单位）”单选按钮。

图 3.2.7　启动的 PCB 向导

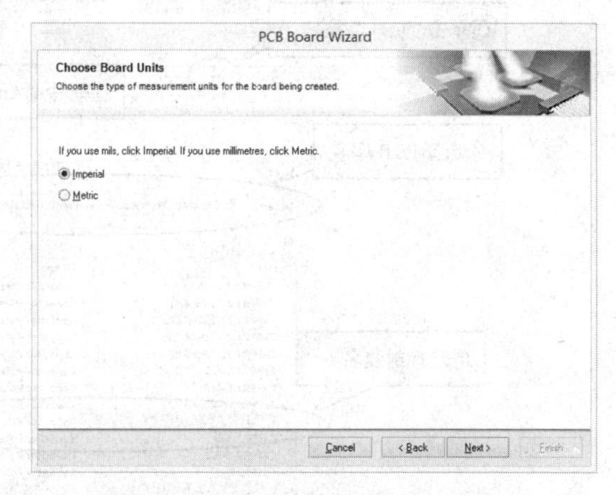

图 3.2.8　PCB 电路板度量单位设定

（3）单击“Next”按钮，出现如图 3.2.9 所示的窗口，要求对设计 PCB 板的尺寸类型进行指定。Altium Designer 提供了很多种工业制板的规格，用户可以根据自己的需要，选择 Custom（用户自定义模式），进入自定义 PCB 板的尺寸类型模式。在这里选择 Custom 选项。

（4）单击“Next”按钮，进入下一窗口，设置电路板形状，如图 3.2.10 所示，其常用设置如下。

①　“Outline Shape（轮廓形状）”选项区域：在此选项区域可以选择设计的外观形状有 Rectangular（矩形）、Circular（圆形）、Custom（自定义形状）3 种。本例中选择矩形。

②　“Board Size（电路板尺寸）”选项区域：可以设置电路板的 Width（宽度）和 Height（高度），输入 1500mil 和 1500mil，即 1.5 inch × 1.5 inch。

③　“Dimension Layer（放置尺寸于此层）”选项区域：用来选择所需要的 Mechanical Layer（机械加工层），最多可以选择 16 层机械加工层。设计双面板只需要使用默认选项，选择 Mechanical Layer 1（机械层 1）选项即可。

④　“Keep Out Distance From Board Edge（禁止布线区与电路板边缘的距离）”选项区域：用

于确定电路板设计时，从禁止布线框到机械板边缘的距离，默认值为 50mil（则电路板元件布局的区域比电路板尺寸的长、宽小 100mil）。

⑤ “Title Block and Scale（标题栏和刻度）”复选框：选中该复选框则显示标题栏和刻度尺寸。

⑥ “Legend String（图标字符串）”复选框：是否显示图标尺寸标注。

⑦ “Dimension Lines（尺寸线）”复选框：是否显示尺寸线。

⑧ “Corner Cutoff（角切除）”复选框：是否要在印制板的四个角进行裁剪。本例中不需要。如果需要，单击“Next（下一步）”按钮则会打开如图 3.2.11 所示的窗口，要求对裁剪大小进行尺寸设计。

⑨ “Inner Cutoff（内部切除）”复选项：用于确定是否进行印制板内部的裁剪，该项设置通常是为元件的散热而设置的。本例中不需要。如果需要，选中该复选框后，打开如图 3.2.12 所示的窗口，在左下角和右上角输入距离值进行内部裁剪。

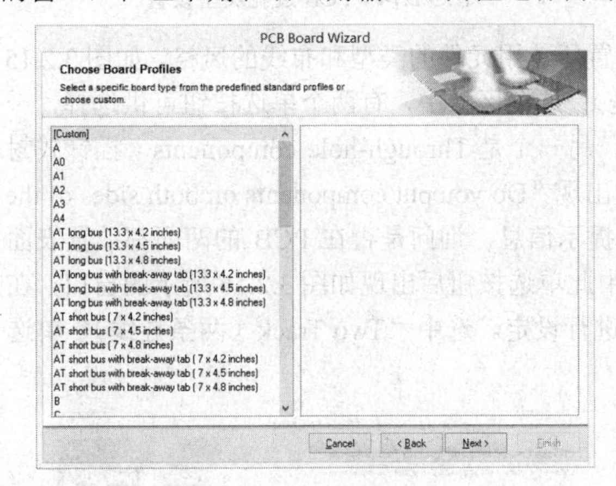

图 3.2.9　指定 PCB 板尺寸类型

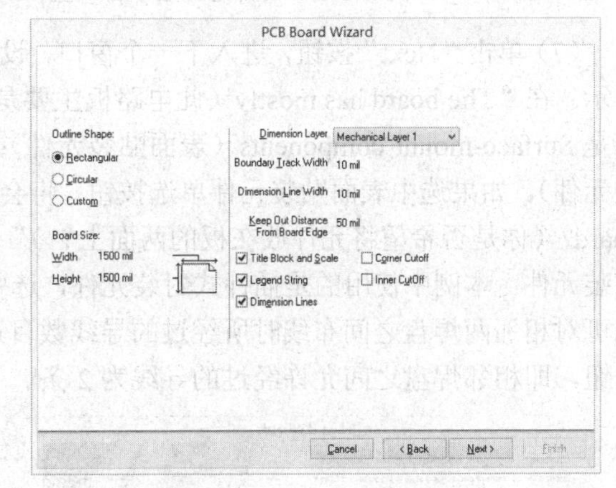

图 3.2.10　设置电路板形状

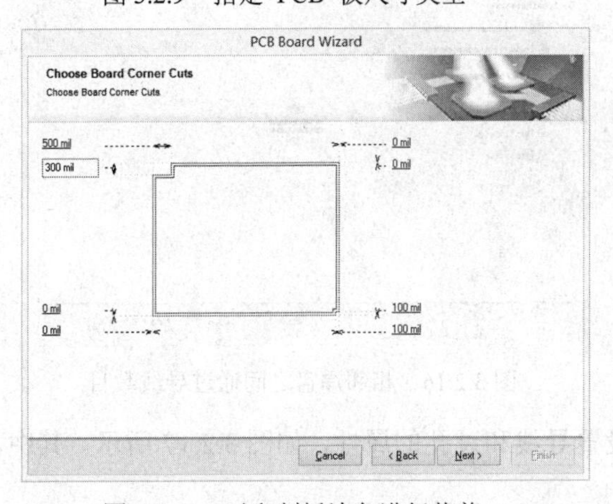

图 3.2.11　对印制板边角进行裁剪

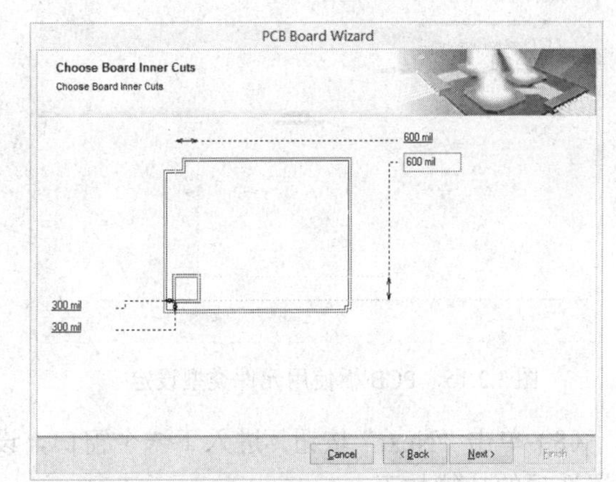

图 3.2.12　PCB 板内部裁剪

本例中不使用“角切除”和“内部切除”，因此不选中这两个复选框。

（5）单击“Next”按钮，进入下一个窗口，对 PCB 板的 Signal Layers（信号层）和 Power Planes（内部电源层）数目进行设置，如图 3.2.13 所示。本例设计双面板，故信号层数为 2，电源层数为 0，不设置电源层。

（6）单击“Next”按钮，进入下一个窗口，设置所使用的过孔类型，这里有两类过孔可供选择，一类是 Thruhole Vias only（穿透式过孔，即通孔），另一类是 Blind and Buried Vias only（盲过孔和埋过孔），本例中使用通孔，如图 3.2.14 所示。

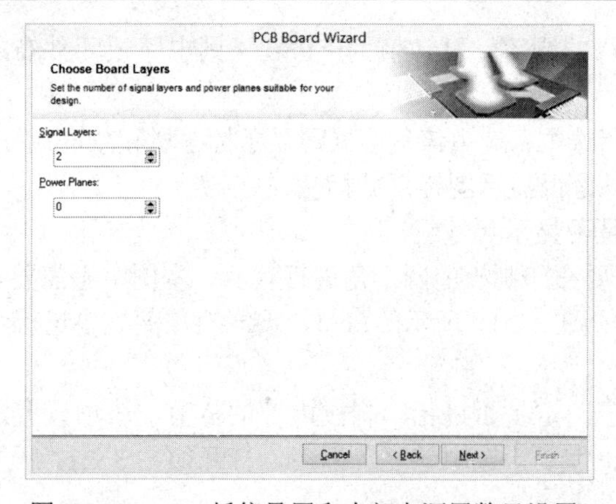

图 3.2.13　PCB 板信号层和内部电源层数目设置

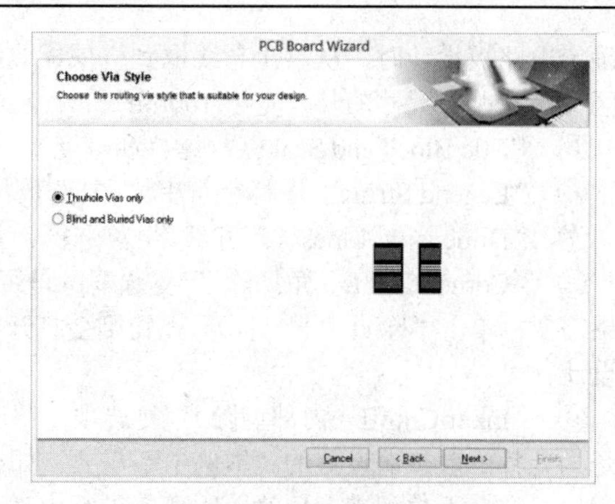

图 3.2.14　PCB 过孔类型设置

（7）单击“Next”按钮，进入下一个窗口，设置所使用元件的类型和布线的风格，如图 3.2.15 所示。在“The board has mostly（此电路板主要是）”选项区域中，有两个单选按钮可供选择，一个是 Surface-mount components（表面贴装元件）；另一个是 Through-hole components（插针式封装元件）。如果选中表面贴装元件单选按钮，将会出现“Do you put components on both sides of the board?（你是否希望将元件放在板的两面上？）”提示信息，询问是否在 PCB 的两面都放置表面贴装元件。本例中使用的是插针式封装元件，选中此单选按钮后出现如图 3.2.16 所示的窗口，在此可对相邻两焊盘之间布线时所经过的导线数目进行设定。选中“Two Track（两条导线）”单选按钮，即相邻焊盘之间允许经过的导线为 2 条。

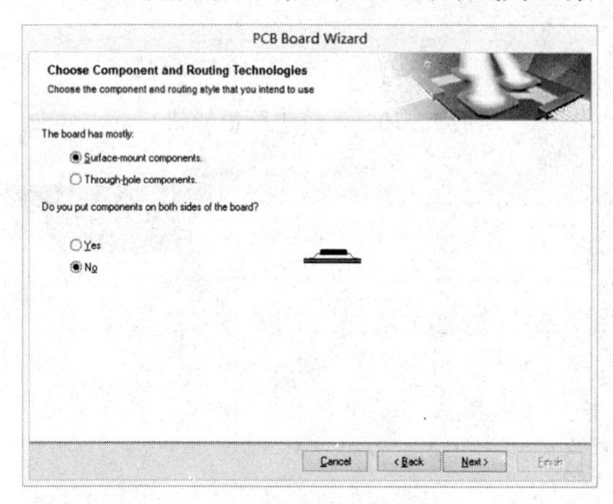

图 3.2.15　PCB 板使用元件类型设定

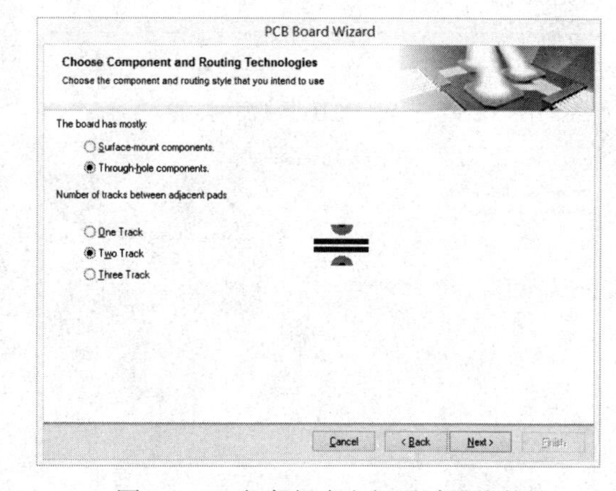

图 3.2.16　相邻焊盘之间通过导线数目

（8）单击“Next”按钮，进入下一个窗口，设置导线和过孔的属性，如图 3.2.17 所示。其中，设置选项的功能如下。

① Minimum Track Size（最小导线尺寸）：设置导线的最小宽度，单位为 mil 。实际电路的线宽可根据通过电流的大小进行设置。

② Minimum Via width（最小过孔宽度）：设置过孔的最小外径值。

③ Minimum Via Hole Size（最小过孔孔径）：设置过孔最小孔径。

④ Minimum Clearance（最小间隔）：设置相邻导线之间的最小安全距离。

这些参数根据实际需要进行设定，单击相应的位置即可进行参数修改。本例均采用默认值。

（9）单击“Next”按钮，出现 PCB 设置完成窗口，如图 3.2.18 所示单击“Finish（完成）”按钮，将启动 PCB 编辑器，至此完成了使用 PCB 向导新建 PCB 板的设计。

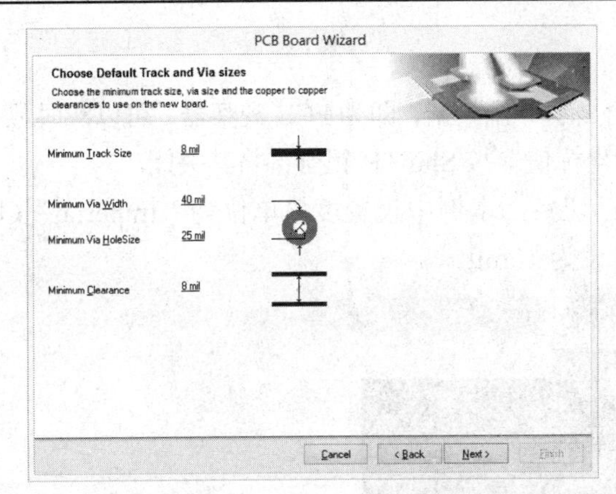

图 3.2.17　“PCB Board Wizard（导线和过孔属性设置）”对话框

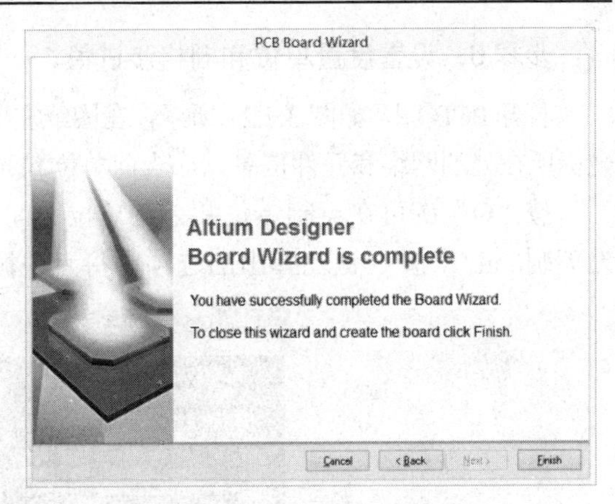

图 3.2.18　PCB 设置完成窗口

新建的 PCB 文档将被默认命名为 PCB1.PcbDoc，编辑区中会出现设定好的空白 PCB 纸。在文件工作面板中右击，在弹出的快捷菜单中选择“另存为”选项，将其保存为“两级放大电路 PCB 图.PcbDoc”文件，并将其加入到两级放大电路.PrjPCB 工程中，如图 3.2.19 所示。

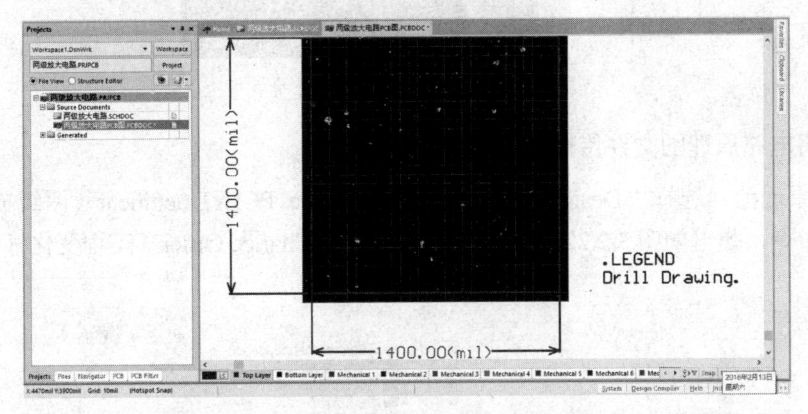

图 3.2.19　通过向导生成的印制电路板图

试一试：利用 PCB 向导新建一个印制电路板文件“AT bus 板.PcbDoc”。

参数设置：公制单位；电路板类型为：AT short bus（74.2inches)；2 层信号层，2 层电源层；不显示通孔；元件安装形式为表面贴装元件，元件放在电路板的两面。其他参数使用系统默认值，如图 3.2.20 所示。

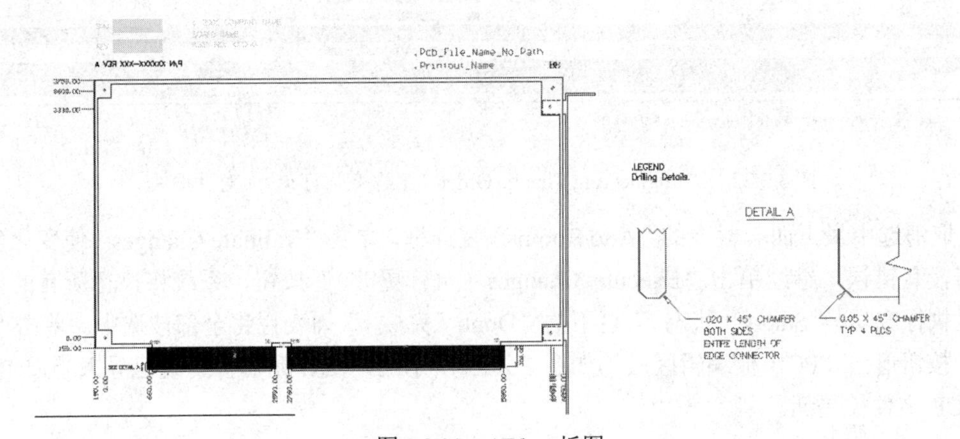

图 3.2.20　AT bus 板图

步骤 6：设置度量单位和栅格步进值。

打开 PCB 图，如图 3.2.21 所示，在图纸左上角显示一排数据，即为 PCB 观察器，可以实时显示光标所在处的网络和元件信息，如当前单位和光标坐标值。按 Shift+H 组合键将其关闭。

按“Q”键可在英制单位和公制单位之间进行切换，本例中设置度量单位为“Imperial”（即为英制 mil）。按 G 键在弹出的选项中将元件栅格设为 10mil。

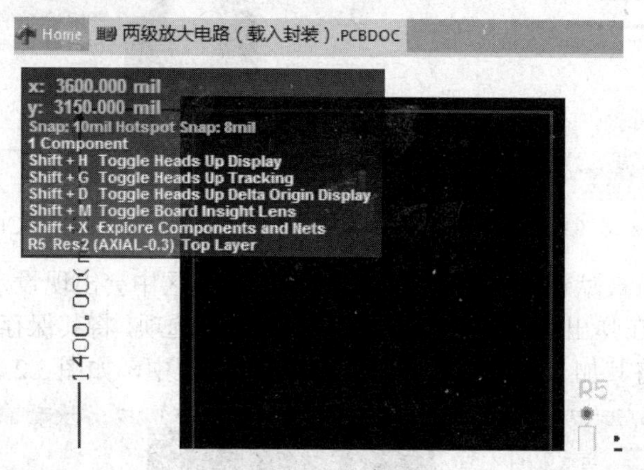

图 3.2.21　PCB 观察器

步骤 7：将电路原理图文件传输到 PCB 中。

（1）打开原理图，选择“Design（设计）”→“Update PCB Document（两级放大电路 PCB 图.PcbDoc）”命令，弹出如图 3.2.22 所示的“Engineering Change Order（工程变化订单）”对话框。

Engineering Change Order

Enable	Action	Affected Object		Affected Document	Check	Done	Message
☑	Add	R4	To	两级放大电路PCB图.PCBDOC			
☑	Add	R5	To	两级放大电路PCB图.PCBDOC			
☑	Add	R6	To	两级放大电路PCB图.PCBDOC			
☑	Add	R7	To	两级放大电路PCB图.PCBDOC			
☑	Add	R8	To	两级放大电路PCB图.PCBDOC			
☑	Add	V1	To	两级放大电路PCB图.PCBDOC			
☑	Add	V2	To	两级放大电路PCB图.PCBDOC			
	Add Nets(10)						
☑	Add	GND	To	两级放大电路PCB图.PCBDOC			
☑	Add	NetC1_1	To	两级放大电路PCB图.PCBDOC			
☑	Add	NetC1_2	To	两级放大电路PCB图.PCBDOC			
☑	Add	NetC2_1	To	两级放大电路PCB图.PCBDOC			
☑	Add	NetC2_2	To	两级放大电路PCB图.PCBDOC			
☑	Add	NetC3_1	To	两级放大电路PCB图.PCBDOC			
☑	Add	NetC3_2	To	两级放大电路PCB图.PCBDOC			
☑	Add	NetC4_1	To	两级放大电路PCB图.PCBDOC			
☑	Add	NetC5_1	To	两级放大电路PCB图.PCBDOC			
☑	Add	VCC	To	两级放大电路PCB图.PCBDOC			
	Add Component Classes(1)						
☑	Add	两级放大电路	To	两级放大电路PCB图.PCBDOC			
	Add Rooms(1)						
☐	Add	Room 两级放大电路 (Scope=InCom	To	两级放大电路PCB图.PCBDOC			

Validate Changes　Execute Changes　Report Changes...　☐ Only Show Errors　Close

图 3.2.22　“Engineering Change Order（工程变化订单）”对话框

（2）取消选中最下面一栏中的“Add Rooms”复选框，单击“Validate Changes（使变化生效）”按钮，若没有错误，继续单击“Execute Changes（执行更改）”按钮，系统将执行所有的更改操作，如果执行成功，“Status（状态）”栏下的“Done（完成）”列表栏将全部被选中。单击“Close（关闭）”按钮退出。PCB 板编辑区成为如图 3.2.23 所示的形式。元器件封装已导入当前 PCB 文件中，PCB 文件被更新。

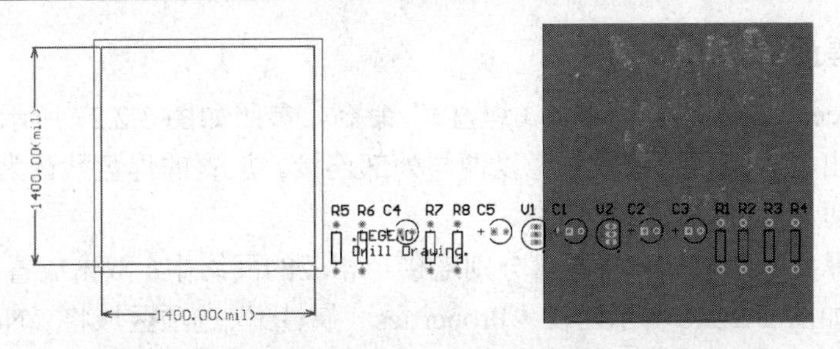

图 3.2.23　导入元器件封装的 PCB 图

步骤 8：元器件布局。

（1）鼠标单击将每个元器件拖动放置于禁止布线框内。元件数量比较多时，需要进行合理手工布局，将元件一个个分开来摆放。

（2）元器件布局的相关原则可参见 3.2.2 节的第 3 项。

（3）在没有掌握元器件布局的方法时，可参考原理图中元器件的位置进行布局。方法是：使原理图和 PCB 图均处于打开状态，在图纸名称栏单击鼠标右键，在弹出的快捷菜单中选择“Split Vertical（垂直分割）”命令，则两张图并排显示，如图 3.2.24 所示。

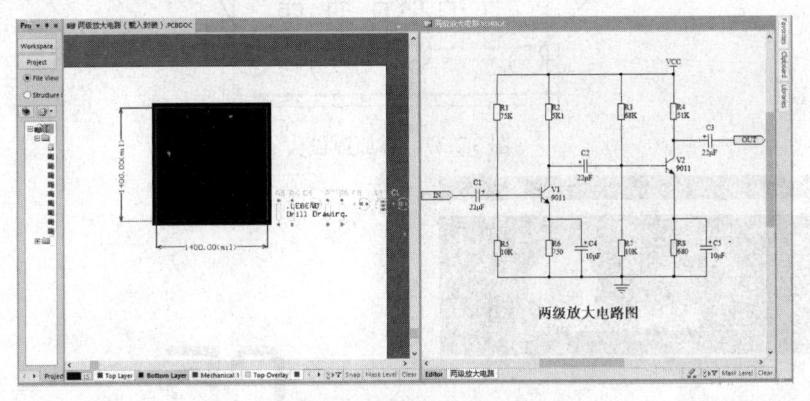

图 3.2.24　两张图并排显示

（4）选择“Edit（编辑）”→“Align（对齐）”命令实现元件布局时的合理排列，如图 3.2.25 所示。

（5）元器件排列好的 PCB 板如图 3.2.26 所示。

图 3.2.25　选择“Align（对齐）”命令

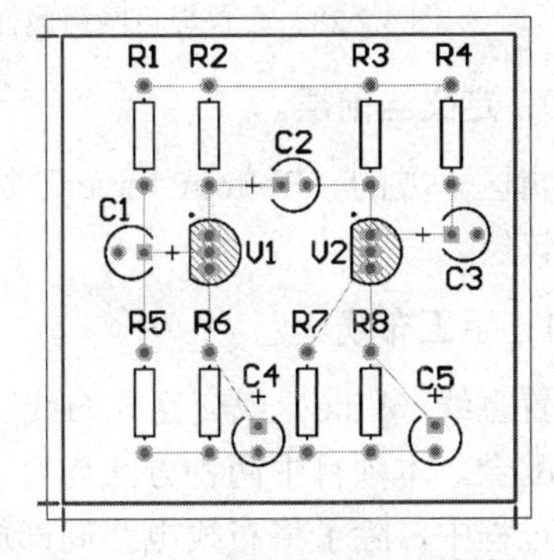

图 3.2.26　排列好的 PCB 板图

步骤 9：放置焊盘（Pad）。

（1）选择“Place（放置）”→“Pad（焊盘）”命令，参照如图 3.2.27 所示的位置，放置 4 个焊盘，为输入、输出、电源、地端设置，以便与外部连接。放置的焊盘默认为自由焊盘，其编号（Designator）值自动从 0 开始，依次递增。

（2）设置自由焊盘网络属性，将焊盘分别连接至相应的网络中：双击放置的焊盘，弹出“Pad（焊盘）”对话框，如图 3.2.28 所示，在“Properties（属性）”选项区域将“Net（网络）”文本框的值连接至相应网络。如下排两个焊盘都接地，网络设为“GND”。连接到网络中的自由焊盘会自动出现一条飞线，如图 3.2.29 所示。

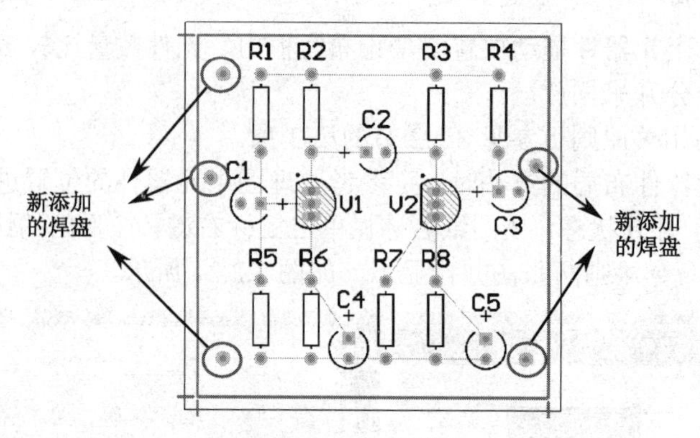

图 3.2.27　添加焊盘

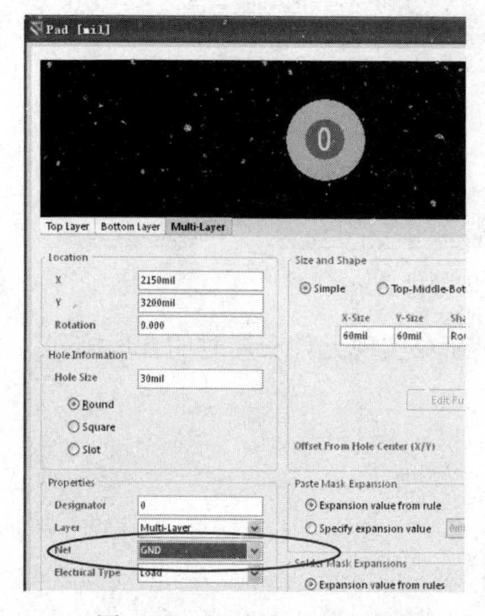

图 3.2.28　设置焊盘网络属性

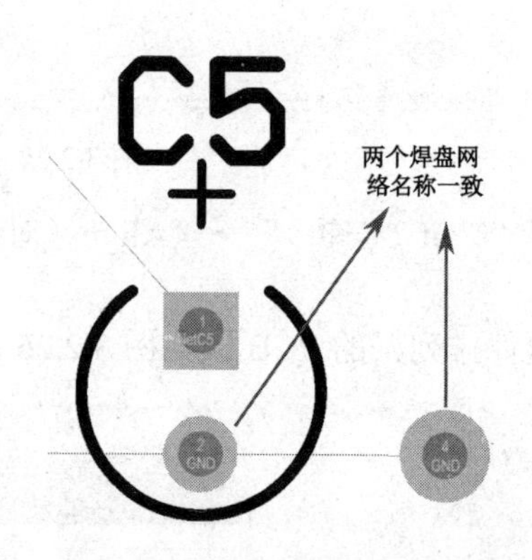

图 3.2.29　自由焊盘已连至网络

步骤 10：定义当前层。

单击编辑区下方的“Bottom Layer”标签，将 Bottom Layer（底层信号层）设为当前层，导线走线放在该层。

步骤 11：手工布线。

通过放置直线（Line）或交互式布线（Interactive Routing）可手工放置印制导线。交互式布线需要网络配合。本项目中两种方法均可。

在布线过程中，除了将布线电路局部放大，还可以通过 PCB 浏览器进行网络的定位和放大，更便于识别。方法是：单击工作区域的“PCB”选项卡，打开 PCB 浏览器，如图 3.2.30 所示。在浏览器最上面的下拉列表框中可以选择浏览器的类型。如选择“Nets”选项，在“Net Class（网络类）”选项区域中单击“<All Nets>”项，所有的网络名称会显示在下方。若选中某一网络名称，则属于该网络的节点全部放大突出显示。图 3.2.31 所示中高亮显示的是“GND”网络（此时 PCB 浏览器中的“Select”复选框需选中）。

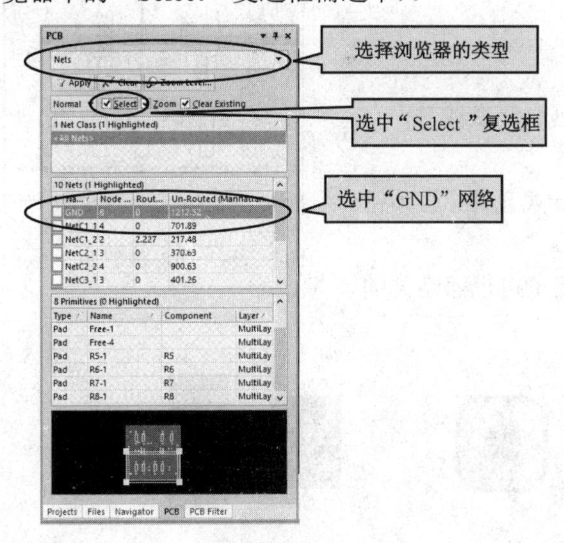

图 3.2.30　PCB 浏览器

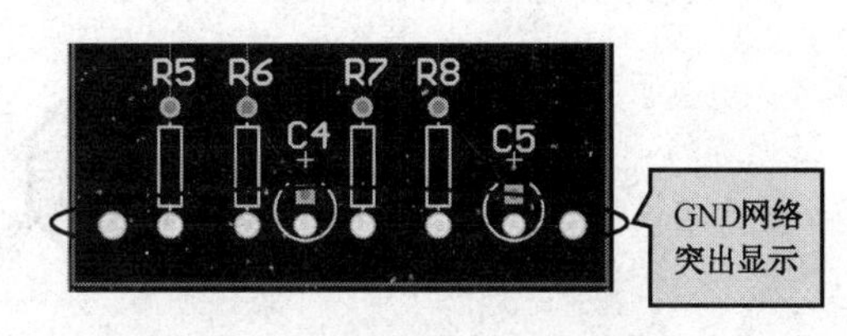

图 3.2.31　“GND”网络突出显示

选择“Place（放置）”→“Interactive Routing（交互式布线）”命令，进入放置导线状态。此时鼠标指针变成“十”字形状，将鼠标指针移动到“GND”网络第一个焊盘处单击，然后按 Tab 键，打开“Interactive Routing For Net（交互式布线）”对话框，如图 3.2.32 所示，将“Width from user preferred value（用户首选线宽）”设置为 20mil。

然后移动鼠标指针进行连线，在放置导线的过程中，按空格键对导线方向进行调整；按 Shift+Space 组合键进行切换导线拐弯的样式（90°、45°、圆弧状）。将鼠标指针移动到终点位置，单击鼠标左键确定终点位置，再单击鼠标右键结束当前该条导线的布置，如图 3.2.33 所示。

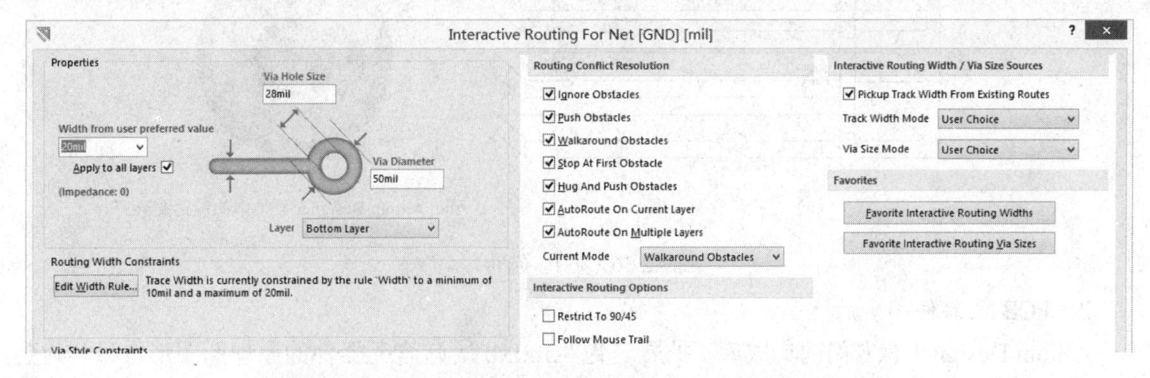

图 3.2.32　“Interactive Routing For Net（交互式布线）”对话框

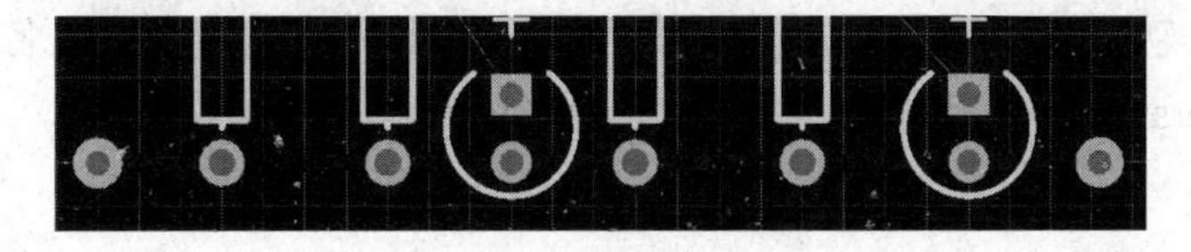

图 3.2.33　GND 网络手工布线完毕

继续进行下一条导线的布线，直至所有导线放置完毕。其他导线的线宽设置为 10mil。布好线的 PCB 板如图 3.2.34 所示。

步骤 12：保存文件，PCB 设计结束。

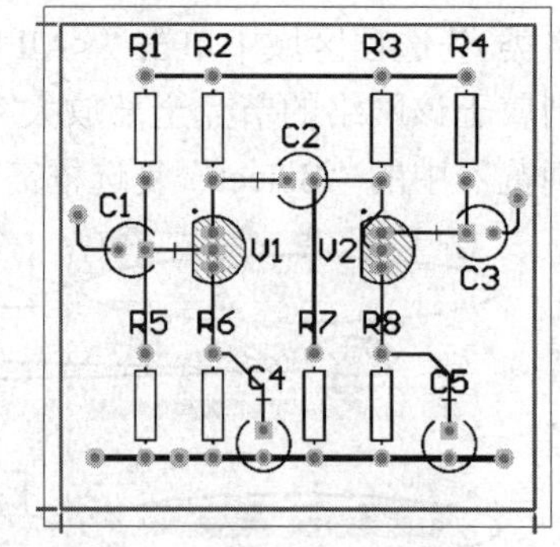

图 3.2.34　布好线的 PCB 板图

3.2.2　知识库

1．焊盘和过孔

（1）焊盘：用于固定元器件引脚或引出连线、测试线等，有圆形、方形等多种形状。

① Pad：Pad 是三维特征的焊盘，用于插针式元件，必须钻孔，如图 3.2.35（a）所示。

② Land：Land 是二维的表面特征焊盘，用于可表面贴装的元件，无须钻孔，如图 3.2.35（b）所示。

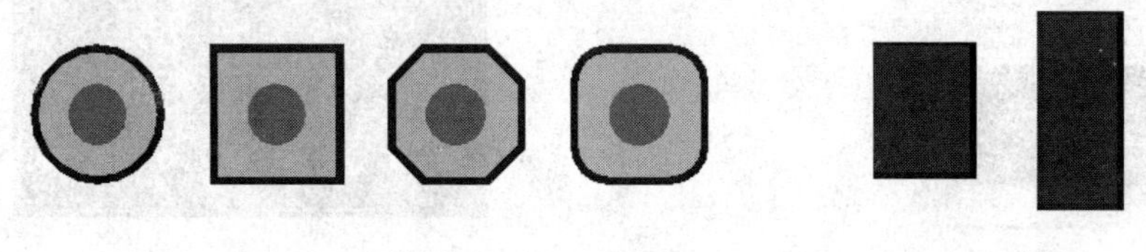

（a）Pad 焊盘　　（b）Land 焊盘

图 3.2.35　元件的焊盘

（2）过孔（Via）：也称为金属化孔或导孔，是用于连接双面板或多面板不同电路层之间的印制导线。过孔分为三类：通孔、盲孔和埋孔。双层板一般使用通孔，盲孔和埋孔在多层板中使用如图 3.2.36 所示。

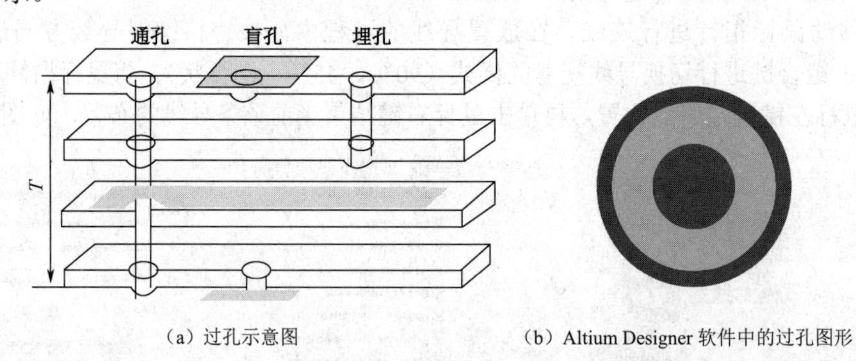

（a）过孔示意图　　（b）Altium Designer 软件中的过孔图形

图 3.2.36　过孔（Via）

2．PCB 元器件库

Altium Designer 有专门的集成库，扩展名为“.IntLib”，包含元器件的原理图图形符号和封装等，如图 3.2.37 所示。

Altium Designer 软件还有一些 PCB 库，专门存放元器件的封装，扩展名为“.PcbLib”，位于“Alitum Designer\Library\Pcb”目录下。表 3.2.2 所示的是部分封装库名称。

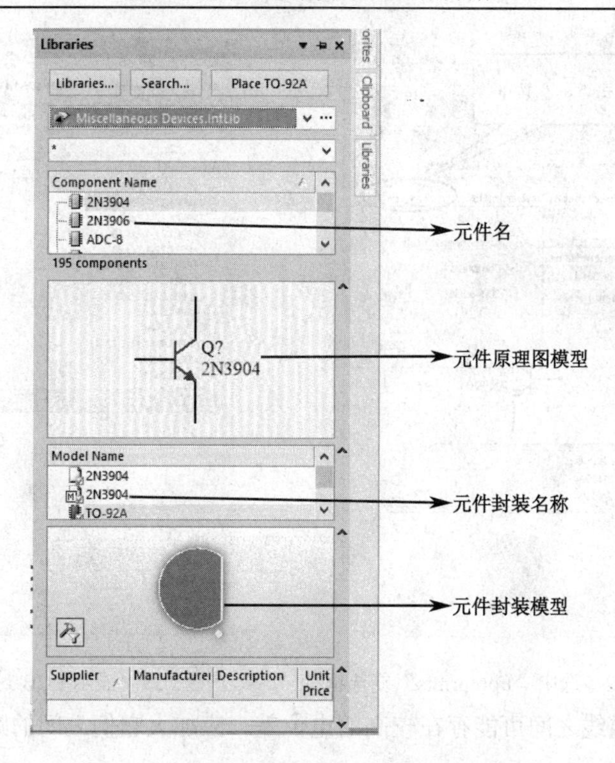

图 3.2.37　集成库（元件、封装集成在一起）

表 3.2.2　部分封装库名称

PCB 库名称	含义
Capacitor - Axial.PcbLib	插针式电容封装库
Capacitor Polar Radial Cylinder.PcbLib	圆形极性电容封装库
DIP - LED Display.PcbLib	双列直插 LED 显示器封装库
Dual-In-Line Package.PcbLib	双列直插式封装库
Small Outline（～1.27mm Pitch）- 6to20 Leads.PcbLib	小贴片 IC 封装（1.27mm 间距 6～20 脚）
Small Outline（～1.27mm Pitch）- 22+ Leads.PcbLib	小贴片 IC 封装（1.27mm 间距 22 脚及以上）

若 PCB 封装库已经安装好，可以在图纸窗口中显示。方法是：单击编辑窗口右侧的“Libraries（元件库）”按钮，弹出“Libraries”对话框，如图 3.2.38 所示，再单击“⌄…”按钮，在弹出的对话框中选中“Footprints”复选框，则显示出来的就是 PCB 封装库名称，下面是包含的封装名称及其图形符号，如图 3.2.39 所示。可直接选中需要的封装放到 PCB 图中。

3．PCB 板的布局原则

合理的布局是 PCB 板布线的关键。如果单面板设计组件布局不合理，将无法完成布线操作；如果双面板组件布局不合理，布线时将会放置很多过孔，使电路板导线变得非常复杂。合理的布局要考虑到很多因素，如电路的抗干扰等，在很大程度上取决于用户的设计经验。

1）元件排列规则

（1）在通常条件下，所有的元件均应布置在印制电路的同一面上，只有在顶层元件过密时，才能将一些高度有限并且发热量小的器件，如贴片电阻、贴片电容、贴片 IC 等放在底层。

（2）在保证电气性能的前提下，元件应放置在网格上且相互平行或垂直排列，以求整齐、美观，一般情况下不允许元件重叠；元件排列要紧凑，输入和输出元件尽量远离。

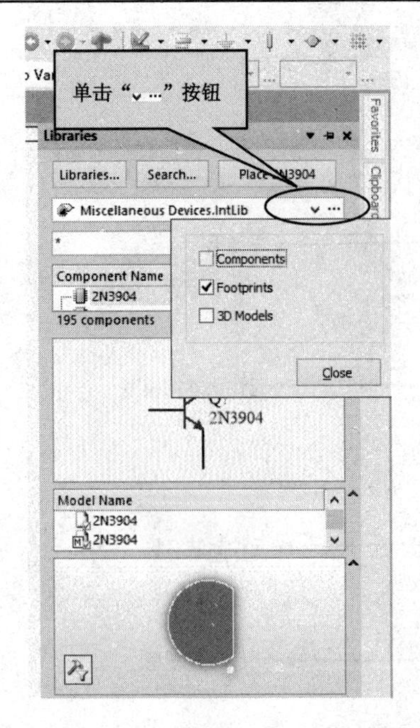

图 3.2.38　选中"Footprints"复选框

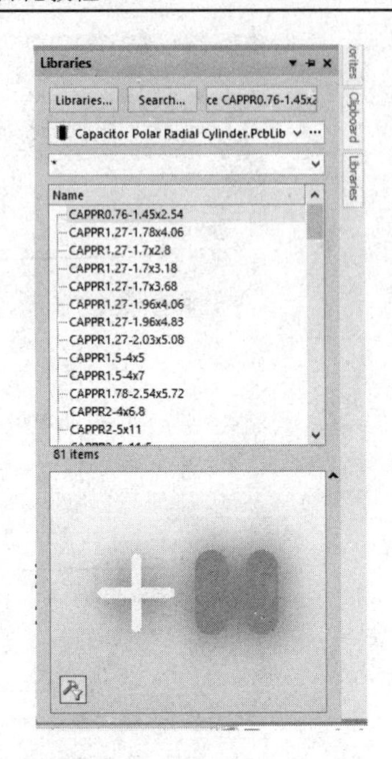

图 3.2.39　显示 PCB 封装库

（3）某元器件或导线之间可能存在较高的电位差，应加大它们之间的距离，以免因放电、击穿而引起意外短路。

（4）带高电压的元件应尽量布置在调试时手不易触及的地方。

（5）重量超过 15g 的元器件，应当用支架加以固定，然后焊接。

（6）位于电路板边缘的元件，离电路板边缘至少有 2 个电路板厚的距离。

（7）应留出印制板的定位孔和固定支架所占用的位置。

（8）元件在整个板面上应分布均匀、疏密一致。

2）按照信号走向布局原则

（1）通常按照信号的流程逐个安排各个功能电路单元的位置，以每个功能电路的核心元件为中心，围绕它进行布局。

（2）元件的布局应便于信号流通，使信号尽可能保持一致的方向。多数情况下，信号的流向安排为从左到右或从上到下，与输入、输出端直接相连的元件应当放在靠近输入、输出接插件或连接器的地方。

3）防止电磁干扰

（1）对辐射电磁场较强的元件，以及对电磁感应较灵敏的元件，应加大它们之间的距离或加以屏蔽，元件放置的方向应与相邻的印制导线交叉。

（2）尽量避免高低电压器件相互混杂、强弱信号的器件交错在一起。

（3）对于会产生磁场的元件，如变压器、扬声器、电感等，布局时应注意减少磁力线对印制导线的切割，相邻元件磁场方向应相互垂直，减少彼此之间的耦合。

（4）对干扰源进行屏蔽，屏蔽罩应有良好的接地。

（5）高频工作的电路，要考虑元件之间的分布参数的影响。

4）抑制热干扰

（1）对于发热元件，应优先安排在利于散热的位置，必要时可以单独设置散热器或小风扇，以降低温度，减少对邻近元件的影响。

（2）一些功耗大的集成块、大或中功率管、电阻等元件，要布置在容易散热的地方，并与其他元件隔开一定距离。

（3）热敏元件应紧贴被测元件并远离高温区域，以免受到其他发热功率大的元件影响，引起误动作。

（4）双面放置元件时，底层一般不放置发热元件。

5）可调元件的布局

对于电位器、可变电容器、可调电感线圈或微动开关等可调元件的布局应考虑整机的结构要求，若是机外调节，其位置要与调节旋钮在机箱面板上的位置相适应；若是机内调节，则应放置在印制电路板上方便调节的地方。

4．将 Protel 99 SE 的元件库转换到 Altium Designer 中

在 Protel 99 SE 中有部分封装是 Altium Designer 中没有的，如果一个个地去创建这些元件，不仅麻烦，而且可能会产生错误，若将 Protel 99 SE 中的封装库导入 Altium Designer 中，操作方便，而且事半功倍。方法是：启动 Protel 99 SE，新建一个*.DDB 工程，在这个工程中导入需要的封装库，需要几个就导入几个，然后保存工程并关闭 Protel 99 SE。启动 Altium Designer，打开刚保存的*.DDB 文件，这时，Altium Designer 会自动解析*.DDB 文件中的各文件，并将它们保存在“*/”目录中，以后便可方便地调用。

◆ 项目总结

绘制一个合格的 PCB 板，元件的封装必须设置正确。通过向导生成 PCB 板时，注意关键项的设定，如电路板尺寸、布线层等。在元器件多的情况下，必须要充分考虑元器件的布局，做到美观整齐，将干扰减到最小。

3.2.3　实验项目——单片机基本电路的 PCB 设计

新建一个工程设计文件和原理图文件，保存在“D 盘\PCB 制板\单片机基本电路\”目录下，名称分别为“单片机基本电路项目.PrjPcb”和“单片机基本电路.SchDoc”。增加加载 Philips Microcontroller 8-Bit.IntLib 元件库，绘制如图 3.2.40 所示的电路图。

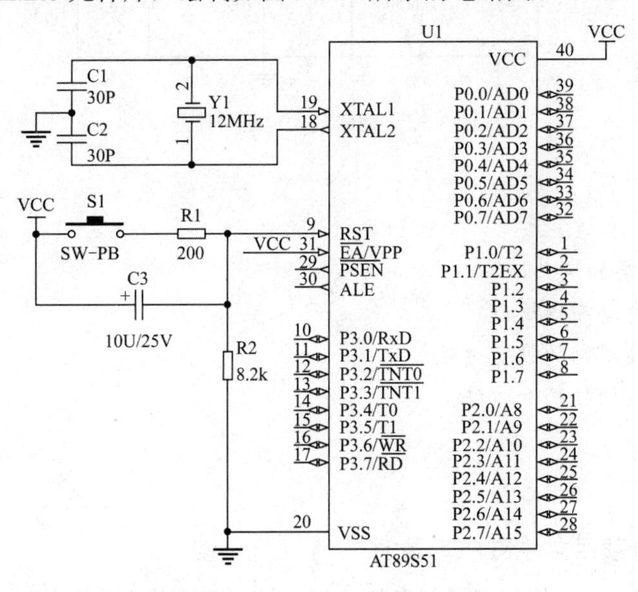

图 3.2.40　单片机基本电路

通过向导生成印制电路板，要求：电路板类型为自定义矩形板，电路板尺寸为 1600mil×2400mil。无图标字符串、无尺寸线、取消角切除和内部切除、单层板，只显示通孔，采用通孔元件，邻近焊盘间的导线数为 1 根，其余默认。

编辑时手工布线。印制电路板图保存为“单片机基本电路 PCB 图.PcbDoc”，保存位置与上述两个文件在同一目录下，并导入同名工程项目中。

3.3 设置自动布线的参数生成印制电路板

3.3.1 训练微项目——通过设置自动布线规则生成两级放大电路 PCB

Altium Designer 软件有自动布线的功能，当电路板不太复杂时，可以进行自动布线，能节省设计的时间。本节通过学习自动布线设计规则来进行两级放大电路 PCB 的设计，如图 3.3.1 所示。各项规则设置为：单面板，底层布线；印制导线宽度限制设置为：电源线宽度为 20mil，地线宽度为 30mil，其他走线宽度均为 10mil；网络安全间距限制设置为 VCC、GND 网络之间为 50mil，其余默认；导线拐弯方式设置为圆弧状；自动布线拓扑规则设置为 StarBurst。

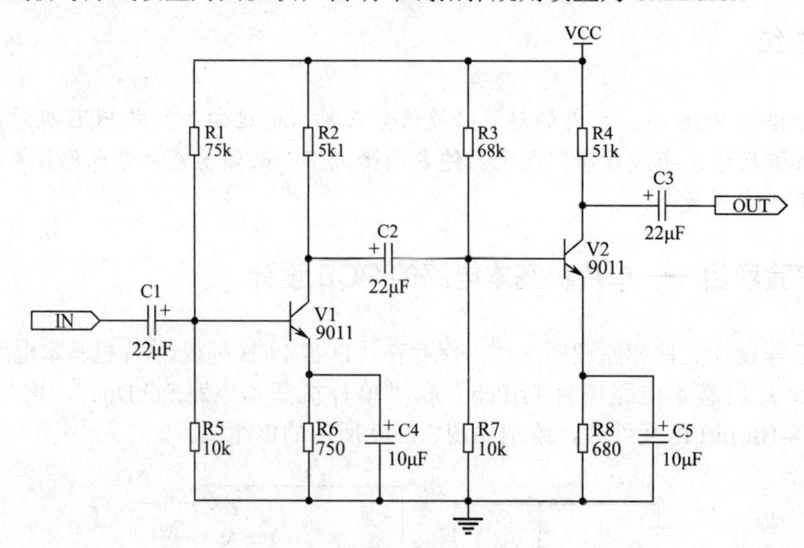

图 3.3.1　两级放大电路原理图

◆ 学习目标

✧ 了解 PCB 中层的定义

✧ 了解元件的自动布线规则

✧ 掌握元件布线规则的设置方法

✧ 掌握自动布线的技巧和方法

◆ 执行步骤

步骤 1：打开设计项目文件和 PCB 文件。

启动 Altium Designer 软件，打开保存的项目文件：两级放大电路.PrjPCB，并打开“两级放大电路 PCB 图.PcbDoc”文件。

确保 PCB 板处于已布局好而未布线状态，否则可选择“Tools（工具）”→“Un-Route（取消布线）”→“All（全部对象）”命令，取消所有布线。

步骤 2：设置相应层。

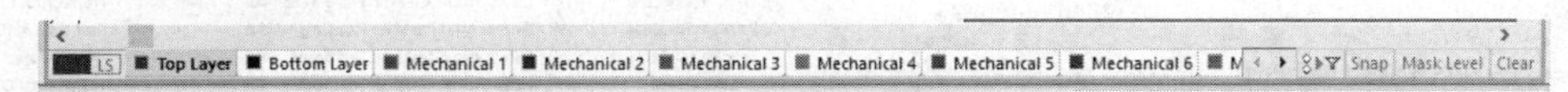

图 3.3.2　显示很多层

Altium Designer 中默认显示有很多层，如图 3.3.2 所示。设计简单电路板时可将不必要的层隐藏不显示。

选择“Design（设计）”→“Board Layers & Colors（PCB 板层次颜色）”命令（或按 L 键），打开“View Configurations（视图确认）”对话框，选择“Board Layers And Colors（板层和颜色）”选项卡，如图 3.3.3 所示，单击下方的“Used Layers On”按钮，选择显示使用的层。

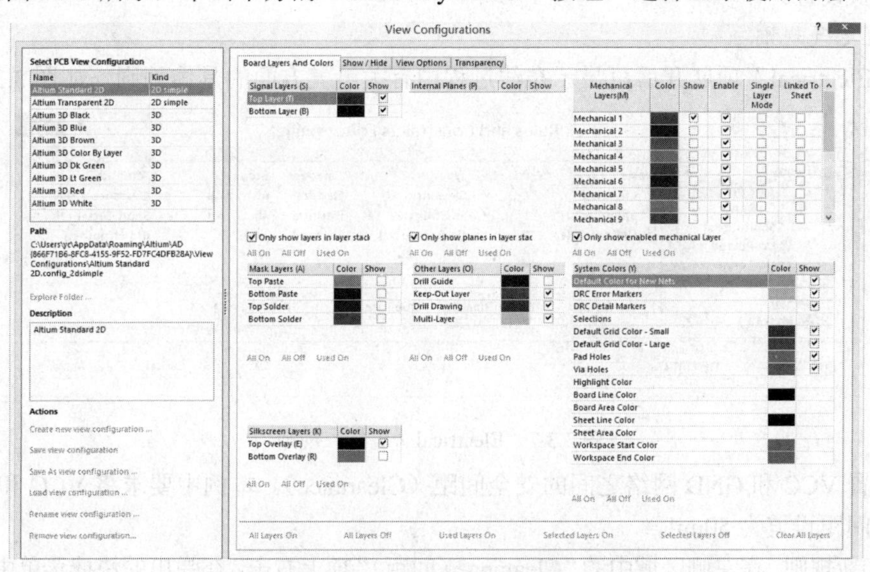

图 3.3.3　板层和颜色设置界面

单击“OK（确认）”按钮，回到编辑区，层标签栏处显示如图 3.3.4 所示，少了很多层。

图 3.3.4　设置以后的层

步骤 3：设置自动布线规则。

在自动布线之前，需要对布线规则进行设置。

Altium Designer 软件提供了 10 种不同的设计规则，包括导线放置、导线布线方法、元件放置、布线规则、元件移动和信号完整性等。

电路可以根据需要采用不同的设计规则，如果设计双面板，很多规则可以采用系统默认值，因为系统默认是针对双面板布线而设置的。

进入设计规则设置对话框的方法是：在 PCB 电路板编辑环境下，选择“Design（设计）”→“Rules（规则）”命令，如图 3.3.5 所示。

如图 3.3.6 所示，“PCB Rules and Constraints Editor”对话框左侧显示的是设计规则的类型，共分为 10 类。包括电气类型（Electrical）、布线类型（Routing）、表面黏着元件类型（SMT）等。

右侧则显示对应设计规则的设置属性。

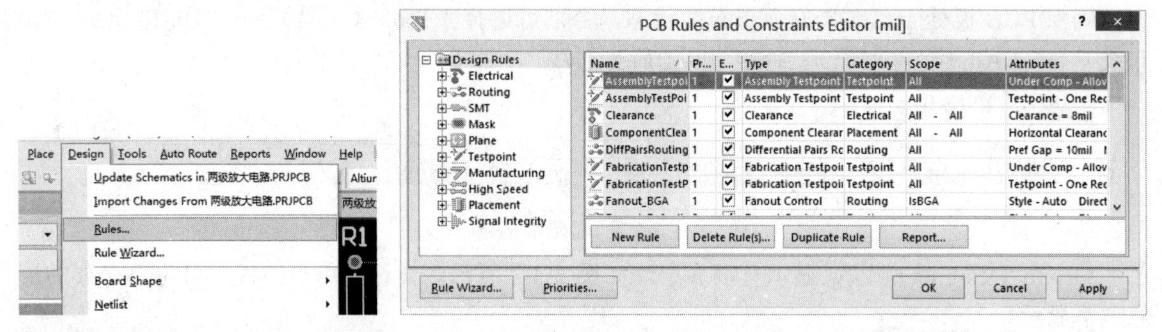

图 3.3.5　选择“Rules（规则）”命令　　　　图 3.3.6　“PCB Rules and Constraints Editor”对话框

该对话框左下角有“Priorities（优先级）”按钮，单击该按钮，可以对同时存在的多个设计规则进行优先权设置。

1．设置电气规则

双击“Electrical”项展开后可显示布线过程中有关电气方面的具体规则，如图 3.3.7 所示。

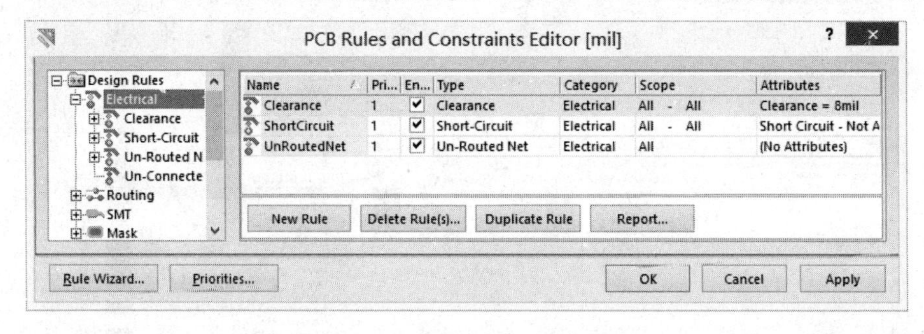

图 3.3.7　Electrical（电气）规则

（1）设置 VCC 和 GND 网络之间的安全间距（Clearance）。本例中要求将 VCC 和 GND 网络之间的安全间距设置为 50mil。

① 增加新规则。在左侧区域中的“Clearance（间距）”项上右击，在弹出的快捷菜单中选择“New Rules（新建规则）”命令，系统自动在 Clearance 的上面增加一个名称为 Clearance_1 的规则，如图 3.3.8 所示。

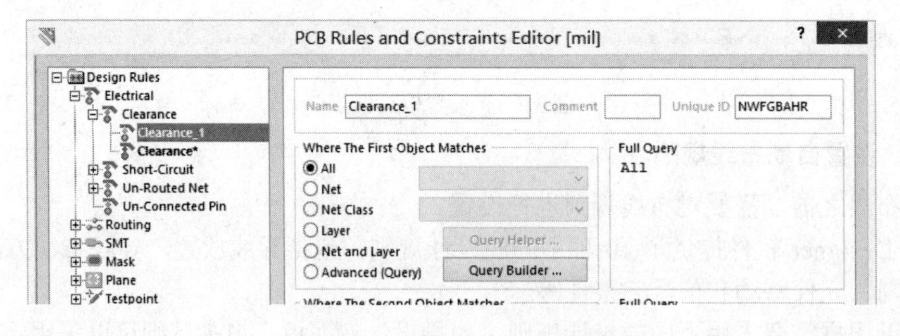

图 3.3.8　新建 Clearance_1 规则

② 设置规则使用范围。单击“Clearance_1”项，右侧显示新规则设置页面，如图 3.3.9 所示。在右侧的“Name（名称）”文本框中，将原来的名称“Clearance_1”改为“VCC and GND”。在“Where The First Object Matches（第一个匹配对象的位置）”选项区域，选中“Net（网络）”单选按钮，单击右侧的第一个下拉按钮，从弹出的列表框中选择“VCC”选项，则“Full Query（全

查询）”选项区域会显示“InNet（‘VCC’）”。按照同样的操作在“Where The Second Object Matches（第二个匹配对象的位置）”选项区域，选择“GND”选项。

③ 设置规则约束特性。将鼠标指针移到“Constraints（约束）”特性区域，将“Minimum Clearance（最小间距）”设定为 50mil，单击“Apply（适用）”按钮，设置结果如图 3.3.9 所示。

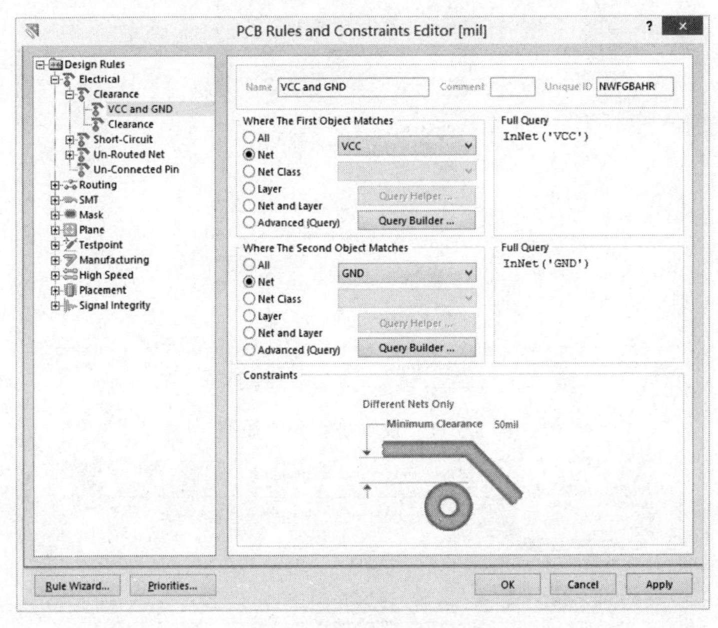

图 3.3.9　设置安全间距

④ 设置优先权。此时在 PCB 的设计中同时有“Clearance”和“VCC and GND”两个电气安全距离规则，因此必须设置它们之间的优先权。单击左下角的“Priorities（优先级）”按钮，弹出“Edit Rule Priorities（编辑规则优先级）”对话框，如图 3.3.10 所示。通过对话框最下方的按钮可以改变规则的优先次序。这里设置“VCC and GND”具有最高的优先级，满足此规则时忽略其他规则。

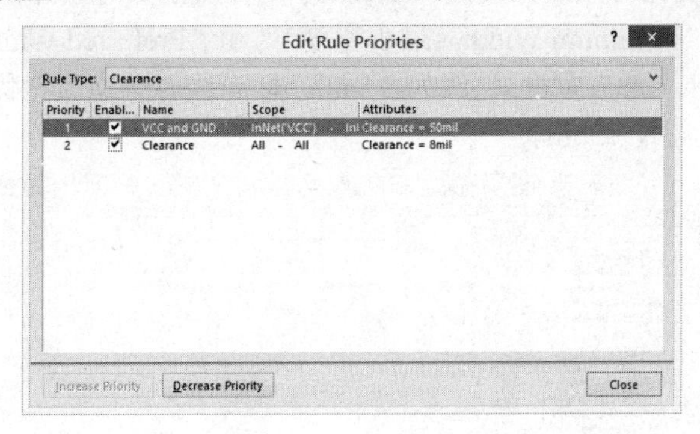

图 3.3.10　设置两个电气安全间距规则的优先次序

（2）Short-Circuit（短路）选项区域设置。短路设置就是是否允许电路中有导线交叉短路。设置方法同上，系统默认不允许短路，即取消“Allow Short Circuit（允许短回路）”复选框，如图 3.3.11 所示。本例中采用默认值。

2．设置布线规则

双击“Routing”项展开后可以显示有关布线的具体规则。

1）设置导线线宽

双击“Width”项显示导线宽度规则为有效，如图 3.3.12 所示。

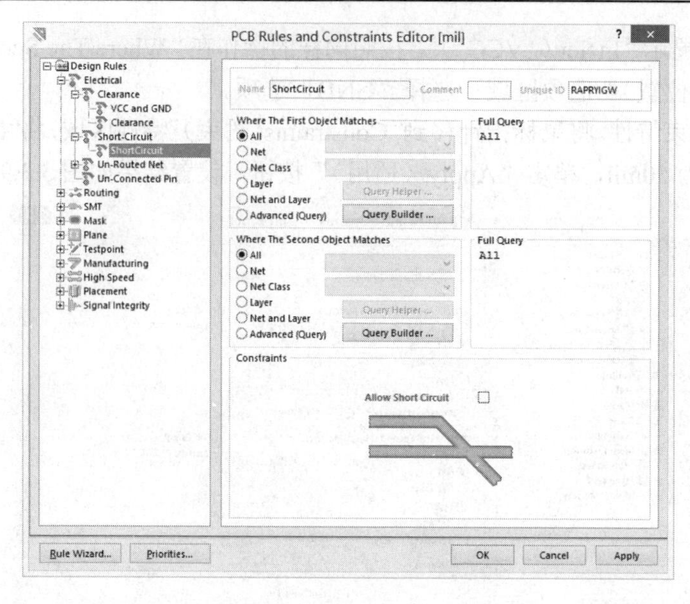

图 3.3.11　设置是否允许短路

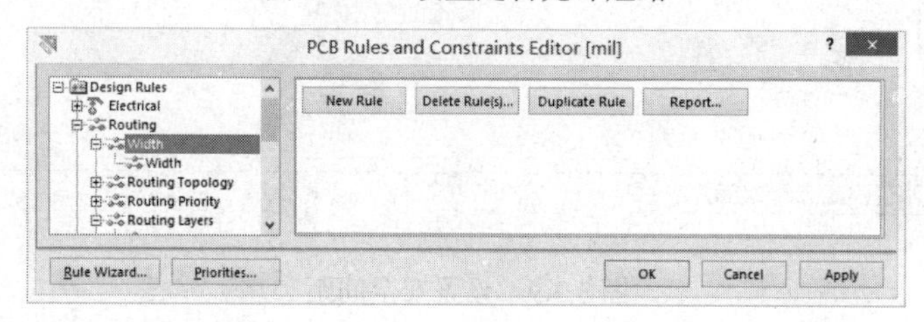

图 3.3.12　“Width”导线宽度规则

（1）设置普通导线线宽。单击“Width（线宽）”项的下一层“Width”名称，如图 3.3.13 所示，在右边编辑区中，在“Name（名称）”文本框中，将 Width 改为“普通线”；“Where The First Object Matches（第一个匹配对象的位置）”中默认为“All（全部对象）”；在右下方选项区域，将“Bottom Layer”层中的“Minimum Width（最小宽度）”和“Preferred Width（首选尺寸）”都改为 10mil，“Maximum Width（最大宽度）”改为 15mil，即布线时普通线宽优先考虑 10mil，最小不能小于 10mil，最大不能超过 15mil。

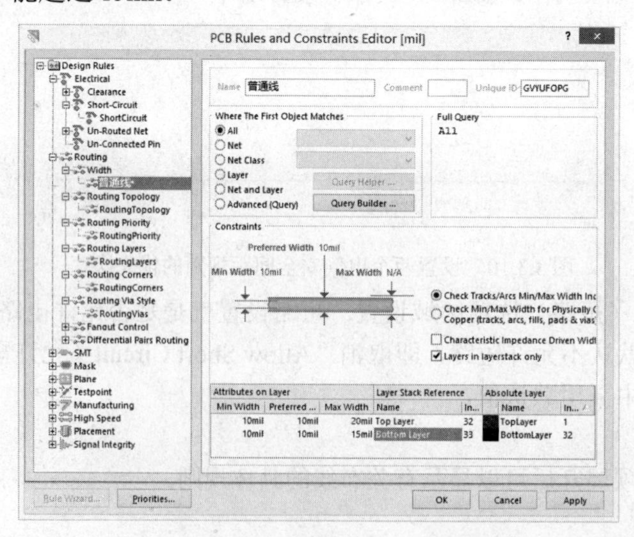

图 3.3.13　设置底层布线时的导线宽度规则

（2）设置电源、地线线宽。这里将对电源网络、地线网络布线宽度设置新的约束规则。具体步骤如下。

① 增加新规则。在左边区域中的“Width”项上右击，在弹出的快捷菜单中选择“New Rules（新建规则）”命令，系统自动增加一个名称为 Width 的规则。选择 Width 选项，右侧显示新规则设置页面，如图 3.3.14（a）所示。

② 设置规则使用范围。将“Name（名称）”文本框中的“Width”改为“电源 VCC”。在“Where The First Object Matches（第一个匹配对象的位置）”选项区域中，选中“Net（网络）”单选按钮，再单击右侧的第一个下拉按钮，在出现的下拉列表中选择“VCC”选项。

③ 设置电源线宽。在右下方选项区域，将“Bottom Layer”层中的“Maximum Width（最大宽度）”和“Preferred Width（首选尺寸）”改为 20mil，“Minimum Width（最小宽度）”改为 15mil。

④ 用同样的方法设置地线线宽。再新建一个规则，名称和网络均设为“GND”，三种线宽尺寸均为 30mil，如图 3.3.14（b）所示。

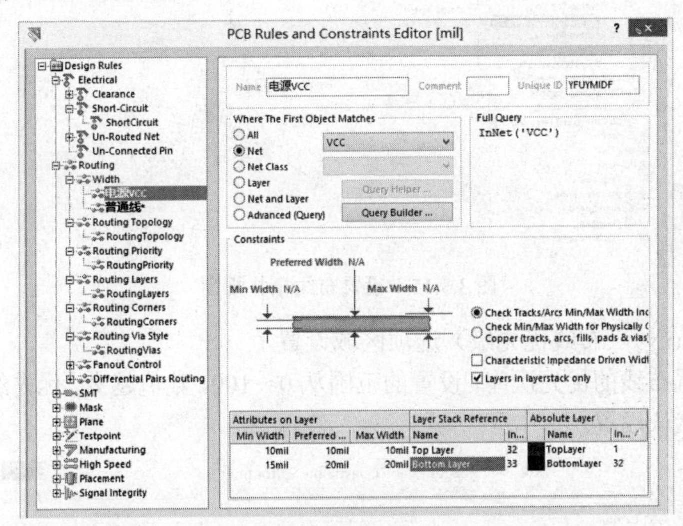

（a）电源网络

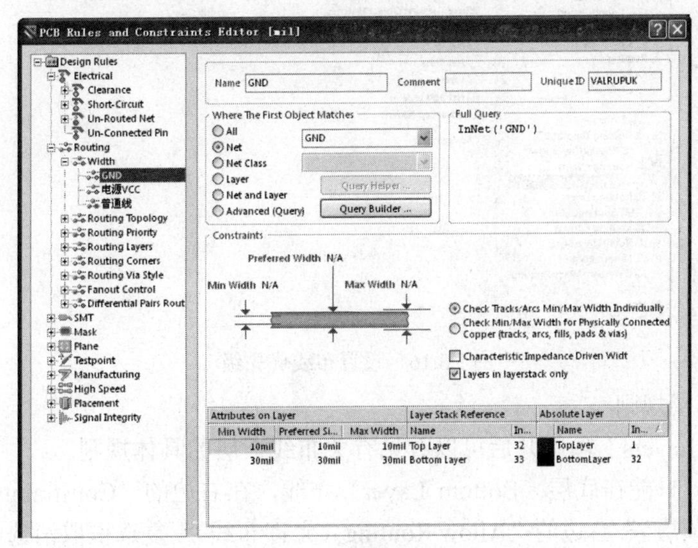

（b）地线网络

图 3.3.14　设置电源网络和地线网络线宽

（3）设置优先权。单击左下角“Priorities（优先级）”按钮，弹出“Edit Rule Priorities（编辑

规则优先级）”对话框。通过对话框下面的按钮可以改变规则的优先次序。优先级的顺序从高到低为 GND、电源 VCC、普通线名称。

2）设置布线拓扑规则

双击“Routing Topology”项展开后可以看见有关布线拓扑的具体规则。

如图 3.3.15 所示，在右边的“Constraints（约束）”选项区域将 Topology（拓扑逻辑）改成“StarBurst”（放射状连线方式）。

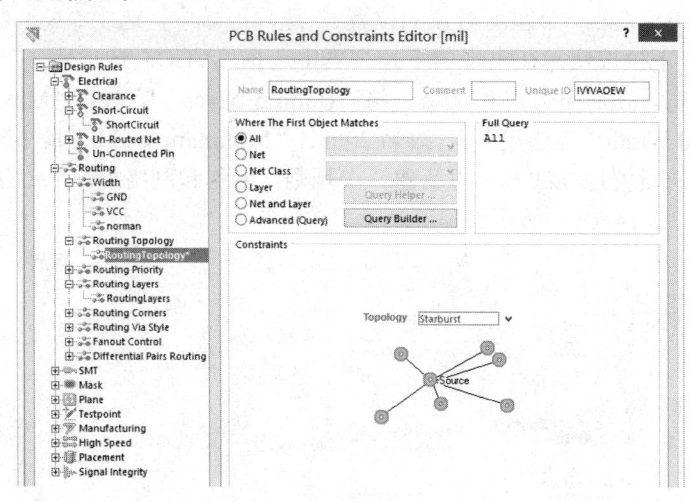

图 3.3.15　设置布线拓扑规则

3）Routing Priority （布线优先级）选项区域设置

该规则用于设置布线的优先次序，设置的范围从 0～100，数值越大，优先级越高，如图 3.3.16 所示。本例中选择默认设置。

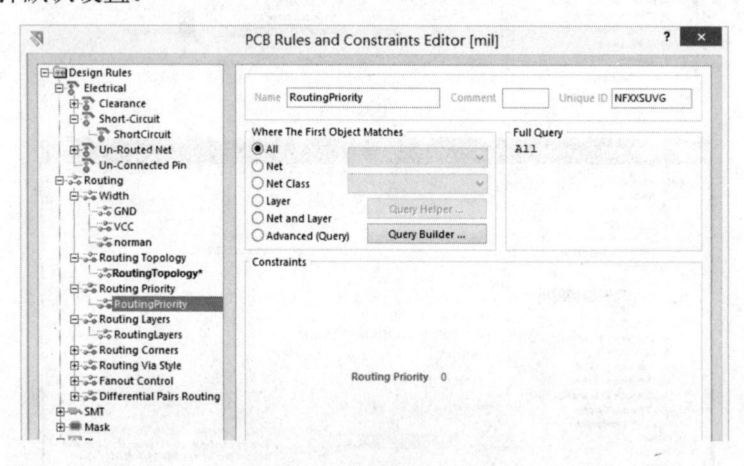

图 3.3.16　设置布线优先级

4）设置布线板层规则

双击“Routing Layers”项展开后可以看见有关布线板层的具体规则。

这里是单层板，只能在底层（Bottom Layer）布线，在右边的“Constraints（约束）”选项区域将“Top Layer（顶层）”右边的“Allow Routing（允许布线）”复选框取消选中，如图 3.3.17 所示。若是双层板默认即可。对于系统默认的双面板情况，一面布线采用 Horizontal（水平）方式，另一面采用 Vertical（垂直）方式。

5）设置布线拐角规则

双击“Routing Corners”项展开后可以看见有关布线拐角的具体规则。

布线拐角的形状有 45°、90° 和圆弧状三种。本例中选择圆弧状，如图 3.3.18 所示，在右边的“Constraints（约束）”选项区域将 Style（风格）改为“Rounded”（圆弧状）。“Setback（缩进）”选项和“to（到）”选项表示圆弧的半径（在拐角形状为 45° 时，“缩进”选项和“到”选项表示导线的最小拐角值和最大拐角值）。

所有规则设置完毕后，按“确认”按钮。

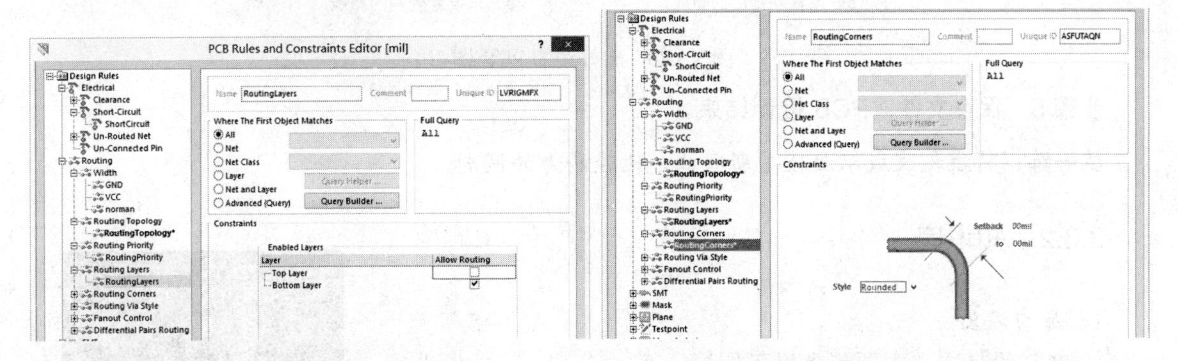

图 3.3.17　设置成底层布线　　　　图 3.3.18　设置布线拐角为圆弧状

步骤 4：自动布线

（1）选择“Auto Route（自动布线）”→“All（全部对象）”命令，系统弹出“Situs Routing Strategies（布线策略）”对话框，如图 3.3.19 所示，该对话框显示“有效布线策略”，一般情况下均采用系统默认值，单击“Route All”按钮即可。

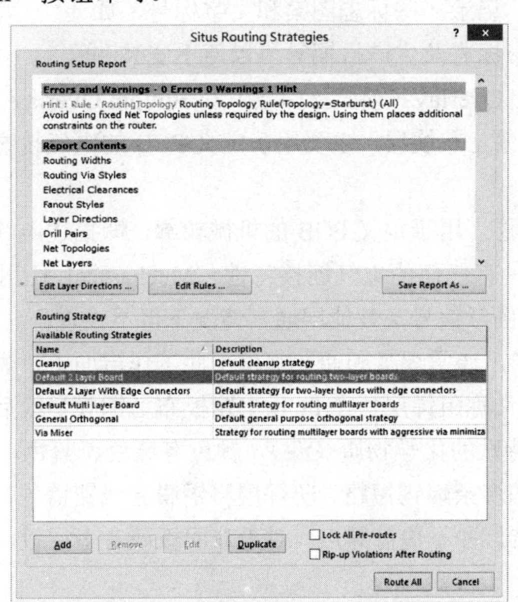

图 3.3.19　“Situs Routing Strategies（布线策略）”对话框

（2）软件开始布线。布好线的 PCB 板如图 3.3.20（a）所示。与如图 3.3.20（b）相比，设置规则后的布线情况更加规范。

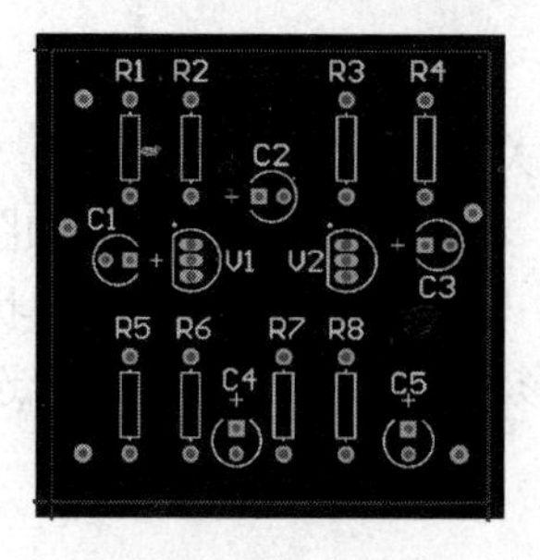

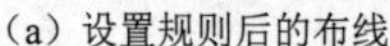
（a）设置规则后的布线

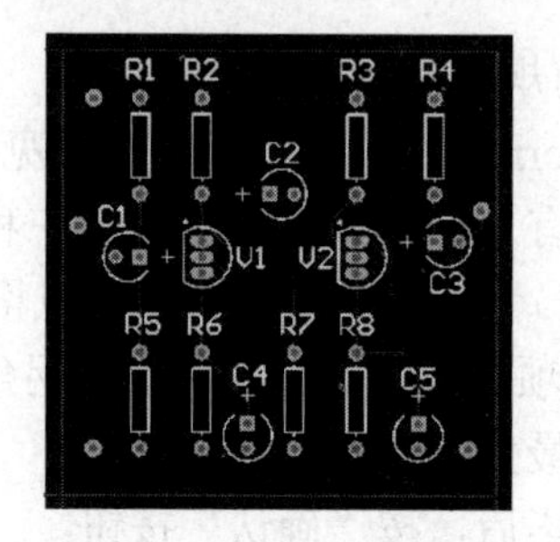

（b）未设置规则的布线

图 3.3.20　布好线的 PCB 图

步骤 5：保存文件，PCB 设计结束。

练一练：将上例改成双面板重新布线，比较两者的区别。

3.3.2　知识库

1．层的定义

在 PCB 设计中，主要包含以下图层。

（1）Top Layer：顶层信号层，插针式元件一般放置在该层。

（2）Bottom Layer：底层信号层，单面板布线时走线即在该层。双面板布线时需要在 Top Layer 和 Bottom Layer 层上走线。

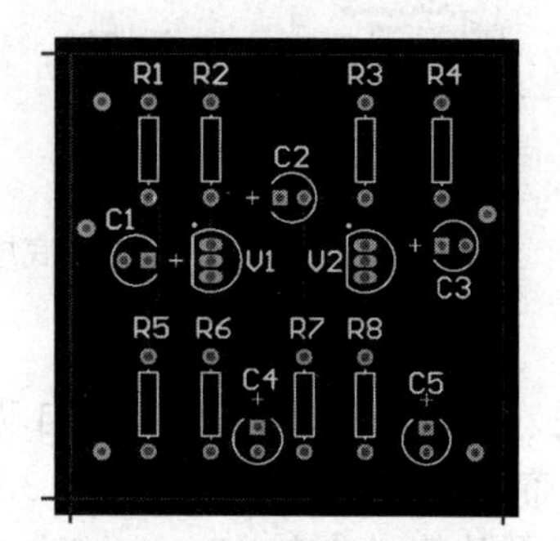

图 3.3.21　双面布线效果

（3）Top Overlay：顶层丝印层，英文名称又称为 Silkscreen，位于印制电路板的最上层，记录一些标志图案和文字标号，如元件的标号、封装形状、厂家标志及生产日期等，以便于安装和维修。多层板的丝印层分 Top Overlay（顶面丝印层）和 Bottom Overlay（底面丝印层）。

（4）Keep-Out Layer：禁止布线层，主要用于定义 PCB 的电气轮廓，即放置元件和布线的区域范围。

（5）Mechanical：机械层，用于定义 PCB 的机械轮廓，即描述电路板机械结构、标注及加工等说明所使用的层面，不具有任何的电气连接特性。Mechanical 1 用于设置电路板的边框线，Mechanical 16 记录 PCB 的图纸信号，其他层通常情况下可不设置。

（6）Multi-Layer：多层，通常焊盘和通孔都位于此工作层面上，表示贯穿所有层。

（7）Solder：防焊层，又称阻焊层，在 PCB 电路板布上铜膜导线后，还要在顶层和底层上印刷一层防焊层，它是一种特殊的化学物质（漆），颜色有绿色、蓝色、金色等。该层不粘焊锡，防止在焊接时相邻焊接点的多余焊锡短路。防焊层将铜膜导线覆盖住，防止铜膜过快在空气中氧化，但是在焊点处留出位置，并不覆盖焊点。对于双面板或者多层板，防焊层分为顶面防焊层和底面防焊层两种。

（8）Paste：锡膏防护层，主要用于 SMD 元件的安装，放置其上的焊盘和元件代表电路板上未敷铜的区域。

2．布线拓扑规则

Routing Topology 设计规则用于设置自动布线时的拓扑规则。实际电路中，对不同的信号网络可能需要不同的布线方式。例如，高速信号，要求尽量减小信号反向，此时需要设置为链形拓扑布线方式。而电路中的地线，则需要设置为星形拓扑方式。系统共提供了 7 种拓扑结构，如图 3.3.22 所示。

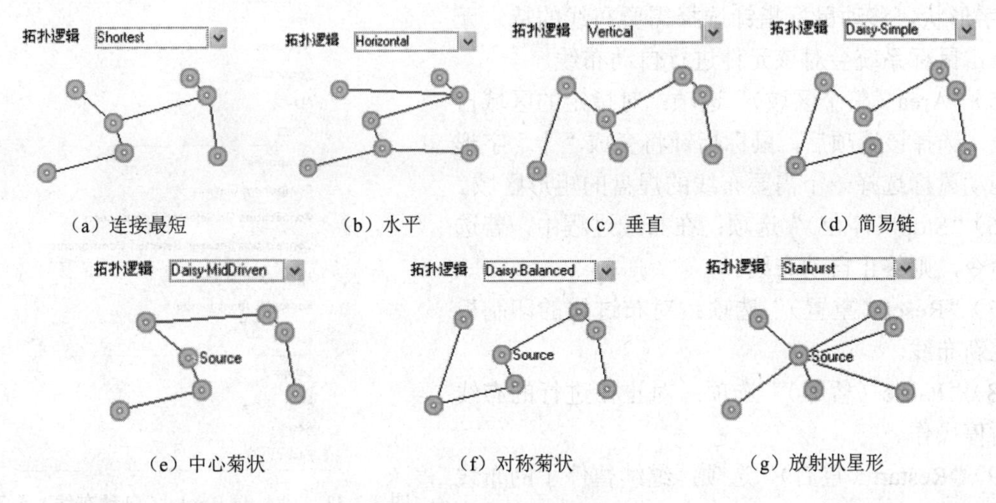

（a）连接最短　（b）水平　（c）垂直　（d）简易链

（e）中心菊状　（f）对称菊状　（g）放射状星形

图 3.3.22　拓扑连线方式

（1）Shortest（最短）规则设置。最短规则设置如图 3.3.22（a）所示，该选项的定义是在布线时连接所有节点的联机最短规则。

（2）Horizontal（水平）规则设置。水平规则设置如图 3.3.22（b）所示，它采用连接节点的水平联机最短规则。

（3）Vertical（垂直）规则设置。垂直规则设置如图 3.3.22（c）所示，它采用的是连接所有节点，在垂直方向联机最短规则。

（4）Daisy Simple（简单雏菊）规则设置。简单雏菊规则设置如图 3.3.22（d）所示，它采用的是使用链式连通法则，从一点到另一点连通所有的节点，并使联机最短。

（5）Daisy-MidDriven（雏菊中点）规则设置。雏菊中点规则设置如图 3.3.22（e）所示，该规则选择一个 Source（源点），以此为中心向左右连通所有的节点，并使联机最短。

（6）Daisy Balanced（雏菊平衡）规则设置。雏菊平衡规则设置如图 3.3.22（f）所示，它也选择一个源点，将所有的中间节点数目平均分成组，所有的组都连接在源点上，并使联机最短。

（7）Star Burst（星形）规则设置。星形规则设置如图 3.3.22（g）所示，该规则也是采用选择一个源点，以星形方式去连接别的节点，并使联机最短。

3．自动布线选项

在“Auto Route（自动布线）”菜单中，有以下几个选项用于对自动布线进行操作，如图 3.3.23 所示。

（1）“All（全部对象）”选项：对整个印制板的所有网络均进行自动布线。

（2）“Net（网络）”选项：对指定的网络进行自动布线。选择该选项后，鼠标指针将变成“十”字形状，可以选择需要布线的网络，再单击鼠标左键，系统会进行自动布线。

（3）“Connection（连接）”选项：对指定的焊盘进行自动布线。选择该选项后，鼠标指针将变成“十”字形状，移动鼠标指针选择需要布线的焊盘，单击鼠标左键，系统即进行自动布线。

（4）“Component（元件）”选项：对指定的元器件进行自动布线。选择该选项后，鼠标指针将变成“十”字形状，移动鼠标指针选择需要布线的特定元件并单击鼠标系统会对该元件进行自动布线。

（5）“Area（整个区域）”选项：对指定的区域自动布线，选择该选项后，鼠标指针将变成“十”字形状，拖动鼠标选择一个需要布线的焊盘的矩形区域。

（6）“Stop（停止）”选项：在布线过程中，若选择该命令，则终止自动布线。

（7）“Reset（重置）”选项：对布过线的印制板进行重新布线。

（8）“Pause（暂停）”选项：对正在进行的布线进行暂停操作。

（9）“Restart（重启）”选项：继续暂停了的布线操作。

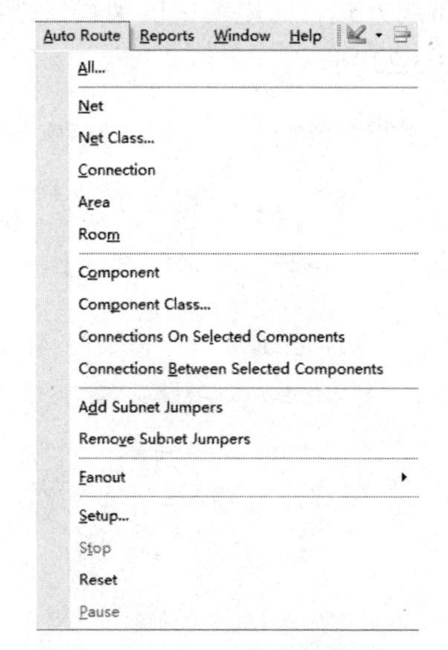

图 3.3.23　“Auto Route（自动布线）”菜单

自动布线过程中，出现“Messages”对话框，显示当前布线的信息，如图 3.3.24 所示。

Messages

Class	Document	Source	Message	Time	Date	No.
Situs Ev...	两级放大电...	Situs	Routing Started	21:40:39	2008-3-26	1
Routing ...	两级放大电...	Situs	Creating topology map	21:40:40	2008-3-26	2
Situs Ev...	两级放大电...	Situs	Starting Fan out to Plane	21:40:40	2008-3-26	3
Situs Ev...	两级放大电...	Situs	Completed Fan out to Plane in 0 Seconds	21:40:40	2008-3-26	4
Situs Ev...	两级放大电...	Situs	Starting Memory	21:40:40	2008-3-26	5
Situs Ev...	两级放大电...	Situs	Completed Memory in 0 Seconds	21:40:40	2008-3-26	6
Situs Ev...	两级放大电...	Situs	Starting Layer Patterns	21:40:40	2008-3-26	7
Routing ...	两级放大电...	Situs	Calculating Board Density	21:40:40	2008-3-26	8
Situs Ev...	两级放大电...	Situs	Completed Layer Patterns in 0 Seconds	21:40:41	2008-3-26	9
Situs Ev...	两级放大电...	Situs	Starting Main	21:40:41	2008-3-26	10
Routing ...	两级放大电...	Situs	21 of 22 connections routed (95.45%) in 1 Second	21:40:41	2008-3-26	11
Situs Ev...	两级放大电...	Situs	Completed Main in 0 Seconds	21:40:41	2008-3-26	12
Situs Ev...	两级放大电...	Situs	Starting Completion	21:40:41	2008-3-26	13
Situs Ev...	两级放大电...	Situs	Completed Completion in 0 Seconds	21:40:41	2008-3-26	14
Situs Ev...	两级放大电...	Situs	Starting Straighten	21:40:41	2008-3-26	15
Routing ...	两级放大电...	Situs	22 of 22 connections routed (100.00%) in 2 Seconds	21:40:42	2008-3-26	16
Situs Ev...	两级放大电...	Situs	Completed Straighten in 1 Second	21:40:43	2008-3-26	17
Routing ...	两级放大电...	Situs	22 of 22 connections routed (100.00%) in 3 Seconds	21:40:43	2008-3-26	18
Situs Ev...	两级放大电...	Situs	Routing finished with 0 contentions(s). Failed to complete 0 connectio...	21:40:43	2008-3-26	19

图 3.3.24　自动布线信息

如果对布线效果不满意，选择“Tools（工具）”→“Un-Route（取消布线）”子菜单下的某一选项，取消相应布线，重新设定规则，进行布线。

4．布线规则的高级操作

若需要将两个及以上的网络线宽设置成一致，可以使用“查询助手”。如将 VCC 和 GND 网络的线宽均设置成 20mil。其步骤如下。

（1）如图 3.3.25 所示，在“PCB Rules and Constraints Editor（PCB 规则和约束编辑器）”对话框中，选择“Routing→Width”选项，在右边的编辑区中，在“Where The First Object Matches（第一个匹配对象的位置）”选项区域，选择“Net（网络）”选项为“VCC”。

（2）选中“Advanced（Query）（高级（查询））”单选按钮，然后单击“Query Helper（查询助手）”按钮，出现“Query Helper”对话框，如图 3.3.26（a）所示。

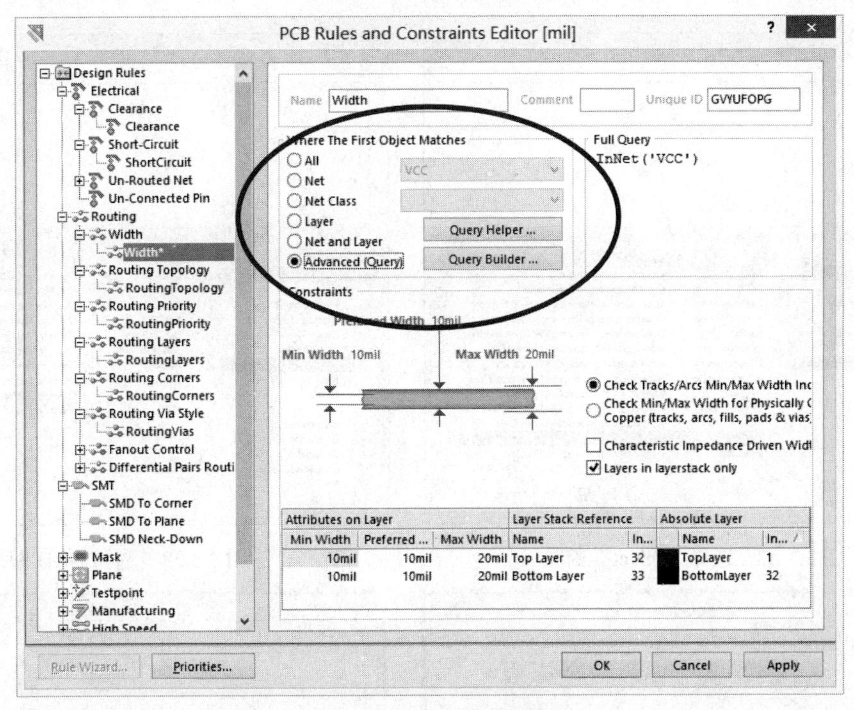

图 3.3.25　选择“查询助手”

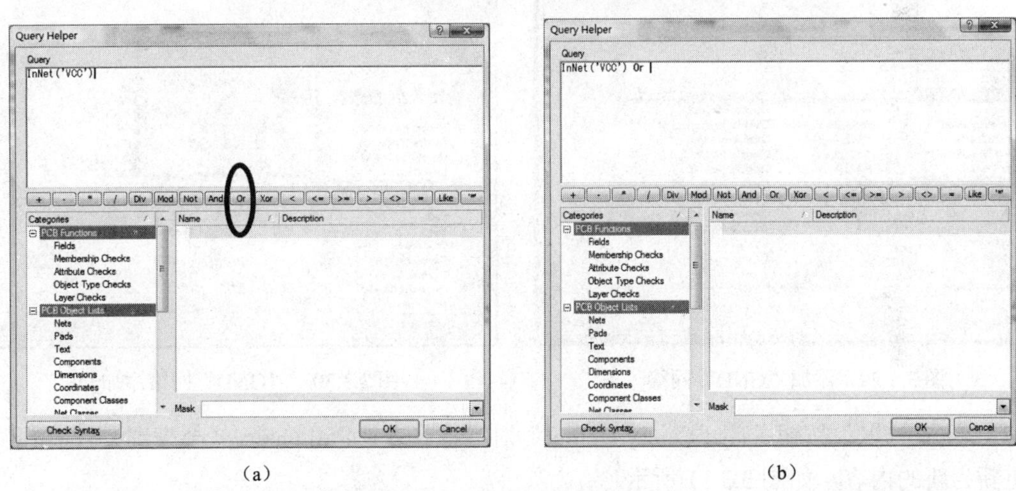

（a）　　　　　　　　　　　　　　　　（b）

图 3.3.26　“Query Helper”对话框

（3）单击“Query”选项区域中 InNet(‘VCC’)的右边，然后单击“Or”按钮。此时“Query”选项区域中的内容变为“InNet(‘VCC’) Or”，这样使范围设置为将规则应用到两个网络中，过程如图 3.3.26（b）所示。

（4）如图 3.3.27 所示，在左边区域单击 PCB Functions 项下的“Membership Checks”选项，在右边的区域双击 Name 选项区域中的“InNet”选项。

（5）在 Query 选项区域中 InNet( )的括号中单击一下，以添加 GND 网络的名称，如图 3.3.28 所示。在 PCB Objects Lists 目录下单击 Nets 项，然后从可用网络列表中双击选择 GND 选项。Query 单元变为 InNet(‘VCC’) Or InNet(‘GND’)，如图 3.3.29 所示。

（6）单击“Check Syntax”按钮，然后单击“OK”按钮关闭结果信息，如果显示错误信息应予以修复，如图 3.3.30 所示。

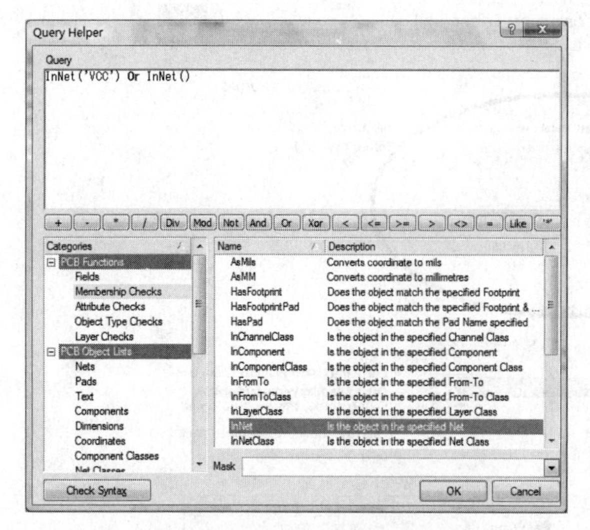

图3.3.27　选择"InNet"函数

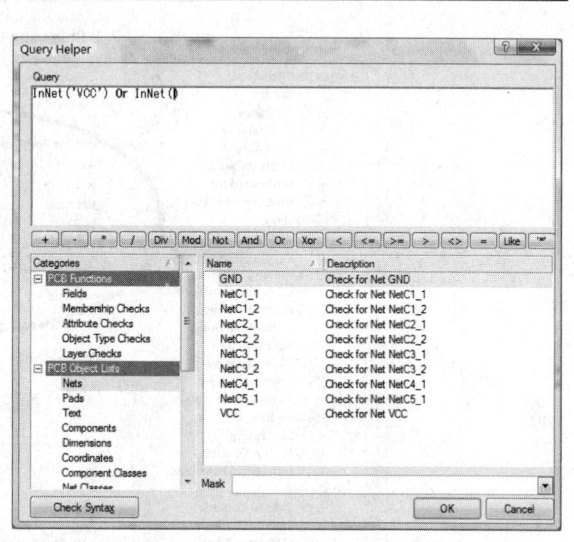

图3.3.28　选择GND网络

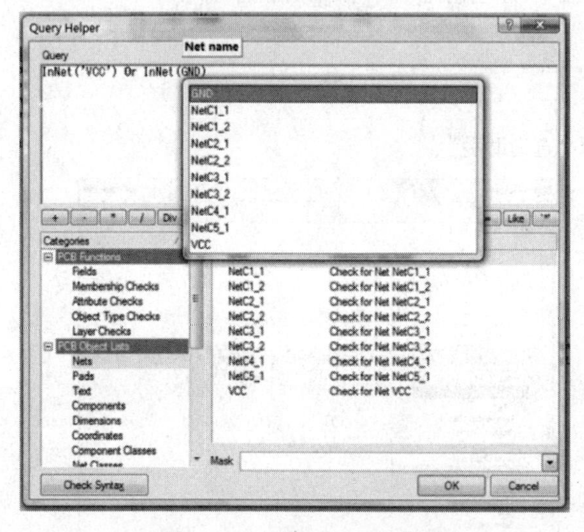

图3.3.29　添加"GND"网络

图3.3.30　"GND"网络添加OK

（7）单击"OK"按钮关闭"Query Helper"对话框。在"Full Query（全查询）"选项区域的内容更新为新的内容，如图3.3.31所示。

（8）在"PCB Rules and Constraints Editor（PCB规则和约束编辑器）"对话框的底部，分别将"Minimum Width（最小宽度）"、"Preferred Width（首选尺寸）"和"Maximum Width（最大宽度）"的值改为25mil，如图3.3.32所示。注意，必须在修改"最小宽度"值之前先设置"最大宽度"的值。现在新的规则已经设置，选择"设计规则"面板的其他规则或关闭对话框时将予以保存。

（9）最后，再新建并设置普通线宽规则即可，如设成12mil。

（10）单击"OK（确认）"按钮退出对话框。

线宽规则设置好之后，当用手工布线或使用自动布线器时，GND和VCC网络的导线线宽为25mil，其余网络的导线线宽为12mil。

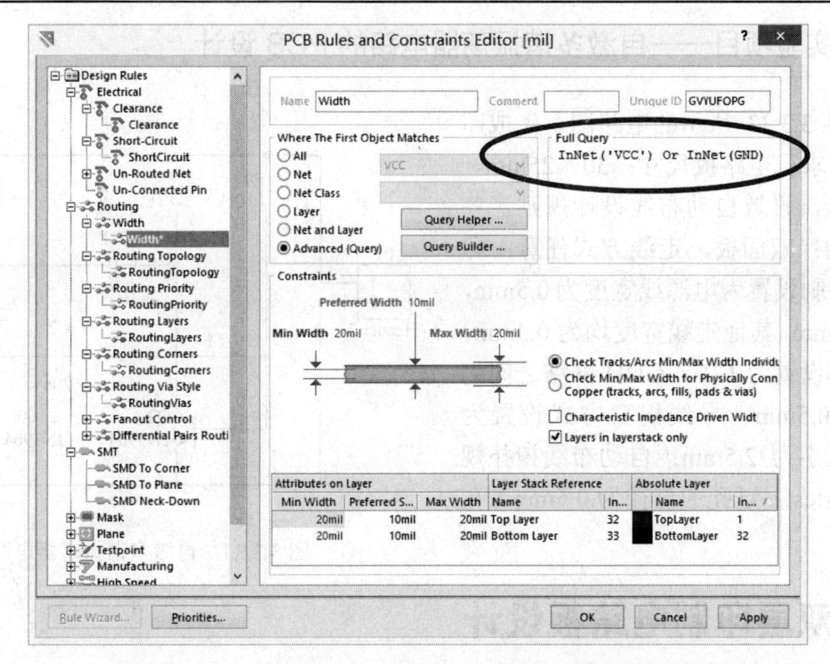

图 3.3.31　“Full Query（全查询）”选项区域的范围已更新

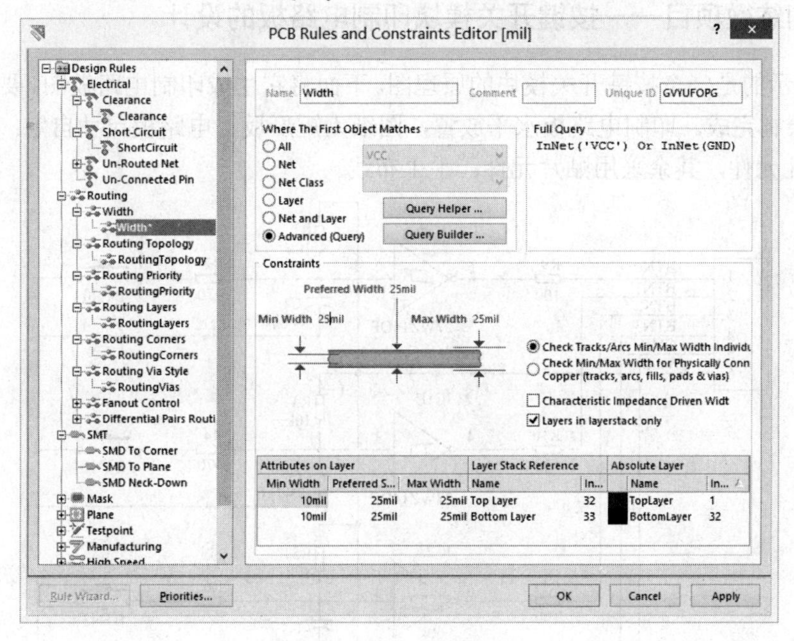

图 3.3.32　修改线宽

◆ 项目总结

从该项目的完成过程可以看出，若想制作出高质量的 PCB 电路板，必须通过设置相应的约束规则来实现，这是布线前的一个重要步骤。

在设计规则中介绍了每条规则的功能和设置方法，涉及很多算法的知识。

“设置 PCB 的参数和规则”既要学习软件的使用方法，更要与实际中具体电路的功能结合起来，是属于电路设计中较高级的技巧，必须通过大量的练习和实际操作才能很好地掌握。

3.3.3 实验项目——自激多谐振荡器电路的 PCB 设计

绘制如图 3.3.33 所示的电路图，生成印制电路板，要求：电路板尺寸：30×25mm，元件封装默认。设置自动布线设计规则。各项规则设置为：双面板，走线方式任意；印制导线宽度限制设置为电源线宽度为 0.5mm，地线宽度为 1mm，其他走线宽度均为 0.3mm；间距限制规则设置为 12V，GND 网络之间为 1mm，其余 0.5mm；导线拐弯方式设置为 45°，拐弯大小为 2.5mm；自动布线拓扑规则设置为 Shortest；过孔的直径为 0.5mm，孔径为 0.3mm。

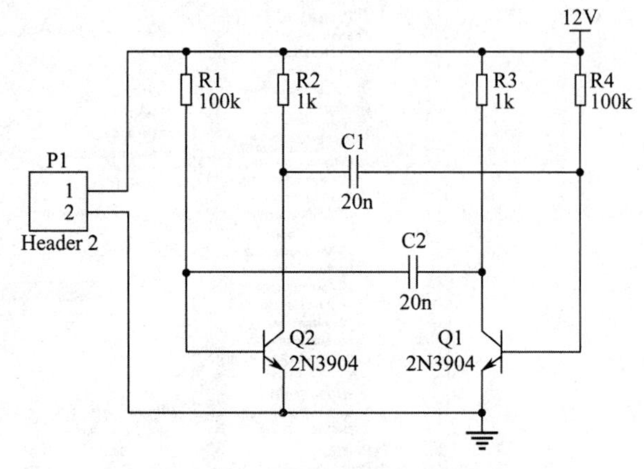

图 3.3.33 自激多谐振荡器电路图

3.4 双层印制电路板设计

3.4.1 训练微项目——按键开关模块印制电路板的设计

图 3.4.1 所示的是一个按键开关模块的原理图。下面将它生成印制电路板图。要求使用 Altium Designer 软件绘制完成。印制电路板水平放置，图纸为矩形板，电路板尺寸自定；双层板；按键和插座采用通孔元件，其余采用贴片元件；手工布线。

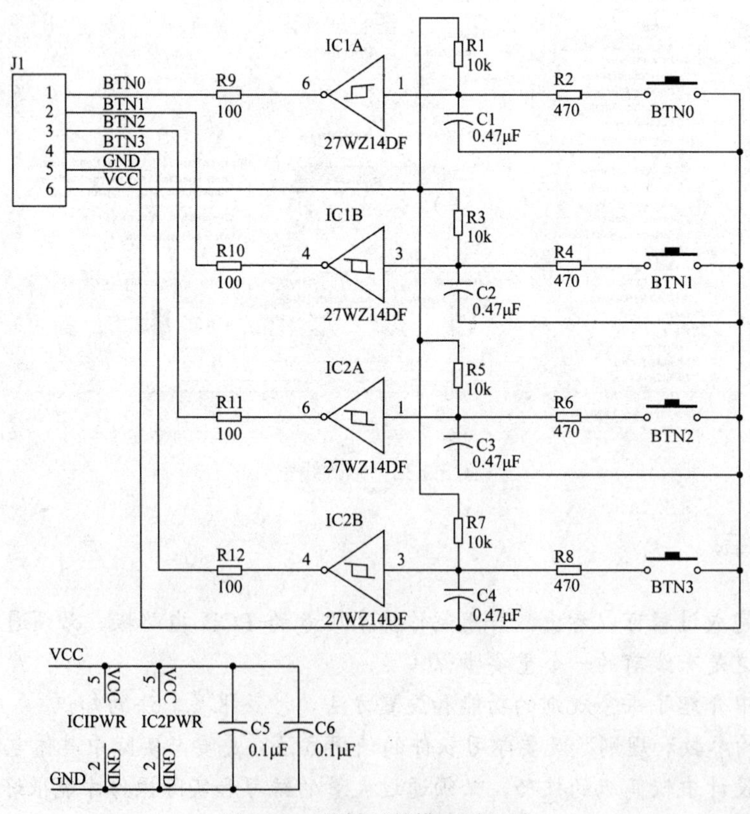

图 3.4.1 按键开关模块原理图

◆ 学习目标

✧ 掌握贴片元器件的使用
✧ 进一步了解过孔的作用
✧ 掌握双面板的布局方法
✧ 掌握元器件双面贴放的方法
✧ 掌握布线的基本原则
✧ 了解 3D 显示技术

◆ 执行步骤

步骤 1：新建工程项目文件、原理图文件和原理图库文件。

新建文件并保存。启动 Altium Designer，新建一个 PCB 工程文件，重命名为“按键开关模块项目.PrjPCB”。在该工程中各新建一个原理图文件和原理图库文件，分别命名为“按键开关模块.SchDoc”和“按键开关模块库.SchLib”。保存位置为：D：\PCB 制板\按键开关模块\。

步骤 2：绘制原理图元器件。

27WZ14DF 芯片的原理图符号库中没有，自行绘制（提示：若寻找 HD74LV1GW14ACM 芯片直接修改名称，可省略绘制的步骤）。保存在“按键开关模块库.SchLib”中。该芯片 2 脚为 GND，5 脚为 VCC。

步骤 3：原理图设计。

（1）加载元器件库。加载通用库 Miscellaneous Devices.IntLib、Miscellaneous Connectors.IntLib。

（2）绘制原理图并设置属性。在“按键开关模块.SchDoc”文件中绘制如图 3.4.1 所示的原理图。按照表 3.4.1 所示的要求分别设置各元件的属性。

表 3.4.1　按键开关模块元器件参数

元件名称	标识符	库元器件名	值或型号	封装	所在库
电阻	R1～R12	RES2	R1、R3、R5、R7：10K R2、R4、R6、R8：470 R9～R2：100	J1-0603	Miscellaneous Devices.IntLib
电容	C1～C6	Cap2	C1～C4：0.47uF C5～C6：0.1uF	1608[0603]	Miscellaneous Devices.IntLib
按键	BTN1～BTN4	SW-PB	四脚插针按键	DPST-4	Miscellaneous Devices.IntLib
6 脚连接头	J1	MHDR1X6	弯形	HDR1X6H	Miscellaneous Connectors.IntLib
芯片	IC1～IC2	27WZ14DF	Dual Schmitt-Trigger Inverter	TSOP-6	自制

（3）查找元器件封装。当所需的元器件封装不知在哪个库中时，可以通过查找的方式来解决。下面是查找自制芯片 27WZ14DF 的封装的步骤。

① 双击打开自制 IC1 芯片的属性框，单击右下方的“Add”按钮，弹出“Add New Model（添加新模型）”对话框，如图 3.4.2 所示，默认选择“Footprint（元器件封装）”选项，单击“OK”按钮。

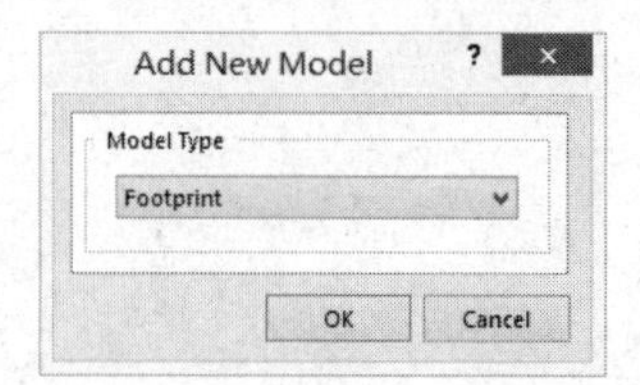

图 3.4.2　“Add New Model（添加新模型）”对话框

② 在弹出的“PCB Model（PCB 模型）”对话框中单击右上方的“Browse”按钮，弹出“Browse Libraries（元器件库浏览）”对话框，如图 3.4.3 所示，单击该对话框右上方的“Find”按钮，弹出“Libraries Search（查找元器件库）”对话框，如图 3.4.4 所示。

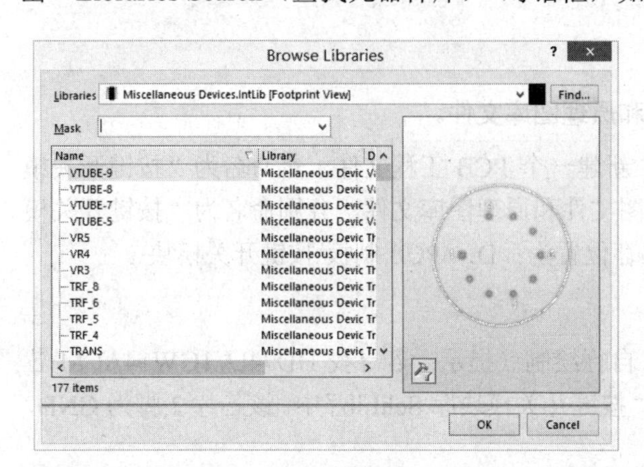

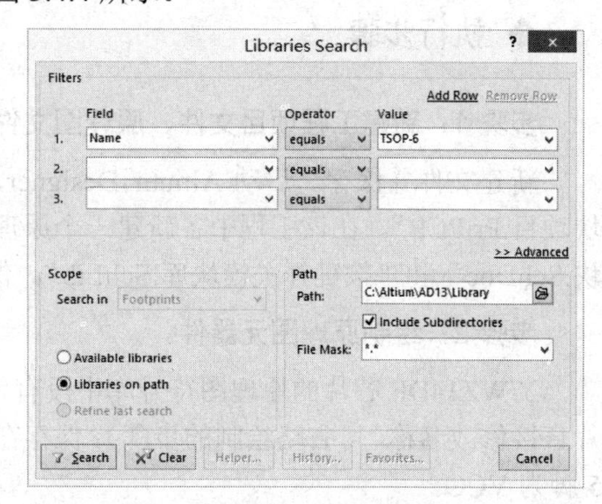

图 3.4.3　“Browse Libraries（元器件库浏览）”对话框　图 3.4.4　“Libraries Search（查找元器件库）”对话框

③ 在“Filters（过滤器）”栏的“Field（域）”的第 1 行中选择“Name（名称）”选项，在“Operator（运算符）”栏的第一行选择“equals（等于）”选项，在“Value（值）”栏的第一行输入封装名“TSOP-6”；在“Scope（范围）”选项区域的左下方选中“Libraries on Path（库文件路径）”单选按钮，在“Path”列表中选择安装路径下的 Library 文件夹，并选中“Include Subdirectories（包含子目录）”复选框，单击左下角的“Search”按钮，开始查找，系统会将找到的封装显示在“Browse Libraries”窗口中，如图 3.4.5 所示。

④ 单击“OK”按钮，若该封装所在的库并未在项目中，会弹出提示框，要求添加，如图 3.4.6 所示。库添加进来，该封装才可以使用，单击“Yes”按钮即可。在这里选用的封装在库“International Rectifier Footprints.PcbLib”中。

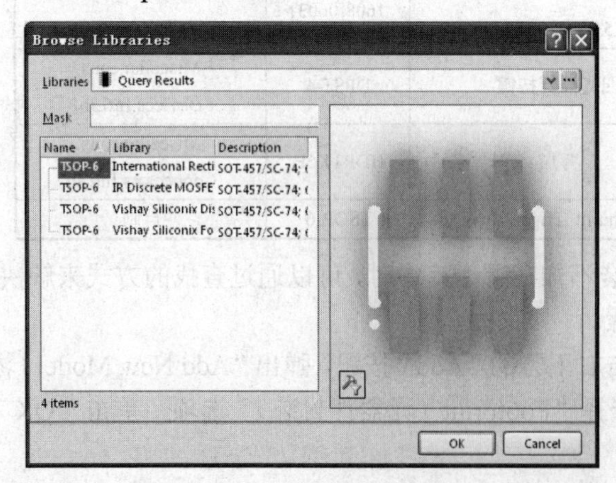

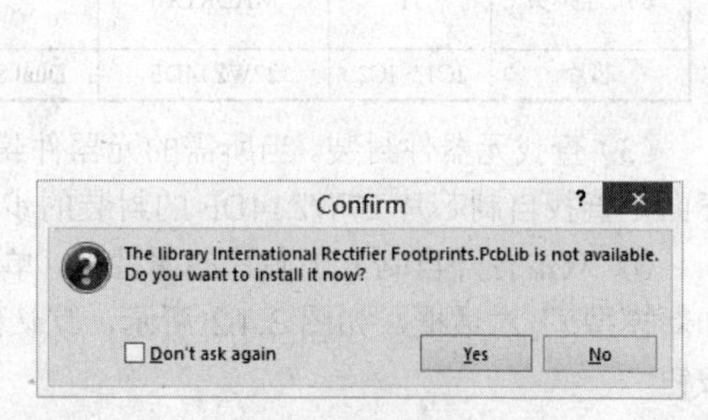

图 3.4.5　显示已找到的封装　　　　图 3.4.6　提示添加封装所在库

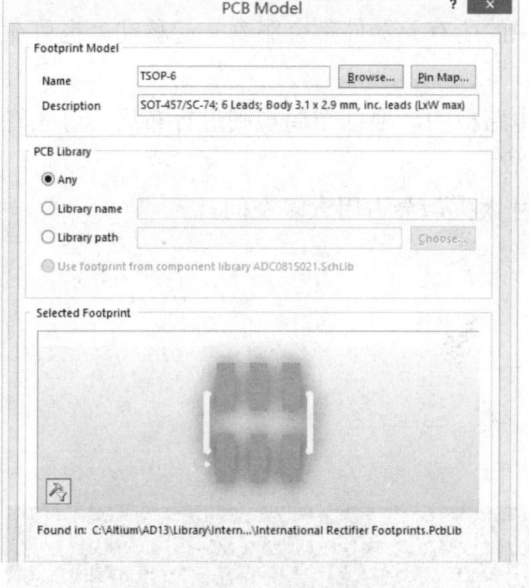

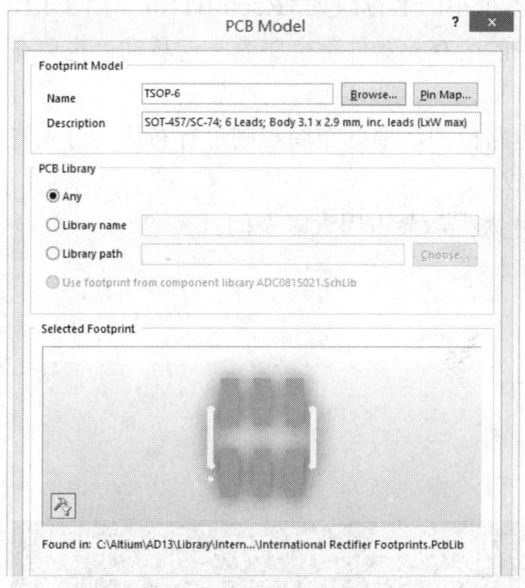

图 3.4.7　TSOP-6 封装已添加

从图 3.4.7 中，可以看见封装名和图形符号，以及所在路径。封装已经添加好了，连续确认退出。

（4）ERC 检查。元件封装设置好后，对原理图进行 ERC 检查，排除错误。

步骤 4：新建印制电路板文件，设置度量单位和栅格步进值。

自制或根据模板向导生成 PCB 文件，保存为“按键开关模块 PCB 图.PcbDoc”，并将其加入到“按键开关模块项目.PrjPCB”工程中。打开 PCB 文件，单位选择“mil”，按 G 键在弹出的菜单中将元件栅格设为“10mil”。

步骤 5：将电路原理图文件传输到 PCB 中。

打开原理图，选择“Design（设计）”→“Update PCB Document 按键开关模块 PCB 图.PcbDoc”命令，将原理图的网络表和元器件加载到 PCB 电路板中，在加载过程中消除出现的错误。

步骤 6：元件布局。

（1）将两张图并排显示。

（2）在器件比较多时，化整为零，根据电路的功能进行单元电路布局。Altium 软件有交互追踪功能，如图 3.4.8 所示，在原理图中选中与按钮 BTN0 相关的器件时，PCB 中这部分器件封装会同时高亮显示，移动器件时非常清楚，不至于眼花缭乱。通过 按钮还可以锁定到某根具体的连线。

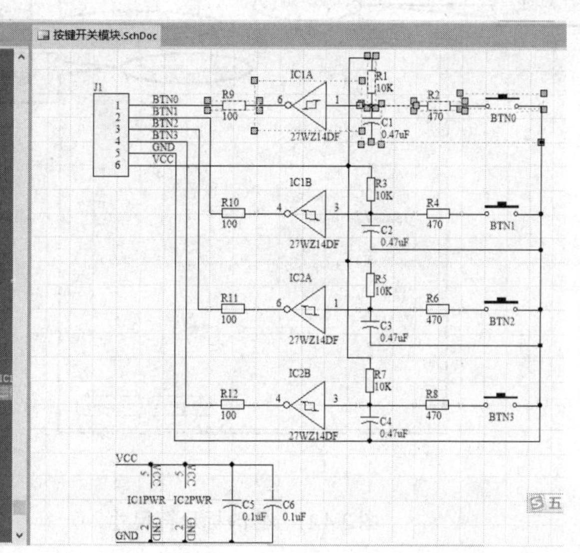

图 3.4.8　两张图中单元电路同时选中

（3）放置 ROOM 区，选择“Design”→“Rooms”→“Place Rectangular Room”命令，在选中区域的左上角单击，然后向右下角拖动，可以拖出一个矩形区域的 ROOM 区，双击 ROOM 区，如图 3.4.9 所示，在弹出的窗口中将“Name（名称）”文本框中的名称改为“RoomBTN0”。图 3.4.10 是已放置好的 ROOM 区，当移动 ROOM 区时，其中的所有元器件都会跟着一起移动，也可在 ROOM 区内进行布局和布线，降低电路板设计难度。

（4）在 PCB 中，将选中的器件或 ROOM 区移至电路板中。根据布局规则进行布局。可先将 6 脚插座 J1 放在电路板边缘，R9～R12 电阻紧靠其摆放。

（5）修改标示符尺寸。在原图中，如果标示符尺寸太大，会占用太多空间。

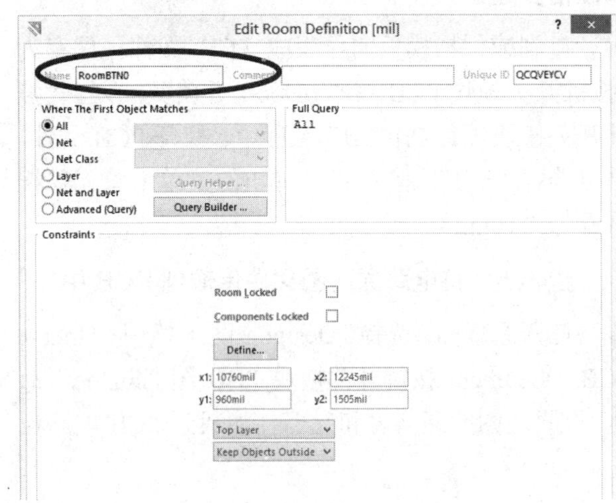

图 3.4.9　编辑 ROOM 属性

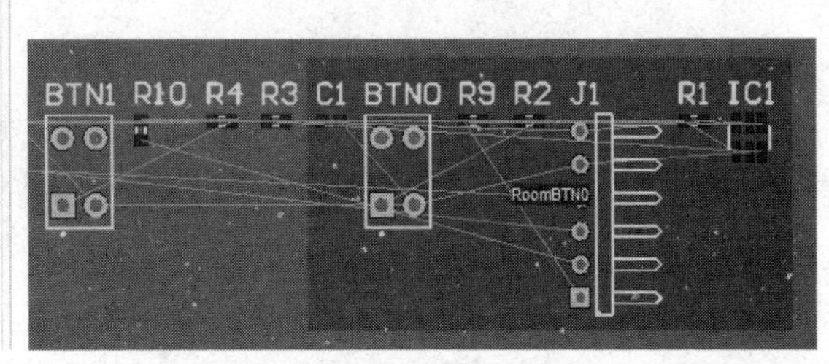

图 3.4.10　放置 ROOM 区

双击标示符，打开如图 3.4.11 所示的对话框，标示符的尺寸由“Width（线宽）”和“Height（高度）”组成，本例中将“Height（高度）”由默认的 60mil 改为 30mil。

图 3.4.12 所示的是修改前后的标示符尺寸大小对比。

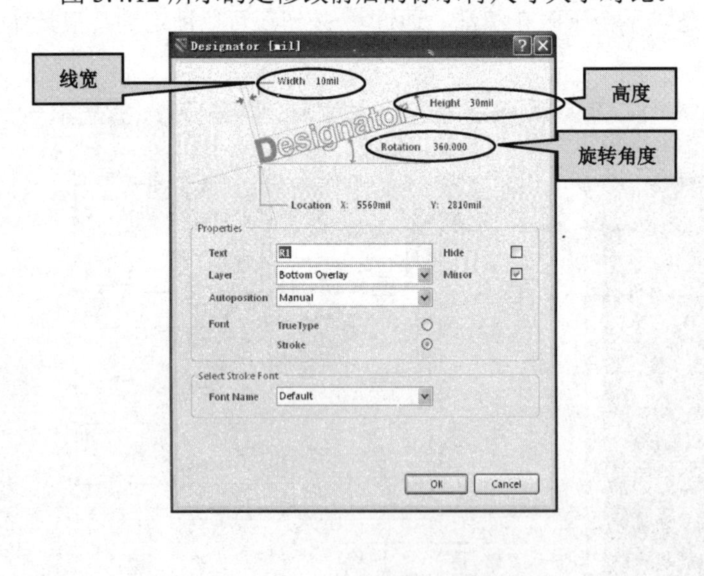

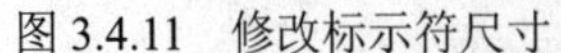

图 3.4.11　修改标示符尺寸

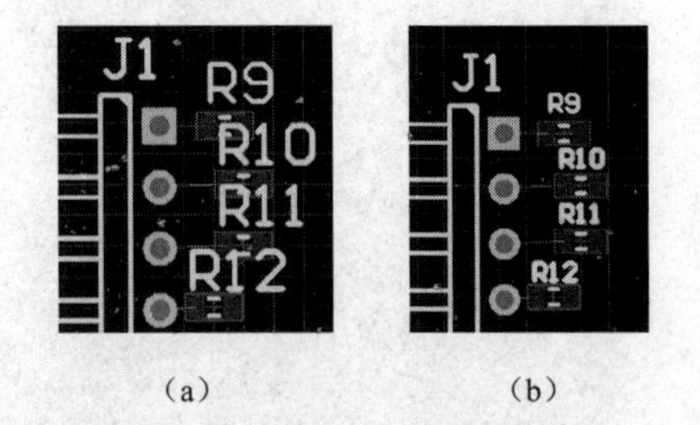

图 3.4.12　修改前后的标示符尺寸对比

（6）对齐器件。将 R9～R12 选中，选择“Edit”→“Align”→“Align Left”命令，则 4 个电阻靠左对齐。若上下间距不一致，可选择“Align Horizontal Centers（垂直等间隔分布）”命令，如图 3.4.13 所示。

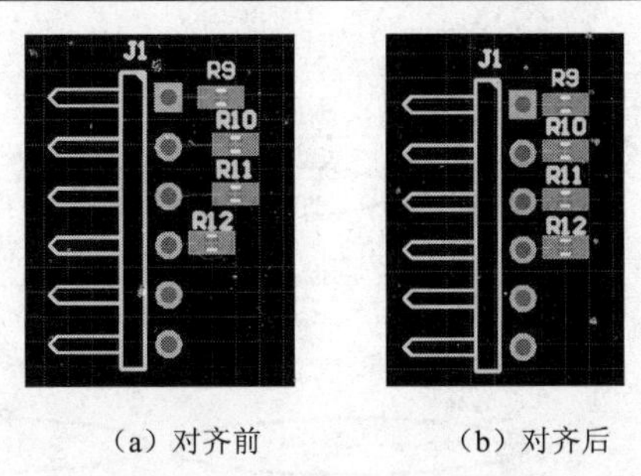

（a）对齐前　　（b）对齐后

图 3.4.13　电阻对齐前后比较

元器件布局是一件非常复杂且重要的工作，如果布局合理，后面的布线将会事半功倍。在布局的过程中，有时候需要反复调整器件和标示符的位置，必须仔细操作。

步骤 7：将部分贴片器件放置于电路板背面。

（1）电路板上大部分器件都是贴片器件，为节省电路空间，将 R1～R8 和 C1～C4 放置到电路板背面，方法为：选中器件，使其处于悬浮状态，按 L 键，则器件就放置到了板子背面，如图 3.4.14 所示。

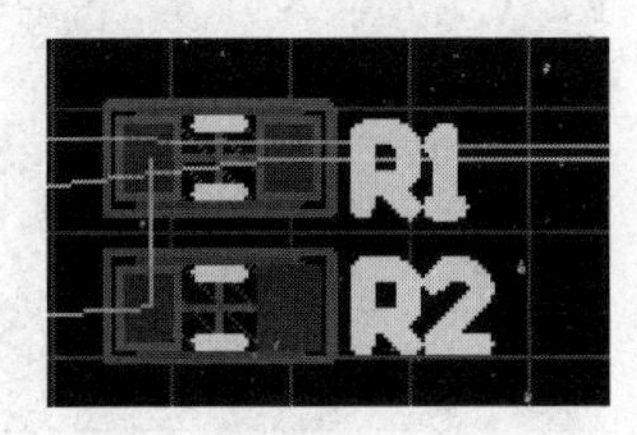

（a）放在电路板正面　　（b）放在电路板背面

图 3.4.14　电阻放在电路板正反面比较

（2）打开器件的属性，如图 3.4.15 所示。可以看到主要的区别在于：放于正面的元器件“Layer”是在“Top Layer（顶层）”，“Designator（标示符）”和“Comments（注释）”的“Layer”是在“Top Overlay（顶层丝印层）”；放于背面的器件所有的“Layer”都变成了“Bottom Layer（底层）”，且“Designator（标示符）”和“Comments（注释）”的“Mirror（镜像）”复选框处于选中状态。

不需要元器件放置背面时，选中元器件再按 L 键返回。

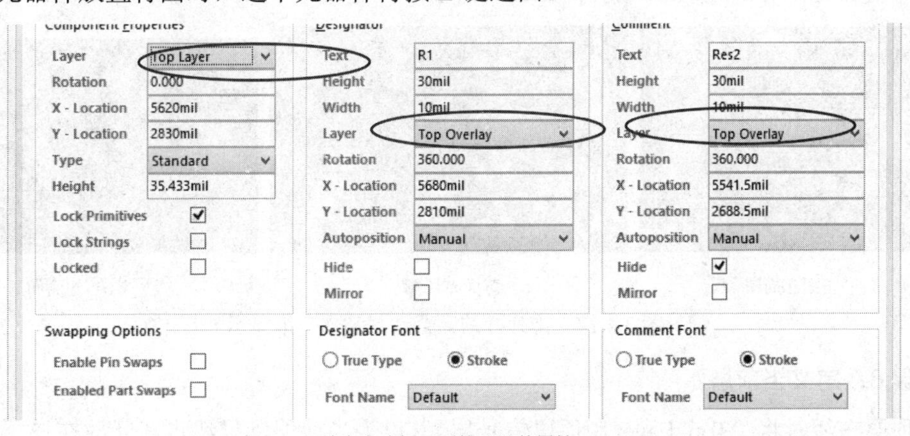

（a）放在电路板正面的元器件属性

图 3.4.15　电阻放在电路板正反面的属性比较

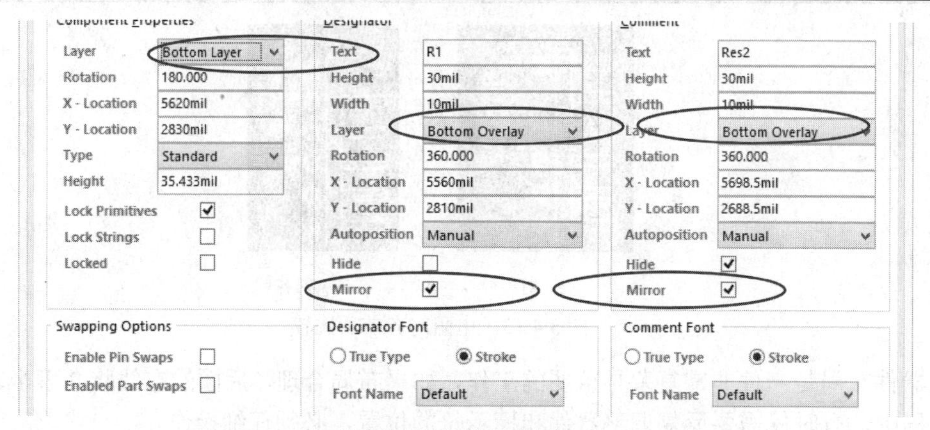

（b）放在电路板背面的元件属性

图 3.4.15　电阻放在电路板正反面的属性比较（续）

元器件排列好的 PCB 板如图 3.4.16 所示，图 3.4.16（a）为正面，图 3.4.16（b）为背面。

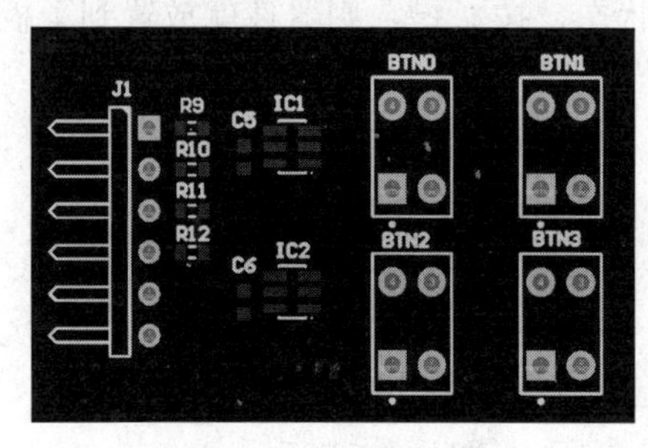

（a）正面布局　　（b）背面布局

图 3.4.16　排列好的元器件封装

图 3.4.17 所示的是三维显示的布局图，在图上同时会显示出每一种元器件的形状，还能掌握元器件的高度。其中有些元器件没有三维模型，只能看见电路板上的二维图形。该种方法可以大致地看到元件焊接后的电路板情况。

从二维切换到三维界面，按“3”键，返回二维界面按“2”键即可。在三维界面下，按住 Shift 键，再单击右键，可以进入 3D 旋转模式。

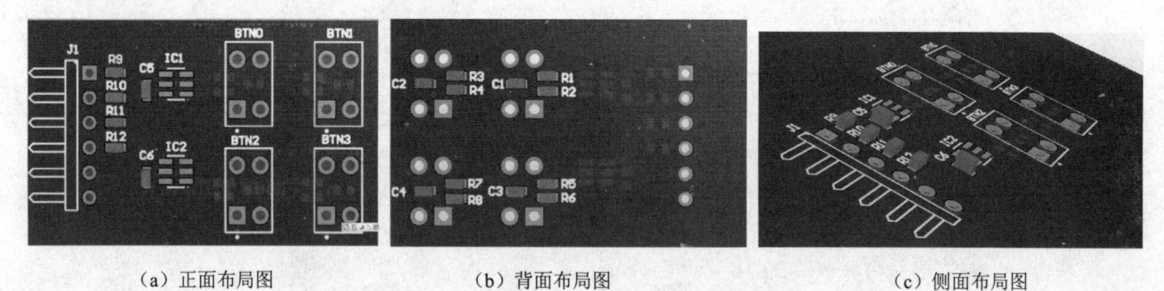

（a）正面布局图　　（b）背面布局图　　（c）侧面布局图

图 3.4.17　排列好的元器件封装（三维显示）

步骤 8：定义当前层。

在顶层布线时将“Top Layer（顶层信号层）”设为当前层，导线走线就放在该层上。在底层布线时将“Bottom Layer（底层信号层）”设为当前层。可按小键盘上的“*”键在 Top Layer 和 Bottom Layer 之间切换。

步骤 9：设置布线规则。

1．普通规则

电源和地线网络之间的最小安全间距为 15mil；地线线宽最小为 10mil，最大值和首选值为 20mil；VCC 线宽为 15mil，普通线为 10mil。布线拐角形状为 45°。

2．设置布线过孔样式规则

双击“Routing Via Style”项展开后可看到有关布线过孔样式的具体规则。可以设置过孔的外径和内径的尺寸。根据本项目中元器件焊盘的尺寸，设过孔的内径为 20mil，外径为 30mil。这里将最小值和首选值改成一致，如图 3.4.18 所示。

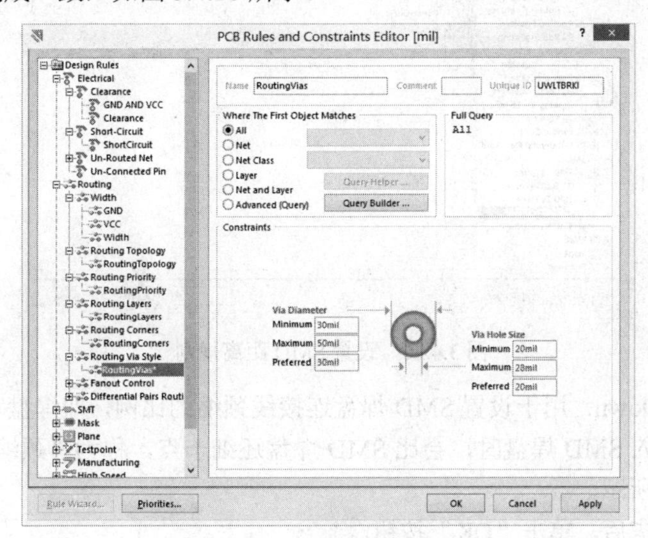

图 3.4.18　设置布线过孔尺寸

3．关于贴片元件布线的规则

在电路中有贴片元件时需要设置 SMT 规则。

（1）SMD To Corner：用于设置 SMD 焊盘与导线拐角处的最小间距。本例设置为 30mil。为了避免与其他规则发生约束冲突，一般这个值以设置的最大距离为准，如图 3.4.19 所示。

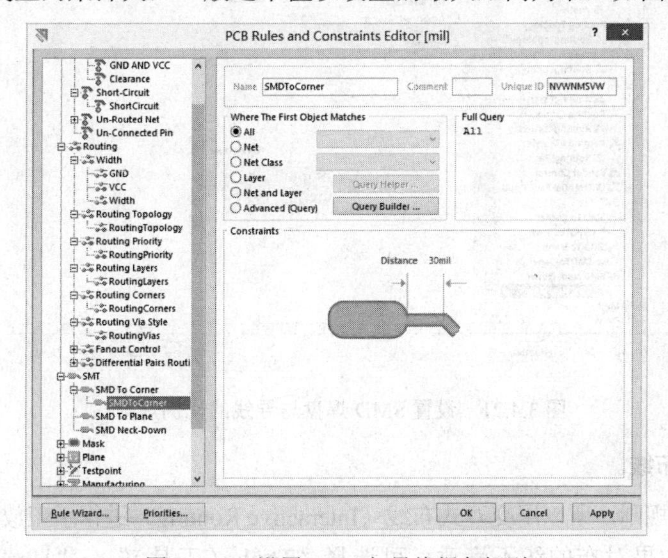

图 3.4.19　设置 SMD 与导线拐角规则

（2）SMD To Plane：用于设置 SMD 元件焊盘至内电层（电源板层）的焊盘或过孔之间的距离。即当 SMD 焊点要连接到电源板层时，必须走出一小段线，再挖个过孔去连接电源板层，而这一小段线的长度，可在如图 3.4.20 所示的对话框中规定，这里选择默认。

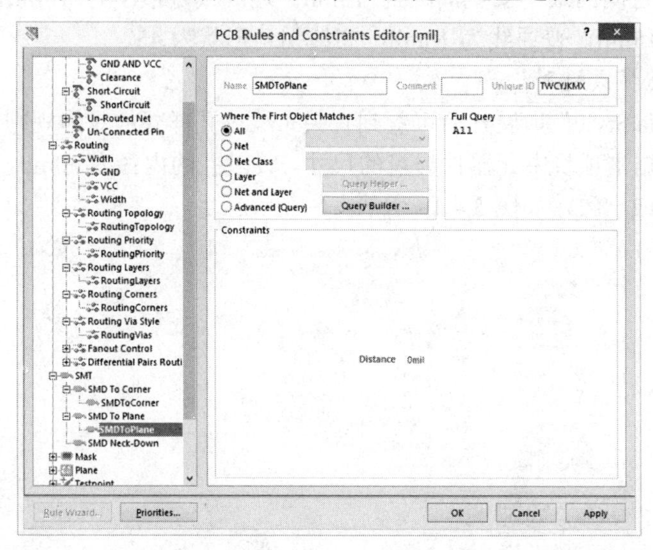

图 3.4.20　设置 SMD 距离规则

（3）SMD Neck-Down：用于设置 SMD 焊盘连接线颈缩的比例，即焊盘宽度与引出导线宽度的比例，通常走线进入 SMD 焊盘时，会比 SMD 焊盘还细一点，称为“颈缩”。本例中设置比例为 50%，如图 3.4.21 所示。

所有规则设定完毕后，单击“OK”按钮。

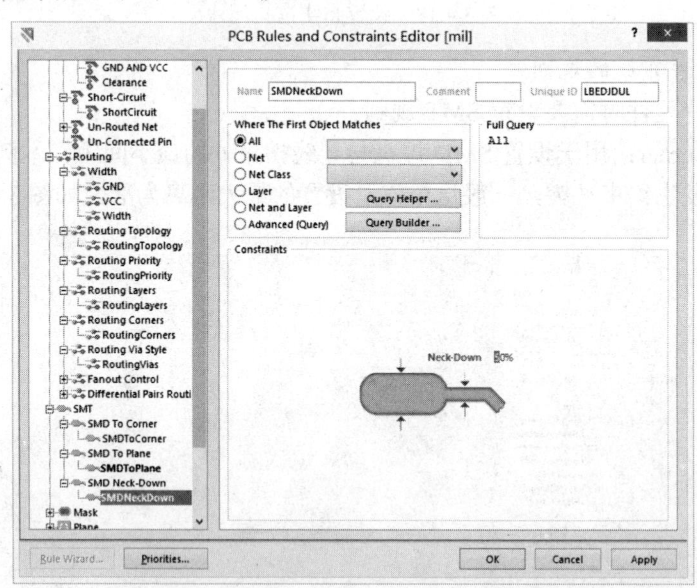

图 3.4.21　设置 SMD 焊盘与导线的比例规则

步骤 10：手工布线。

因为设置了布线规则，所以用交互式布线（Interactive Routing）进行手工放置印制导线更方便。

布线过程中，如果对布的线不满意，可选择“Tools（工具）”→“Un-Route（取消布线）”下的命令，有“All（取消全部）”、“Net（取消某一网络连线）”、“Connection（取消两个连接之间的连线）”、“Component（取消某一元器件连线）”、“Room（取消 Room 区连线）”等多种选择。

在布线的过程中可以根据元器件之间的间距随时调整线宽。

当正反面布线不通时，需要通过过孔进行连线。以 NetC1_1 网络为例，操作方法如下。

（1）分别将 NetC1_1 网络的顶层和底层线布好，如图 3.4.22 所示。

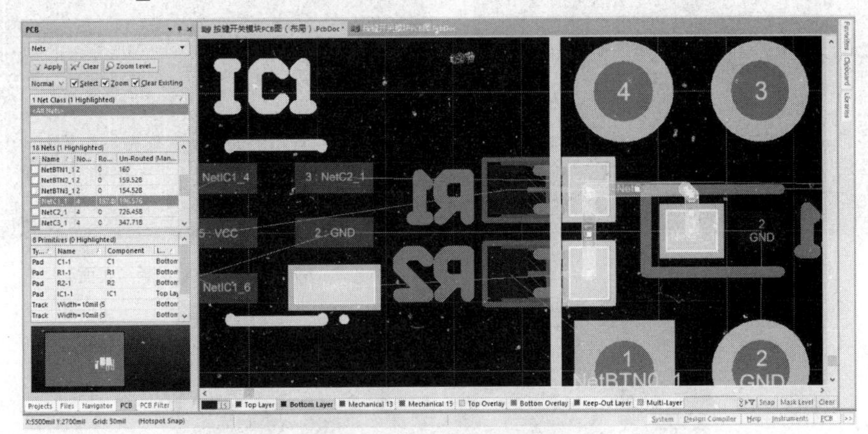

图 3.4.22　NetC1_1 网络

（2）单击常用工具栏中的放置过孔图标，在顶层和底层之间放一个过孔，双击打开其属性对话框，如图 3.4.23 所示，过孔的尺寸之前已设定好，将“Net”改为“NetC1_1”，则该过孔出现飞线自动连至 NetC1_1 网络上，如图 3.4.24 所示。

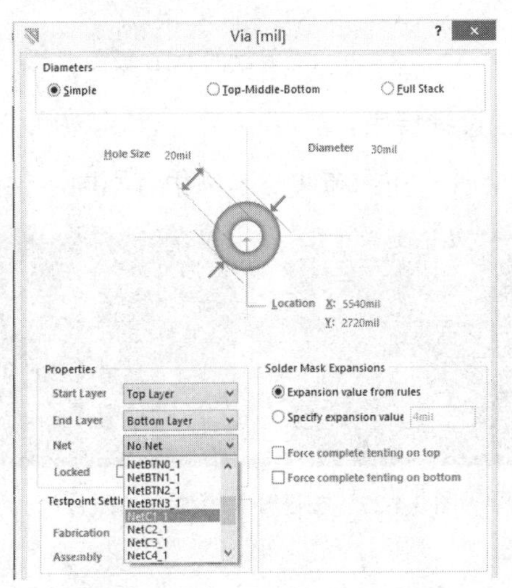

图 3.4.23　设置过孔属性

（3）从过孔出发，在顶层连线至顶层的焊盘，在底层连线至底层的焊盘，所有的 NetC1_1 网络就连到了一起，如图 3.4.25 所示。

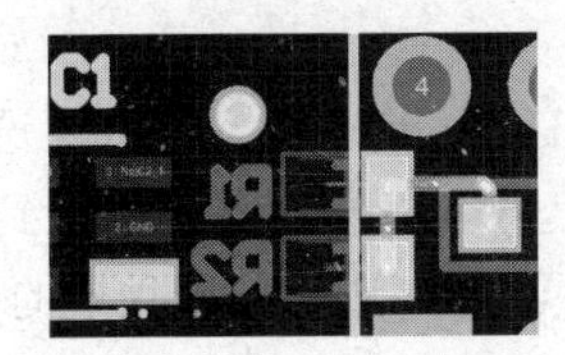

图 3.4.24　过孔连至网络上

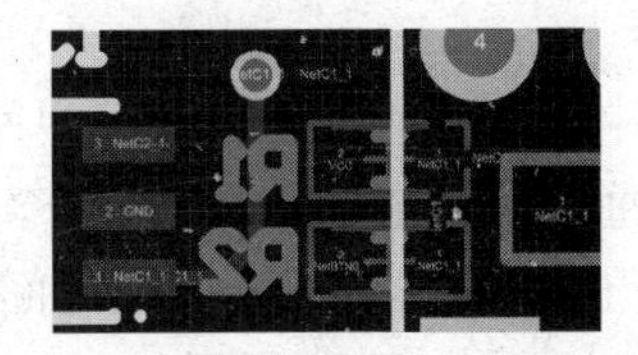

图 3.4.25　所有的 NetC1_1 网络相连

步骤 11：绘制电路板外框线。

在“Keep-Out Layer”层上绘制电路板外框线，注意，电路板边缘离元器件至少两个板厚的距离。布好线的 PCB 板如图 3.4.26 所示。

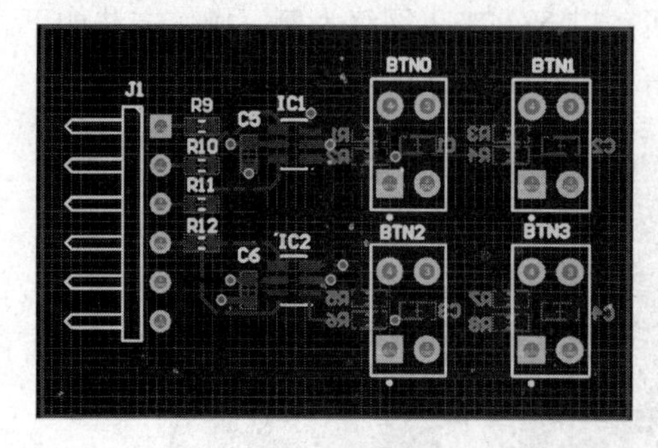

（a）二维 PCB 双面板

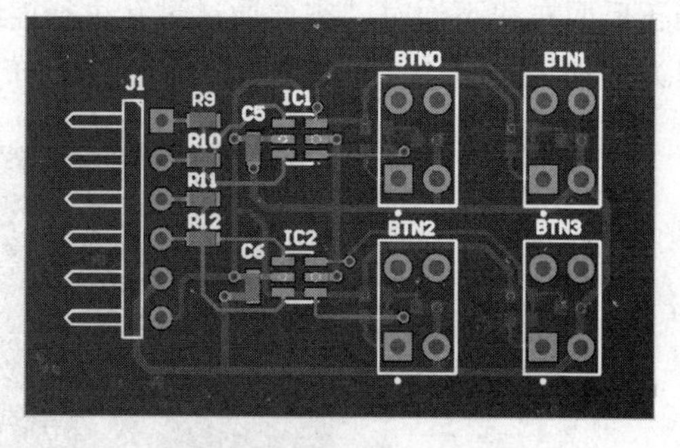

（b）三维 PCB 双面板（正面）

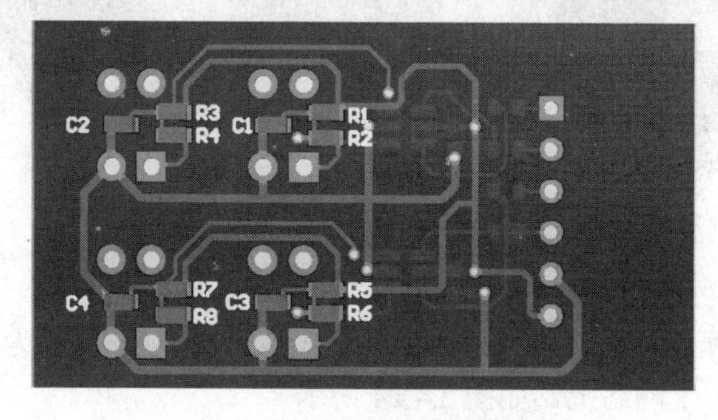

（c）三维 PCB 双面板（背面）

图 3.4.26　布好线的 PCB 板图

步骤 12：保存文件，PCB 设计结束。

图 3.4.27 所示的是成品的照片，布局布线与本例稍有不同，供读者参考。

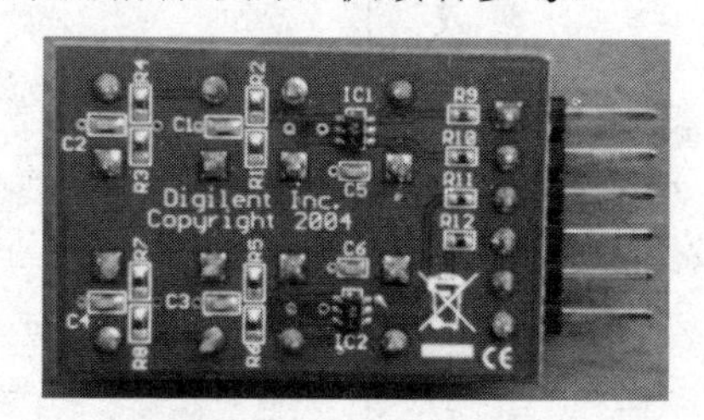

图 3.4.27　按键开关模块成品照片

3.4.2　知识库

1．过孔的深入了解

过孔就是用于连接不同板层之间的导线。在双层板和多层板中需要使用过孔。过孔内侧一般都由焊锡连通。

过孔分为 3 种：从顶层直接通到底层的过孔称为“Through hole Via”（穿透式过孔，又称为通孔）；只从顶层通到某一层里层，并没有穿透所有层，或者从里层穿透出来到底层的过孔称为“Blind Via”（盲过孔）；只在内部两个里层之间相互连接，没有穿透底层或顶层的过孔称为“Buried Via”（隐藏式过孔），如图 3.4.28 所示。

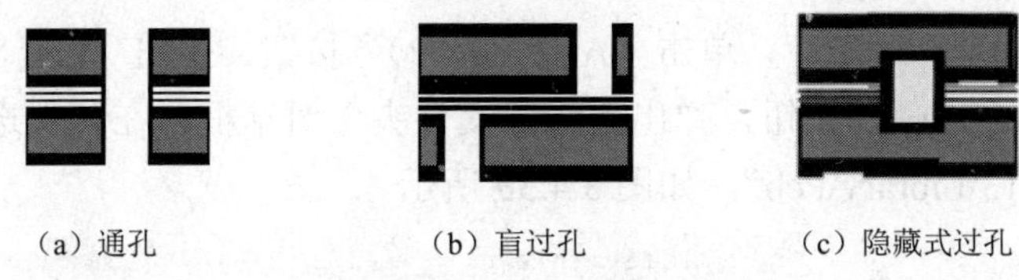

（a）通孔　　　　（b）盲过孔　　　　（c）隐藏式过孔

图 3.4.28　过孔侧面示意图

过孔的形状一般为圆形。过孔有两个尺寸，即 Hole Size（钻孔孔径）和钻孔加上焊盘后的总的 Diameter（过孔外直径），如图 3.4.29 所示。

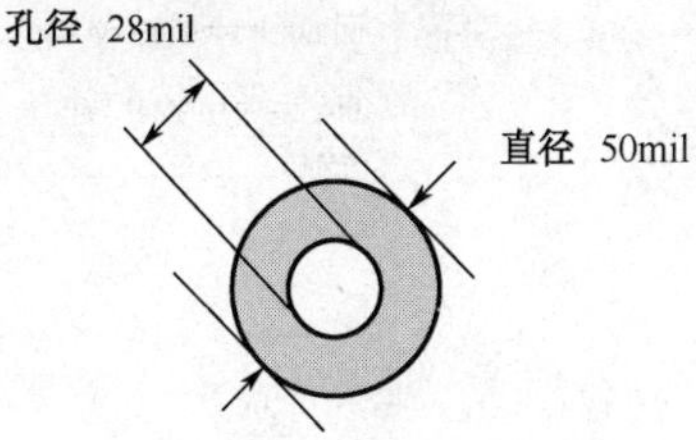

孔径 28mil

直径 50mil

图 3.4.29　过孔的形状和尺寸

设置时需注意过孔外直径和钻孔直径的差值不宜过小，否则将不易于制板加工，合适的差值在 10mil 以上。

双面板中只有通孔。

2．设置指定路径下所有元器件库为当前库

有时在进行 PCB 设计时，不知道某些元器件封装所在库和元器件封装名，可以通过设置路径的方式，将所有的库设置为当前库，以便从中查找所需的元器件封装图形和名称。

（1）单击 PCB 窗口右侧的“Libraries（元件库）”标签，进入 Libraries 界面，如图 3.4.30 所示，单击“Libraries（元件库）”按钮，屏幕弹出“Available Libraries（可用元器件库）”对话框，如图 3.4.31 所示，单击“Search Path（查找路径）”标签，再单击“Paths（路径）”按钮，屏幕弹出如图 3.4.32 所示的“Options for PCB Project 两级放大电路 PRJPCB”对话框。

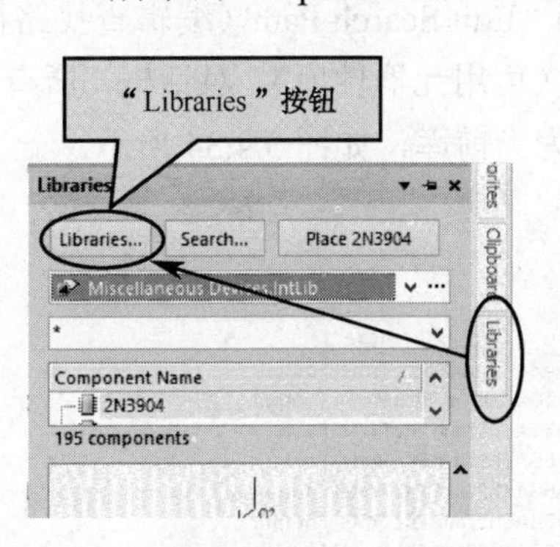

图 3.4.30　Libraries 界面

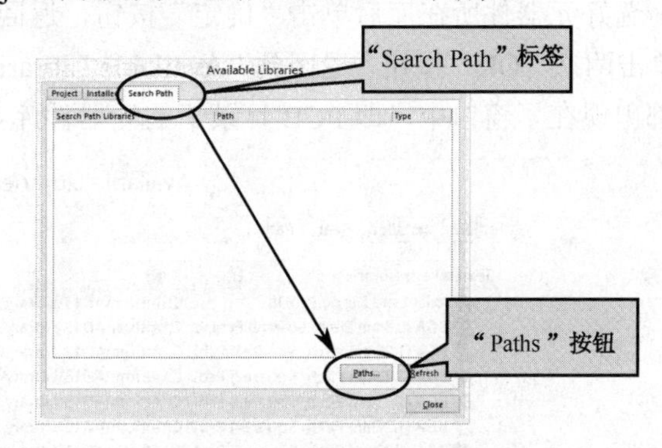

图 3.4.31　“Available Libraries（可用元器件库）”对话框

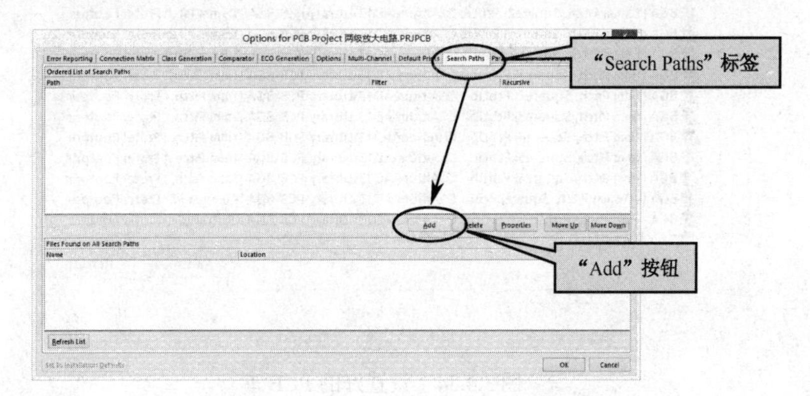

图 3.4.32　“Options for PCB Project 两级放大电路 PRJPCB”对话框

（2）在“Search Paths”标签下，单击“Add（追加）”按钮，弹出“Edit Search Path（编辑查找路径）”对话框，单击“…”按钮，弹出“浏览文件夹”对话框，在其中选择元器件库所在的位置，本例是在“AD13\Library\Pcb”，如图 3.4.33 所示。

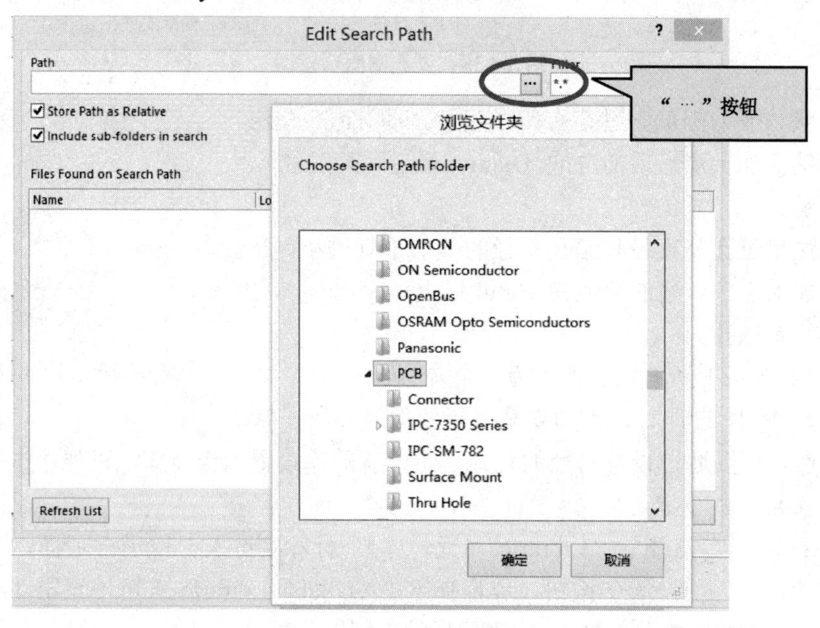

图 3.4.33　添加 PCB 文件夹

（3）选好元器件所在库后单击“确定”按钮，返回到“Edit Search Path（编辑查找路径）”对话框，单击两次“OK”按钮，退回到“Available Libraries（可用元器件库）”对话框，所有的 PCB 库文件都出现在了窗口中，即 PCB 目录下的元器件库都为当前库，如图 3.4.34 所示。

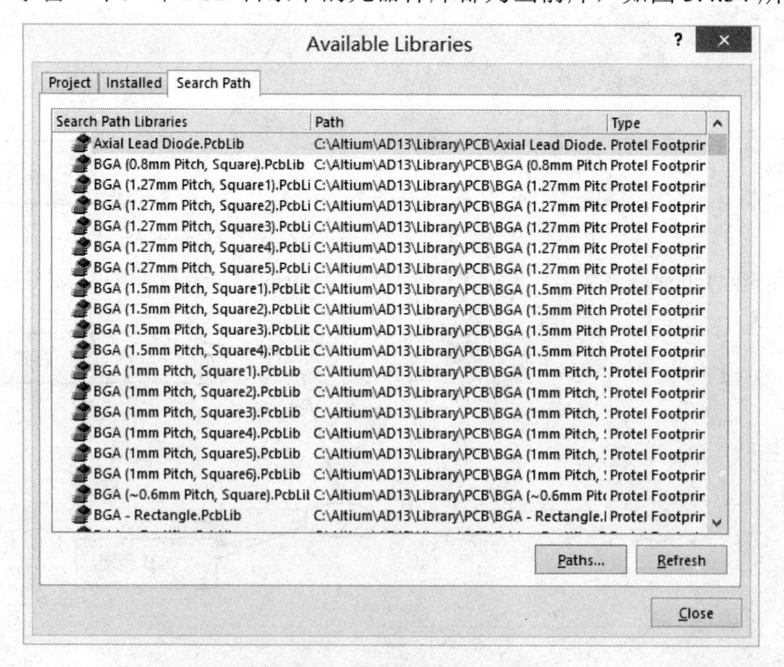

图 3.4.34　设置好的 PCB 库

3．布线的基本原则

在 PCB 设计中，除了布局，布线也是完成产品设计的重要步骤。布线的设计过程限制多，技巧性强，工作量很大。PCB 设计得好与否对电路板的抗干扰能力影响很大，必须遵守 PCB 设计的基本原则，并应符合抗干扰设计的要求，使得电路获得最佳的性能。

布线的原则主要有以下几方面。

（1）布线板层要求。布线时一般先考虑单面，其次是双面。若仍不能满足设计要求时，再考虑选用多层板。

（2）印制导线的间距要求。导线的最小间距主要由最坏情况下的线间绝缘电阻和击穿电压决定。导线越短，间距越大，绝缘电阻越大。正、负电源网络之间，电源和地之间应该隔开一定的距离，以免干扰。一般选用间距为 1～1.5mm 完全可以满足要求。对集成电路尤其是数字电路，只要工艺允许可使间距更小。

（3）印制导线的宽度要求。导线的最小宽度主要由导线与绝缘基板间的黏附强度和流过它们的电流值决定。导线包括普通导线、电源线和地线。为保证电路正常工作及制造工艺的要求，线宽不宜过细，尤其是地线。布线时线宽尺寸应满足：地线＞电源线＞信号线。最细线尽量不要小于 10mil。如果密度允许，尽可能用宽线。导线的线宽一般小于与之相连的焊盘的直径。

（4）布线优先次序原则。核心部件先布线；电源、模拟小信号、高速信号、时钟信号和同步信号等关键信号线优先布线；从 PCB 板上连接关系简单的元器件入手，从连线最疏松的区域开始布线。

（5）信号线走线的一般原则。除地线外，同一 PCB 板上导线的宽度尽量保持一致。同一层上不允许有交叉回路。印制导线的布线应尽可能短，在高频回路中更应如此。

当双面布线时，两面的导线应互相垂直、斜交或弯曲，避免相互平行，以减少寄生耦合。

作为电路的输入和输出用的印制导线应尽量避免相邻平行，平行信号线之间要尽量留有较大的间隔，最好在这些导线之间加地线，起到屏蔽作用。

导线拐弯时走圆角或 45° 角，尽量不要走直角，因为直角或尖角在高频电路和布线密度高的电路中会影响电气性能。

（6）印制导线的屏蔽与接地。印制导线的公共地线，应尽量布置在 PCB 板的边缘；应尽可能多地保留铜箔做地线，可以改善传输特性和屏蔽作用，减少分布电容；地线不能设计成闭合回路。低频电路中一般单点接地；高频电路中应就近接地，并且采用大面积接地的方式。

还要考虑数字电路对模拟电路的影响。由于数字系统的高频脉冲信号引起很大的高频杂波干扰，而且在电源与地线上大量存在，这将严重影响模拟信号的准确性。解决的办法是：将模拟与数字系统的电源与地线严格分开，电源要特别注意滤波，地线最终在一点连接（可在电源入口处通过一个 0Ω 的电阻或小电感相连）。

电源输入端跨接一个 10～100μF 的电解电容。同时在各集成芯片的电源与地线间用电容去耦（根据干扰源的频率选择适当的去耦电容，一般为 0.01uF 或/和 0.1uF）。

◆ 项目总结

合格的电路板设计离不开合理的布局和布线，两者要互相配合，缺一不可。在设计过程中，有时布局和布线是交叉进行的。在设计双面板时，为节省电路板空间，可以考虑将贴片电阻、电容等高度有限、发热小的器件放置于电路板的背面。无论是手工布线还是自动布线，都应遵循布线的基本规则。自动布线的结果一般有缺陷，而手工布线的工作量过于繁重，良好的设计通常是以这两种布线方式结合进行的。

3.4.3 实验项目——三轴加速度计电路的双面 PCB 设计

新建一个工程设计文件和原理图设计文件，保存在“D 盘\PCB 制板\三轴加速度计电路\”目录下，名称分别为“三轴加速度计电路项目.PrjPcb”和“三轴加速度计电路.SchDoc”。绘制如图 3.4.35 所示的电路图。

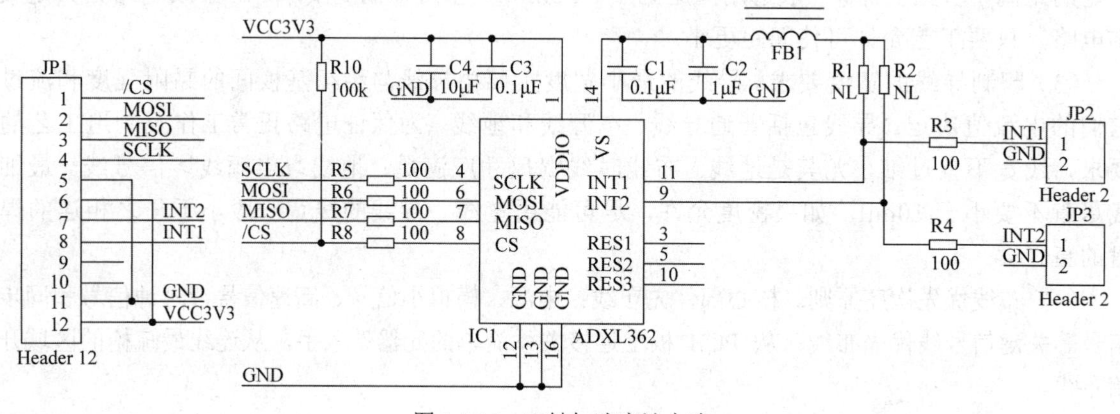

图 3.4.35　三轴加速度计电路

要求：元件封装：插座为插针器件，其余为贴片器件。电路板类型：矩形板，尺寸自定，双层板。布线规则：电源和地线网络之间的最小安全间距为 15mil；地线线宽最小为 10mil，最大和首选为 20mil；VCC 线宽为 15mil，普通线为 10mil。布线拐角形状为 45°。设置过孔的内径为 20mil，外径为 30mil。设置 SMD 焊盘与导线拐角处的最小间距为 30mil。设置 SMD 焊盘宽度与引出导线宽度的比例为 50%。

编辑时双面布线、手工布线。印制电路板图保存为“三轴加速度计电路 PCB 图.PcbDoc”，保存位置与上面两个文件在同一目录下，并导入同名工程中。

3.5 印制电路板的辅助操作

3.5.1 训练微项目——完善脉冲式快速充电器的印制电路板

在前面的项目中介绍了如何生成印制电路板，并对电路板进行布局、布线设置。

图 3.5.1 所示的是一个脉冲式快速充电器的 PCB 单面板，布线规则是：最小安全间距为 10mil，线宽为 20mil，布线拐角方式为 45°，单面布线，其余默认。

本项目中将介绍印制电路板的一些辅助操作，如如何检查错误、放置定位孔、生成输出报表等，这些编辑技巧对于实际中电路板设计性能的提高是很重要的。

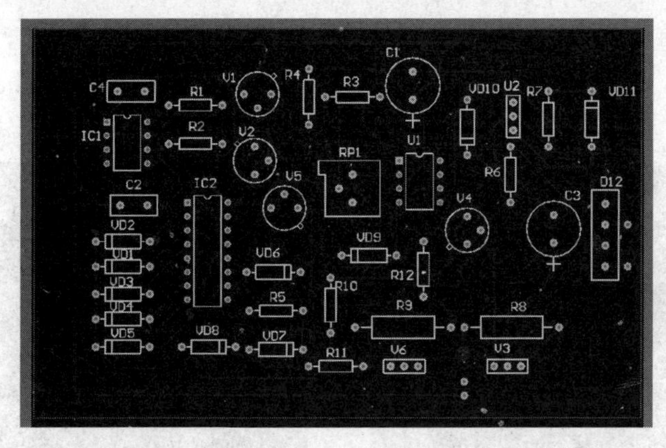

图 3.5.1　脉冲式快速充电器 PCB 单面板图

◆ 学习目标

✧ 了解修改 PCB 板形状的方法，掌握特殊形状 PCB 的制作方法
✧ 掌握测试点的作用和设置方法
✧ 掌握放置定位孔的方法
✧ 掌握填充的作用和放置方法
✧ 掌握补泪滴的作用和设置方法
✧ 了解覆铜的作用和放置方法
✧ 掌握尺寸线的放置方法
✧ 掌握 DRC 技术
✧ 输出打印报表和 PCB 板图

◆ 执行步骤

步骤 1：打开设计项目文件和 PCB 文件。

启动 Altium Designer，打开项目文件“脉冲式快速充电器项目.PrjPCB”，打开“脉冲式快速充电器 PCB 图.PcbDoc”文件。

步骤 2：重新定义 PCB 板形状。

如图 3.5.2 所示，电路板上有很大一块空白区域没有使用，既形成浪费，编辑电路板时也不方便，可以对电路板的边界进行重新设定。

（1）选择“Design（设计）”→“Board Shape（PCB 板形状）”→“Redefine Board Shape（重定义 PCB 板形状）”命令，此时电路板被阴影所覆盖，如图 3.5.3 所示。

（2）将鼠标指针移至电路板的左上角，单击左键，然后围绕电路板的有效边缘，分别单击形成一个包围圈，最后回到边界的左上角，右键单击退出。新的电路板边界已经设定好了，如图 3.5.4 所示。

步骤 3：放置定位螺孔。

在印制电路板制作中，经常要用到螺钉来固定印制电路板或散热片等，必须在 PCB 上设置螺孔或定位孔，它们不需要有导电部分。

本例中需要放置 4 个定位螺孔，螺孔的直径为 150mil。用放置焊盘的方法来完成。

（1）选择“Place（放置）”→“Pad（焊盘）”命令，进入放置焊盘状态，按 Tab 键，弹出“Pad

（焊盘）”的属性对话框，将“Hole Size（孔径）”、“X-Size（X-尺寸）”和“Y-Size（Y-尺寸）”的值均设置为“150mil”。取消选中“Properties（属性）”选项区域中的“Plated（镀金）”复选框，表示取消孔壁上的铜，如图 3.5.5 所示。

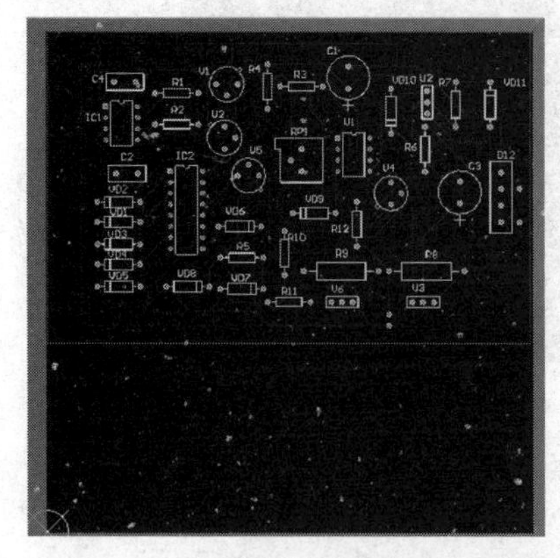

图 3.5.2　快速充电器 PCB 板图形状

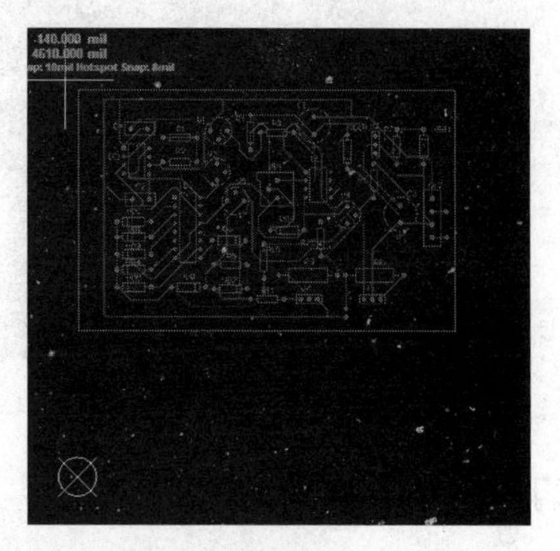

图 3.5.3　电路板被阴影覆盖

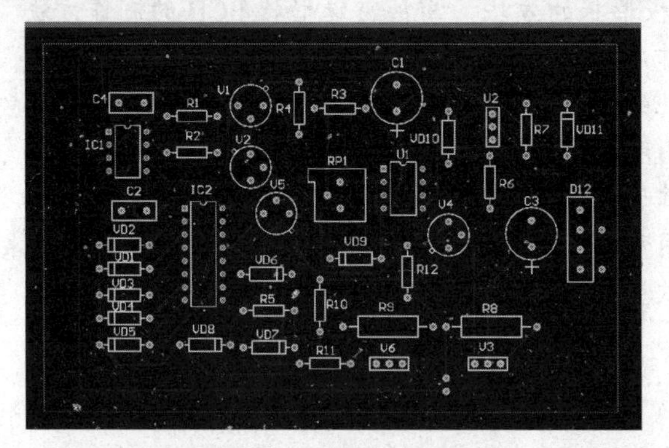

图 3.5.4　电路板边界重新界定

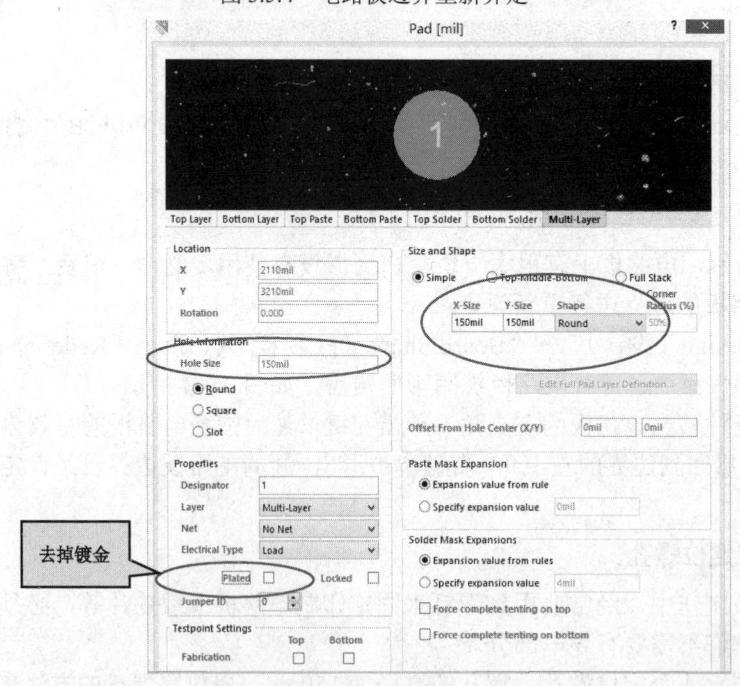

图 3.5.5　“Pad（焊盘）”对话框

（2）到图纸的四角处，连续单击，这时放置的就是定位螺孔。稍微调整螺孔位置，使其精确定位，如图 3.5.6 所示。

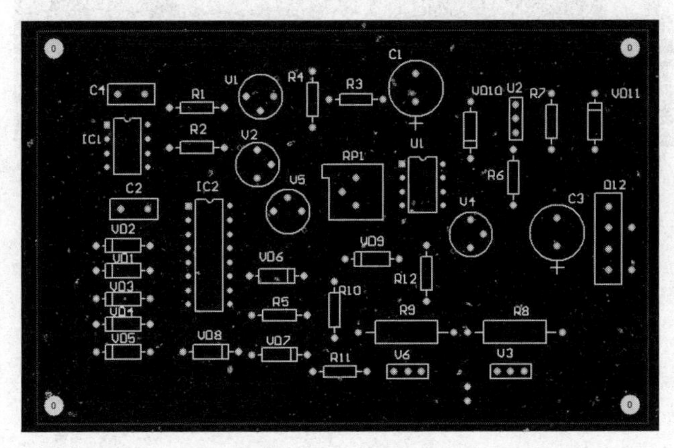

图 3.5.6　放置定位螺孔

步骤 4：放置测试点。

测试点一般是顶层或底层的焊盘，用于同检测设备的探针接触。所以应该在顶层或底层统一放置所有测试焊盘，焊盘的大小要适宜探针连接，焊盘的坐标尽量为整数值。

如图 3.5.7 所示，分别在 GND 焊盘和电阻 R8 的 2 脚焊盘上放置一个焊盘。若新焊盘直接放在原有焊盘上，则新焊盘网络会自动变成所连接的网络。若有一定距离，应在焊盘属性中进行设置。

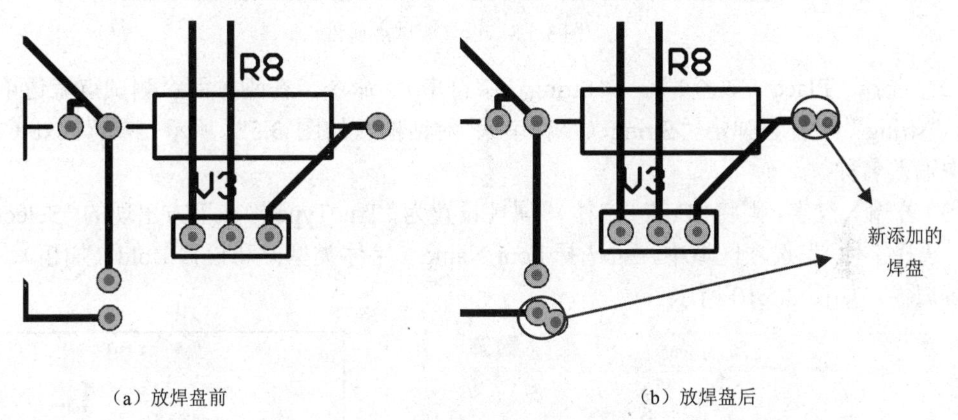

（a）放焊盘前　　（b）放焊盘后

图 3.5.7　添加测试点

双击放置的焊盘，弹出“Pad（焊盘）”对话框，如图 3.5.8 所示，若测试点无须打孔，就将“Hole Information（孔洞信息）”选项区域中的“Hole Size（通孔尺寸）”设置为 0。选中“Testpoint Settings（测试点设置）”选项区域中的“Fabrication（装配）”和“Assembly（组装）”复选框，“Tops（顶层）”表示测试点放在顶层。

步骤 5：放置文字

生成的 PCB 板表面上通常会有一些文字，用来对电路板进行说明，如电路板的名称、制造商等。

（1）单击 PCB 工作区下面的“Top Overlay”标签，显示顶层丝印层。在该层上放置关于此电路板的一些信息。

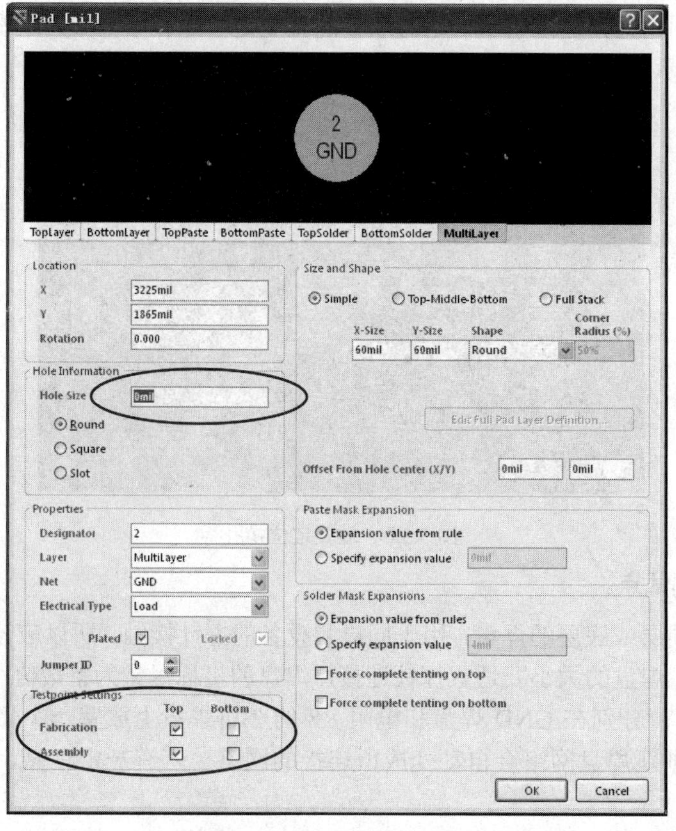

图 3.5.8　设置测试点属性

（2）选择“Place（放置）”→“String（字符串）”命令，在刚才两个测试点旁边单击放置。双击 “string”字样，弹出“String（字符串）”对话框，如图 3.5.9 所示，在“Text（文本）”文本框中输入名称。

（3）若输入汉字，则将“Font（字体）”属性设置为“TrueType”。在下方出现的“Select TrueType Font（选择字体）”选项区域中，可选择 Font Name（字体类型）和设置 Bold（加粗）、Italic（虚线）等属性。如图 3.5.10 所示。

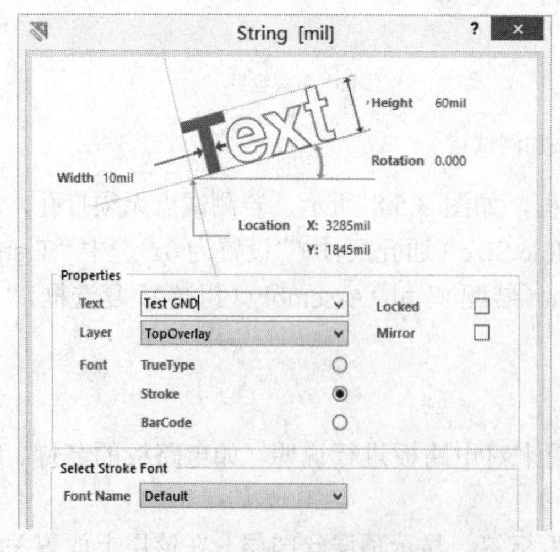

图 3.5.9　“String（字符串）”对话框

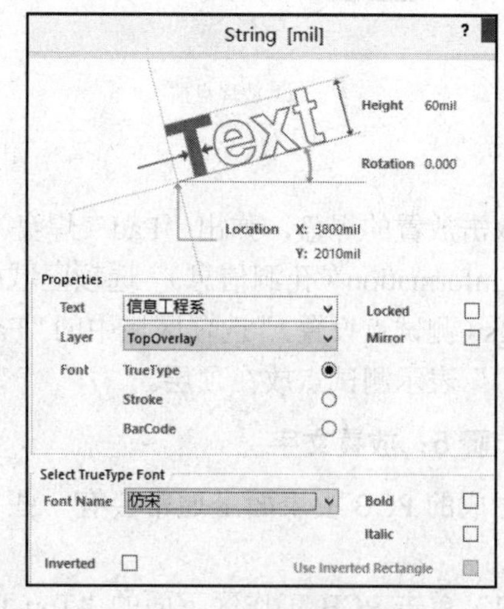

图 3.5.10　设置中文汉字

放置好文字的 PCB 如图 3.5.11 所示。

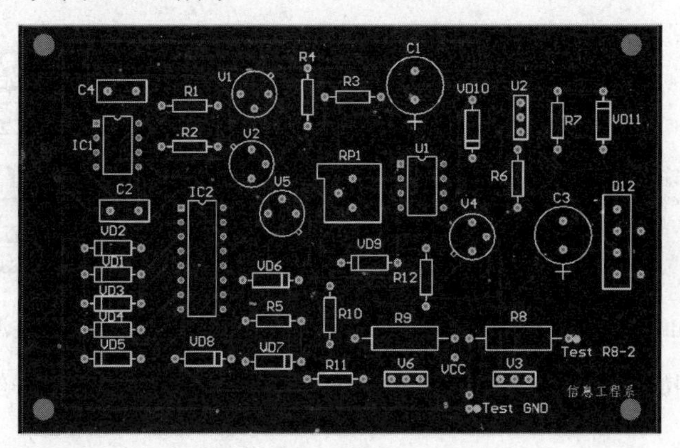

图 3.5.11　文字添加完毕

步骤 6：放置矩形铜膜填充。

矩形铜膜填充是放置在 PCB 上的大块铜区域，一般用于制作 PCB 插件的接触面或者增强系统的抗干扰性。填充具有导线功能，也常用来连接焊盘。

放置铜膜填充的步骤如下。

（1）在编辑区的下面单击“Bottom Layer”标签，切换到底层信号层。

（2）删除 PCB 中电路板周围的地线。

（3）选择“Place（放置）”→“Fill（填充）”命令，在原地线的位置放置填充区，使元件就近接地。注意填充的宽度，适当加粗。

（4）双击填充区，在弹出的对话框中设置填充区的网络为 GND。

设置结果如图 3.5.12 所示。

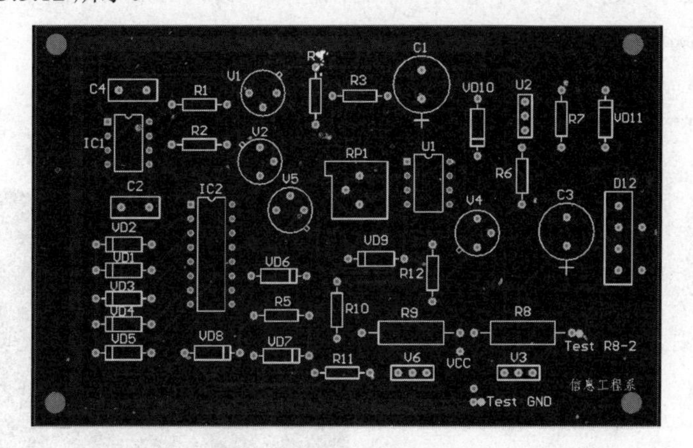

图 3.5.12　放置填充

步骤 7：补泪滴。

有时，需要在导线和焊盘（或过孔）的连接处放置一段泪滴状的过渡，称为“补泪滴”。补泪滴的主要作用是在电路板钻孔或焊接时，避免在导线与焊盘的接触点处出现应力集中而使导线断裂的情况，让焊盘更牢固。

选择“Tools（工具）”→“Teardrops（泪滴焊盘）”命令，打开“Teardrop Options（泪滴选项）”对话框，如图 3.5.13 所示。选中“Action（行为）”选项区域中的“Add（追加）”单选按钮，选中

“General（一般）”选项区域中的“Pads（全部焊盘）”和“Force Teardrops（强制点泪滴）”复选项。

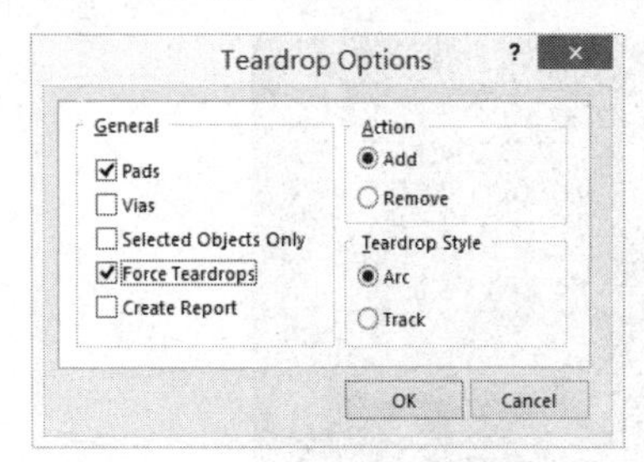

图 3.5.13 “Teardrop Options（泪滴选项）”对话框

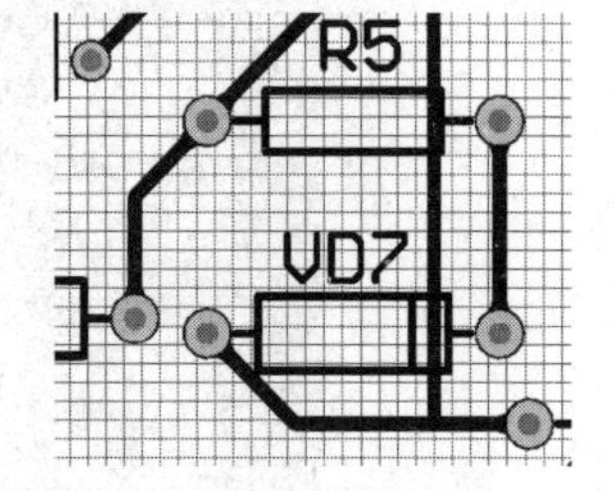

图 3.5.14 补过泪滴的焊盘

设置好后的放大图如图 3.5.14 所示，可以看见，补过泪滴的 PCB 板，导线和焊盘之间是逐渐过渡的。

步骤 8：放置覆铜。

覆铜是将电路板空白的地方铺满铜膜或铜网，目的是为了提高电路板的抗干扰能力，通常将铜膜接地，它可以放置在任何信号层上。

选择“Place（放置）”→“Polygon Pour（覆铜）”命令，弹出相应对话框，在该对话框中进行参数设置，如图 3.5.15 所示。在“Fill Mode（填充模式）”选项区域选中“Hatched（Tracks/Arcs）[影线化填充导线（弧）]”单选按钮；“Surround Pads With（围绕焊盘的形状）”项选中“Arcs（弧线）”单选按钮；“Hatch Mode（影线化填充模式）”项下选中“45 Degree（45°）”单选按钮；在“Properties（属性）”选项区域的“Layer（层）”下拉列表中选择“Bottom Layer”选项；在“Net Options（网络选项）”选项区域的“Connect to Net（连接到网络）”下拉列表中选择“GND”选项；选中“Remove Dead Copper（删除死铜）”复选框，其余默认。设置完毕后单击“OK（确认）”按钮。沿着电路板边缘，连续单击，形成一个封闭区域。覆铜的效果如图 3.5.16 所示。

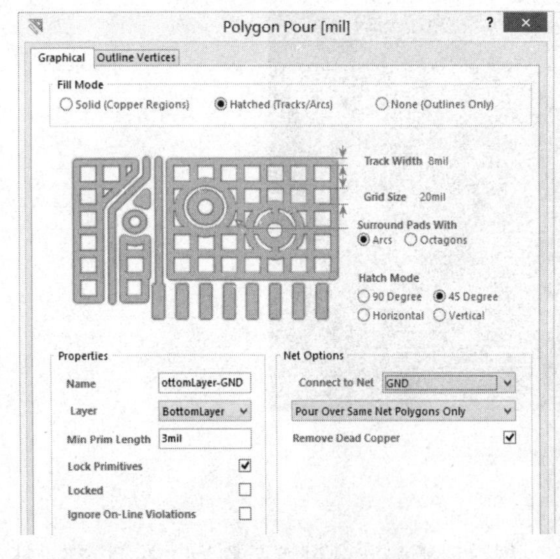

图 3.5.15 “Polygon Pour（覆铜）”对话框

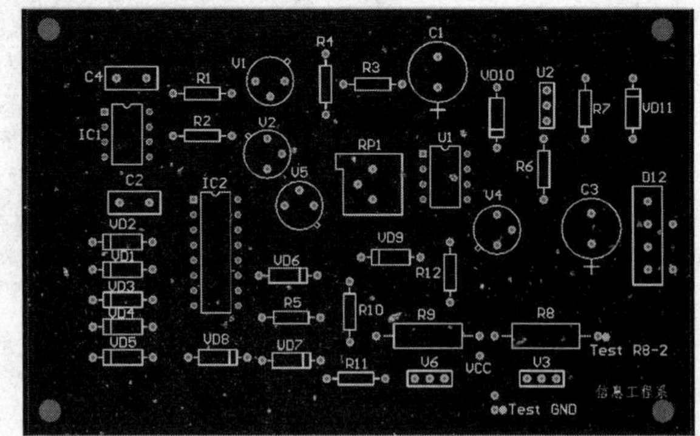

图 3.5.16 覆铜完毕

知识链接：“覆铜”设置

在“Polygon Pour（覆铜）”对话框中，各项含义如下。

（1）“Fill Mode（填充模式）”选项区域。用于设置填充模式，有 Solid（实心填充）、Hatched（影线化填充）、None（无填充）三种模式，一般选择影线化填充。

（2）“图形”区域：（影线化填充模式时）。

①“Surround Pads With（围绕焊盘的形状）”。设置覆铜和焊盘间的环绕形式，有“Arcs（弧线）”和“Octagons（八边形）”两种形状，如图 3.5.17 所示。

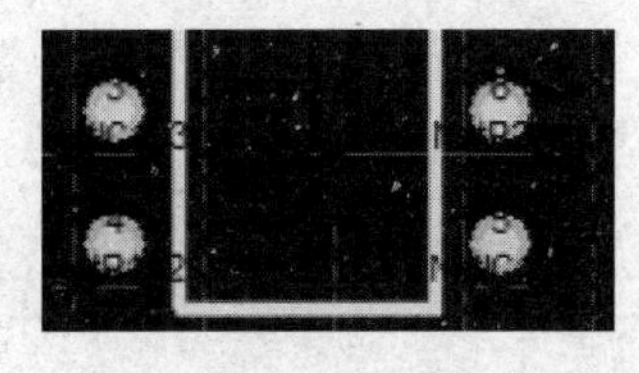

（a）“弧线”形状

（b）“八边形”形状

图 3.5.17　围绕焊盘的形状

②“Hatch Mode（影线化填充模式）”。设置覆铜影线的布线形式，有 90°、45°、水平、垂直四种填充模式，如图 3.5.18 所示。

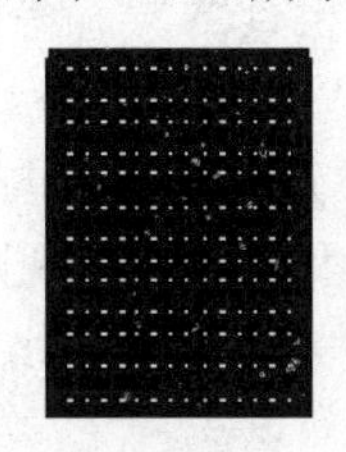
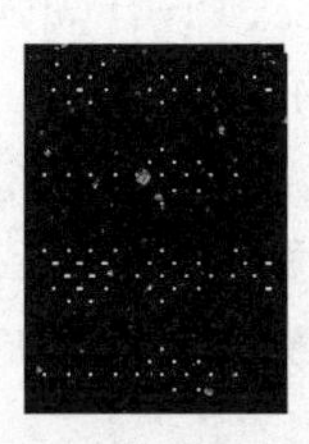

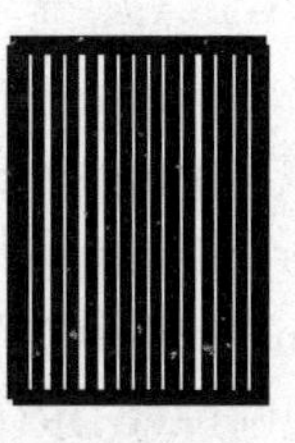

图 3.5.18　四种影线化填充模式

（3）“Net Options（网络选项）”选项区域。

①“Connect to Net（连接到网络）”。通常连接到地线上。如果此项选为“No Net”，表示覆铜不连接到任何网络。

②“Pour Over Same Net Only 和 Don’t Pour Over Same Net Only”。用于设置如果覆铜遇到导线就在覆铜连接的网络时，覆铜是否直接将导线覆盖。

③“Remove Dead Copper（删除死铜）”复选框。设置是否删除死铜。“死铜”是指无法连接到指定网络的一小块孤立覆铜。

步骤 9：放置尺寸线。

电路板设计完成之前，可对电路板标示尺寸线，以供参考。

（1）切换至“Mechanical Layer1”层，选择“Place（放置）”→“Dimension（尺寸线）”→“Linear（线性）”命令，进入直线式尺寸标示状态，指向所要标示尺寸的起点，另外一端将出现一个对应的白点，如图 3.5.19 所示。

（2）单击鼠标左键，选取所要标示的元件，然后看尺寸线的方向，原来是水平尺寸线，若要标注垂直尺寸线，可通过空格键切换方向，再将鼠标指针移至终点单击，再往外侧拉开尺寸线与图件的距离，让尺寸线与所要标示的图件保持适当距离。最后，左键、右键单击各一下完成标注。

在电路板左侧和下侧分别放置尺寸线标注，效果如图 3.5.20 所示。

步骤 10：对设计好的 PCB 图进行 DRC 校验，检查错误

电路板设计好以后，要运行设计规则检查（Design Rule Check，DRC），以确认设计的 PCB 是否满足设计规则，是否有违反布线的情况（如安全距离错误、未走线网络、短路等），如果与规则冲突，需要对电路进行修改。

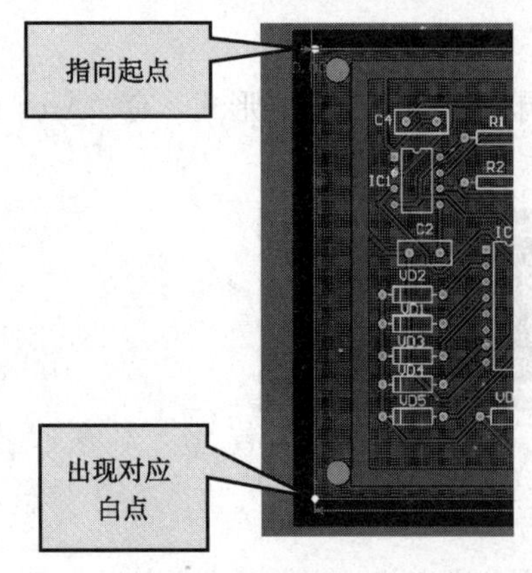

图 3.5.19　出现对应白点

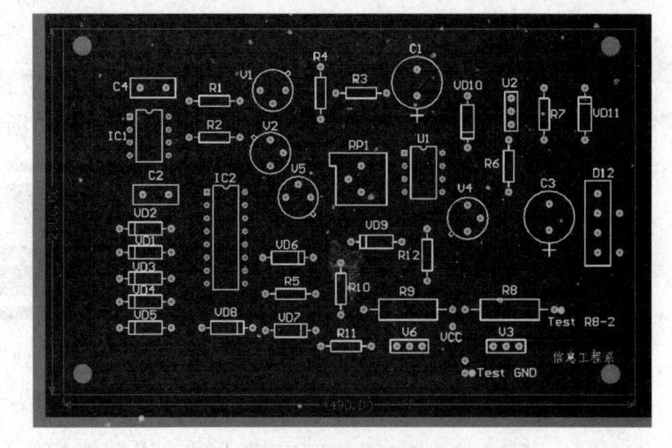

图 3.5.20　尺寸线放置完毕

（1）选择“Tools（工具）”→“Design Rule Check（设计规则检查器）”命令，弹出“Design Rule Checker（设计规则检查器）”对话框，如图 3.5.21 所示。

（2）选择“Rules To Check（检查规则）”选项，“设计规则检查器”对话框的右侧区域中“Rule（规则）”和“Category（类别）”列表列出了要检查的规则项目和其所属的规则类别，如图 3.5.22 所示，选中“Clearance（间距）”和“Width（线宽）”后面的“Online（在线）”复选框，表示可在线对间距和线宽规则进行 DRC 检查。

（3）运行 DRC 检查和生成检查报告。单击“设计规则检查器”对话框左下角的“Run Design Rule Check（运行设计规则检查）”按钮，系统就开始对电路进行 DRC 检查。检查结束后，弹出错误信息窗口，包括所违反的设计规则的种类、所在文件、错误信息、序号等，并生成规则检查报告“*.Html”，如图 3.5.23 所示。

（4）在错误信息窗口中，双击某一条信息，则该错误将自动放大定位到 PCB 编辑区的中心位置，以便于修改。违反规则的部分将以绿色显示。

（5）修改完毕后，再重新运行 DRC 检查，直到没有错误为止。

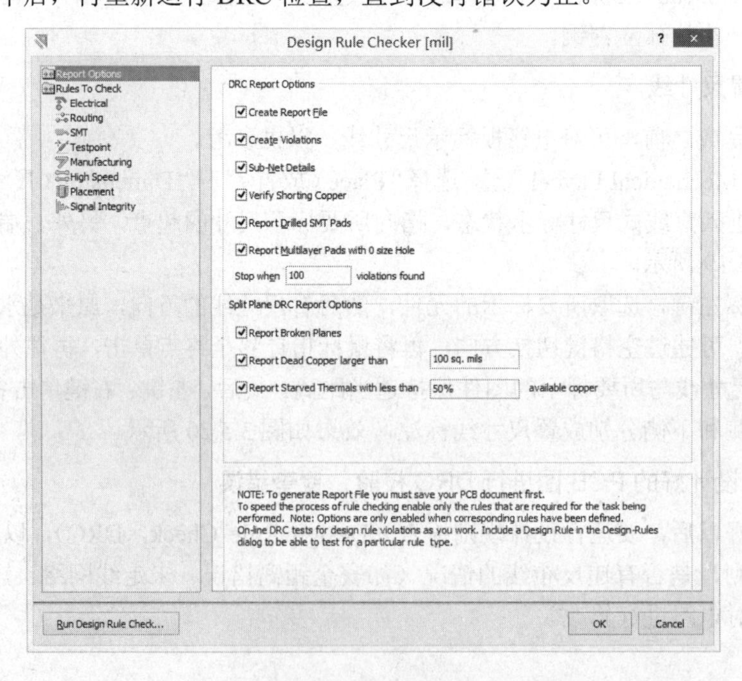

图 3.5.21　“Design Rule Check（设计规则检查器）”对话框

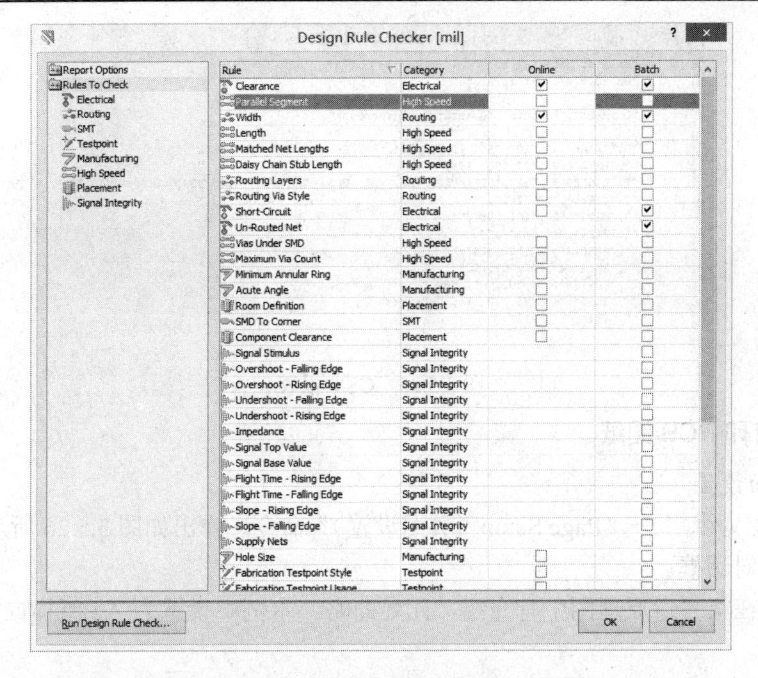

图 3.5.22　设置规则检查

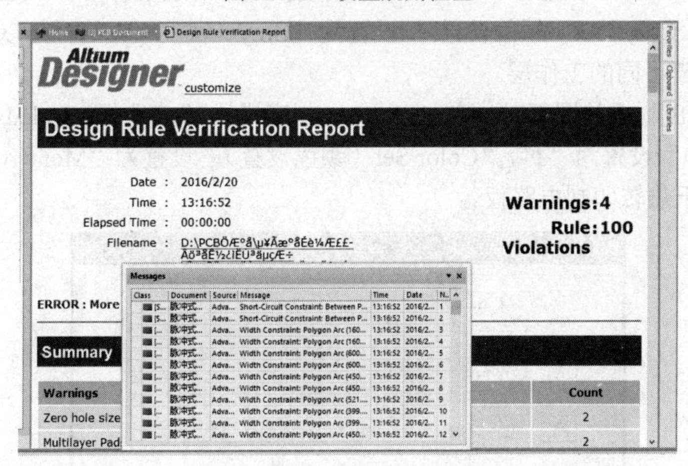

图 3.5.23　规则检查报告

步骤 11：生成报表。

PCB 板设计结束后，需要生成相应报表。选择“Reports（报告）”→“Simple BOM”命令，将生成如图 3.5.24 和图 3.5.25 所示的报表。

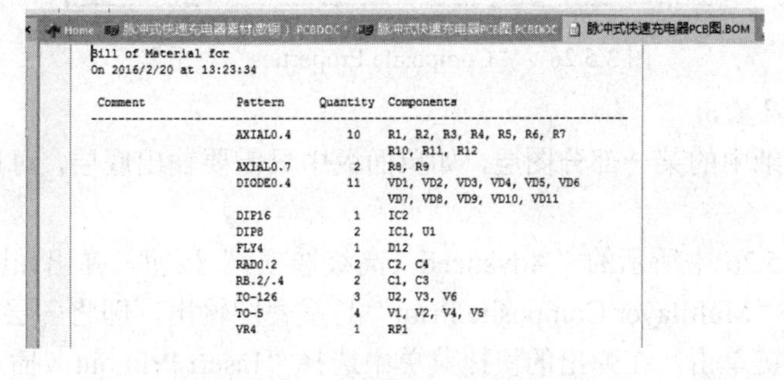

```
Bill of Material for
On 2016/2/20 at 13:23:34

Comment          Pattern     Quantity  Components
----------------------------------------------------------------
                 AXIAL0.4       10     R1, R2, R3, R4, R5, R6, R7
                                       R10, R11, R12
                 AXIAL0.7        2     R8, R9
                 DIODE0.4       11     VD1, VD2, VD3, VD4, VD5, VD6
                                       VD7, VD8, VD9, VD10, VD11
                 DIP16           1     IC2
                 DIP8            2     IC1, U1
                 FLY4            1     D12
                 RAD0.2          2     C2, C4
                 RB.2/.4         2     C1, C3
                 TO-126          3     U2, V3, V6
                 TO-5            4     V1, V2, V4, V5
                 VR4             1     RP1
```

图 3.5.24　BOM 报表

Home (2) PCB Document (2) 脉冲式快速充电器PCB图.CSV Design Rule Verification Report

```
"Bill of Material for "
"On 2016/2/20 at 13:23:34"

"Comment","Pattern","Quantity","Components"

"","AXIAL0.4","10","R1, R2, R3, R4, R5, R6, R7, R10, R11, R12",""
"","AXIAL0.7","2","R8, R9",""
"","DIODE0.4","11","VD1, VD2, VD3, VD4, VD5, VD6, VD7, VD8, VD9, VD10, VD11",""
"","DIP16","1","IC2",""
"","DIP8","2","IC1, U1",""
"","FLY4","1","D12",""
"","RAD0.2","2","C2, C4",""
"","RB.2/.4","2","C1, C3",""
"","TO-126","3","U2, V3, V6",""
"","TO-5","4","V1, V2, V4, V5",""
"","VR4","1","RP1",""
```

图 3.5.25 CSV 报表

步骤 12：打印 PCB 图纸。

1．*打印页面设置*

单击“File（文件）”→“Page Setup（页面设置）”命令，弹出如图 3.5.26 所示的“Composite Properties”设置对话框。

这部分内容在第二章原理图中有介绍，此处简略。本例中设置为 A4 纸横向打印，适合图纸大小，其余默认。

一般打印检查图时，可以把“Scale Mode（刻度模式）”设置为“Fit Document On Page（适合图纸大小）”，把“Color Set（颜色设置）”设置为“Gray（灰度）”，这样可以放大打印在图纸上的 PCB，并便于分辨不同的工作层。

在打印用于 PCB 制板的图纸时，“Scale Mode（刻度模式）”应选择“Scaled Print（缩放打印）”，并将“Scale（刻度）”设置为“1”，“Color Set（颜色设置）”设置为“Mono（单色）”，这样打印出来的图纸可以用于热转印制电路板。

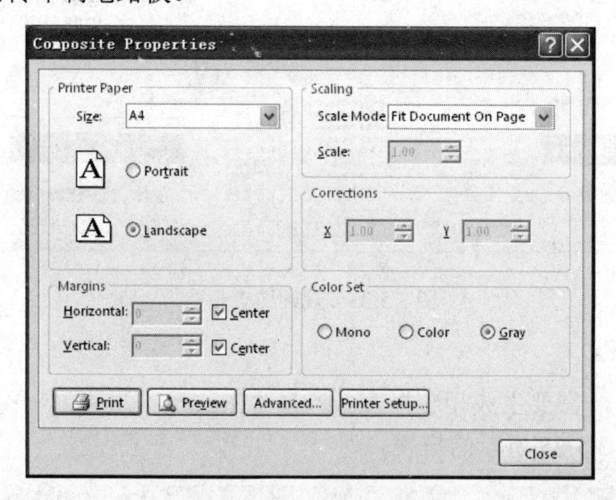

图 3.5.26 “Composite Properties”对话框

2．*单独 PCB 图层输出*

有时需要输出图纸中的某一部分图层，如单面板中只需要输出底层，可以通过建立新打印输出图的方式进行。

（1）单击如图 3.5.26 中所示的“Advanced（高级选项）”按钮，弹出如图 3.5.27 所示的对话框。图中默认出现的“Multilayer Composite Print”是重叠图输出，即将各层放在一起打印。

（2）在窗口中右键单击，在弹出的快捷菜单中选择“Insert Printout（插入打印输出）”选项，建立新的输出层面“New PrintOut 1”，如图 3.5.28 所示。

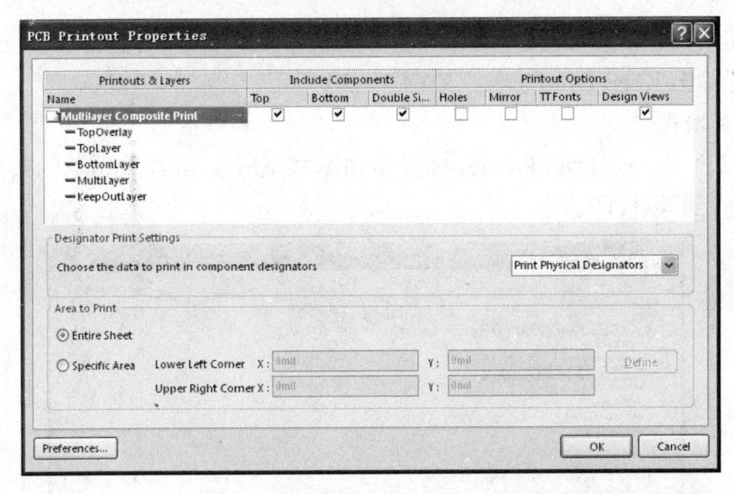

图 3.5.27　“PCB Printout Properties（PCB 打印输出属性）”对话框

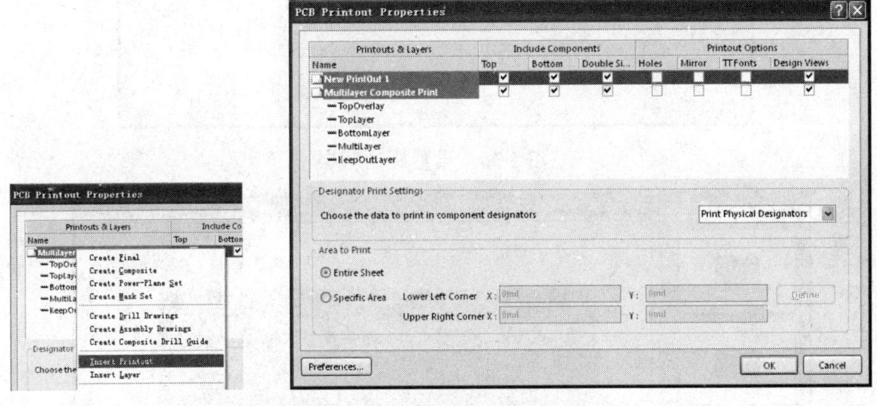

图 3.5.28　新的打印输出层面

（3）再右击“New PrintOut 1”项，在弹出的快捷菜单中选择“Insert Layer（插入层）”选项，屏幕弹出“Layer Properties（层属性）”对话框，如图 3.5.29 所示，在“Print Layer Type（打印层类型）”下拉列表中选择“BottomLayer（底层）”选项。

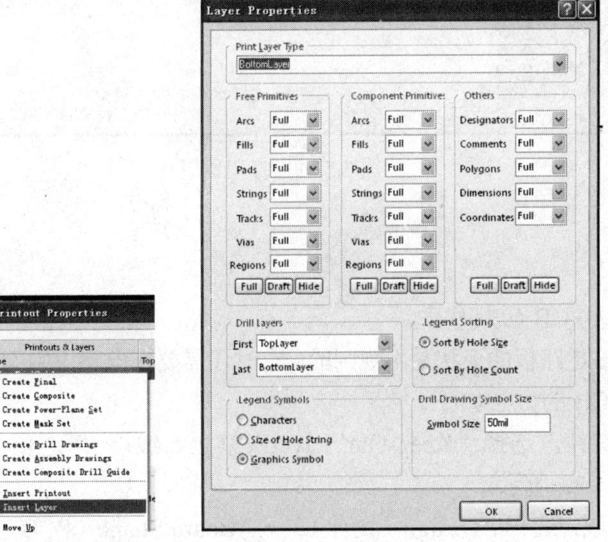

图 3.5.29　“Layer Properties（层属性）”对话框

输出层设置完毕，单击“OK”按钮退出。此时“New PrintOut 1”的输出层设置为 Bottom Layer，用同样的方法设置输出 Keep-Out Layer，如图 3.5.30 所示。

3．打印预览及输出

执行“File（文件）”→“Print Preview（打印预览）”命令，可看见预览的效果图，如图 3.5.31 所示。若没有问题，可以打印。

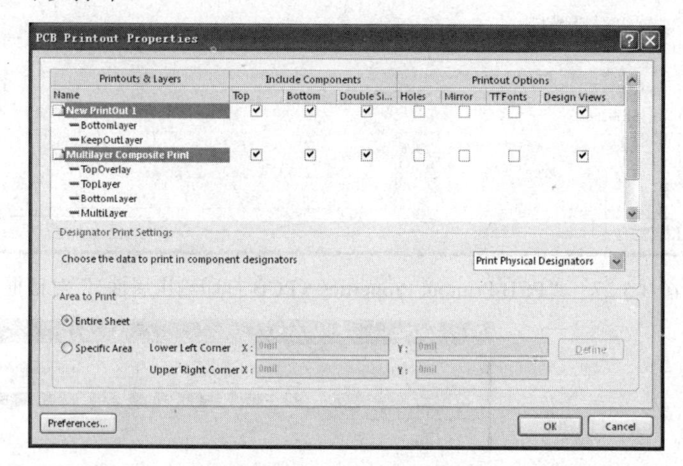

图 3.5.30　设置好的新层

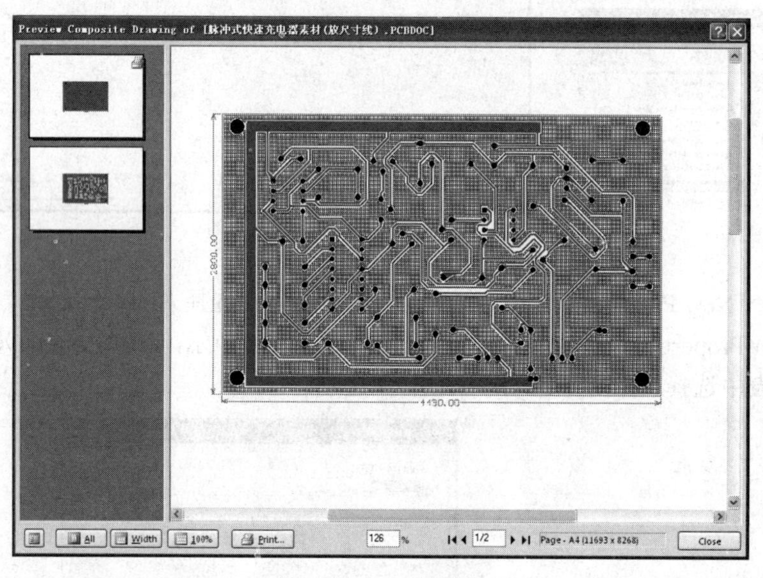

图 3.5.31　打印预览

3.5.2　知识库

1．掌握特殊形状 PCB 的制作方法

实际设计中有很多电路板的形状是不规则的，有时还需要在电路板中间开个洞，如图 3.5.32 所示。绘制特殊形状 PCB 的方法如下。

（1）新建 PCB 文件，选择“Keep-Out Layer（禁止布线层）”选项，按尺寸要求绘制好电路板边框形状，如图 3.5.33 所示。

（2）全选紫色区域，选择“Design（设计）”→“Board Shape（PCB 板形状）”→“Define from selected objects（根据选定的目标定义）”命令，即变为如图 3.5.34 所示的图形。

图 3.5.32　各种特殊形状的电路板

图 3.5.33　手动绘制边框　　　图 3.5.34　设置好的特殊形状边框

2．PCB 检查图输出

单击如图 3.5.26 中所示的“Advanced（高级选项）”按钮，弹出如图 3.5.35 所示的对话框，图中默认出现的“Multilayer Composite Print”是重叠图输出，即将各层放在一起打印。

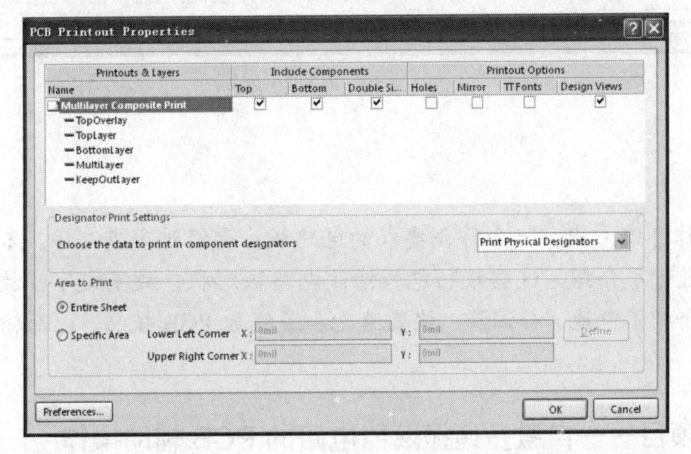

图 3.5.35　“PCB Printout Properties（PCB 打印输出属性）”对话框

需要分层打印时，在窗口右键单击，如图 3.5.36 所示，在弹出的快捷菜单中选择“Create Final（建立最终结果）”命令，然后在弹出的“Confirm Create Print-Set（确认建立打印设置）”提示框中单击“Yes”按钮，如图 3.5.37 所示，将现有重叠板层删除，接着在弹出的对话框中可对每一层进行单独操作，如图 3.5.38 所示。

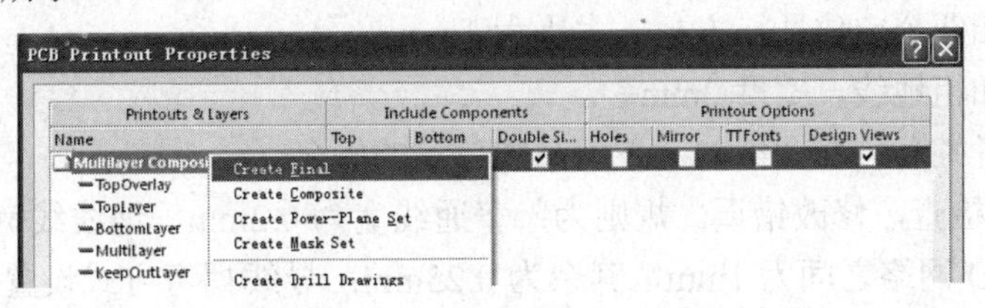

图 3.5.36　选择“Create Final”命令

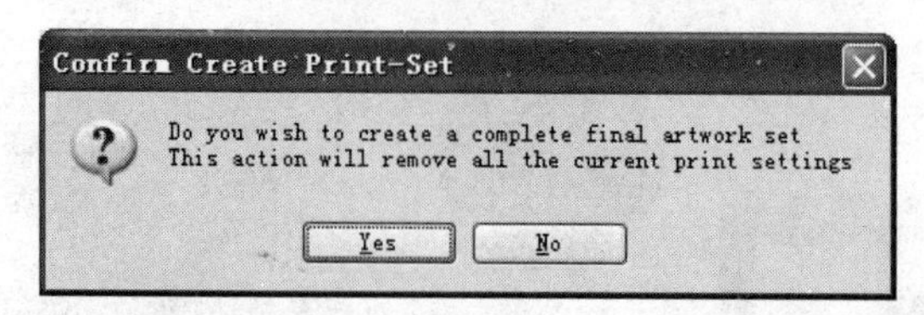

图 3.5.37 “Confirm Create Print-Set（确认建立打印设置）”提示框

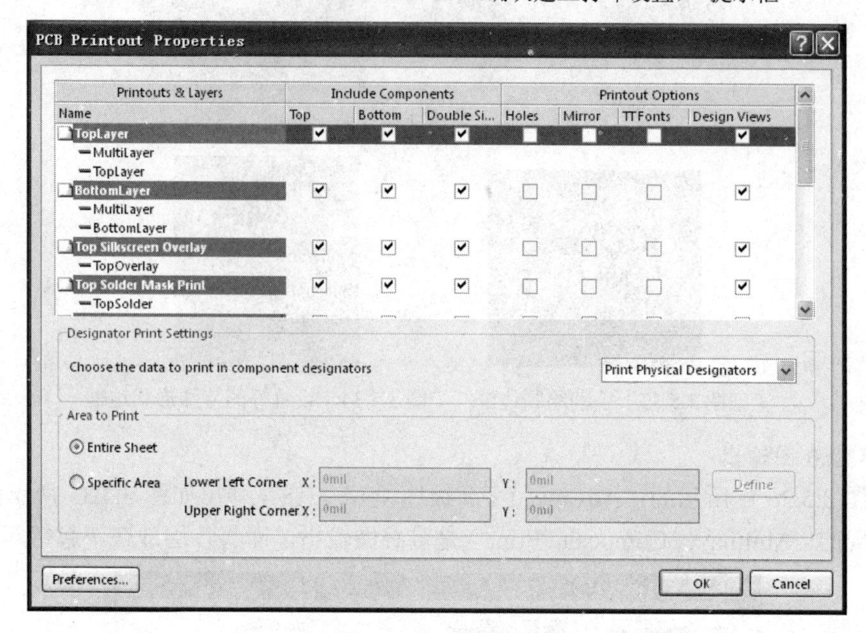

图 3.5.38 分层设置

◆ 项目总结

从该项目的制作可以看出，一个符合要求的电路板，要经过多道工序。本项目中对常用的辅助 PCB 编辑技巧进行了介绍，这些技巧包括修改电路板形状、放置文字、放置测试点、放置焊盘和放置过孔，还介绍了包地、补泪滴、放置填充和覆铜等 PCB 技巧，以及输出报表、打印 PCB 图纸的方法。

3.5.3 实验项目——自激多谐振荡器电路的 PCB 辅助操作

绘制如图 3.5.39 所示的电路图，生成印制电路板。

要求如下。

（1）板子尺寸：30×25mm，元件封装采用插针式。

（2）单面手工布线，布线层为底层信号层，线宽 0.2mm。

（3）在角落添加四个定位孔：方形，大小为 1mm。

（4）利用填充加粗地线，宽度 2mm。

（5）添加绘图者姓名：在图纸的左下角添加自己的姓名。

（6）进行 DRC 检查，修改错误。规则为：普通线宽为 0.2mm，地线线宽 1mm；间距限制规则设置为 12V，GND 网络之间为 1mm，其余为 0.25mm；导线拐弯方式设置为 45°。

（7）单独输出文件的底层布线层图纸和顶层丝印层图纸。

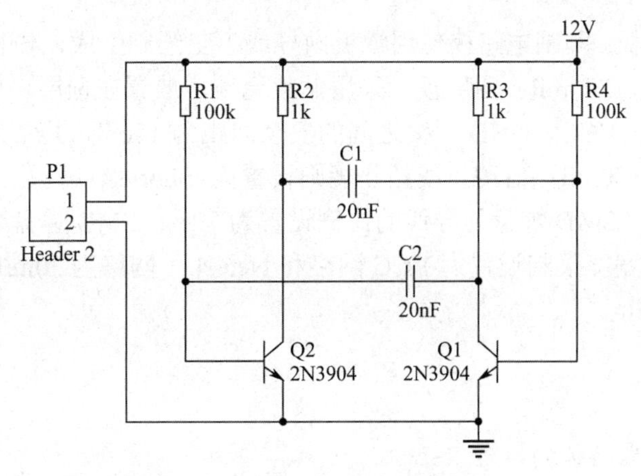

图 3.5.39　自激多谐振荡器电路图

3.6　多层印制电路板设计

3.6.1　训练微项目——单片机小系统电路的印制电路板设计

本项目中将介绍多层印制电路板的特点及制作方法。

图 3.6.1 所示的是一个单片机小系统电路原理图，单片机为方形贴片封装的 80C31，工作电源为 5V 直流电压，经稳压管 7805 稳压输出。C6、C7、C8 分别是 U1、U2、U3 的滤波电容。

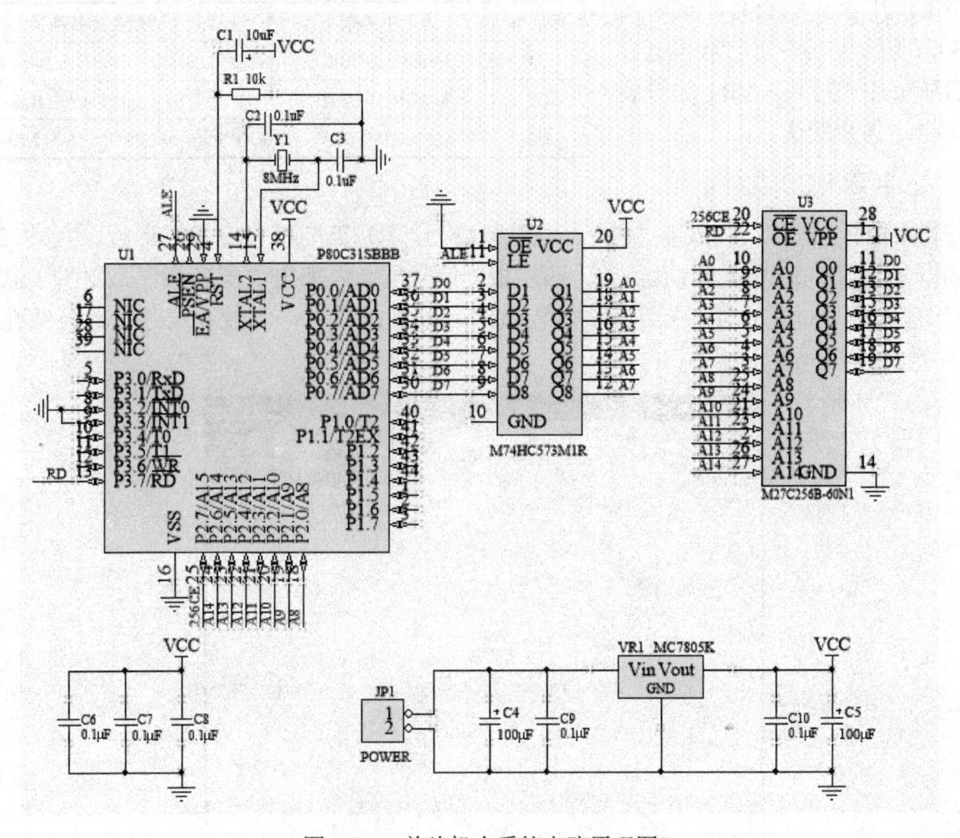

图 3.6.1　单片机小系统电路原理图

要求生成印制电路板。印制电路板使用模板向导或手工绘制生成，水平放置，图纸为矩形板，电路板尺寸为2000mil×1200mil；四层板；采用贴片元件，放置在顶层。自动布线。

布线规则：四层板，VCC、GND网络之间的安全间距为15mil，其余为8mil；布线拐角方式为45°，拐弯大小为100mil；自动布线拓扑规则设置为Shortest；过孔大小设置为钻孔孔径为12mil，外直径为28mil；SMD焊盘与导线的比例设置为70%；SMD焊盘与拐角处最小间距限制设置为4mil；印制导线宽度限制设置为VCC网络和NetC4_1网络为30mil，GND网络为50mil，其他走线宽度均为10mil。

◆ 学习目标

- ✧ 了解多层印制电路板的概念
- ✧ 掌握多层印制电路板的设计方法
- ✧ 进一步熟悉PCB制板的其他技术

◆ 执行步骤

步骤1：新建设计项目文件和原理图文件，载入元件库，绘制原理图，设置封装，进行ERC校验。

项目文件名称为“多层板的设计项目.PrjPCB”。原理图文件名称为“单片机小系统电路.SchDoc”。保存路径为：D:\PCB制板\多层板的设计\。

电路中所用集成块及其所在库名称如表3.6.1所示，芯片、电阻和电容的封装选择贴片式封装，VR1的封装为HDR1X3，其余默认。

表3.6.1　电路中集成块元件名称及所在库名称

标示符	元件名称	所在库名称
U1	P80C31SBBB	Philips Microcontroller 8-Bit.IntLib
U2	M74HC573M1R	ST Logic Latch.IntLib
U3	M27C256B-60N1	ST Memory EPROM 16-512 Kbit.IntLib

步骤2：新建PCB文件。

（1）利用模板向导新建PCB文件，设置参数为：① 英制，自定义矩形板，尺寸2000mil×1200mil，取消角切除和内部切除；② 四层板，信号层、内部电源层各两层，如图3.6.2所示；③ 只显示盲孔或埋过孔；④ 选用表面贴装元件，放置在顶层；⑤过孔尺寸设置为钻孔孔径为12mil，外直径为28mil。

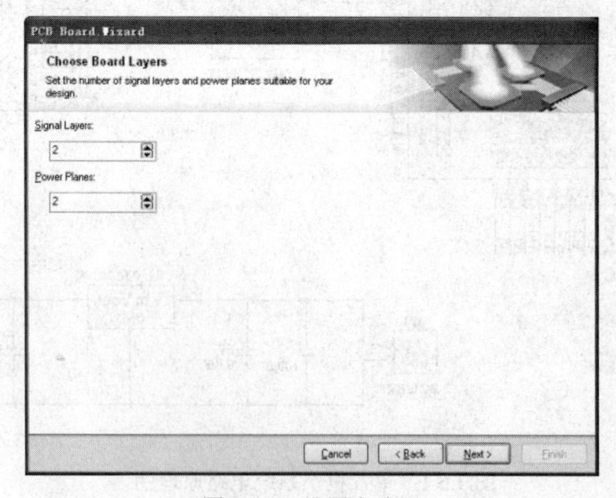

图3.6.2　设置电路层

（2）新建的 PCB 文件名称为“单片机小系统电路 PCB 图.PcbDoc”。保存在同一项目下。

（3）新建的 PCB 文件如图 3.6.3 所示。由于“禁止布线区与板子边缘距离”为 50mil，因此显示出来的禁止布线区高为 1900mil，宽为 1100mil。

步骤 3：添加定位螺钉孔。

利用“Edit（编辑）”→“Rubber Stamp（橡皮图章）”命令，在电路板边框四周设置四个 100mil 的螺钉孔，如图 3.6.4 所示。

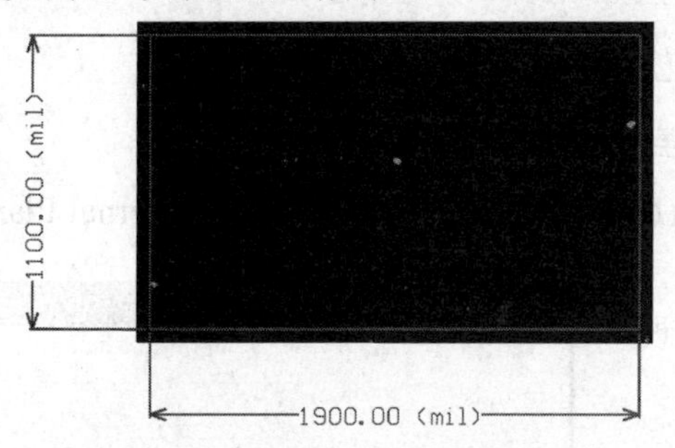

图 3.6.3　模板向导生成的 PCB 板

图 3.6.4　添加好定位孔的印制电路板

步骤 4：从原理图导入元件。

打开原理图，选择“Design（设计）”→“Update PCB 单片机小系统电路 PCB 图.PcbDoc”命令，将原理图的元器件和网络加载到 PCB 电路板中，在加载过程中消除出现的错误。

步骤 5：元器件布局调整。

（1）通过布局，确定元件封装在电路板上的位置，如图 3.6.5 所示。

（2）要求：① 集成电路 U1、U2、U3 的滤波电容 C6、C7、C8 就近放置在集成块的电源端，以提高对电源的滤波性能；② 电源插排放置在印制电路板的右下侧；③ 由于晶振电路是高频电路，应禁止在晶振电路下面的对层（Bottom Layer）走信号线，以免相互干扰；④ 文字整齐摆放，不挡住元器件的封装。

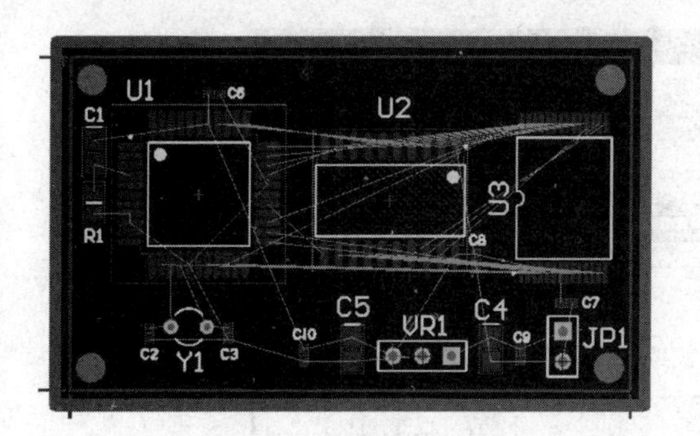

图 3.6.5　电路板布局

（3）执行“Edit（编辑）”→“Align（排列）”子菜单中的相关对齐命令，可提高布线质量和效率。

步骤 6：层的管理（设置、显示相应层）。

对于 4 层电路板，建立两层内层，分别用于电源层和地线层。这样在 4 层板的顶层和底层不需要布置电源线和地线，所有电路组件的电源线和地线的连接将通过盲过孔的形式连接两层内层中的电源线和地线。

前面在生成电路板时，指定了电路板有两个内层，但还没有指定内层所对应的网络。接下来需要分别将这两个内层指定到电源层和地线层。

（1）打开“图层堆栈管理器”，执行“Design（设计）”→“Layer Stack Manager（层堆栈管理器）”命令，系统将弹出“Layer Stack Manager（图层堆栈管理器）”对话框，如图 3.6.6 所示。

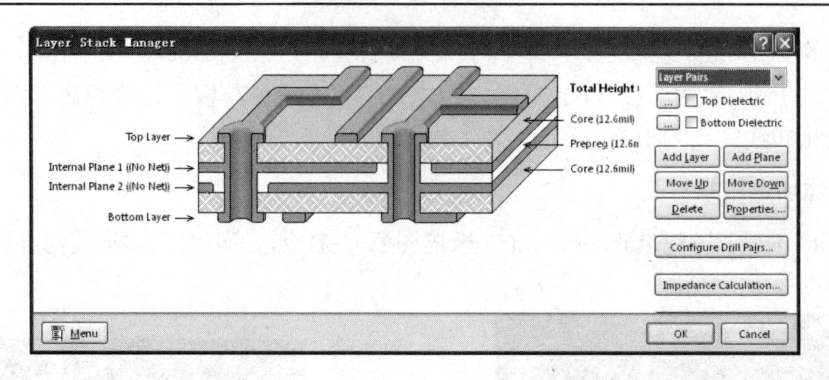

图 3.6.6　“Layer Stack Manager（图层堆栈管理器）”对话框

（2）设置内层。选中第一个内层“Internal Plane l (No Net)”并双击，将弹出“Internal Plane l Properties（编辑层）”对话框，如图 3.6.7 所示。

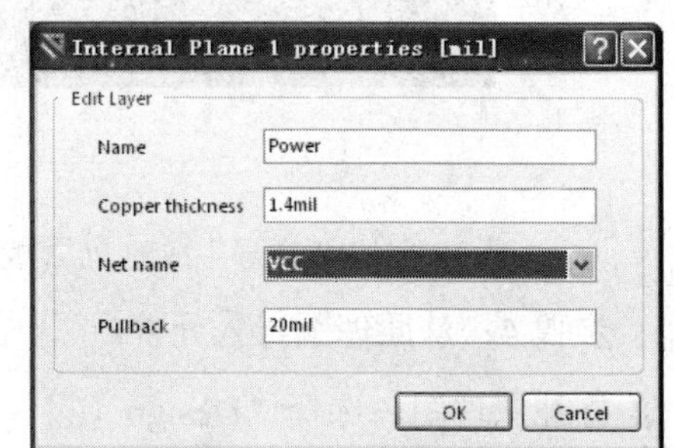

图 3.6.7　设置内层属性

在如图 3.6.7 所示的内层属性编辑对话框中，各项设置说明如下。

①“Name（名称）”文本框：用于给该内层指定一个名称，在这里设置为“Power”，表示布置的是电源层。

②“Copper thickness（铜厚度）”文本框：用于设置内层铜膜的厚度，这里取默认值。

③“Net name（网络名）”下拉列表：用于指定对应的网络名，对应 PCB 电源的网络名，这里定义为 VCC。

④“Pullback（障碍物）”文本框：用于设置内层铜膜和过孔铜膜不相交时的缩进值，这里取默认值。

同样的，对另一个内层的属性进行设定：“名称”定为“Ground”，表示是接地层；“网络名”选择 GND 网络。

对两个内层的属性指定完成后，其设置结果如图 3.6.8 所示，单击“OK”按钮完成设置。

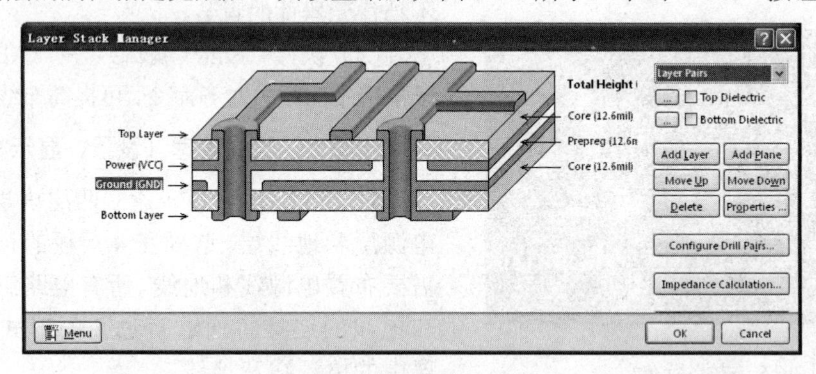

图 3.6.8　内层设置完成结果图

（3）显示内层：选择“Design（设计）”→“Board Layers and Colors（PCB 板层次颜色）”命令，打开“Board Layers and Colors（板层和颜色）”对话框，如图 3.6.9 所示，在其中，“Internal Planes（内部电源/接地层）”一列显示出了当前设置的两层内层，分别为“Power”层和“Ground”层，选中这两项的“Show（表示）”复选框，表示显示这两个内层。单击“OK”按钮后退出。

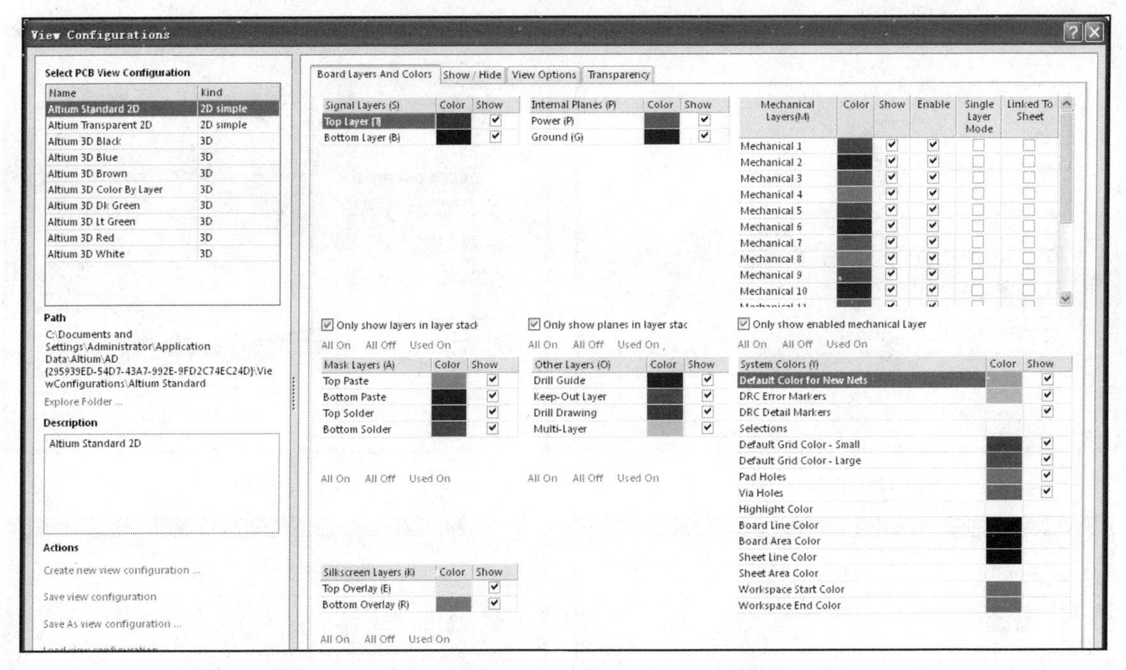

图 3.6.9　显示内层

步骤 7：给晶振电路添加覆铜。

选择“Place（放置）”→“Polygon Pour（覆铜）”命令，弹出相应的对话框，设置覆铜参数：在“Fill Mode（填充模式）”选项区域选择“Hatched（Tracks/Arcs）[影线化填充导线（弧）]”；“Surround Pads With（围绕焊盘的形状）”选择“Arcs（弧线）”状；“Hatch Mode（影线化填充模式）”设为“90 Degree（90°）”；在“Properties（属性）”选项区域的“Layer（层）”下拉列表中选择“Bottom Layer”选项；在“Net Options（网络选项）”选项区域的“Connect to Net（连接到网络）”下拉列表中选择“GND”选项；其余默认。设置完毕后单击“OK”按钮，在晶振电路周围放置覆铜，如图 3.6.10 所示。

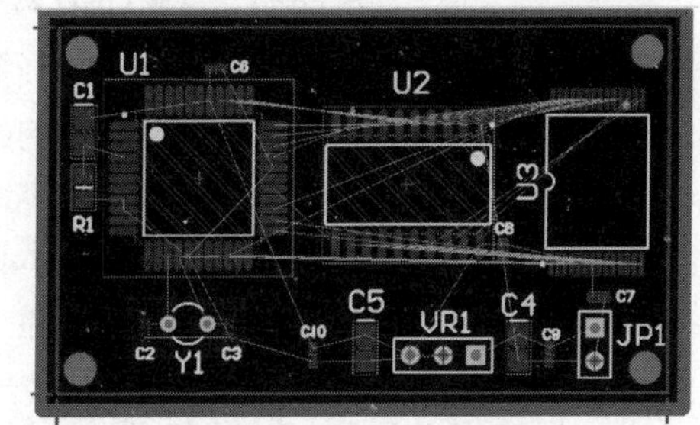

图 3.6.10　“覆铜”完毕

步骤 8：设置布线规则。

在 PCB 电路板编辑环境下，选择“Design（设计）”→“Rules（规则）”命令。

（1）设置电气规则：VCC、GND 网络之间的安全间距为 15mil，其余为 8mil。注意优先级顺序，前者最高。

（2）设置布线规则：由于电源输入端的电压较高、电流较大，应适当加粗线宽。印制导线宽度限制设置为 GND 网络为 50mil，VCC 网络和 NetC4_1 网络为 30mil，其他走线宽度均为 10mil；自动布线拓扑规则设置为 Shortest；四层板的布线板层为顶层和底层；布线拐角方式为 45°，拐弯大小为 100mil。

为了考虑有些贴片式元器件的引脚焊盘非常小，将 GND 网络、VCC 网络和 NetC4_1 网络的导线宽度分别设置下限，GND、VCC 和 NetC4_1 网络的最小线宽均设为 10mil，普通线的最小线宽设为 6mil，如图 3.6.11 所示。

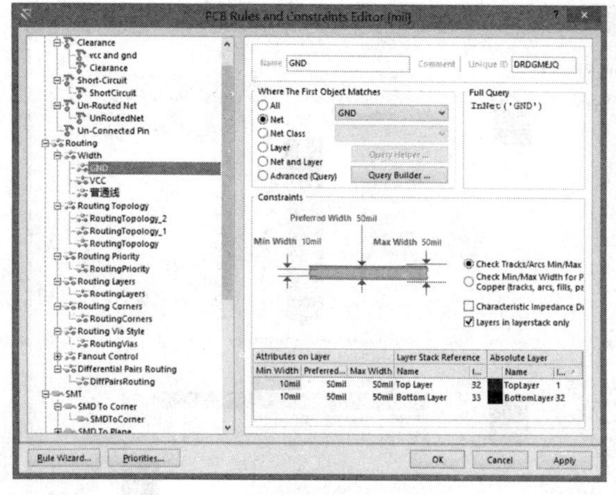

（a）GND 网络

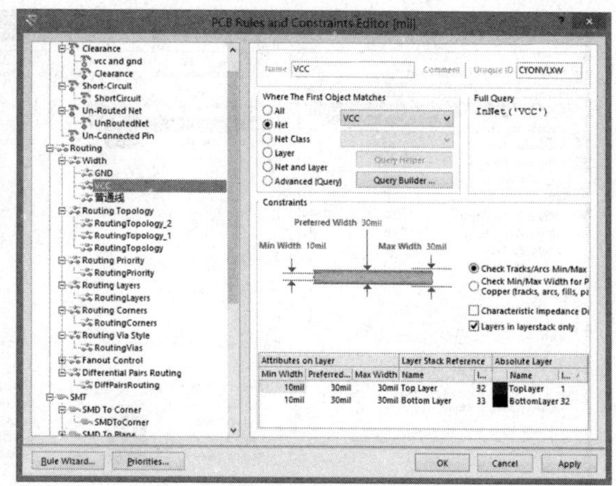

（b）VCC 网络

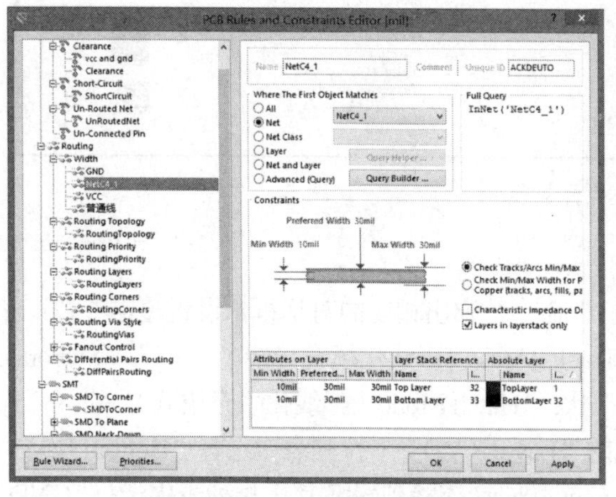

（c）NetC4_1 网络

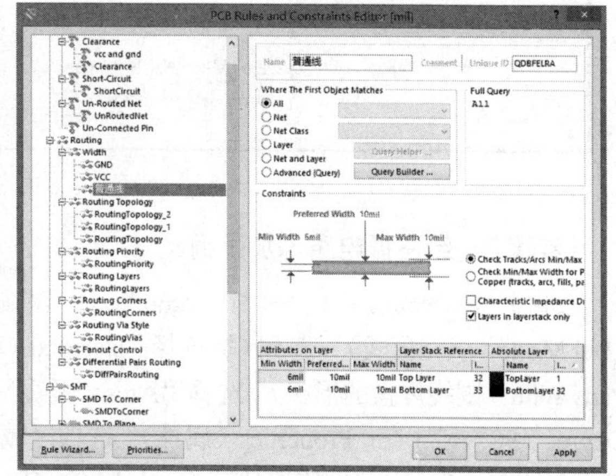

（d）普通线

图 3.6.11　设置 GND 网络、电源网络和普通线的导线宽度下限

线宽要设置优先级，保证其顺序从高到低为：GND 网络→NetC4_1 网络→VCC 网络→普通线，这样才能确保布线时地线、电源线的线宽在设定值范围内，如图 3.6.12 所示。

（3）关于过孔的规则：过孔必须能容许导线穿过，内径不能设得太小。而由于制造工艺的限制，过孔的外径也要稍微设得大一些。本例中过孔设置为钻孔孔径为 12mil，外直径为 28mil。

（4）关于贴片元件布线的规则（SMT 选项）。

① SMD To Corner：设置 SMD 焊盘与导线拐角处的最小间距，本例设置为 4mil。

② SMD To Plane：设置 SMD 元件焊盘至内电层的焊盘或过孔之间的距离，这里选择默认设置。

③ SMD Neck-Down：设置 SMD 焊盘宽度与引出导线宽度的比例，本例中设置为 70%。

（5）多层板的特殊规则。

在“Plane”选项中，有三个规则与内电层有关，一般用于设置多层板。

① Power Plane Connect Style：用于设置过孔或焊盘与电源层连接的方法，本例中选择默认设置，其设置如图 3.6.13 所示。

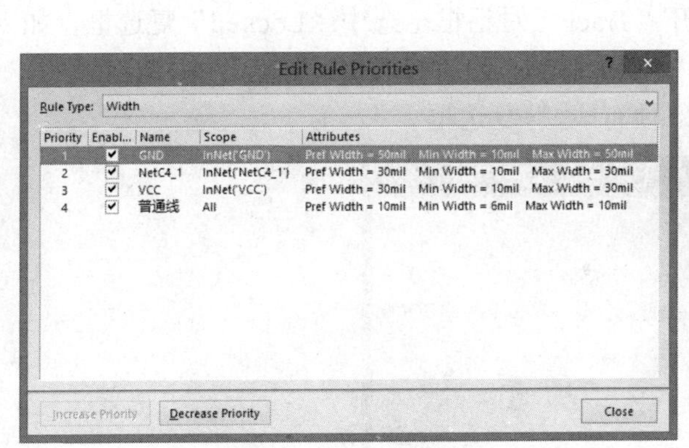

图 3.6.12　设置布线优先级

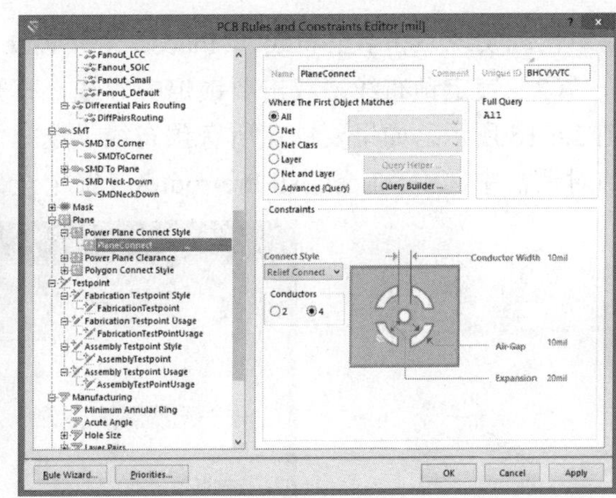

图 3.6.13　电源层连接方式设置规则

图中共有 5 个设置项，各选项的作用如下。

"Connect Style（连接方式）"下拉列表框：用于设置电源层和导孔的连接风格。有 3 个选项可以选择：Relief Connect（发散状连接）、Direct connect（直接连接）和 No Connect（不连接）。工程制板中多采用发散状连接风格。

"Conductor Width（导线宽度）"文本框：用于设置导通的导线宽度。

"Conductors（连接数）"单选按钮：用于选择连通的导线的数目，有 2 条或者 4 条导线供选择。

"Air-Gap（空隙间距）"文本框：用于设置空隙的间隔宽度。

"Expansion（扩展距离）"文本框：用于设置从导孔到空隙之间间隔的距离。

② Power Plane Clearance：该规则用于设置内电源和地层与穿过它的焊盘或过孔之间的安全距离，即防止导线短路的最小距离。系统默认值为 20mil，如图 3.6.14 所示。

③ Polygon Connect style：该规则用于设置多边形覆铜与焊盘之间的连接方式，本例中选择默认设置，如图 3.6.15 所示。

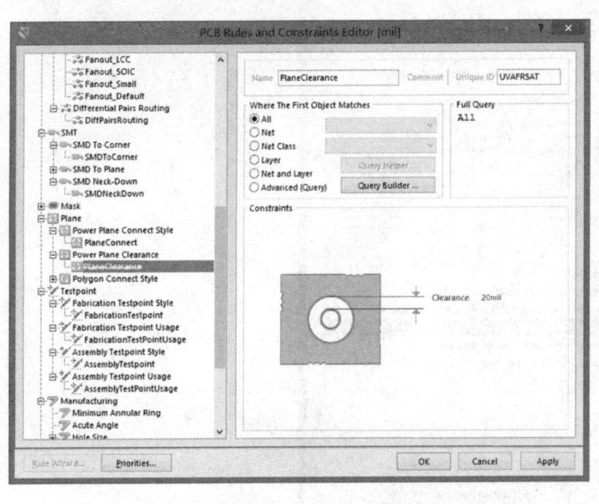

图 3.6.14　内电源和地层安全距离设置规则

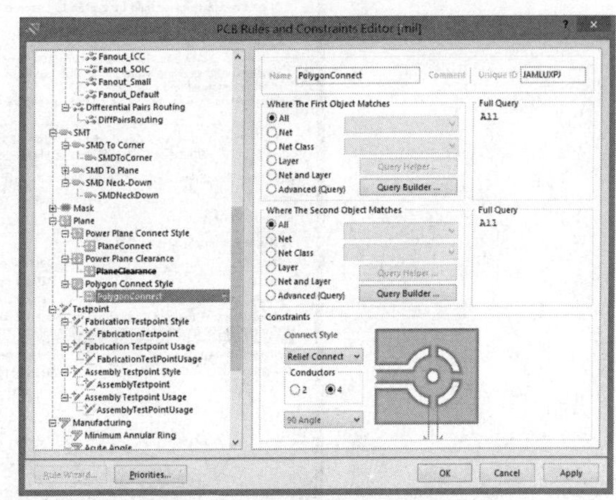

图 3.6.15　覆铜连接方式设置规则

步骤 9：自动布线。

某些特殊的连线可以先进行手工预布线并锁定，然后再进行自动布线。

（1）预布线：预先对某些特殊的连线或重要的网络进行布线。可分为自动布线（"Auto Route"

菜单自动实现）和手工布线（“Place”→“Line”命令并设置好网络的方式进行）两种。

（2）锁定预布线：双击要锁定的导线，打开“Track”对话框，选中“Locked”复选框，如图 3.6.16 所示。如果要锁定所有预布线，选择“Auto Route”→“Setup（设置）”命令，在打开的对话框中选中“Lock All Pre-routes（锁定全部预布线）”复选框。

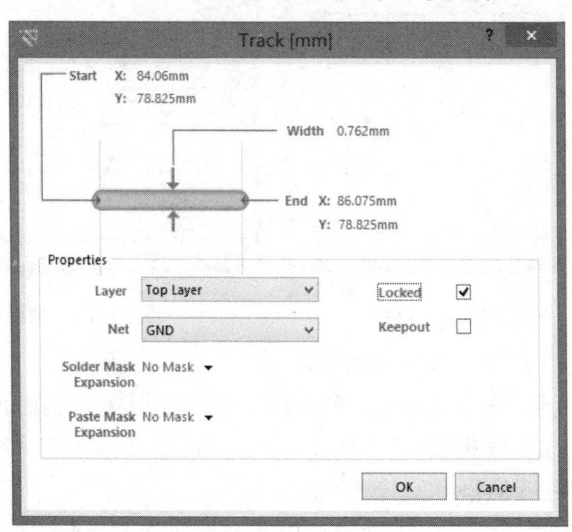

图 3.6.16　锁定预布线

（3）自动布线：选择“Auto Route（自动布线）”→“All（全部对象）”命令，弹出如图 3.6.17 所示的对话框，在“Routing Strategy（布线策略）”面板中选择“Default Multi Layer Board”选项，即对多层板布线，最后单击“Route All”按钮即可。

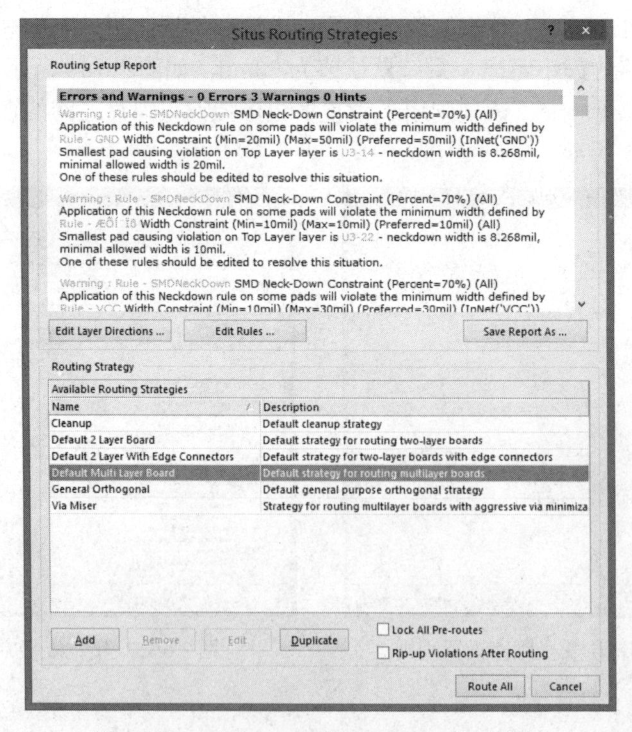

图 3.6.17　“Situs Routing Strategies”对话框

也可选择“Auto Route（自动布线）”菜单中的其他命令分别进行局部布线，降低系统布线难度。

布好线的 PCB 板如图 3.6.18 所示。

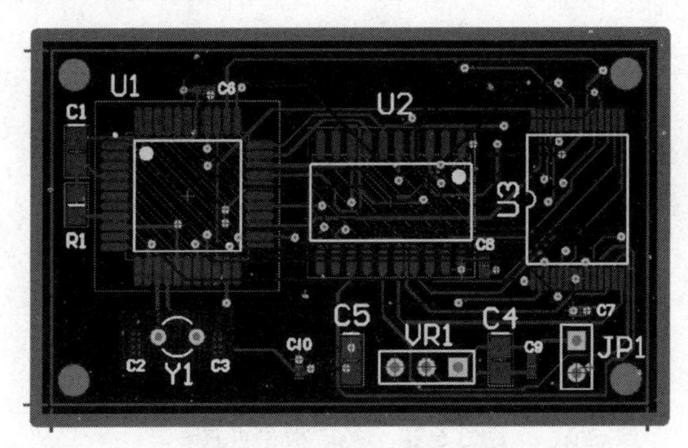

图 3.6.18　多层板布线结果

将布好线的图放大，可以看出，插孔元件的 VCC 和 GND 网络都不用导线相连接，它们都使用过孔与两个内层相连接，表现在 PCB 图上时用“十”字符号标注，如图 3.6.19 所示，JP1 的 2 脚属于 GND 网络，上面有一个“十”字符号标注。

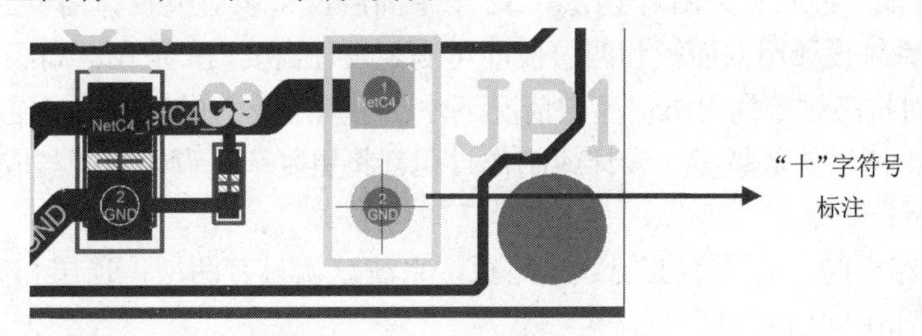

图 3.6.19　“十”字符号标注

步骤 10：手工调整布线。

由于软件的限制，对于元器件小而密集的电路，自动布线不能做到 100%的符合规则，必须经过手工调整。

（1）手工调整布线。可利用撤销操作调整布线；利用拆线功能[“Tools（工具）”→“Un-Route（撤销布线）”命令]调整布线；接地线覆铜。

（2）拉线技术。对较长的不理想的连线可采用拉线技术进行局部调整。利用“Edit（编辑）”→“Move（移动）”→“Break Track（截断连线）”、“Drag Track End（拖动连线端点）”和“Re-Route（重新走线）”等命令进行拉线处理。

（3）必要时需要增加过孔。

步骤 11：对画好的 PCB 图进行 DRC 校验，检查错误。

选择“Tools（工具）”→“Design Rules Check（设计规则检查）”命令，对电路进行 DRC 检查。发现错误进行修改，直到没有错误为止。

3.6.2　知识库

1. 多层板概念

如果在 PCB 电路板的顶层和底层之间加上别的层，即构成了多层板，比如放置两个电源板层就构成了四层板。多层板中的两个重要概念是中间层（Mid Layer）和内层（Internal Plane），它们是不相同的两个概念。其中中间层是用于布线的中间板层，该层所布的是导线，而内层是不用于布线的中间板层，主要用于做电源层或者地线层，由大块的铜膜构成，其结构如图 3.6.20 所示。

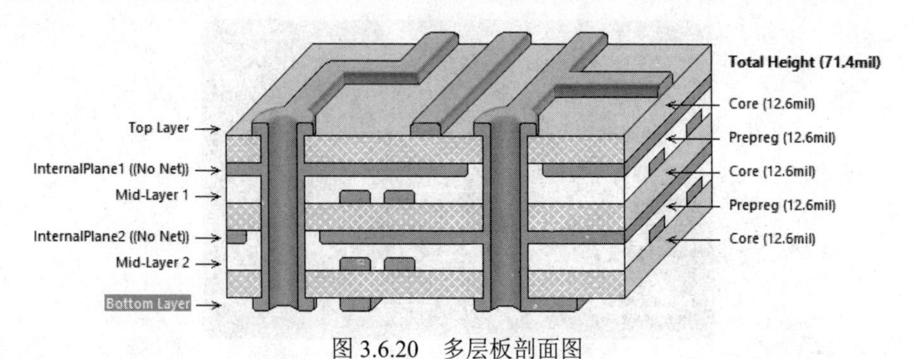

图 3.6.20　多层板剖面图

在图 3.6.20 中的多层板共有 6 层设计，最上面为 Top Layer（顶层）；最下面为 Bottom Layer（底层）；中间 4 层中有两层内层，即 Internal Plane1 和 Internal Plane2，用于电源层；两层中间层为 Mid Layerl 和 Mid Layer2，用于布导线。

Altium Designer 提供最多 16 个内层，32 个中间层，供多层板设计需要。

一般的电路系统设计用双面板和四层板即可满足设计需要，只是在较高级电路设计中，或者有特殊需要，比如对抗高频干扰要求很高的情况下才使用六层及六层以上的多层板。多层板制作时是一层一层压合的，所以层数越多，设计或制作过程都将更复杂，设计时间与成本都将大大提高。

2．*层的增加和删除*

制作多层电路板时，若是手工规划电路板，系统默认只有两层：顶层和底层。此时，必须通过设置添加内层和中间信号层。

添加层的步骤如下。

（1）打开“图层堆栈管理器”对话框：执行“Design（设计）”→“Layer Stack Manager（图层堆栈管理器）”命令，弹出如图 3.6.21 所示的对话框。

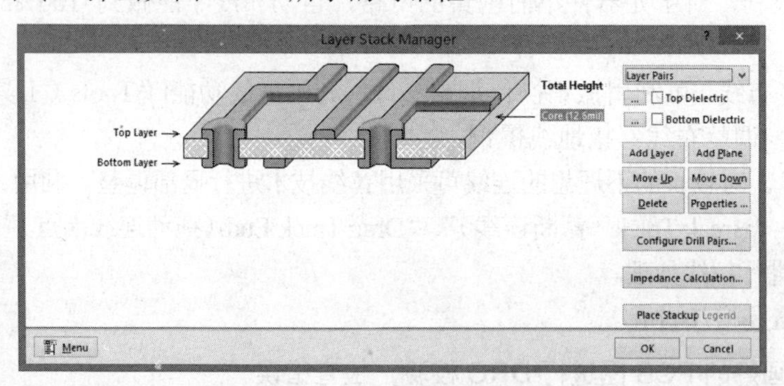

图 3.6.21　“Layer Stack Manager（图层堆栈管理器）”对话框

（2）内层的建立：在“Layer Stack Manager（图层堆栈管理器）”对话框中，选中左边的“Top Layer”名称，然后单击“Add Plane（加内电层）”按钮，会在当前的 PCB 板中增加一个内层，在这里要添加两个内层，添加了两个内层的效果如图 3.6.22 所示。

（3）中间层的建立：在“图层堆栈管理器”对话框中，选中左边的“Top Layer”名称，然后单击“Add Layer（添加层）”按钮，会在当前的 PCB 板中增加一个中间层，如图 3.6.23 所示。

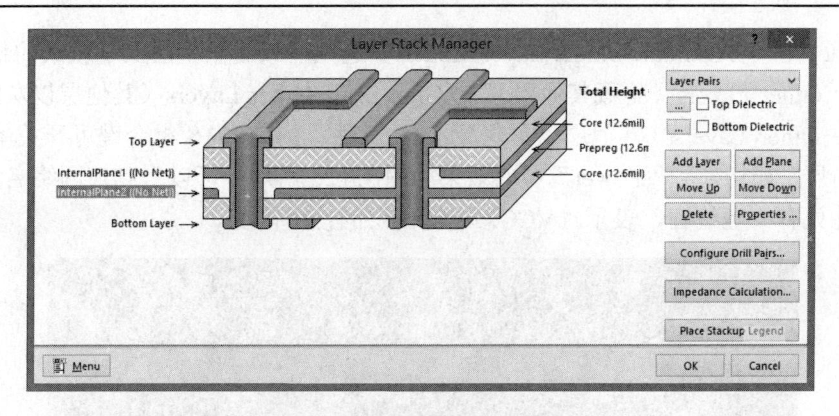

图 3.6.22　增加两个内层的 PCB 板

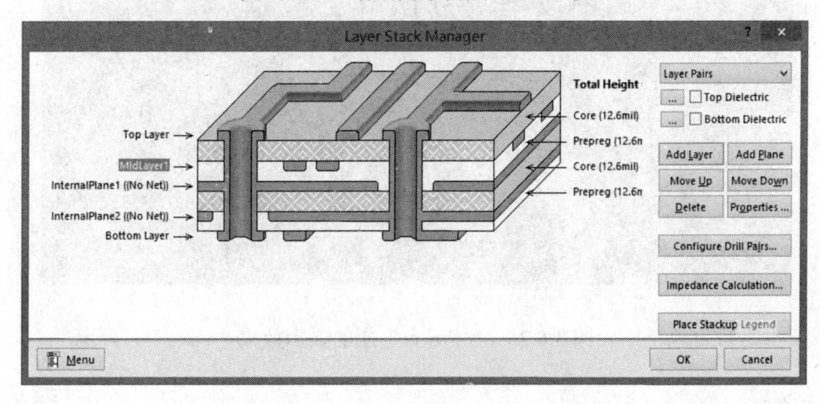

图 3.6.23　增加一个中间层的 PCB 板

不需要某层时，单击右侧的“Delete”按钮就可以删除了。

3．单层显示

在 PCB 编辑窗口下，右键单击，在弹出的快捷菜单中选择“Options（选择项）”→“Board Insight Display（微观电路板显示）”命令，将弹出“Preferences（优先设定）”设置对话框，如图 3.6.24 所示。

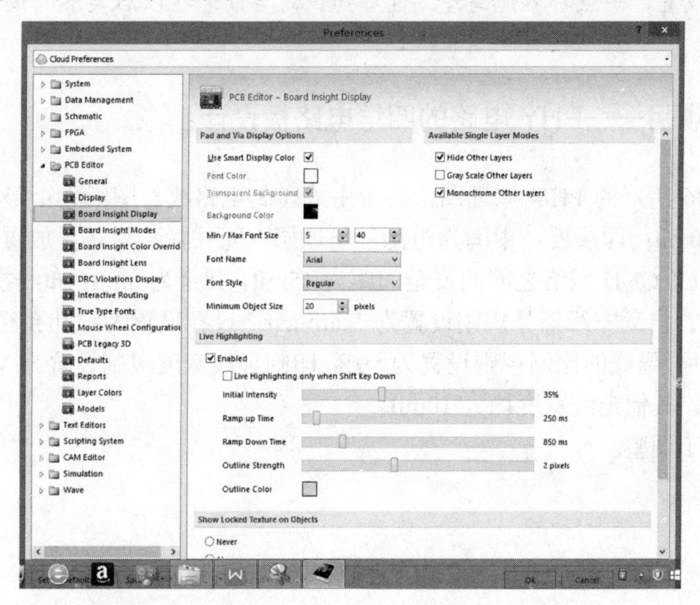

图 3.6.24　“Preferences（优先设定）”对话框

在图 3.6.24 中，“Available Single Layer Models”选项区域提供单层显示模式的相关复选项，可设置“Hide Other Layers（隐藏其他层）”、“Gray Scale Other Layers（其他层以灰阶显示）”和“Monochrome Other Layers（其他层以单色显示）”三种，按 Shift+S 组合键可开关单层模式。将板层切换到内层，如切换到“Power”层的效果如图 3.6.25 所示，可以看到在网络名为 VCC 的网络标号的过孔处有一虚线圆，表示“VCC”电源内层的使用情况。

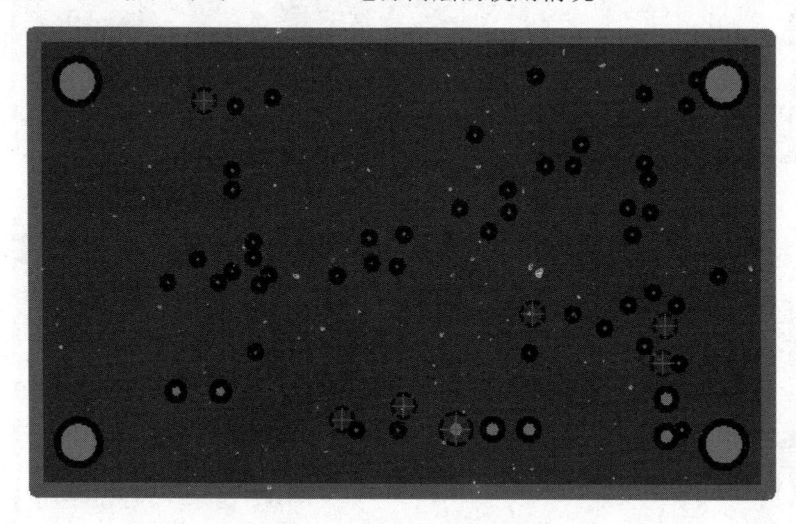

图 3.6.25 “Power”层的显示效果

◆ 项目总结

本项目介绍了多层电路板的设计方法，主要涉及对 SMD 贴片元件和内层、中间层的一些设置。掌握这些编辑技巧将能更好地设计 PCB 电路板，也使设计的电路板更专业化。

多层电路板非常复杂，在这里只是起到了一块敲门砖的作用，绘制时必须根据设计者的要求进行仔细、精确的设置，一点都不能马虎。这些知识需要读者在以后实际的设计中不断地摸索与积累。

3.6.3 实验项目——PHY 电路的四层电路板设计

绘制如图 3.6.26 所示的 PHY 原理图，要求生成印制电路板。图纸为矩形板，水平放置，尺寸为 3000mil×1900mil；四层板，中间为电源层与地层；元件封装默认，放置在顶层。

布线规则：VCC、GND 网络之间的安全间距为 15mil，其余为 8mil；布线拐角方式为圆弧状，拐弯大小为 100mil；自动布线拓扑规则设置为 Starburst；过孔设置为钻孔孔径为 28mil，外直径为 50mil；SMD 焊盘与导线的比例规则设置为 50%；印制导线宽度限制设置为 VCC 网络为 15mil，GND 网络为 20mil，其他走线宽度均为 10mil。

自动布线加手工调整。

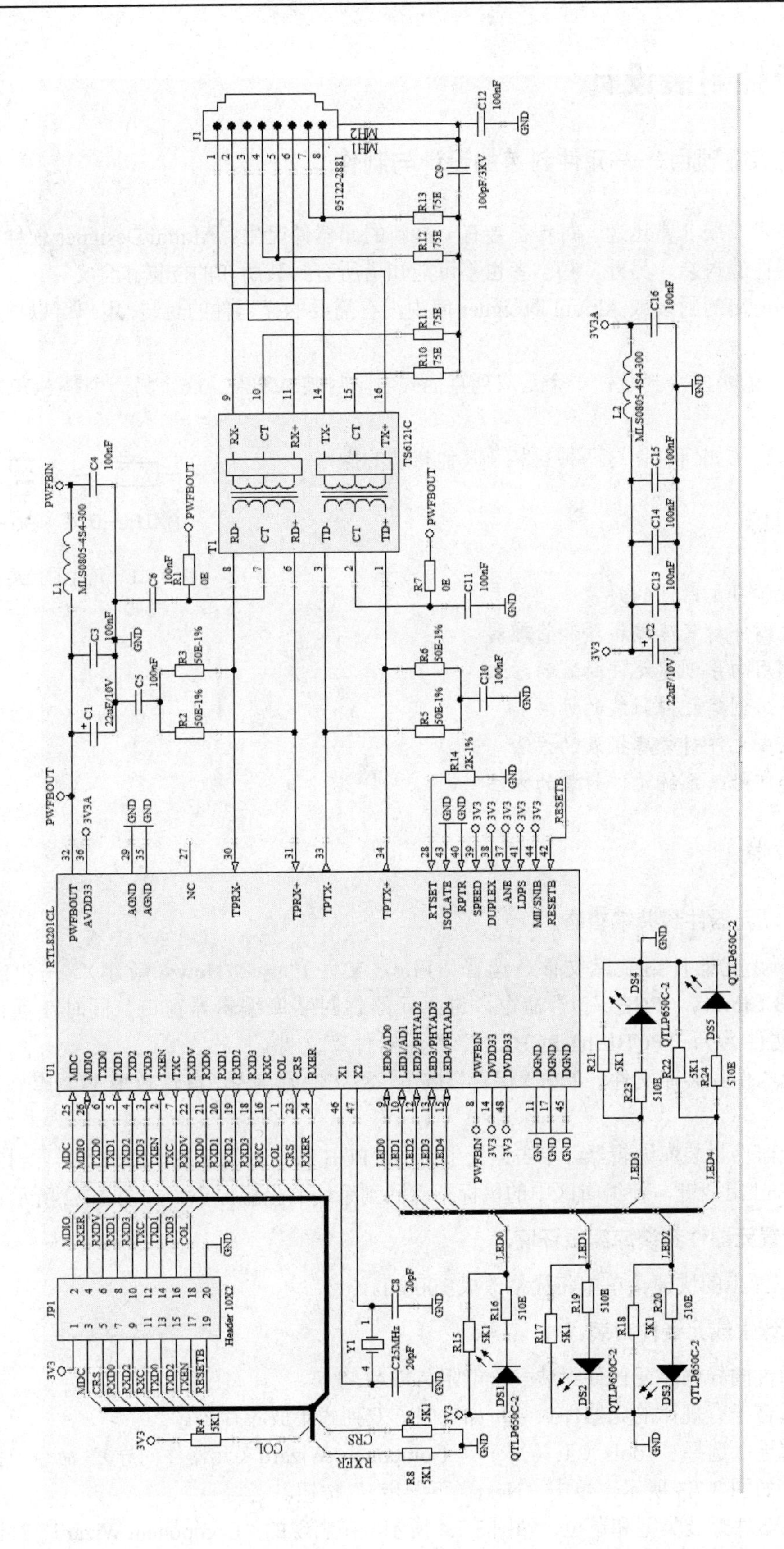

图 3.6.26　PHY 原理图

3.7 元件封装设计

3.7.1 训练微项目——元件封装的设计与制作

现代电子技术发展非常迅速，每年都会有一些新的元器件诞生。Altium Designer 软件中不可能包含所有元器件的封装。另外，初学者也不可能知道所有封装所在的位置和含义。

如果找不到所需的封装或 Altium Designer 库中没有需要的元器件的封装，用户可以自己制作元器件的封装。

图 3.7.1 所示的是两个封装：一个是双列直插式电阻封装 AXIAL-0.6，另一个是 SOP 表贴式封装 SO-G8。

本项目中将介绍如何制作这两种封装及其他封装的操作。

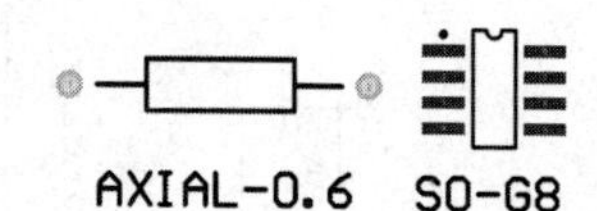

图 3.7.1 元件的封装模型

◆ 学习目标

✧ 进一步学习元器件的封装
✧ 了解元器件封装库编辑器和管理器
✧ 掌握利用向导创建元件封装的方法
✧ 掌握手工创建元件封装的方法
✧ 了解生成元件封装库报表的方法
✧ 了解如何修改系统元件封装的方法

◆ 执行步骤

步骤 1：启动元器件封装编辑器。

（1）新建一个元器件封装库文件。选择“File（文件）”→“New（新建）”→“Library（库）”→“PCB Library（PCB 库）”命令，进入元器件封装库编辑器窗口，同时在项目管理器中自动出现文件名为“PCBLib1.PCBLib”的元器件库文件。

（2）保存元器件封装库文件。单击“保存”按钮，将文件另存为“自建 PCB 封装库.PCBLib”文件。

（3）启动元器件封装库编辑器。单击面板下方的“PCB Library”标签，打开元器件封装库管理器。按 Ctrl+End 组合键，使编辑区中的鼠标指针回到系统的坐标原点，如图 3.7.2 所示。

步骤 2：设置元器件封装库编辑环境。

按 G 键，在弹出的快捷菜单中将栅格改成 100mil。

步骤 3：设计生成元器件封装。

方法一：通过向导创建元器件封装——电阻 AXIAL-0.6。

该种方式适合于有规律的元器件封装，如电阻、双列式集成芯片等。

（1）启动向导：选择“Tools（工具）”→“Component Wizard（元器件向导）”命令，打开元器件封装向导，如图 3.7.3 所示，单击“Next（下一步）”按钮。

（2）选择元器件封装类型和单位：如图 3.7.4 所示，在出现的“Component Wizard”对话框中选择所要生成的元器件封装类型，本例中是“Resistors”（电阻）；选择单位为“Imperial（mil）”（英制），单击“Next”按钮。

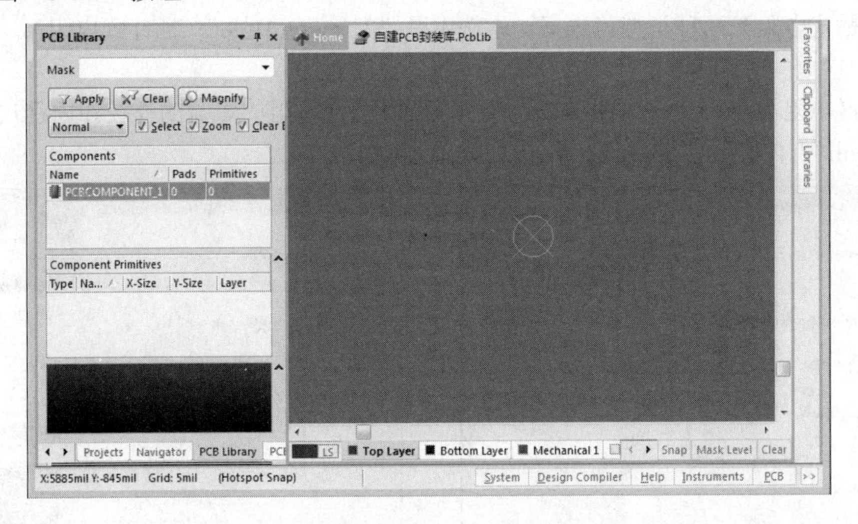

图 3.7.2　元器件封装库编辑器

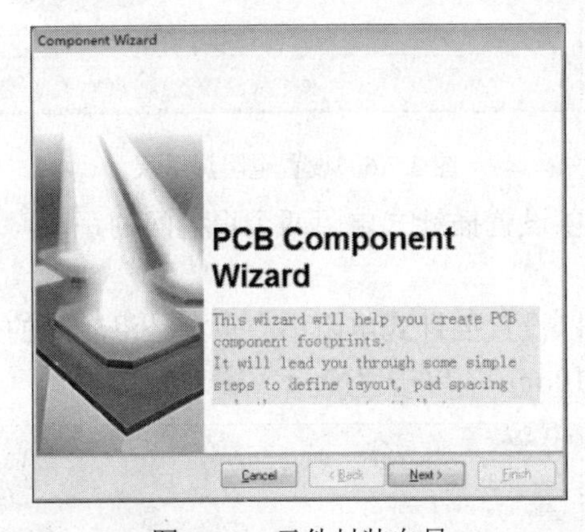

图 3.7.3　元件封装向导

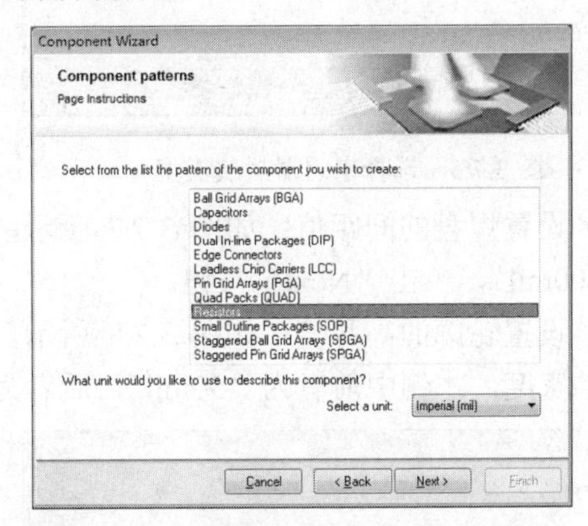

图 3.7.4　选择元器件封装类型和单位

在元件生成向导的第二步，可以选择元器件的封装类型。元器件的封装类型如表 3.7.1 所示。

表 3.7.1　各封装类型对照表

序号	名 称	说 明
1	Ball Grid Arrays(BGA)	格点阵列类型
2	Capacitors	无极性电容类型
3	Diodes	二极管类型
4	Dual In-line Packages(DIP)	双列直插类型
5	Edge Connectors	边沿连接类型
6	Leadless Chip Carriers(LCC)	无引线芯片载体类型
7	Pin Grid Arrays(PGA)	引脚栅格列类型
8	Quad Packs(QUAD)	四芯包装
9	Resistors	电阻类型
10	Small Outline Package(SOP)	小外列包装类型
11	Staggered Ball Gird Arrays(SBGA)	开关球阵列类型
12	Staggered Pin Gird Arrays(SPGA)	开关门阵列类型

（3）选择电阻器的封装类型：如图 3.7.5 所示，在出现的“Component Wizard Resistors（元件封装向导-电阻）”对话框中选择电阻器封装类型，有“Through Hole”（插针式电阻）和“Surface mount”（表贴式电阻）两种类型可选择，本例中是“Through Hole”（插针式电阻），单击“Next”按钮。

（4）设置电阻焊盘尺寸：如图 3.7.6 所示，可以设置电阻的焊盘的外径和内径尺寸，本例中外径为“55mil”，内径为“33mil”，单击“Next”按钮。

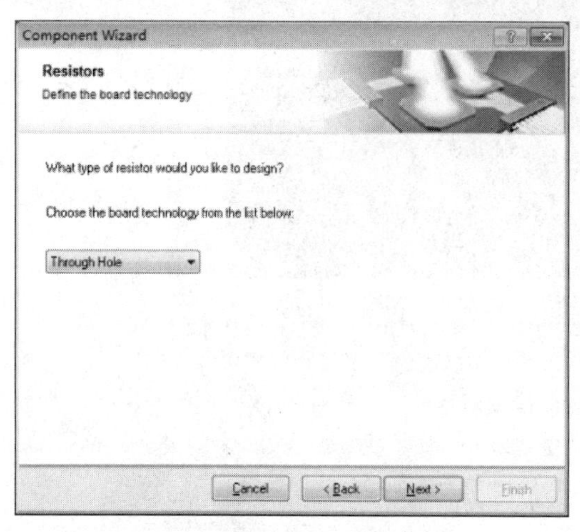

图 3.7.5　选择电阻器封装类型

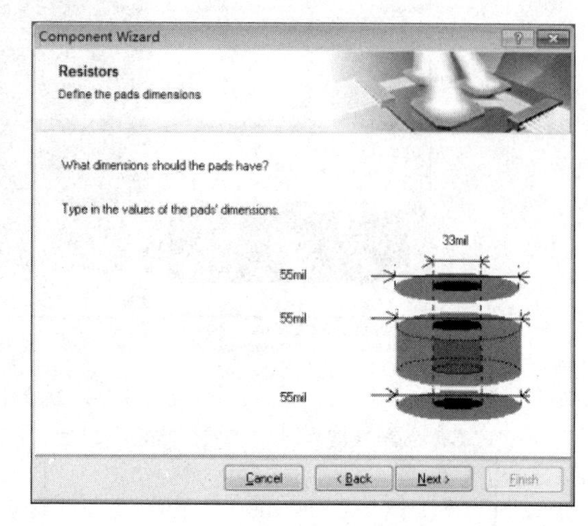

图 3.7.6　设置电阻焊盘尺寸

（5）设置焊盘的间距值：如图 3.7.7 所示，可以设置插针式电阻两个焊盘间的距离，本例中输入“600mil”，单击“Next”按钮。

（6）设置轮廓的高和宽：如图 3.7.8 所示，可以设置插针式电阻中心点至外沿轮廓的长度及轮廓线的宽度，本例中前者为“50mil”，后者为“10mil”，单击“Next”按钮。

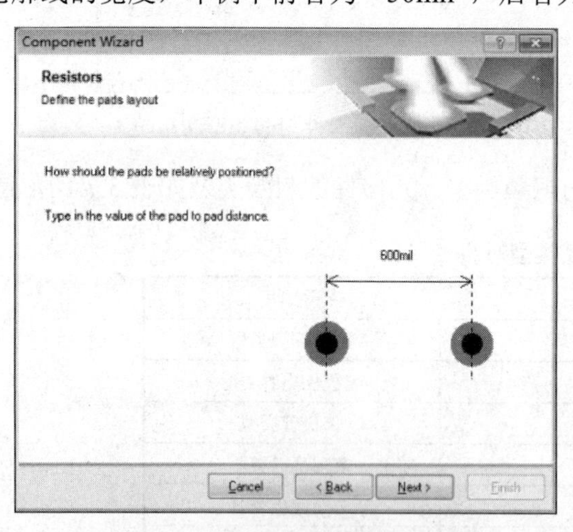

图 3.7.7　设置焊盘的间距值

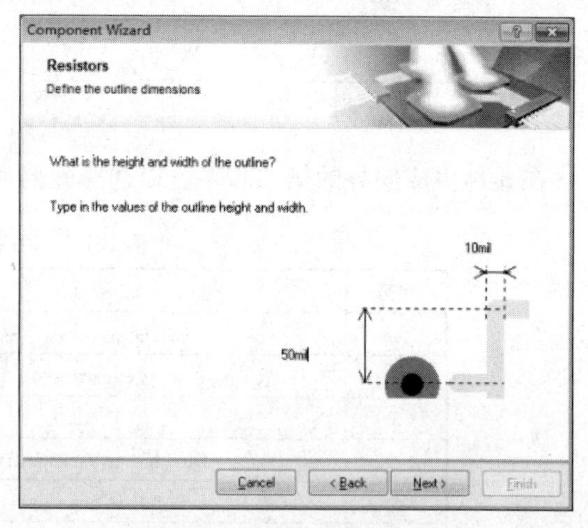

图 3.7.8　设置轮廓的高和宽

（7）设置电阻器的封装名称：如图 3.7.9 所示，设置插针式电阻焊盘的封装模型名称，本例中输入“Axial-0.6”，单击“Next”按钮。

（8）如图 3.7.10 所示，向导提示电阻封装制作完成，单击“Finish”按钮结束。

制作好的电阻封装如图 3.7.11 所示。

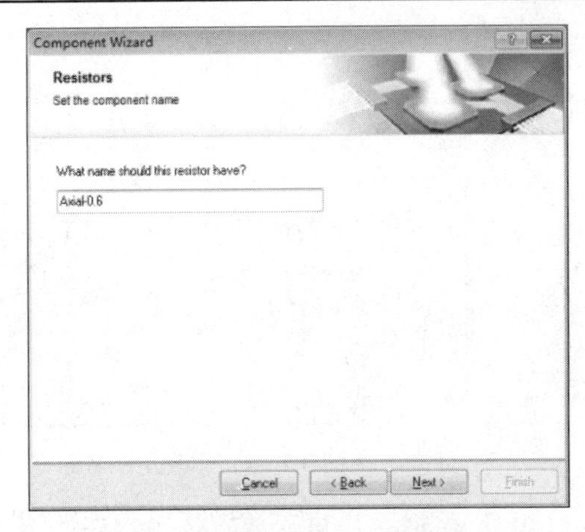

图 3.7.9　设置电阻器的封装名称

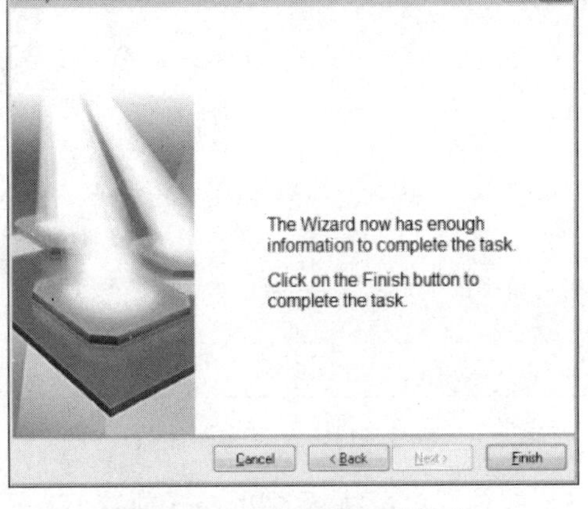

图 3.7.10　电阻封装制作完成

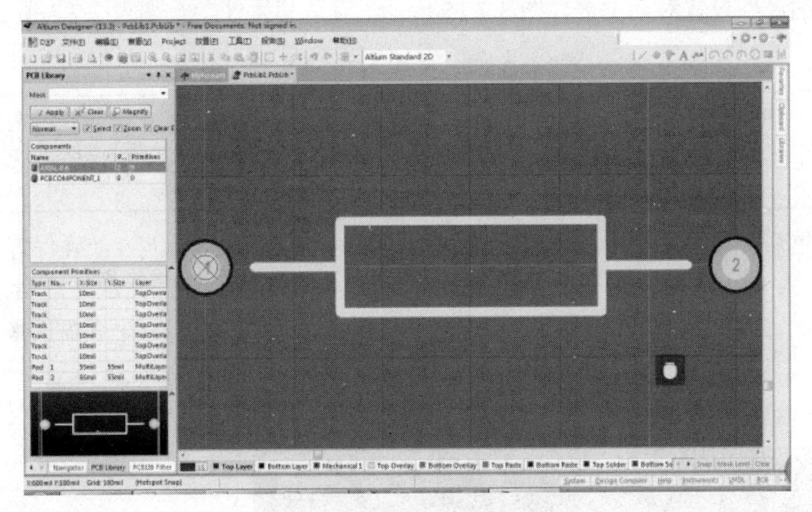

图 3.7.11　制作好的电阻的封装

方法二：手工制作元器件封装——贴片式 8 脚集成块 SO-G8。

该种方式适合于所有元器件封装，尤其是一些有特殊外形的封装。本例中以标准贴片式元件封装 SO-G8 为例进行制作。

SO-G8 封装的外形如图 3.7.12 所示，参数为：焊盘尺寸 2.2mm×0.6mm，形状为矩形；相邻焊盘之间的间距为 1.27mm；相对焊盘之间的间距为 5.2mm；焊盘所在层为 Top layer（顶层）；线框的宽度为 0.2mm，长、宽分别为 5.08mm 和 2.286mm，所在层为 Top Overlay（顶层丝印层）。

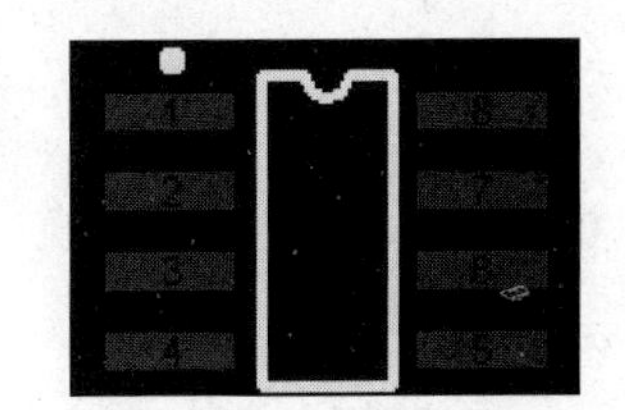

图 3.7.12　SO-G8 封装

（1）设置单位：按 Q 键，将单位切换为公制（Metric）。

（2）设置文档参数：按 Ctrl+G 组合键，弹出“Cartesian Grid Editor（栅格设置）”对话框，如图 3.7.13 所示，将“Steps X”设为“1.27mm”，“Steps Y”设为“5.2mm”。

（3）修改元件名称：在编辑器左边“Components（元件）”选项区域中双击“PCB Componet_1”名称，弹出“PCB 库元件”对话框。将“Name（名称）”改为“SO-G8”，如图 3.7.14 所示。

（4）跳至参考原点：执行“Edit（编辑）”→“Jump（跳转到）”→“Reference（参考）”命令，将鼠标指针回到原点（0,0）。

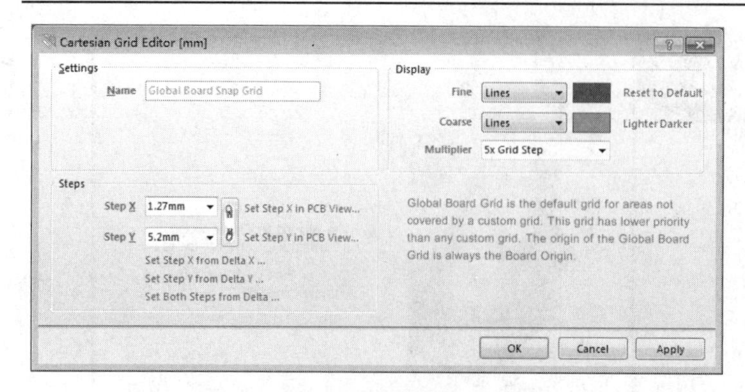

图 3.7.13　设置文档参数

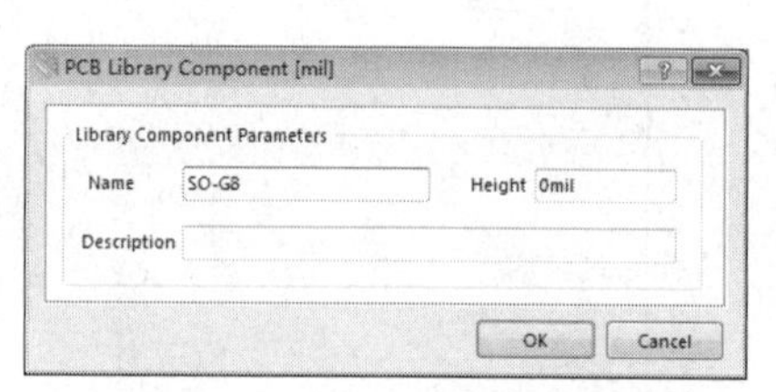

图 3.7.14　修改元件名称

（5）放置焊盘：执行“Place（放置）”→“Pad（焊盘）”命令，进入放置焊盘状态，按 Tab 键，弹出焊盘的属性设置对话框，如图 3.7.15 所示，设置其属性参数如表 3.7.2 所示，其他默认。

表 3.7.2　焊盘的属性参数

Hole Size（孔径）	Rotation（旋转）	X-Size（X 尺寸）	Y-Size（Y 尺寸）	Shape（形状）	Designator（标示符）	Layer（层）
0mm	90°	2.2mm	0.6mm	Rectangular（矩形）	1	Top Layer

退出对话框后，将鼠标指针移动到原点，单击鼠标左键，放下焊盘 1，确保焊盘 1 的位置为 X 为 0mm；Y 为 0mm。依次以横向一栅格宽度（现为 1.27mm）为间距放置焊盘 2～4。以纵向一栅格宽度（现为 5.2mm）对称逆时针放置另一排焊盘 5～8，放好 8 个焊盘的图形如图 3.7.16 所示。

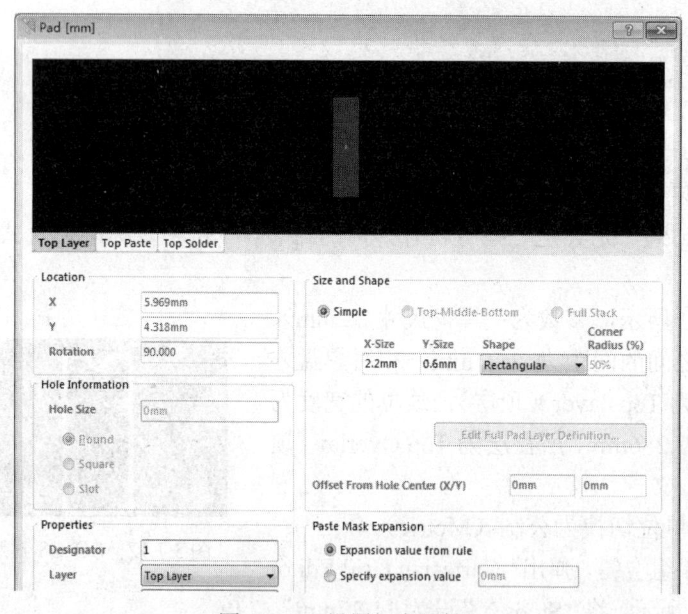

图 3.7.15　设置焊盘属性

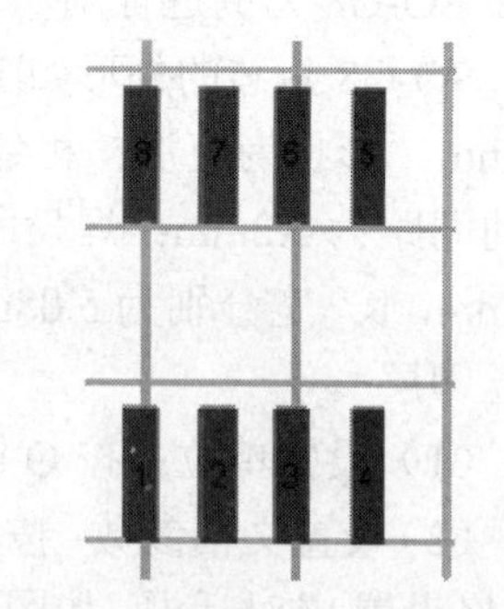

图 3.7.16　连续放置 8 个焊盘

（6）绘制 SO-G8 的外框：按 G 键将栅格尺寸切换为 1mm，将工作层切换到 Top Overlay，执行“Place（放置）”→“Line（直线）”命令，放置连线，在工作区单击左键后，按 Tab 键，弹出“Line Constraints（线约束）”对话框，如图 3.7.17 所示，为使显示清晰，设置线宽为 0.2mm，放置好的直线如图 3.7.18 所示。

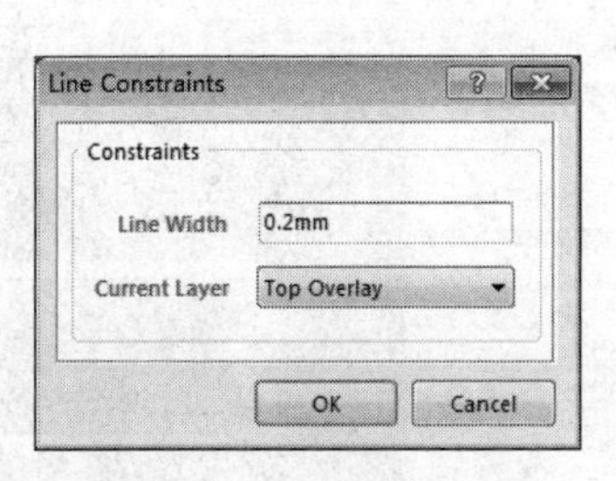

图 3.7.17　设置直线线宽

图 3.7.18　放置直线

（7）绘制半圆弧：执行“Place（放置）”→“Arc（圆弧）”命令，放置一个半圆弧，使其和前面的直线段闭合，线宽也设置为 0.2mm，如图 3.7.19 和图 3.7.20 所示。

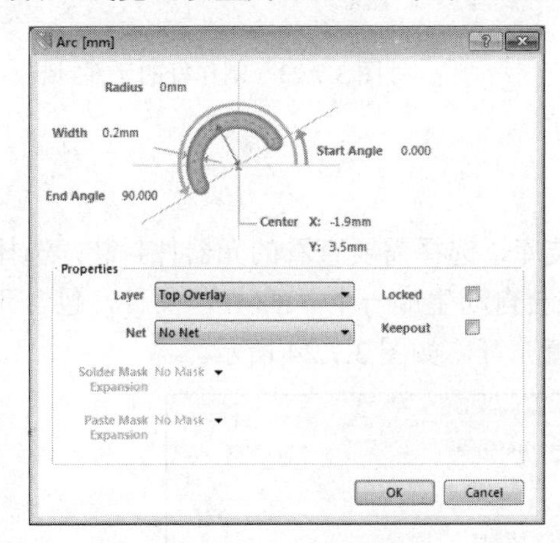

图 3.7.19　设置圆弧线宽

图 3.7.20　放置圆弧

（8）放置引脚定位符：选择“Place（放置）”→“Full Circle（圆）”命令，在焊盘 1 的位置附近放置一个圆，作为第一引脚定位符，其半径设置为 0.125mm，线宽设置为 0.25mm，如图 3.7.21 所示。

图 3.7.21　放置第一引脚定位符

（9）设定元件参考点：选择“Edit（编辑）”→“Set Reference（设定参考点）”→“Pin 1（引脚 1）”命令，将元件参考点设置在引脚 1。

（10）检查错误：选择“Reports（报告）”→“Component Rule Check（元件规则检查）”命令，打开“元件设计规则检查”对话框，如图 3.7.22 所示，可以对设计的元件“Missing Pad Names（是否缺少焊盘名）”等进行检查。确认后，如果在输出报表中没有错误，则表示设计成功。

元件制作完成，PCB Library 面板中显示了元件封装的名称、焊盘数量、图元数量和图元参数等，如图 3.7.23 所示。

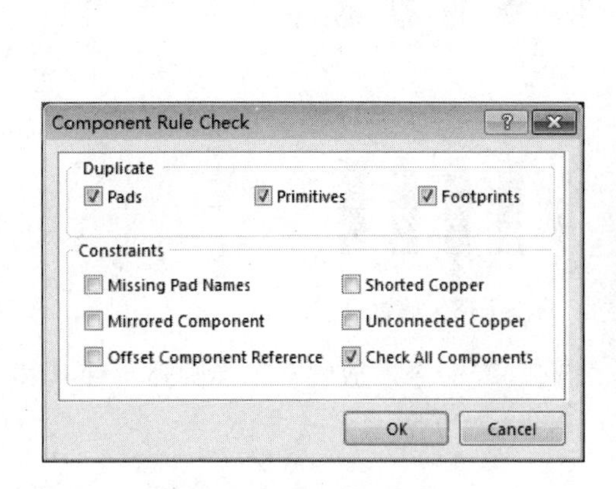

图 3.7.22　元件规则检查

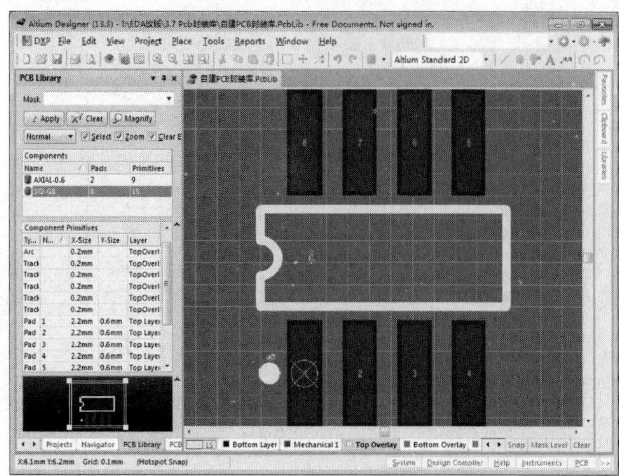

图 3.7.23　制作好的元件封装

（11）保存元件。

步骤 4：生成元器件封装报表。

（1）生成单个元件封装报表：打开封装库，选择需要查看的元器件封装，选择“Reports（报表）”→“Component（元件）”命令，系统会自动生成一个“.CMP”文件，包含元件名称、元件库名称、各工作层面上的焊盘、轮廓线、填充等，如图 3.7.24 所示。

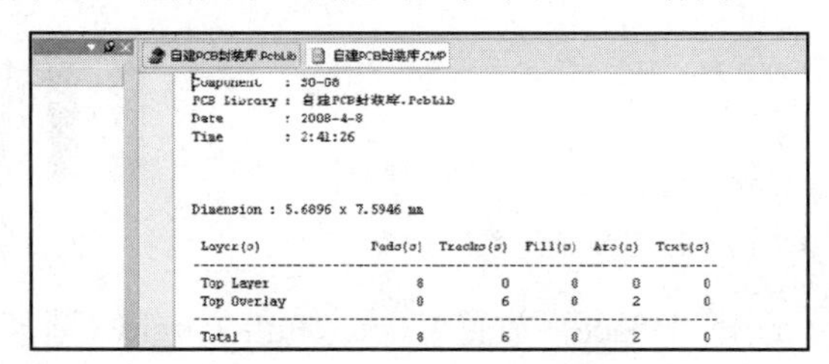

```
Component    : SO-G8
PCB Library  : 自建PCB封装库.PcbLib
Date         : 2008-4-8
Time         : 2:41:26

Dimension : 5.6896 x 7.5946 mm

Layer(s)        Pads(s)  Tracks(s)  Fill(s)  Arc(s)  Text(s)
-------------------------------------------------------------
Top Layer          8         0         0       0       0
Top Overlay        0         6         0       2       0
-------------------------------------------------------------
Total              8         6         0       2       0
```

图 3.7.24　元件封装报表

（2）生成元件封装库清单：打开封装库，选择“Reports（报表）”→“Library List（库清单）”命令，系统自动会生成一个“.REP”文件，包含元件库名称、所含元件数目、元件名称等，如图 3.7.25 所示。

（3）输出报表：打开封装库，选择“Reports（报表）”→“Library Report（库报表）”命令，弹出“Library Report Settings（元件库报表设置）”对话框，如图 3.7.26 所示。可以设置输出文件的名称、文档的报告及是否同时打开报告等，本例中选择“浏览器风格”。

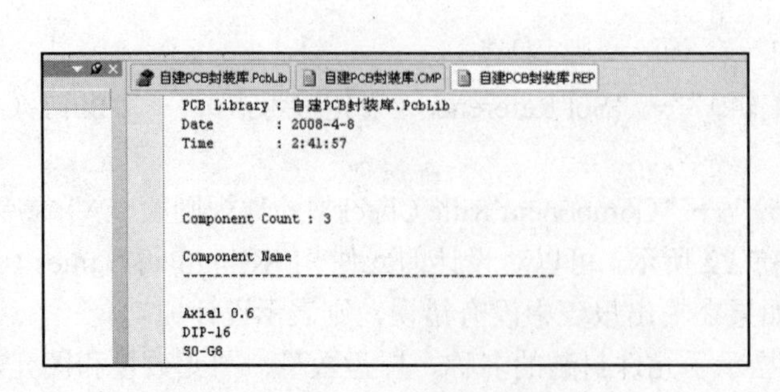

```
PCB Library : 自建PCB封装库.PcbLib
Date        : 2008-4-8
Time        : 2:41:57

Component Count : 3

Component Name
-----------------------------------------------

Axial 0.6
DIP-16
SO-G8
```

图 3.7.25　元件库封装报表

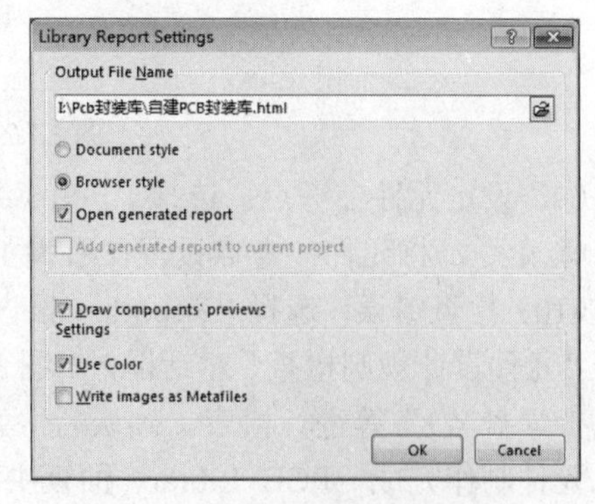

图 3.7.26　元件库封装报表设置

步骤 5：使用新建的元件封装。

首先打开一个 PCB 文件，再切换至元件封装库界面，在左侧的“PCB Library（元件库）”面板中选择需要放置的元件并右击，在弹出的快捷菜单中选择“Place（放置）”命令，如图 3.7.27 所示，界面切换到 PCB 文件界面，并弹出“Place Component（放置元件）”对话框，如图 3.7.28 所示，“Placement Type（放置类型）”为“Footprint（封装）”，“Footprint”名为原先定义名称，可修改标示符和注释，单击“OK”按钮，元件即被放置在了 PCB 文件中，如图 3.7.29 所示。

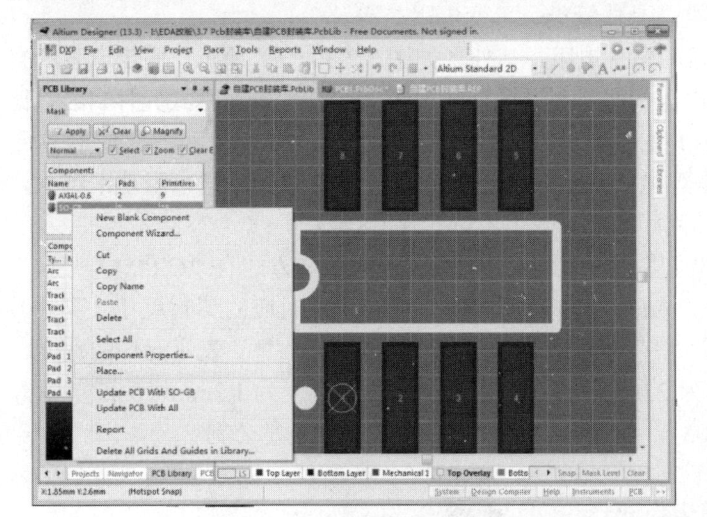

图 3.7.27　选择“Place（放置）”命令

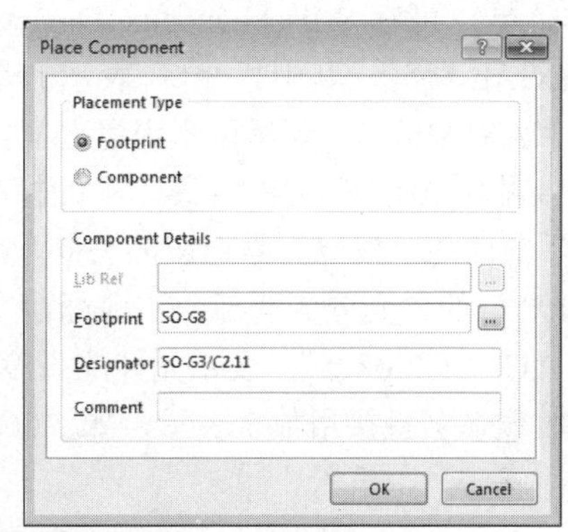

图 3.7.28　“Place Component（放置元件）”对话框

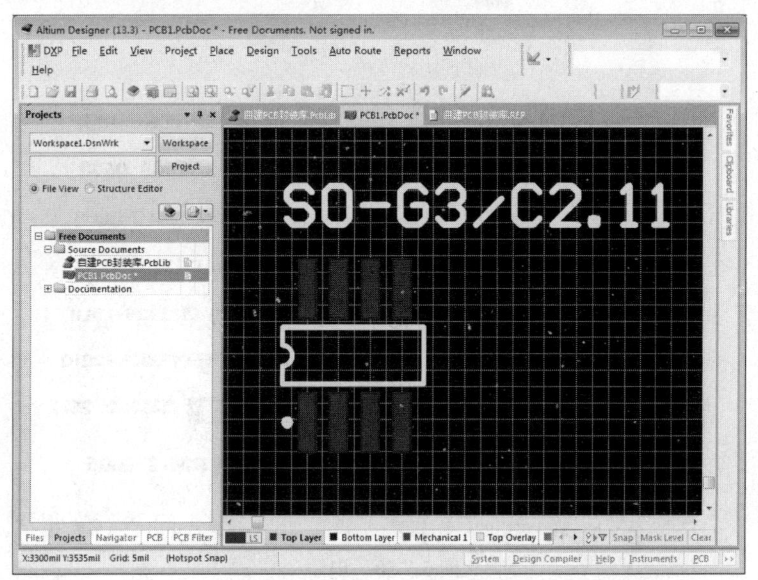

图 3.7.29　元件放置完毕

3.7.2　知识库

1．元器件封装的分类

元件封装是一个空间的概念，不同的元件可以使用同一个元件封装，同种元件也可以有不同的封装形式。有时候要根据设计的需求和元器件的真实形状选择正确的封装。

根据元器件的不同将其封装分为两大类：一类是分立元件的封装，一类是集成电路元件的封装。根据外形尺寸的不同，封装名称有两种表示方法：英制系列和公制系列，欧美产品大多采用英制系列，日本产品大多采用公制系列，我国还没有统一标准，两种系列都可以使用。在 Altium Designer 软件中，插针式器件多用英制尺寸（mil）表示，贴片式器件多用公制尺寸表示（mm）。

下面简单地介绍最基本的和最常用的几种封装形式。

1）分立元件类

常用的分立元件的封装有二极管类、晶体管类、可变电阻类等。

（1）电阻：电阻分普通插针式电阻和贴片电阻，其外观如图 3.7.30（a）所示。固定电阻的封装尺寸主要决定于其额定功率及工作电压等级。普通插针式电阻类元件为轴对称式元件封装，比较简单，可在 Miscellaneous Devices.IntLib 库中找到，如图 3.7.30（b）所示，它的名称是“AXIAL-***”，其中“***”表示的是焊盘间距，单位是英寸。该数值越大，则电阻功率越大，如“AXIAL-0.3”表示两个焊盘之间的间距是 0.3 英寸（功率为 1/8W）。

贴片电阻在 PCB 封装库中的模型如图 3.7.30（c）所示，它的命名方式有“CR****-****”，“-”前面的“****”是对应的公制尺寸（mm），“-”后面的“****”是对应的英制尺寸（英寸）。“****”的含义分成两部分，前面两个“*”表示元件的长度，后面两个“*”表示元件的宽度，如“CR2012-0805”，表示元件的长度为 2.0mm（0.08 英寸），元件的宽度为 1.2mm（0.05 英寸）。有时候命名直接用数字表示，如“0603”，使用前要分清楚到底是英制还是公制。

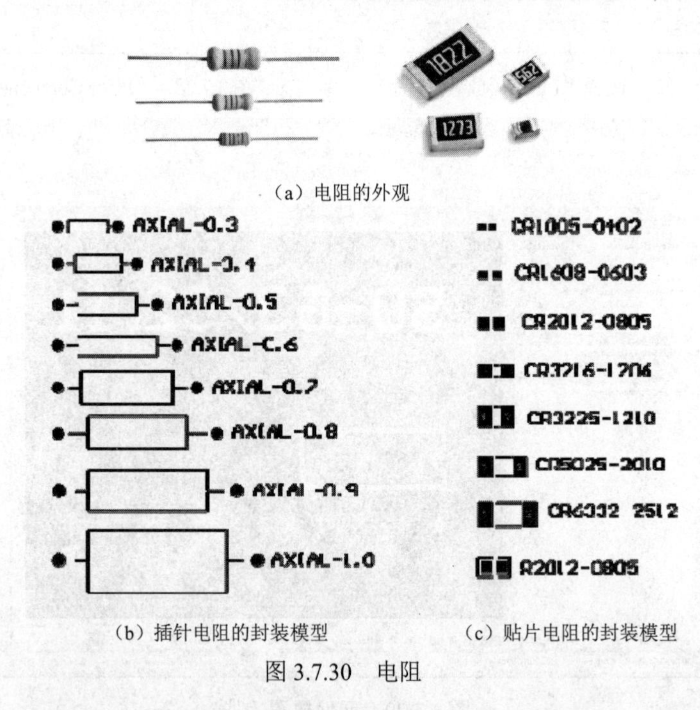

（a）电阻的外观

（b）插针电阻的封装模型　　（c）贴片电阻的封装模型

图 3.7.30　电阻

（2）电阻网络（电阻排）：插针式电阻网络又分为单排阻和双排阻，其相邻两个焊盘之间的距离是固定的，为 100mil，工业设计上已经很少使用。目前，最常用的表面贴装电阻网络的外形标准有：0.150 英寸宽外壳形式（称为 SOP 封装），有 8 根、14 根和 16 根引线；0.220 英寸宽外壳形式（称为 SOMC 封装），有 14 根和 16 根引线；0.295 英寸宽外壳形式（称为 SOL 封装），有 16 根和 20 根引线。电阻网络如图 3.7.31 所示。

（3）电容：电容的种类比较多，按有无极性分为无极性电容和极性电容（如电解电容）。其主要参数为容量及耐压。按封装形式分为普通插针式电容和贴片电容。

普通插针式电容在 Miscellaneous Devices.IntLib 库中可以找到，无极性电容的名称是“RAD-***”，其中“***”表示的是焊盘间距，单位是英寸，也有“CAPR**-*x*”名称的。极性电容由于容量和耐压不同其封装也不一样，电解电容的封装名称是“RB*-*”，其中“-”左边的“*”表示的是焊盘间距，“-”右边的“*”表示的是电容外形直径，单位是 mm，也有“CAPPR*-*x*.*”名称的。

图 3.7.31　电阻网络

贴片电容在安装目录\Library\PCB\下名称中带有 Chip 和 Capacitor 的库文件中，如 Chip Capacitor-2 Contacts.PcbLib，它的封装比较多，不同的元件选择不同的封装，可根据厂家提供的封装外形尺寸选择，它的命名方法一般是“CC****-****”，和贴片电阻类似。有些小尺寸的贴片电阻和贴片电容形状是一致的，封装可以通用。电容的封装如图 3.7.32 所示。

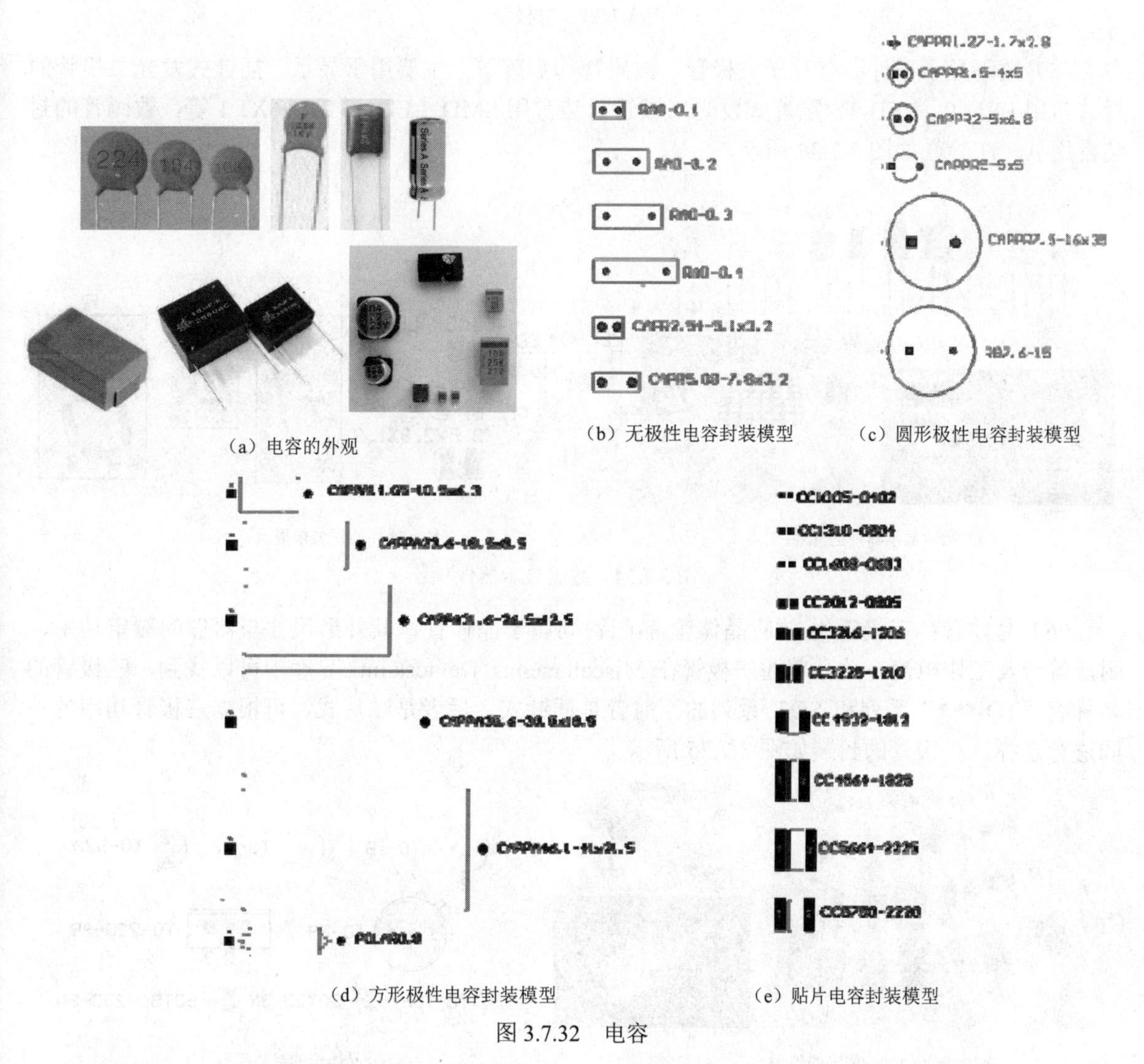

（a）电容的外观　（b）无极性电容封装模型　（c）圆形极性电容封装模型

（d）方形极性电容封装模型　（e）贴片电容封装模型

图 3.7.32　电容

（4）二极管：二极管的尺寸大小主要取决于额定电流和额定电压。普通插针式二极管在

Miscellaneous Devices.IntLib 库中可以找到，它的名称是“DIODE-*”，其中“*”表示二极管引脚间的间距，其单位是英寸。贴片二极管可用极性贴片电容的封装套用，二极管的封装如图 3.7.33 所示。

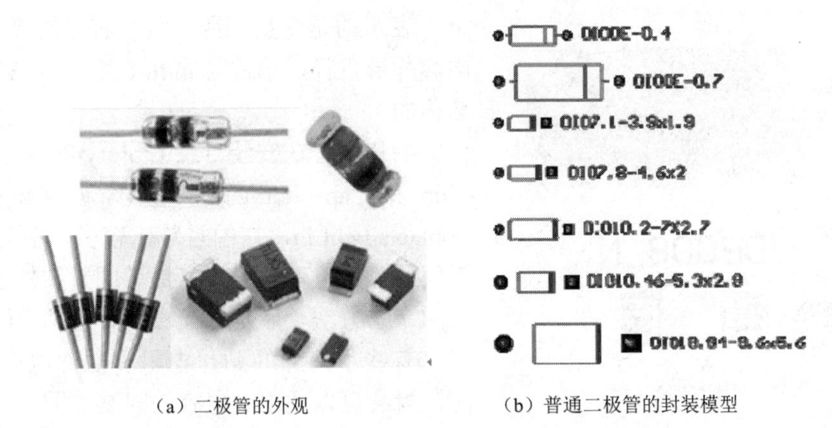

（a）二极管的外观　　（b）普通二极管的封装模型

图 3.7.33　二极管

（5）数码显示器件：有发光二极管、数码管和点阵等，主要用于显示。插针式发光二极管的封装常用 LED-0、LED-1，贴片式发光二极管封装常用 SMD_LED、3.2X1.6X1.1 等，数码管的封装常用 A、H 等，如图 3.7.34 所示。

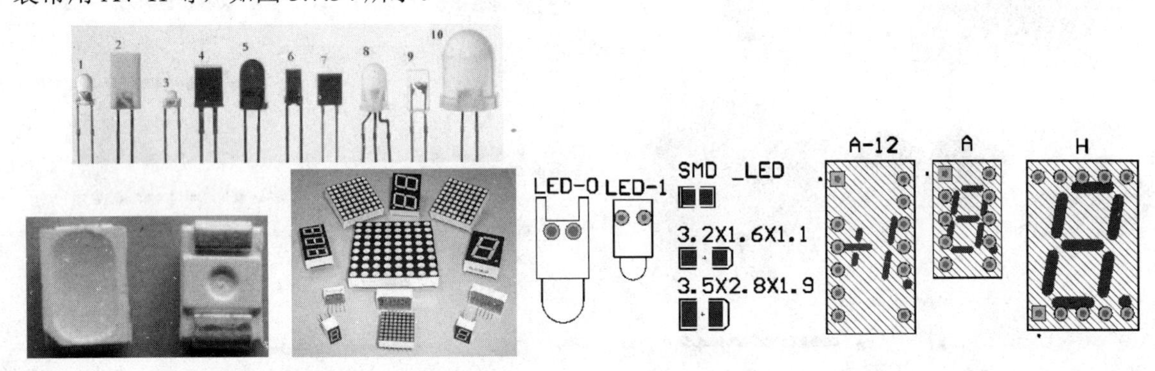

（a）数码显示器件的外观　　（b）显示器件的封装模型

图 3.7.34　数码显示器件

（6）晶体管：三极管/场效应晶体管/晶闸管同属于晶体管，其外形尺寸与器件的额定功率、耐压等级及工作电流有关。普通三极管在 Miscellaneous Devices.IntLib 库中可以找到，三极管的名称有“TO-***”系列和 SOT 系列的，前者是插针式，后者是贴片式，可根据三极管功率的不同进行选择，三极管的封装如图 3.7.35 所示。

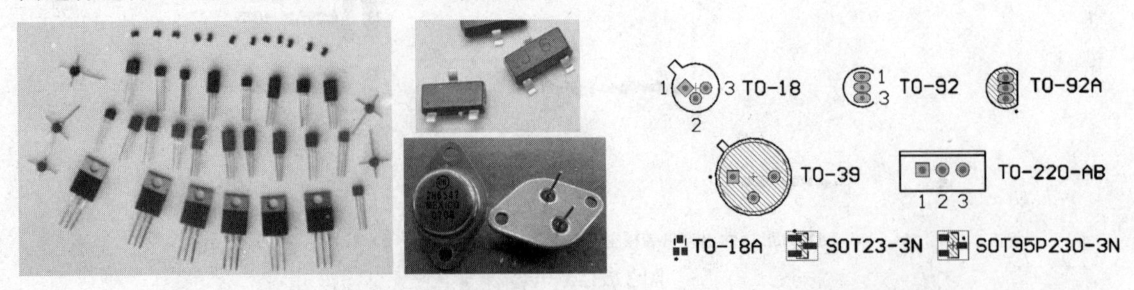

（a）晶体管的外观　　（b）晶体管的封装模型

图 3.7.35　晶体管

（7）按键开关：按键的种类也有很多。安装在 PCB 板上的小型按键比较常见的有 6 脚自锁按键和 4 脚普通按键，如图 3.7.36 所示。

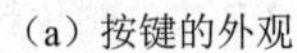
（a）按键的外观

（b）按键的封装模型

图 3.7.36　按键

（8）接插件：接插件在 Miscellaneous Connector PCB.IntLib 库中，可根据需要进行选择，如图 3.7.37 所示。

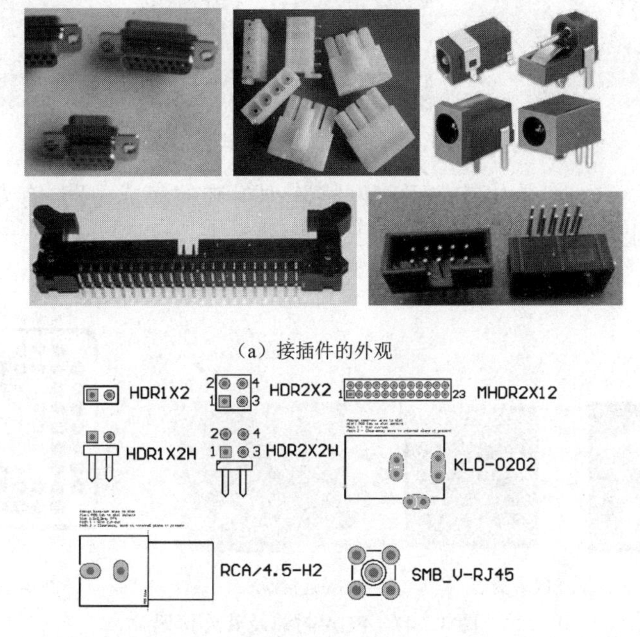

（a）接插件的外观

（b）接插件的封装模型

图 3.7.37　接插件

其他分立封装元件大部分也在 Miscellaneous Devices.IntLib 库中，在此不再各个说明，但必须熟悉各元件的命名，这样在调用时就一目了然了。

2）集成电路类

常用的集成电路的封装有 DIP-XX、SOP 等。

（1）DIP-XX：是传统的双列直插封装的集成电路，“XX”表示引脚数，无论多少引脚，相邻焊盘之间的间距均为 100mil，如 DIP-16 的封装模型如图 3.7.38 所示。

（2）SOP：是双列小贴片封装的集成电路，和 DIP 封装对应，芯片体积小，工业生产上大规模使用，如图 3.7.39 所示。

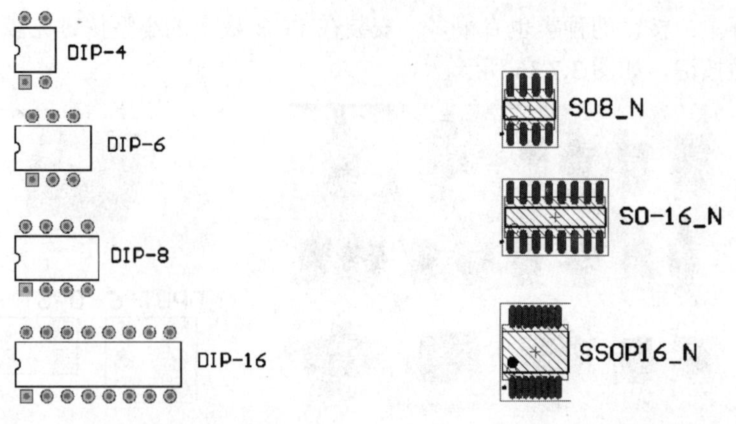

图 3.7.38　双列直插式封装 DIP-XX　　　　图 3.7.39　贴片封装 SOP 的模型

（3）PLCC：是贴片封装的集成电路，引脚分布在芯片四周，由于焊接工艺要求高，不宜采用，一般可配套插座，如图 3.7.40 所示。

图 3.7.40　PLCC 封装及其连接器

（4）PGA 和 SPGA：PGA 是传统的引脚网格阵列封装的集成电路，有专门的 PGA 库，SPGA 是错列引脚网格阵列封装的集成电路，便于引脚间走线，这两个封装一般也需要配套插座，如图 3.7.41 所示。

PGA 封装　　SPGA 封装　　PGA 连接器　　PGA 封装模型

图 3.7.41　PGA 封装及其连接器

（5）BGA：是球形网格阵列封装的集成电路，焊接时无须打孔。有 MBGA 封装和 FBGA 封装之分，两者的焊盘排列方式有所不同，如图 3.7.42 所示。

MBGA 封装

图 3.7.42　BGA 封装

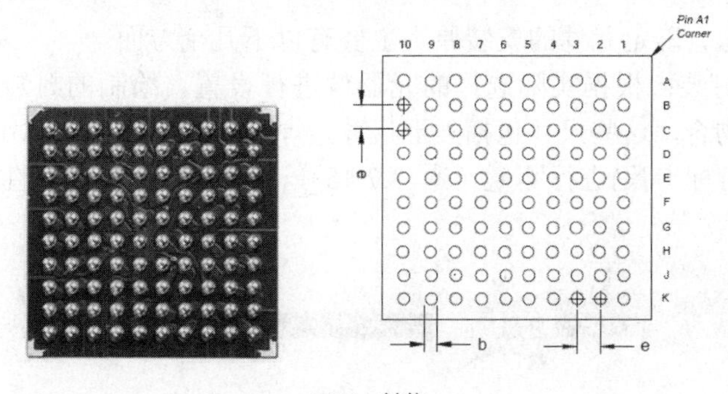

FBGA 封装

图 3.7.42　BGA 封装（续）

（6）QFN：是无引线四边扁平封装，如图 3.7.43 所示。

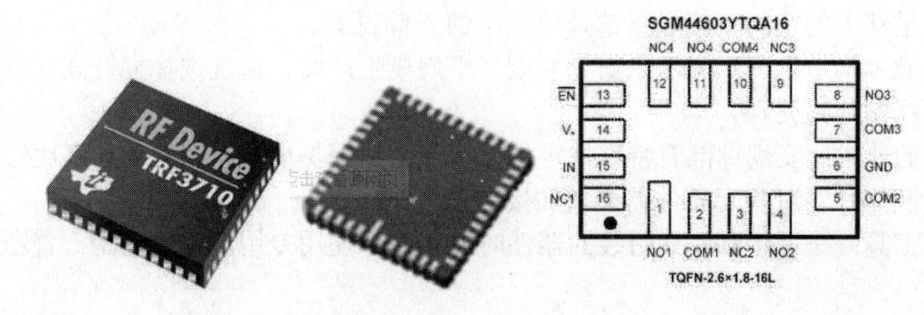

图 3.7.43　QFN 封装

图 3.7.44　QUAD 封装

（7）QUAD：是方形贴片封装的集成电路，引脚向外伸展，焊接较方便，如图 3.7.44 所示。

（8）QFP 封装：小型方块平面封装，又分为 PQFP 封装和 TQFP 封装。这两种封装在引脚数量相同的时候也是不能代替使用的，因为 PQFP 是超薄密脚，TQFP 是密脚，脚位都不相同，不能互相代替，如图 3.7.45 所示。

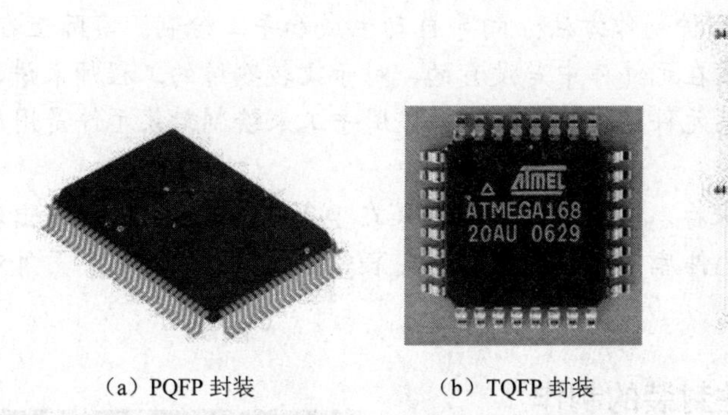

（a）PQFP 封装　　（b）TQFP 封装

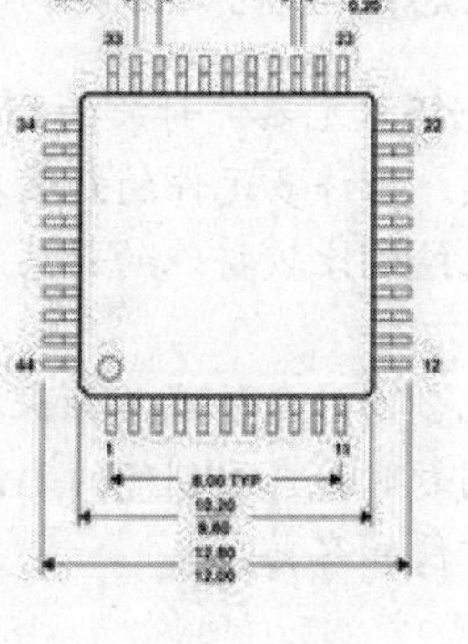

（c）QFP 俯视图

图 3.7.45　QFP 封装

除上面介绍的封装形式外，还有部分新封装和上述封装的变形，这里就不再一一说明了。

2. 元器件封装的选择

元器件封装的选择非常重要，它直接关系到 PCB 设计的成功与否。如果设计者选择了错误的封装，则会给以后的开发设计工作带来许多麻烦，轻则是个别元器件安装的问题，重则会导致整个电路板安装有问题。确定元件的安装原则主要有以下几个方面。

（1）器件提供的封装：根据实际选择的元器件进行设置。绘制的封装元件的尺寸必须和实际的元件尺寸绝对相吻合，这些尺寸包括外形尺寸、焊盘尺寸、焊盘间尺寸、元件引脚穿孔尺寸等。可以用工具（如游标卡尺)进行测量（图 3.7.46），也可以通过元器件生产厂家得到该元件封装的详细资料。

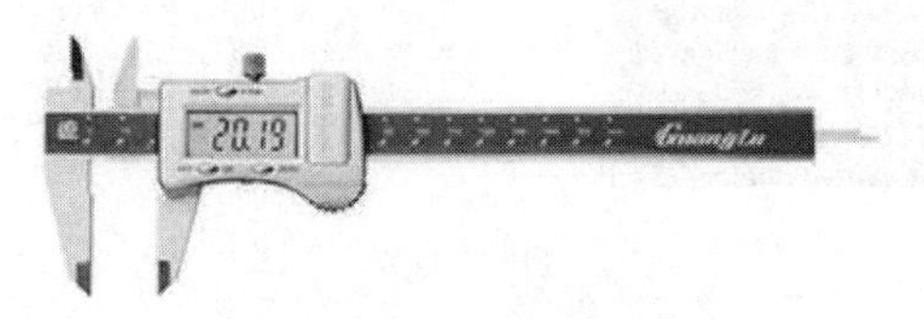

图 3.7.46　数显游标卡尺

（2）机箱空间的大小：电路板最终要安装到机箱中，机箱空间的大小决定 PCB 板的尺寸和外形。若没有足够大的空间，应尽量选择体积小的元件封装。

（3）制作成本：是生产厂家考虑第一要素。小规模生产时，适宜选择插针式元件；大规模生产时，适宜选择贴片式元件。

（4）安规的要求：安规标准有特殊规定的，需要增加保护电路。如对于功率比较大的集成芯片，需要外加散热片。有些元器件需要增加接地线等。

（5）焊接工具：在焊接贴片式封装的器件时，一般都使用专用的焊接设备，普通电烙铁是不合适的。

3．制作元器件封装的技巧

新建元器件封装分为准备资料、属性编辑、焊点编辑、图案编辑等阶段。

（1）快速创建元件封装。若所要创建的元器件封装与系统自带库中某元器件封装相似，可打开已有 PCB 元器件封装库，找到相似元器件，进行复制，粘贴到用户创建的元器件封装库中，再进行修改，这样可提高制作的速度。

（2）快速准确调整元器件焊盘间距。可使用“Reports（报告）”菜单中的“Measure Distance（测量距离）”和“Measure Primitives（测量图元）”命令，对元器件的焊盘间距进行精确定位。

◆ 项目总结

本例中介绍了元器件封装的两种制作方法：向导自动生成和手工绘制。实际上在制作 PCB 电路板的时候，有许多元件的封装在元件库中是没有的，对于比较熟练的工程师来讲，他们也基本是用手工来绘制比较特殊的封装元件的，因此熟练掌握用手工来绘制封装元件是用好本软件的的基本功。

建议自己创建的元件库单独保存，这样的好处是如果在 Altium Designer 软件出现问题或操作系统出现问题时，自己创建的元件库不可能因为重新安装软件或系统而丢失，另外对元件库的管理也比较方便和容易。

3.7.3　实验项目——元件封装的制作

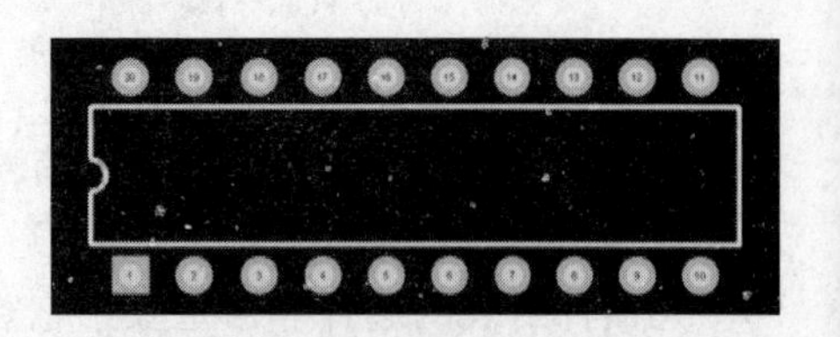

图 3.7.47　DIP-20 封装

1．封装 DIP-20 的制作

新建库文件 Newlib.PcbLIB，通过向导设计一个双列直插式 IC 的封装 DIP-20，如图 3.7.47 所示。要求 1 脚为方形焊盘，并且设置为参考点，其他要求如图 3.7.48 所示。

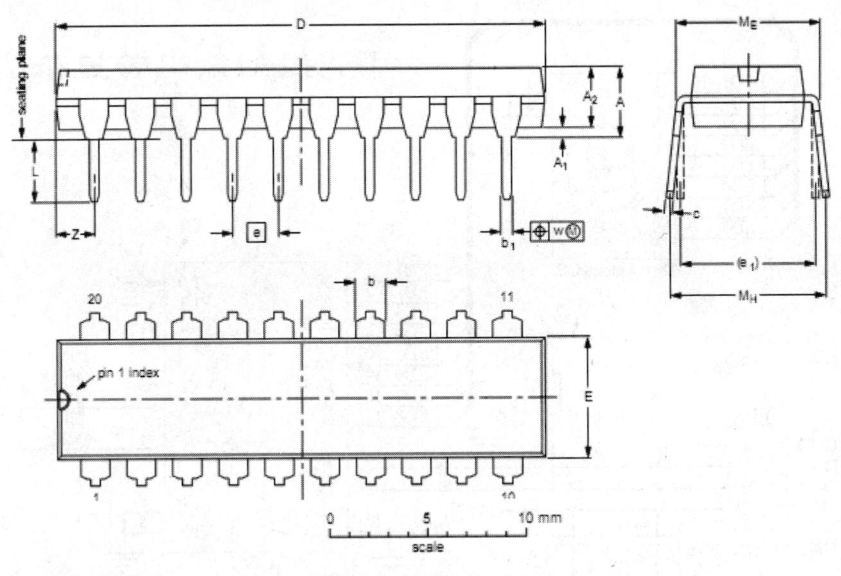

DIMENSIONS (inch dimensions are derived from the original mm dimensions)

UNIT	A max.	A_1 min.	A_2 max.	b	b_1	c	D(1)	E(1)	e	e_1	L	M_E	M_H	w	Z(1) max.
mm	4.2	0.51	3.2	1.73 1.30	0.53 0.38	0.36 0.23	26.92 26.54	6.40 6.22	2.54	7.62	3.60 3.05	8.25 7.80	10.0 8.3	0.254	2
inches	0.17	0.02	0.13	0.068 0.051	0.021 0.015	0.014 0.009	1.060 1.045	0.25 0.24	0.1	0.3	0.14 0.12	0.32 0.31	0.39 0.33	0.01	0.078

图 3.7.48　数据手册中 DIP-20 的资料

2．双联电位器的封装制作

利用手工方法绘制如图 3.7.49 所示的双联电位器封装，封装名为 VR，具体尺寸在图上已经标注。封装的边框在顶层丝印层绘制，线宽为 0.254mm，焊盘尺寸为 2mm，参考点设置在引脚 1。

图 3.7.49　双联电位器实物图和封装

3.8　综合实训项目——USB 控制数码管显示电路的制作

图 3.8.1 所示的是一个 USB 控制数码管的显示电路，要求如下。

1．绘制电路图，其中找不到的元器件符号要求自制。

2．绘制印制电路板图，其中找不到的封装要求自制。

3．生成以下文件。

（1）工程项目文件：USB 控制数码管显示电路项目.PrjPCB。

（2）原理图文件：USB 控制数码管显示电路.SchDoc。

（3）PCB 文件：USB 控制数码管显示 PCB 图.PcbDoc。

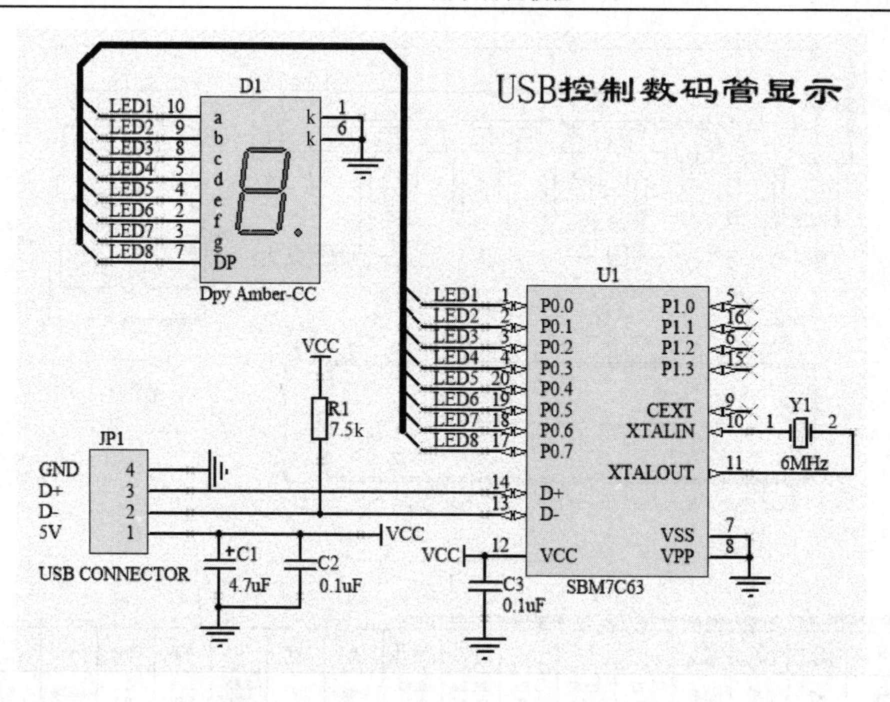

图 3.8.1　USB 控制数码管显示电路原理图

◆ 学习目标

✧　复习 PCB 电路板制作的整个流程

✧　熟练利用绘图软件绘制一个完整的电路（包括原理图和 PCB 图）

◆ 执行步骤

步骤 1：原理图绘制及编辑。

（1）新建工程项目文件：新建一个工程项目文件，保存在桌面自建文件夹（学号+姓名）中，项目文件名为“USB 控制数码管显示电路项目.PrjPCB”。

（2）新建原理图文件：在“USB 控制数码管显示电路项目.PrjPCB”中，新建一个原理图文件，名为“USB 控制数码管显示电路.SchDoc”。

（3）绘图环境设置：设置图纸大小为 A，水平放置；将边框颜色设置为 6 号色；将可视栅格大小设置为 10mil，捕捉栅格设置为 5mil。

（4）加载元器件库，绘制原理图：参考图 3.8.3，在“USB 控制数码管显示.SchDoc”中绘制原理图，加载两个常用的元器件库 Miscellaneous Devices.IntLib 和 Miscellaneous Connectors.IntLib。

① 图中所包含器件的库元件名称如下：

D1：Dpy Amber-CC	JP1：Header 4	Y1：XTAL
R1：RES2	C1：Cap Pol2	C2：Cap

② 增加的标题文字格式为 20 号隶书。

（5）制作的元器件符号：原理图中的元器件符号 SBM7C63，要求自己制作。将生成的元器件库保存为“自制元器件库.SchLib”。该元器件的符号图及引脚的具体电气参数如图 3.8.2 所示。

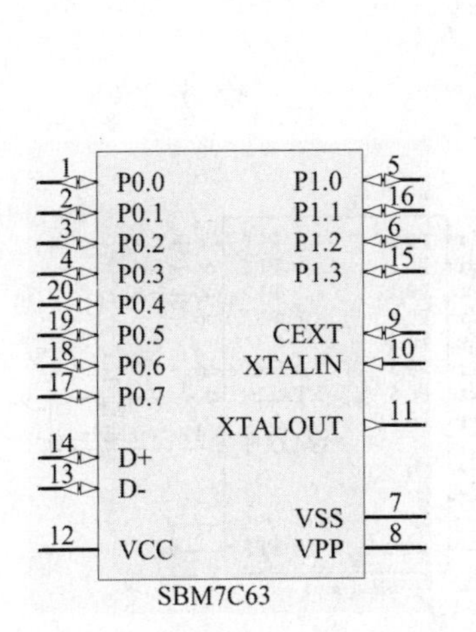

标识符	名称	类型
1	P0.0	IO
2	P0.1	IO
3	P0.2	IO
4	P0.3	IO
5	P1.0	IO
6	P1.2	IO
7	VSS	Power
8	VPP	Power
9	CEXT	IO
10	XTALIN	Input
11	XTALOUT	Output
12	VCC	Power
13	D-	IO
14	D+	IO
15	P1.3	IO
16	P1.1	IO
17	P0.7	IO
18	P0.6	IO
19	P0.5	IO
20	P0.4	IO

图 3.8.2　自制芯片 SBM7C63 及其引脚参数

（6）设置元件封装：给原理图中的每个元器件设置封装。通过查找封装添加相应库。

极性电容 C1：CAPPR5-5x5　　无极性电容：RAD-0.1

电阻：AXIAL-0.3　　连接头：USB2.5-2H4

晶振：R38　　数码管：LEDDIP-10/C15.24

芯片 SBM7C63：DIP-20

（7）ERC 检查：对原理图进行 ERC 检查，如果有错误，根据检查报告中的错误修改原理图，直到无错误为止。最终生成的 ERC 检查文件以默认文件名保存。

（8）生成报表：生成格式为“protel”的网络表，同时生成一张仅包含元件名称、编号、值、封装形式的元件清单表。两个文件都以默认文件名保存。

（9）将所有文件保存。

步骤 2：印制电路板的设计及编辑。

打开创建的项目文件“USB 控制数码管显示电路项目.PrjPCB”，打开其中的原理图文件“USB 控制数码管显示电路.SchDoc”，根据该电路图制作一双层布线的印刷电路板效果参看图 3.8.3。

（1）设计元器件封装：如果找不到数码管的封装，就自己绘制，保存在库文件“自建封装库.PCBLib”中，封装形状如图 3.8.4 所示。

数码管封装的参数为：外形尺寸为 750mil×500mil；10 个焊盘，焊盘内径为 0.9mm，外径为 1.5mm，1 脚为方形，其余为圆形。相邻焊盘之间的间距为 100mil，相对焊盘之间的间距为 600mil，参考点设为 1 脚。

（2）规划电路板：使用模板向导规划电路板。

参数设置：电路板大小为 1800mil×1500mil；标准长方形（不挖孔，不裁剪四角）；无标题栏、尺寸线、图标字符串；元件安装形式为插孔式；焊盘之间的铜膜线为一根。其他参数使用系统默认值。将 PCB 文件保存为“USB 控制数码管显示 PCB 图.PcbDoc”。

（3）载入封装库：确保元件封装库都已装载。

（4）将元器件导入 PCB 板：在原理图文件中更新“USB 控制数码管显示电路.SchDoc”文件。需要注意的是，要消除在导入过程中所产生的错误。

（5）设置图纸参数：将元件栅格设定为 10mil，其余默认。

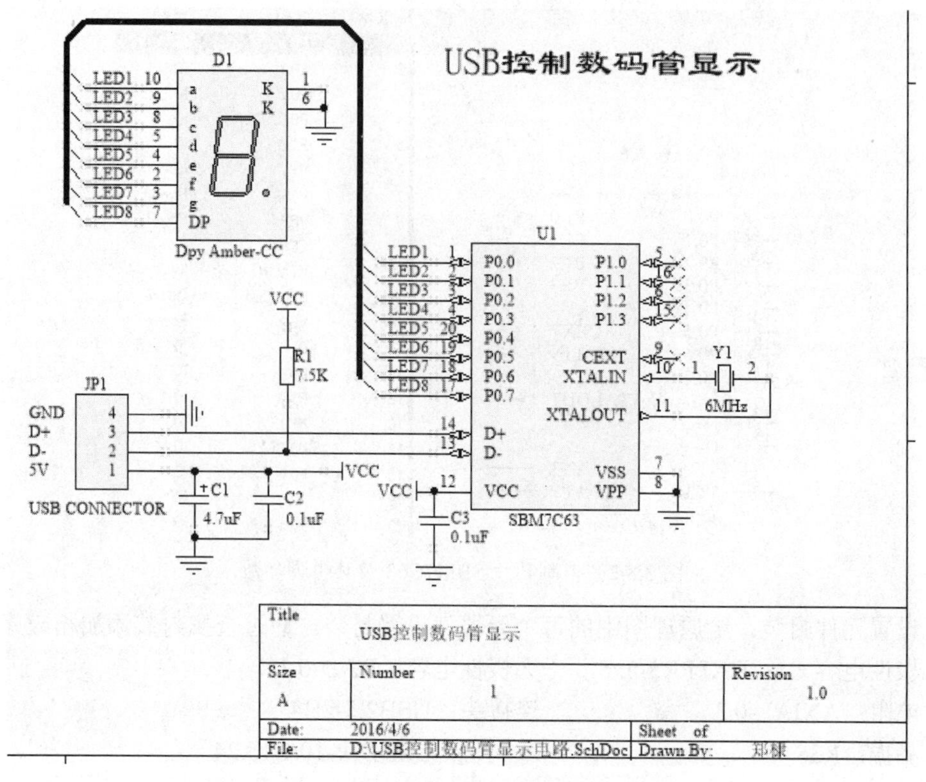

图 3.8.3　USB 控制数码管显示电路原理图（格式好）

（6）手工布局调整：参照图 3.8.5 所示，手工调整元件布局，并调整元件的标号和名称。

（7）布线规则设置：间距设置规则：VCC、GND 网络之间间距为 15mil，其余为 10mil；布线层设置：顶层、底层均走线；自动布线拓扑规则设置为 Shorest；过孔的内径为 28mil，外径为 50mil；印制导线宽度为：VCC 为 20mil，GND 为 30mil，其余导线为 10mil。

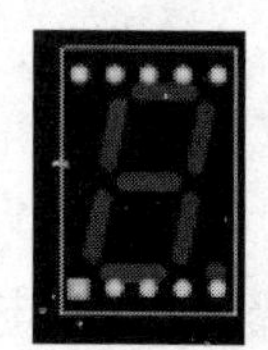

图 3.8.4　七段显示数码管封装

（8）手工布线：对布局好的元件进行手工连线。

（9）DRC 检查：修改 DRC 检查的错误，直至无错。

（10）增加文字：在电路板的右下角位置写上“USB Control”字样，注意文字所在层设置，如图 3.8.6 所示。

（11）打印输出报表。

（12）保存：将完成的 PCB 文件保存。

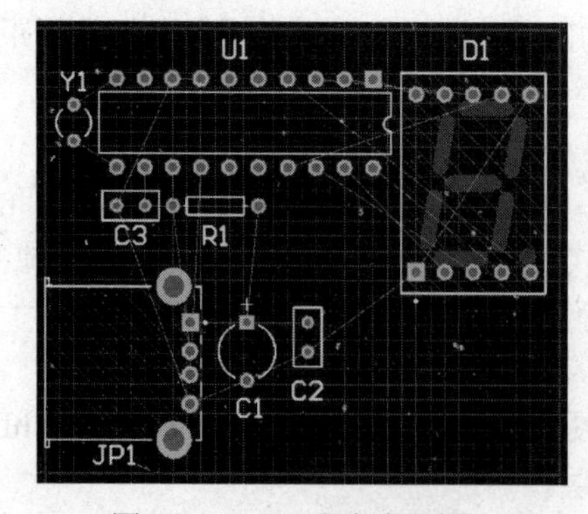

图 3.8.5　PCB 参考布局图

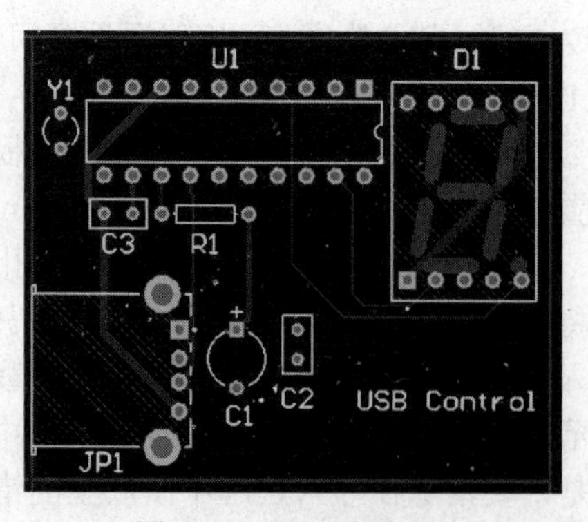

图 3.8.6　PCB 布线图

◆ 项目总结

原理图的一般设计流程如图 3.8.7 所示。

PCB 电路板的一般设计流程如图 3.8.8 所示。

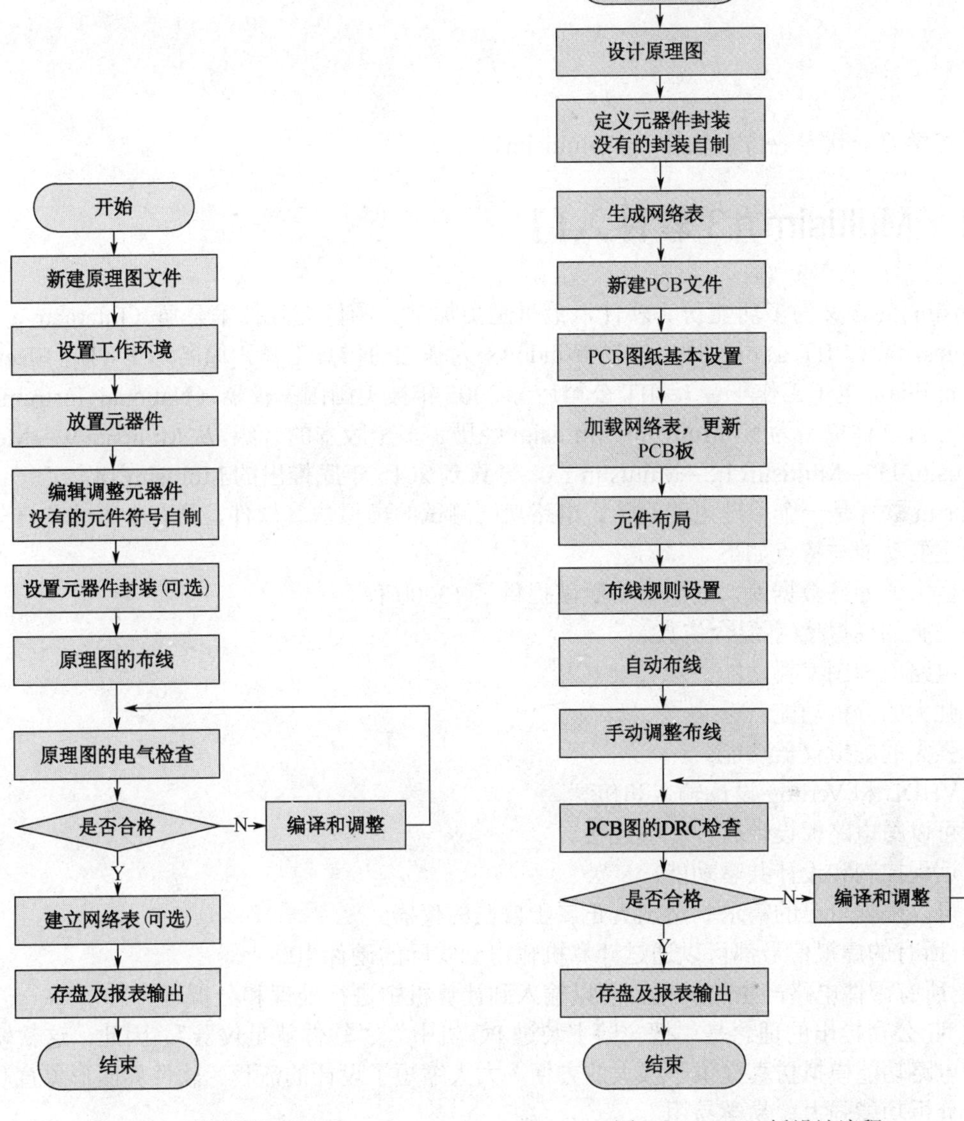

图 3.8.7　原理图设计流程

图 3.8.8　PCB 板设计流程

第 4 章　Multisim 13 软件的应用

本章将学习一款专业仿真软件——Multisim。

4.1　Multisim 13 软件入门

Multisim 的含义为多功能仿真软件，最早是由加拿大图像交互技术公司（Interactive Image Technologies，简称 IIT 公司）推出的以 Windows 为基础的仿真工具，原名为 EWB（Electronics Workbench Eda，电子工作平台）。IIT 公司后于 2005 年被美国国家仪器（National Instruments，NI）公司收购，软件更名为 NI Multisim。Multisim 经历了多个版本的升级，从 Multisim 9 →Multisim 10 →Multisim 11 →Multisim 12→Multisim 13，一直到 2015 年底推出的 Multisim 14。

Multisim 软件是一个原理电路设计、电路功能测试的虚拟仿真软件，具有丰富的仿真分析能力。它的主要功能与特点如下。

（1）巨大的元件数据库，其中教育版就提供了 13000 种。

（2）完整的模拟/数字混合仿真。

（3）电路原理图编辑功能。

（4）强大的分析功能。

（5）强大的虚拟仪器功能。

（6）VHDL 和 Verilog 设计输入和仿真。

（7）可以与电路板设计软件无缝连接。

（8）远程控制和设计共享功能。

（9）可以根据自己的需求制造出真正属于自己的仪器。

（10）所有的虚拟信号都可以通过计算机输出到实际的硬件电路上。

（11）所有硬件电路产生的结果都可以输入到计算机中进行处理和分析。

美国 NI 公司提出的理念是“把实验室装进 PC 机中”，“软件就是仪器”，因此，这款软件为用户进行电路功能模拟仿真提供了极大的方便，大大缩短了设计的流程。软件界面形象直观、操作方便、分析功能强大、易学易用。

本章主要介绍软件的电路图绘制与仿真测试功能。下面以 Multisim 13.0 版本为例介绍其基本操作。

4.1.1　训练微项目——简单电路原理图的绘制

本项目需要完成的任务是使用 Multisim 13 绘制一张简单的电路图，如图 4.1.1 所示。

◆ 学习目标

✧　Multisim 软件简介

✧　了解 Multisim 13.0 软件的使用方法
✧　了解 Multisim 软件的元器件库
✧　掌握原理图文件类型，会正确新建和保存原理图文件
✧　绘制简单原理图

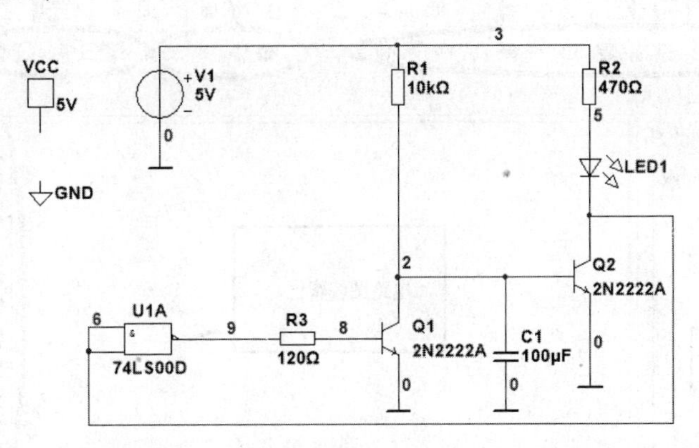

图 4.1.1　简单电路原理图

◆ 执行步骤

在 D 盘新建一文件夹，重命名为“Multisim 项目”，以后所有的项目都保存在该文件夹中。

在 Multisim 项目文件夹中新建一个文件夹，重命名为“555 电路”。本项目涉及的文件均存放于该文件夹中。

步骤 1：打开 Multisim 软件。

（1）执行“开始”→“所有程序”→“NI Multisim 13.0”命令，启动 Multisim 软件，进入工作界面。图 4.1.2 所示的是 NI Multisim 13.0 的启动界面。

图 4.1.2　Multisim13.0 的启动界面

（2）图 4.1.3 所示的是 Multisim 13 的用户工作界面，包括菜单栏、仿真工具栏、虚拟仪器工具栏、元器件工具栏、仿真按钮、状态栏、电路图编辑区等组成部分。

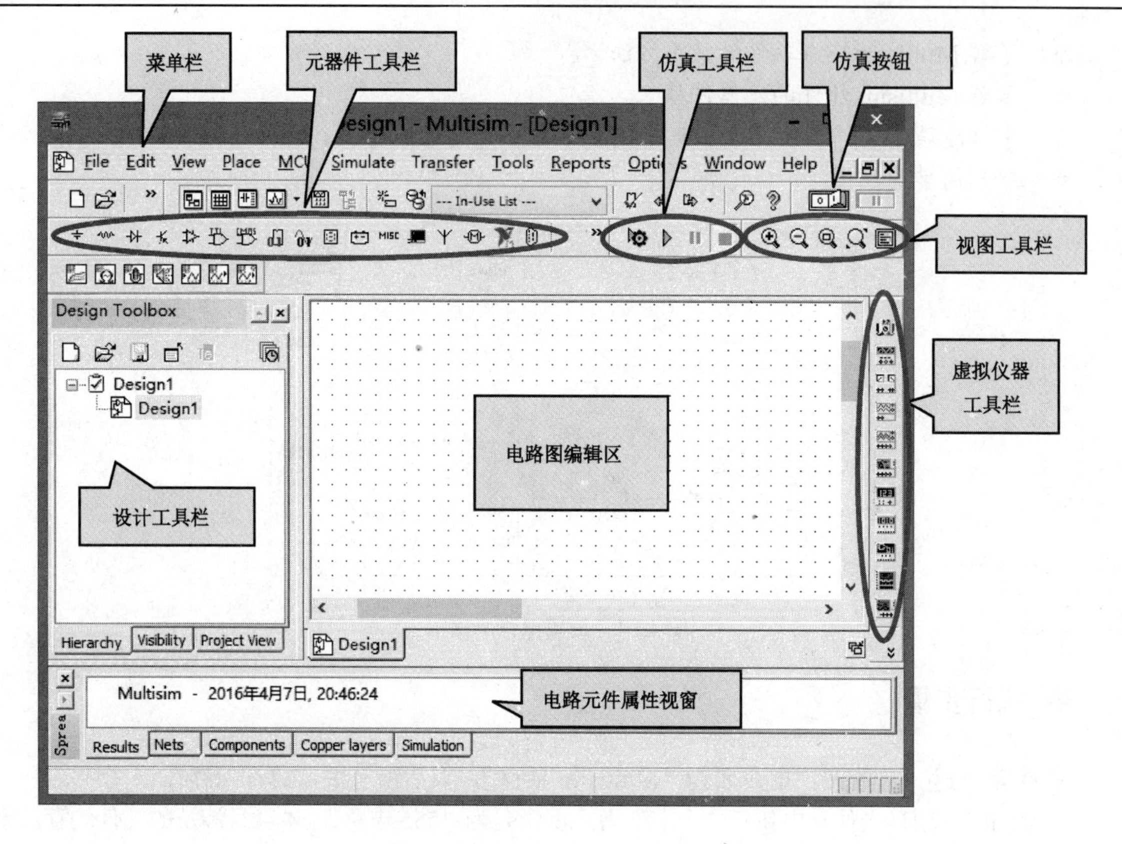

图 4.1.3　Multisim 13 的用户界面

步骤 2：新建和保存原理图文件。

（1）新建文件：Multisim 软件打开的同时即新建了一个名称为“Design1”的文件。执行“File（文件）”→“New（新建）”命令，会弹出如图 4.1.4 所示的对话框，选择“Blank and recent”→“Blank”命令，单击“Create（建立）”按钮，即可新建一个新的原理图文件。新建文件的名称依次为 Design2、Design3……与之前的文件并排放置，如图 4.1.5 所示。

（2）保存文件：执行“File（文件）”→“Save（保存）”命令，将其保存。文件名称命名为“简单电路”。文件后缀名为“*.ms13”。

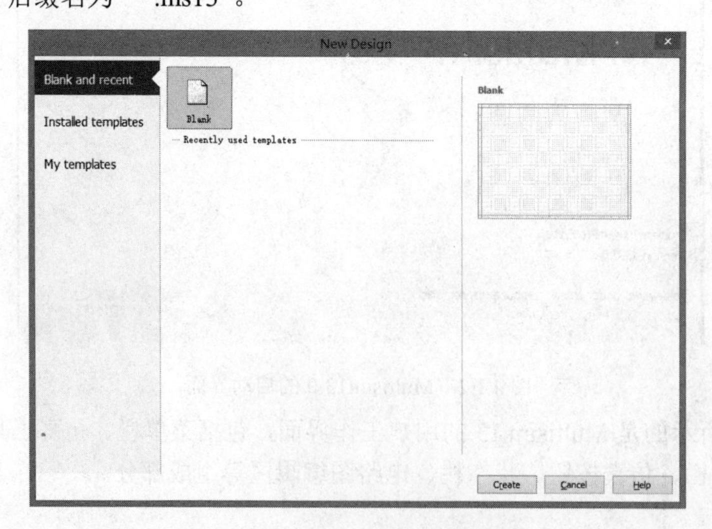

图 4.1.4　“New Design”对话框

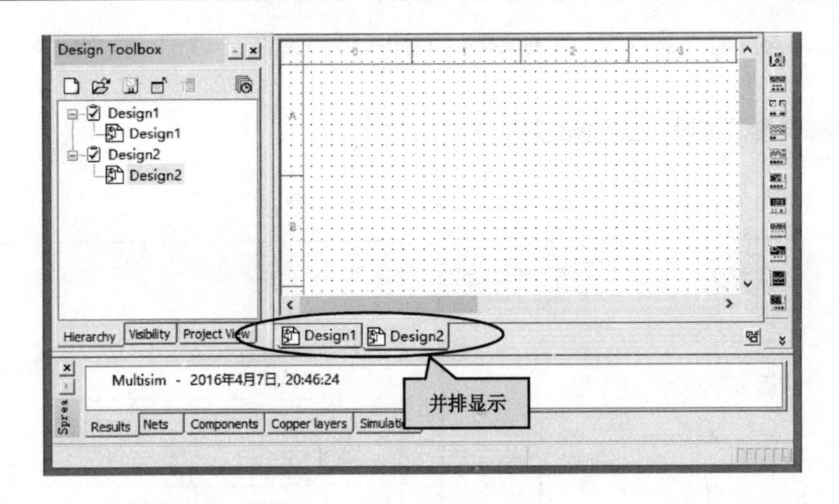

图 4.1.5　新建文件并排显示

步骤 3：系统环境设置。

1．电气元器件符号标准选择

Multisim 提供两套电气元器件符号标准：

（1）ANSI Y32.2：美国国家标准学会，美国电气标准，软件默认为该标准；

（2）IEC 60617：国际电工委员会，IEC 60617 包含用于电气图的图形符号。欧洲标准，中国的符号标准与之接近。

通过选择“Options（选项）”→“Global Preferences（全部首选项）”→“Components（元器件）”命令，在“Symbol Standard（符号标准）”选项区域进行选择。本例中要求将元件符号的标准更改为 IEC 60617 标准，如图 4.1.6 所示。

2．规划图纸

（1）显示电路边框。选择“Options（选项）”→“Sheet Properties（图纸参数）”→“Workspace（工作区）”命令，可进行图纸界面参数的设置，包括图纸区显示内容、图纸大小、方向等，如图 4.1.7 所示，选中“Show border”复选框，显示电路边框。

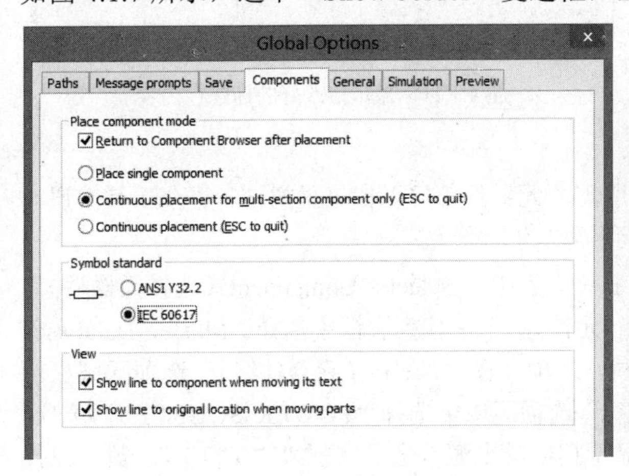

图 4.1.6　选择电气元器件符号标准

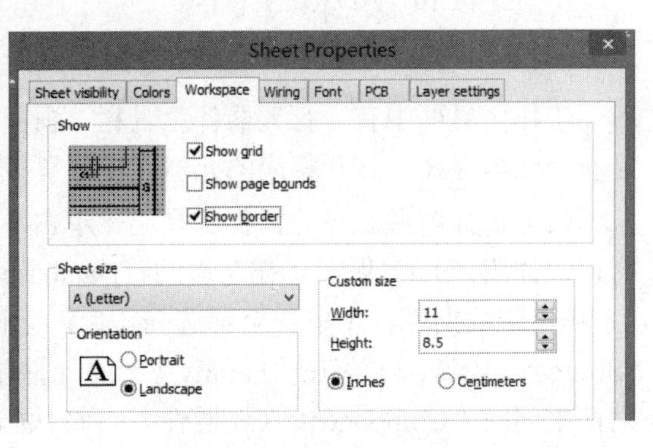

图 4.1.7　显示电路边框

（2）增加标题栏。选择“Place”→“Title Block（标题栏）”命令，打开一个对话框，如图 4.1.8 所示，可在系统自带的标题栏模板中选择一个模板文件，如“default.tb7”，单击“打开”按钮，则回到图纸界面，鼠标指针上悬浮着一个标题栏，到图纸适当位置（如右下角）放下即可，如图 4.1.9 所示。

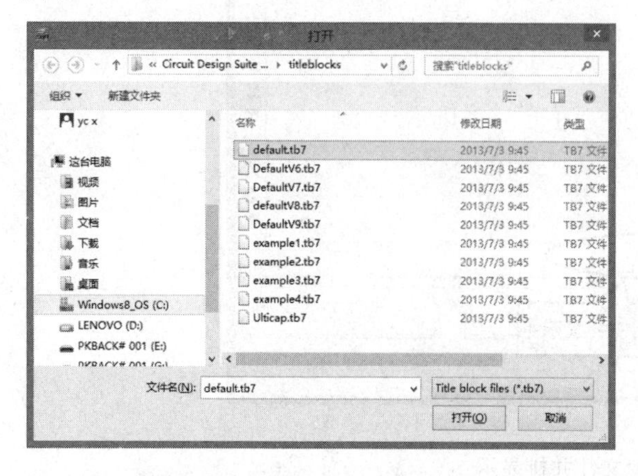

图 4.1.8 “打开”对话框

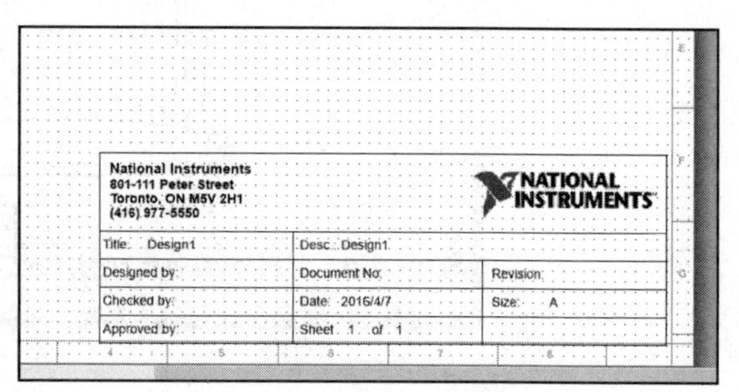

图 4.1.9 放置标题栏模板

（3）修改标题名称。双击标题栏，在打开的对话框中，将“Title（标题）”文本框中的文字改为“简单电路”；在“Designed by（设计者）”文本框中输入绘图者的姓名（写上自己名字），如图 4.1.10 所示。单击“OK”按钮，返回到图纸界面，标题栏内容已修改，如图 4.1.11 所示。

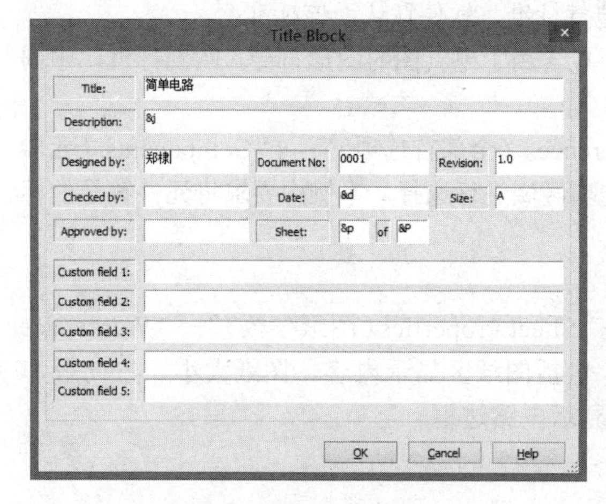

图 4.1.10 修改标题栏内容

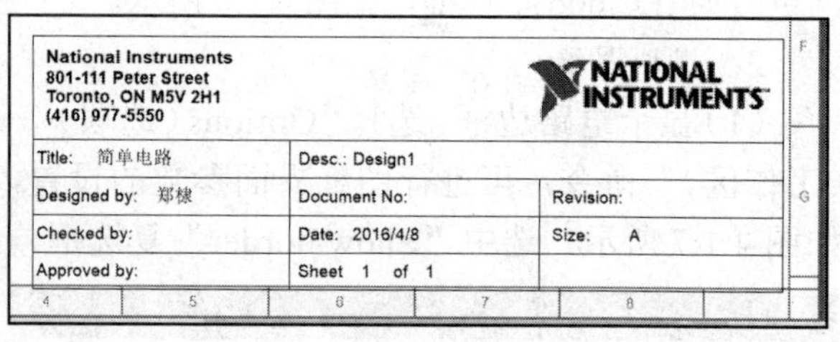

图 4.1.11 显示修改好的标题栏内容

步骤 4：查找元器件，绘制原理图。

工作区界面中有一行元器件工具栏，画图所需的元器件都可以在这里找到。每个工具按钮对应一个元器件库。打开相应的元器件库即可找到需要的元器件。

（1）选择电源。在元器件工具栏，单击 ÷ 按钮，打开“Select a Component（选择元器件）”窗口，如图 4.1.12 所示。在左边的“Database（元件库）”下拉列表框中选择“Master Database”（系统自带数据库，本书中全部选择该库，下同）选项，在“Group（元器件组）”选项区域显示“Sources（电源类）”，在“Family（子类元件箱）”选项区域中选择“POWER_SOURCES”选项，则在中间的“Components（元器件）”列表框显示相应的电源符号，选择“VCC（TTL 数字器件电源符号）”选项，单击“OK”按钮，返回到图纸界面，此时一个 VCC 符号随着鼠标指针移动，在图纸中放下即可。然后软件会自动返回到“Select a Component”窗口，依次选择“DC_POWER（直流电源）”、“GROUND（地）”和“DGND（数字地）”放到图纸中。

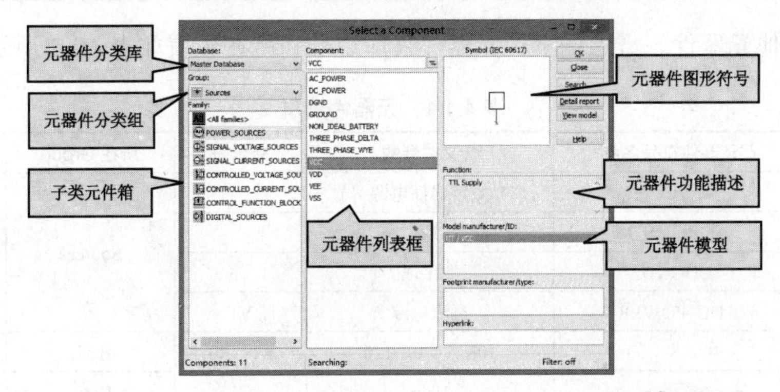

图 4.1.12　“Select a Component（选择元器件）”窗口

注意：凡是含有数字集成块的电路必须放置数字电源符号和数字地符号，但不需要与具体的集成电路或其他元件相连接，如图 4.1.13 所示。

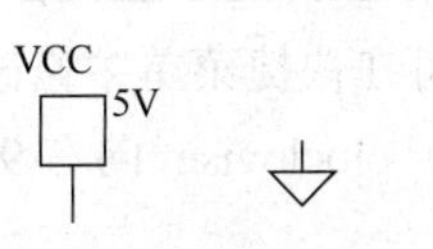

图 4.1.13　数字电源和数字地

（2）选择电阻。在“Select a Component”窗口中，在“Database”下拉列表框中选择“Master Database”选项，在“Group”下拉列表框中选择“Basic”选项，在“Family”选项区域中选择“Resistor”选项，则可以在“Components”列表框中显示所有的电阻。本例中需要用到 3 种阻值的电阻：120、470、10K。在上方的元器件筛选区输入准确的值，则软件会自动定位符合要求的电阻，如图 4.1.14 所示。选择的电阻的标号从 R1 开始，自动递增。

（3）选择芯片 74LS00。在“Select a Component”窗口中，在“Group”下拉列表框中选择“TTL”选项，在“Family”选项区域中选择“74LS”选项，在“Component”下方的元器件筛选区输入芯片型号名称“74LS00”，则软件会自动定位 74LS00 芯片，如图 4.1.15 所示。74LS00D 和 74LS00N 只是封装不同，功能都一样，选择其中一个即可。

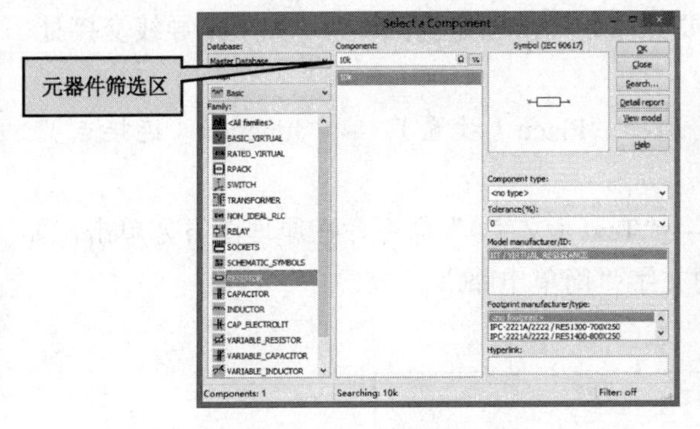

图 4.1.14　查找电阻

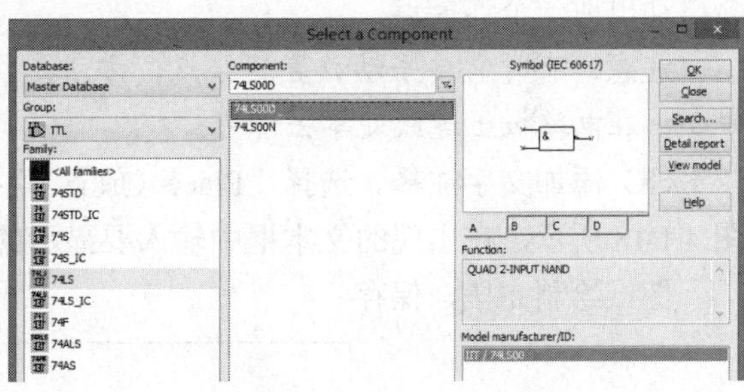

图 4.1.15　查找芯片

因为 74LS00 是多组件复合器件，内部有 4 个 2 输入的与非门，回到图纸界面时，会弹出如图 4.1.16（a）所示的对话框，单击“A”按钮，可放下第一个与非门，并且显示为 U1A，如图 4.1.16（b）所示。如果要放第二个与非门，单击“B”按钮，会显示 U1B。不需要放置时，单击 Cancel 按钮即可。

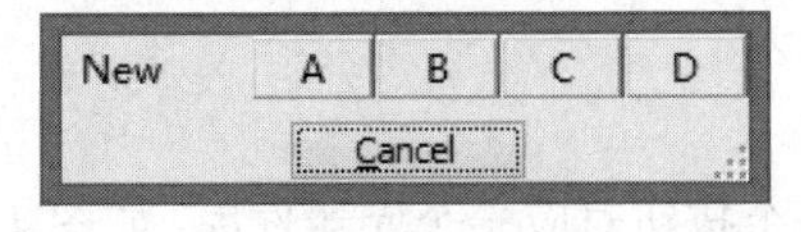

（a）选择组件对话框

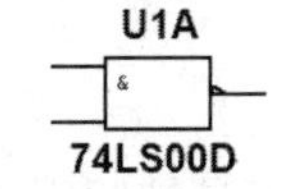

（b）芯片内第一个组件

图 4.1.16　选择组件

（4）选择其他元器件。方法同上，元器件具体型号和所在位置如表 4.1.1 所示。

表 4.1.1　元器件清单

元器件名称	元器件符号名称	含义或参数	标示符	所在 Group	所在 Family
电源	VCC	TTL 数字器件电源符号		Sources	POWER_SOURCES
	GROUND	地			
	DGND	数字地			
	DC_POWER	直流电源	V1		
电阻		10K、470、120	R1～R3	Basic	RESISTOR
电容		100μ	C1	Basic	CAPACITOR
三极管	2N2222A	NPN 管	Q1～Q2	Transistors	BJT_NPN
LED	LED_red	红色发光二极管	LED1	Diodes	LED
IC 芯片	74LS00	四 2 输入与非门	U1	TTL	74LS

（5）元器件布局。在图纸上合理摆放各个器件。选中器件并右击，可在快捷菜单中修改元器件的方向，有四种选择：Rotate 90° counter clockwise（向左 90°）、Rotate 90° clockwise（向右 90°）、Flip Horizontally（水平镜像）、Flip vertically（垂直镜像）。

（6）视窗变换。在编辑过程中，可以通过鼠标滚轮放大、缩小可视界面；按住 Ctrl 键的同时滚轮，可以实现可视界面的上下移动。也可以通过“视图工具栏”的放大镜进行放大、缩小、局部显示、显示整张图纸、全屏显示的操作，如图 4.1.17 所示。

图 4.1.17　视图工具栏

（7）连线。移动鼠标指针到器件引脚末端，当指针形状变成一个点时单击，拖动鼠标，会出现连线，至另一端器件引脚处再次单击，连线完成。连线默认为红色。

连线会自动拐弯，如果需要手动拐弯，在需要拐弯处单击固定拐点即可。如果是导线交接处，会自动出现一个连接点。

注意：有时需要手动放置连接点，方法是：选择“Place（放置）”→“Junction（连接点）”命令，在电路板上连线处单击即可。

（8）添加文字注释。选择“Place（放置）”→“Text（文字）”命令，在原理图下方单击，如图 4.1.18 所示，在出现的文本框中输入要显示的文字“简单电路”。

图纸绘制完毕，保存。

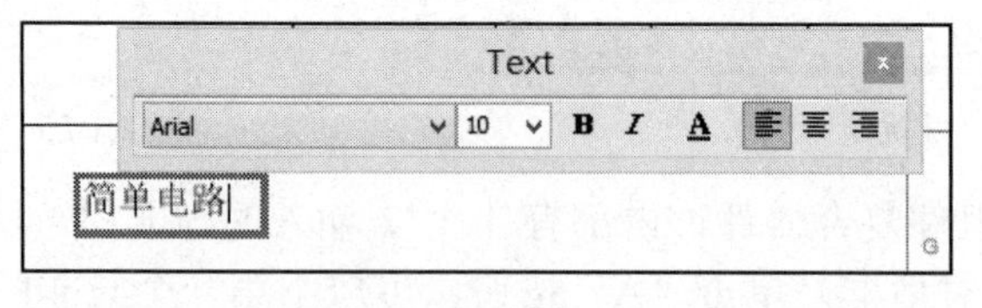

图 4.1.18　输入文字

4.1.2　知识库

1. 元器件工具栏

元器件工具栏中的工具按钮很多，每个按钮对应一个元器件库，如图 4.1.19 所示。Multisim 13 版本软件中系统自带的“Master Database”元器件分类库有 18 个之多，不允许更改。每个库中又含有 4～21 个元件箱，各种仿真元器件分门别类地放在元件箱中供用户调用。所以必须熟悉元器件库的图标或名称，知道绘制电路需要的元器件的具体位置。

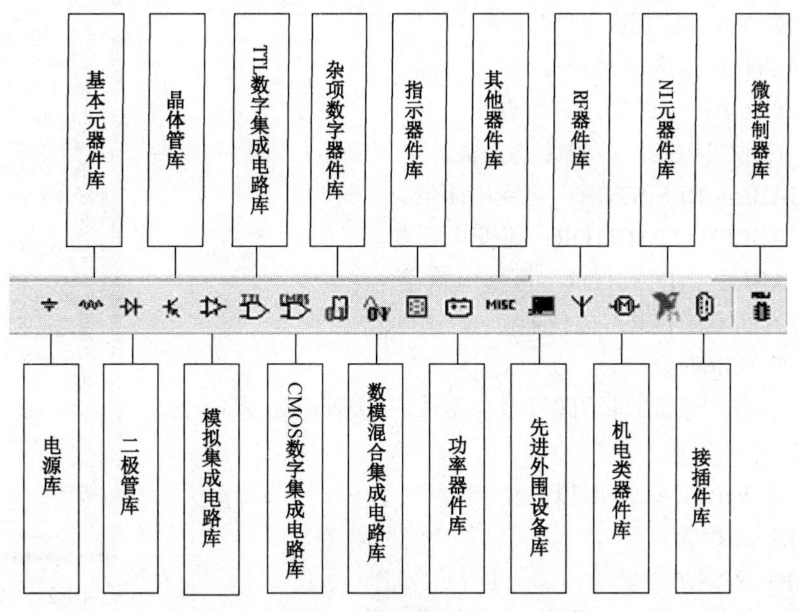

图 4.1.19 元器件工具栏

1）电源/信号源（Sources）

电源/信号源库包含有接地端、直流电压源（电池）、正弦交流电压源、方波（时钟）电压源、压控方波电压源等多种电源与信号源。电源/信号源库如图 4.1.20 所示，库中共有 7 个元件箱。

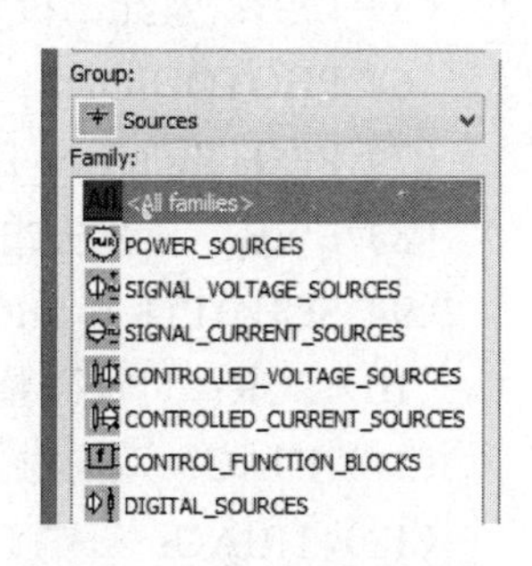

图 4.1.20 电源/信号源库

（1）POWER_SOURCES：电源。

（2）SIGNAL_VOLTAGE_SOURCES：信号电压源。

（3）SIGNAL_CURRENT_SOURCES：信号电流源。

（4）CONTROLLED_VOLTAGE_SOURCES：受控电压源。

（5）CONTROLLED_CURRENT_SOURCES：受控电流源。

（6）CONTROL_FUNCTION_BLOCKS：控制功能模块。

（7）DIGITAL_SOURCES：数字源。

2）基本元器件库（Basic）

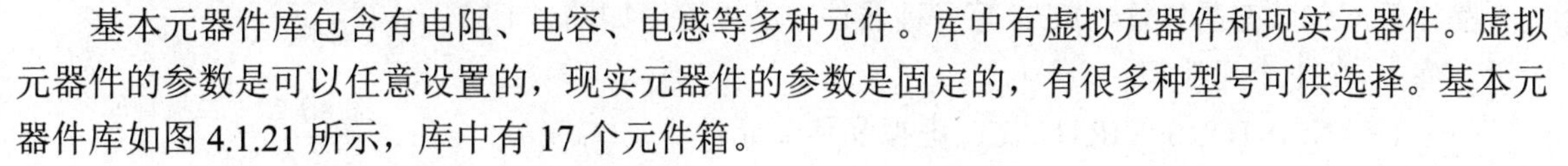

基本元器件库包含有电阻、电容、电感等多种元件。库中有虚拟元器件和现实元器件。虚拟元器件的参数是可以任意设置的，现实元器件的参数是固定的，有很多种型号可供选择。基本元器件库如图 4.1.21 所示，库中有 17 个元件箱。

（1）BASIC_VIRTUAL：基本虚拟器件。

（2）RATED_VIRTUAL：定值虚拟器件。

（3）RPACK：电阻排。

（4）SWITCH：开关。

（5）TRANSFORMER：变压器。

（6）NON_IDEAL_RLC：非理想阻容器件。

（7）RELAY：继电器。

（8）SOCKETS：插座。

（9）SCHEMATIC_SYMBOLS：原理图符号。

（10）RESISTOR：电阻器。

（11）CAPACITOR：电容器。

（12）INDUCTOR：电感器。

（13）CAP_ELECTROLIT：极性电容器。

（14）VARIABLE_RESISTOR：可变电阻器。

（15）VARIABLE_CAPACITOR：可变电容器。

（16）VARIABLE_INDUCTOR：可变电感器。

（17）POTENTIOMETER：电位器。

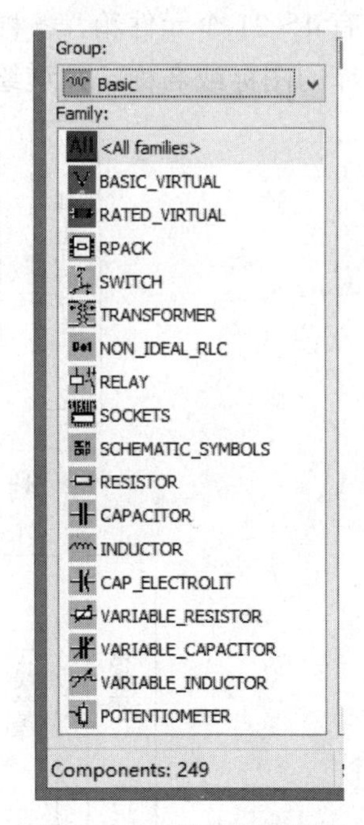

图 4.1.21　基本元器件库

3）二极管库（Diodes）

二极管库包含有二极管、可控硅等多种器件，二极管库如图 4.1.22 所示，库中有 15 个元件箱。

（1）DIODES_VIRTUAL：虚拟二极管。

（2）DIODE：二极管。

（3）ZENER：齐纳二极管。

（4）SWITCHING_DIODE：开关二极管。

（5）LED：发光二极管。

（6）PHOTODIODE：光电二极管。

（7）PROTECTION_DIODE：保护二极管。

（8）FWB：全波桥式整流器。

（9）SCHOTTKY_DIODE：肖特基二极管。

（10）SCR：可控硅整流器。

（11）DIAC：双向触发二极管。

（12）TRIAC：三端双向可控硅开关元件。

（13）VARACTOR：变容二极管。

（14）TSPD：晶闸管浪涌保护二极管。

（15）PIN_DIODE：PIN 二极管。

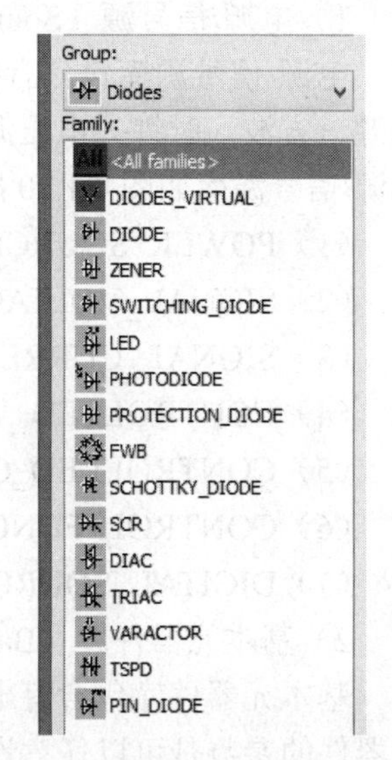

图 4.1.22　二极管库

4）晶体管库（Transistors）

晶体管库包含有晶体管、FET 等多种器件。晶体管库如图 4.1.23 所示，库中有 21 个元件箱。

（1）TRANSISTORS_VIRTUAL：虚拟晶体管元件。

（2）BJT_NPN：双极型 NPN 晶体管。

（3）BJT_PNP：双极型 PNP 晶体管。

（4）BJT_COMP：双极型互补晶体管。

（5）DARLINGTON_NPN：达林顿 NPN 晶体管。

（6）DARLINGTON_PNP：达林顿 PNP 晶体管。

（7）BJT_NRES：带偏置 NPN 型 BJT 管。

（8）BJT_PRES：带偏置 PNP 型 BJT 管。

（9）BJT_CRES：带偏置互补型 BJT 管。

（10）IGBT：绝缘栅场效应管。

（11）MOS_DEPLETION：耗尽型 MOS 管。

（12）MOS_ENH_N：N 沟道增强型 MOS 管。

（13）MOS_ENH_P：P 沟道增强型 MOS 管。

（14）MOS_ENH_COMP：互补增加型 MOS 管。

（15）JFET_N：N 沟道 JFET。

（16）JFET_P：P 沟道 JFET。

（17）POWER_MOS_N：N 沟道功率 MOS 管。

（18）POWER_MOS_P：P 沟道功率 MOS 管。

（19）POWER_MOS_COMP：互补功率 MOS 管。

（20）UJT：单结晶体管。

（21）THERMAL_MODELS：热效应管。

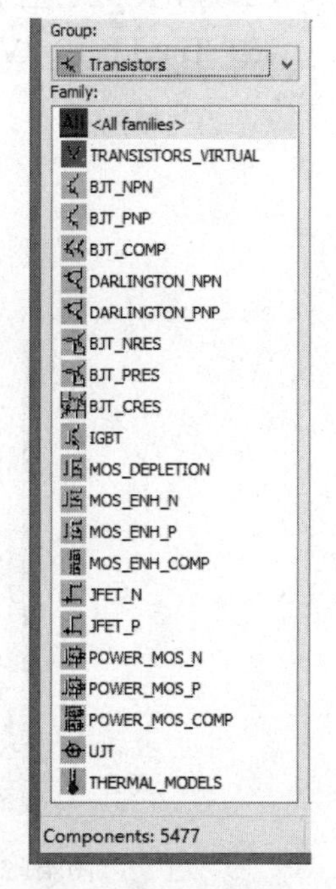

图 4.1.23　晶体管库

5）模拟集成电路库（Analog）

模拟集成电路库包含有多种运算放大器。模拟集成电路库如图 4.1.24 所示，库中有 10 个元件箱。

（1）ANALOG_VIRTUAL：虚拟模拟集成电路。

（2）OPAMP：运算放大器。

（3）OPAMP_NORTON：诺顿运算放大器。

（4）COMPARATOR：比较器。

（5）DIFFERENTIAL_AMPLIFIERS：微分放大器。

（6）WIDEBAND_AMPS：宽带放大器。

（7）AUDIO_AMPLIFIER：音频放大器。

（8）CURRENT_SENSE_AMPLIFIER：电流检测放大器。

（9）INSTRUMENTATION_AMPLIFIERS：仪用放大器。

（10）SPECIAL_FUNCTION：特殊功能运放。

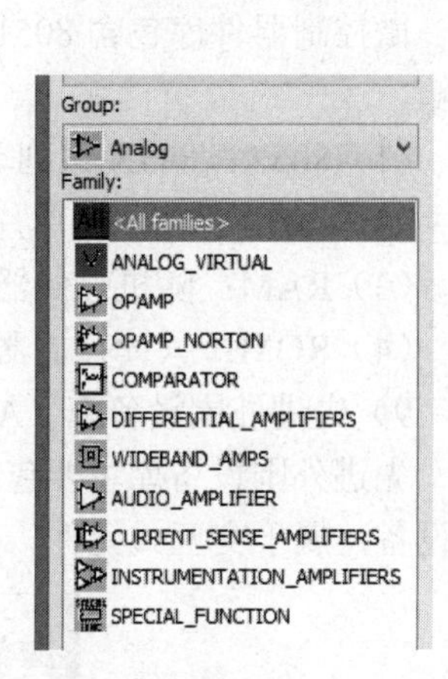

图 4.1.24　模拟集成电路库

6）TTL 数字集成电路库（TTL）

TTL 数字集成电路库包含有 74××系列和 74LS××系列等 74 系列数字电路器件。TTL 数字集成电路库如图 4.1.25 所示，共有 9 个元件箱。

（1）74STD 和 74STD_IC：标准 TTL 型集成电路。

（2）74S 和 74S_IC：肖特基型集成电路。

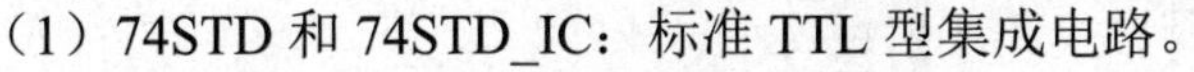

（3）74LS 和 74LS_IC：低功耗肖特基型集成电路。

（4）74F：高速型 TTL 集成电路。

（5）74ALS：先进低功耗肖特基型集成电路。

（6）74AS：先进肖特基型集成电路。

7）CMOS 数字集成电路库（CMOS）

CMOS 数字集成电路库包含 40××系列和 74HC××系列多种 CMOS 数字集成电路系列器件。CMOS 数字集成电路库如图 4.1.26 所示，共有 14 个元件箱。

（1）CMOS_5V 至 CMOS_15V：CMOS 系列 5V、10V、15V。

（2）74HC_2V 至 74HC_6V：74 高速系列 2V、4V、6V。

（3）TinyLogic_2V 至 TinyLogic_6V：TinyLogic 超低功耗逻辑器件 2V～6V。

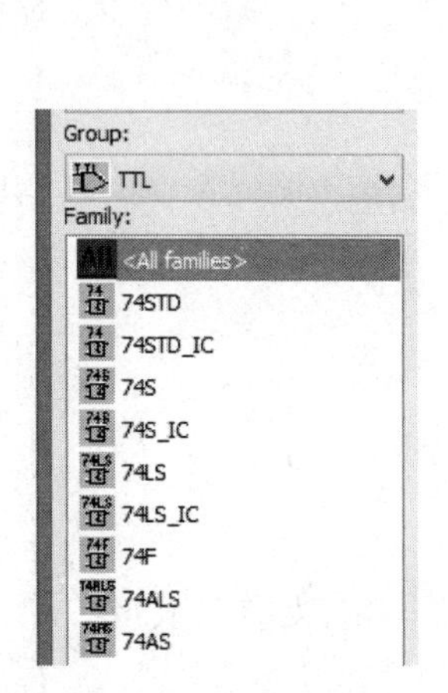

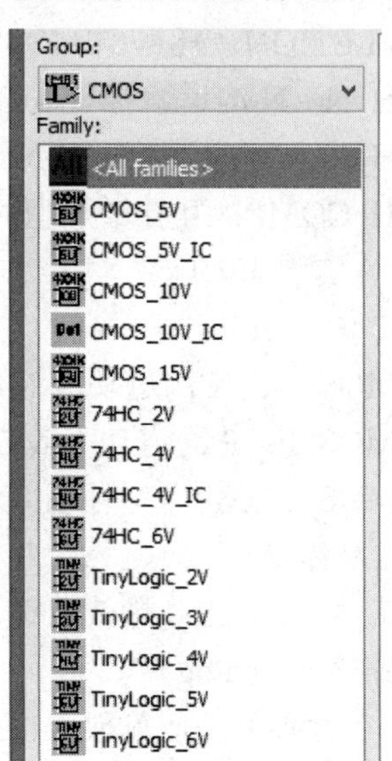

图 4.1.25　TTL 数字集成电路库　　　图 4.1.26　CMOS 数字集成电路库

8）微控制器库（MCU）

微控制器件库包含 8051、PIC 等多种微控制器。微控制器件库如图 4.1.27 所示，共有 4 个元件箱。

（1）805X：895X 系列单片机。

（2）PIC：PIC 系列单片机。

（3）RAM：随机存储器。

（4）ROM：只读存储器。

9）先进外围设备库（Advanced_Peripherals）

先进外围设备库主要包括键盘、液晶显示等。这些外围设备可以在电路设计中作为输入和输出设备，属于交互式元件。先进外围设备库如图 4.1.28 所示。共有 4 个元件箱。

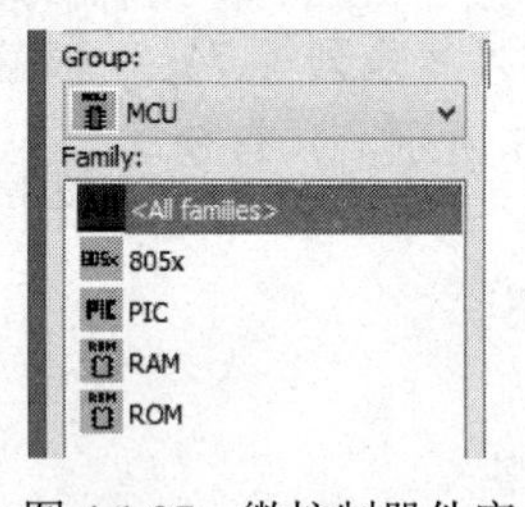

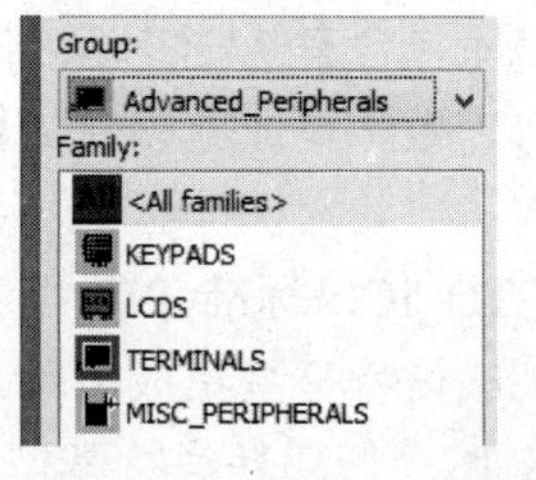

图 4.1.27　微控制器件库　　　图 4.1.28　先进外围设备库

（1）KEYPADS：键盘。

（2）LCDS：液晶显示。

（3）TERMINALS：终端设备。

（4）MISC_PERIPHERALS：其他外设。

10）杂项数字器件库（Misc Digital）

前面的 TTL 和 CMOS 数字元件是按照型号存放的。而其他数字元器件库是按功能存放的。

如 DSP、FPGA、CPLD、VHDL 等多种器件。这可以方便初学者使用。杂项数字器件库如图 4.1.29 所示，共有 13 个元件箱。

（1）TIL：TIL 系列数字逻辑器件。

（2）DSP：数字信号处理器件。

（3）FPGA：现场可编程门阵列。

（4）PLD：可编程逻辑器件。

（5）CPLD：复杂可编程逻辑器件。

（6）MICROCONTROLLERS 和 MICROCONTROLLERS_IC：微控制器。

（7）MICROPROCESSORS：微处理器。

（8）MEMORY：存储器。

（9）LINE_DRIVER：线性驱动器。

（10）LINE_RECEIVER：线性接收器。

（11）LINE_TRANSCEIVER：线性收发器。

（12）SWITCH_DEBOUNCE：消抖开关。

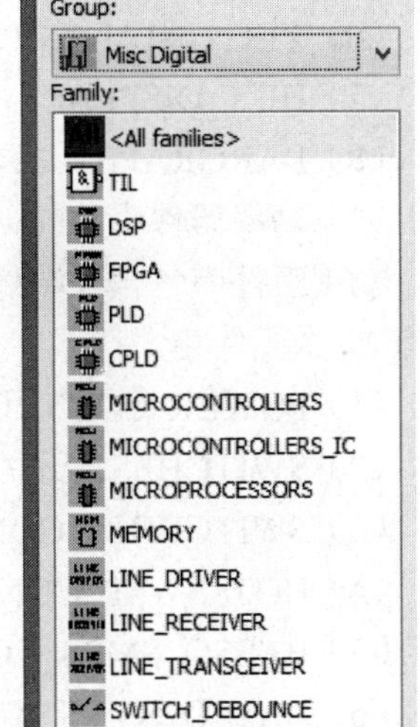

图 4.1.29　杂项数字器件库

11）数模混合集成电路库（Mixed）

数模混合集成电路库包含有 ADC/DAC、555 定时器等多种数模混合集成电路器件。数模混合集成电路库如图 4.1.30 所示，共有 7 个元件箱。

（1）MIXED_VIRTUAL：虚拟混合器件。

（2）ANALOG_SWITCH 和 ANALOG_SWITCH_IC：模拟开关。

（3）TIMER：定时器。

（4）ADC_DAC：模数-数模转换器。

（5）MULTIVIBRATORS：多谐振荡器。

（6）SENSOR_INTERFACE：传感器接口。

12）指示器件库（Indicators）

指示器件库包含电压表、电流表、七段数码管等多种器件。指示器件库如图 4.1.31 所示，共有 8 个元件箱。

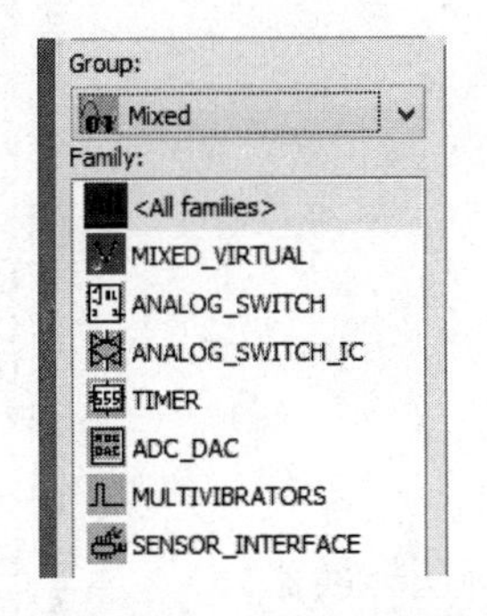

图 4.1.30　数模混合集成电路库

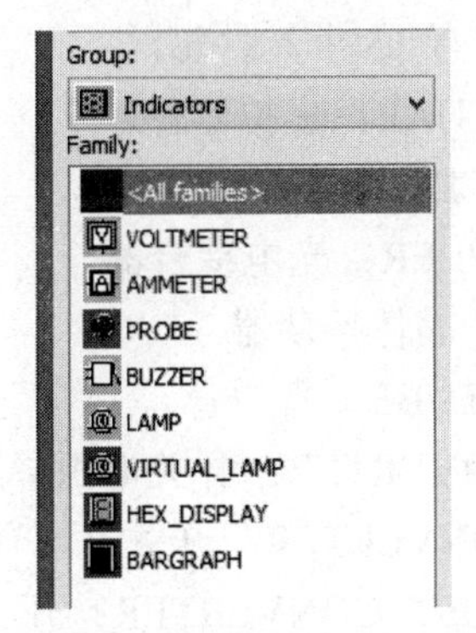

图 4.1.31　指示器件库

（1）VOLTMETER：电压表。

（2）AMMETER：电流表。

（3）PROBE：探针。

（4）BUZZER：蜂鸣器。

（5）LAMP：灯泡。

（6）VIRTUAL_LAMP：虚拟灯泡。

（7）HEX_DISPLAY：数码管。

（8）BARGRAPH：条形光柱。

13）功率器件库（Power）

功率组件库包含三端稳压器、PWM 控制器等多种功率器件。功率器件库如图 4.1.32 所示，共有 16 个元件箱。

（1）POWER_CONTROLLERS：电源控制器。

（2）SWITCHES：开关。

（3）SWITCHING_CONTROLLER：开关控制器。

（4）HOT_SWAP_CONTROLLER。

（5）BASSO_SMPS_CORE。

（6）BASSO_SMPS_AUXILIARY。

（7）VOLTAGE_MONITOR：电压监控。

（8）VOLTAGE_REFERENCE：电压基准器。

（9）VOLTAGE_REGULATOR：电压校准器。

（10）VOLTAGE_SUPPRESSOR：电压。

（11）LED_DRIVER：LED 驱动器。

（12）RELAY_DRIVER：继电器驱动器。

（13）PROTECTION_ISOLATION。

（14）FUSE：保险丝。

（15）THERMAL_NETWORKS。

（16）MISCPOWER：杂项电源。

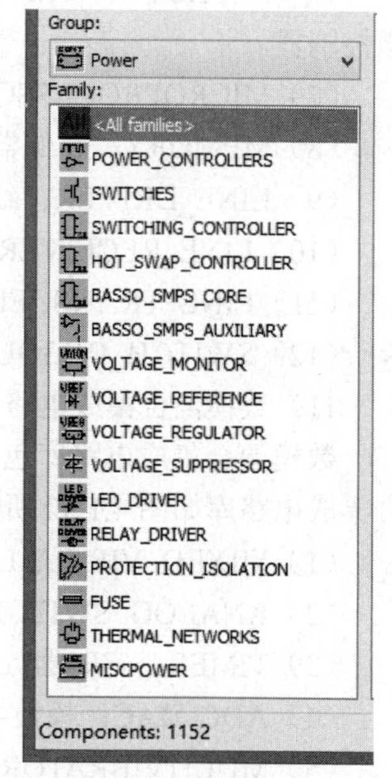

图 4.1.32　功率器件库

14）其他器件库（Misc）

把某些不便于划分类型的元件箱放在一起，就构成了其他器件库。其他器件库包含有晶体振荡器、滤波器等多种器件。其他器件库如图 4.1.33 所示，共有 15 个元件箱。

（1）MISC_VIRTUAL：虚拟器件。

（2）TRANSDUCERS：传感器。

（3）OPTOCOUPLER：光电耦合器。

（4）CRYSTAL：晶体振荡器。

（5）VACUUM_TUBE：真空管。

（6）BUCK_CONVERTER：开关电源降压转换器。

（7）BOOST_CONVERTER：开关电源升压转换器。

（8）BUCK_BOOST_CONVERTER：开关电源升降压转换器。

（9）LOSSY_TRANSMISSION_LINE：有损耗传输线。

（10）LOSSLESS_LINE_TYPE1：无损耗传输线 1。

（11）LOSSLESS_LINE_TYPE2：无损耗传输线 2。

（12）FILTERS：滤波器。

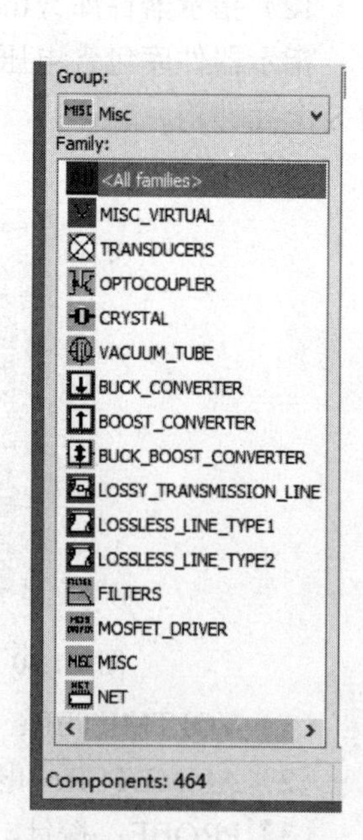

图 4.1.33　其他器件库

（13）MOSFET_DRIVER：MOSFET 驱动器。

（14）MISC：其他。

（15）NET：网络。

15）射频元器件库（RF）

射频元器件库包含射频晶体管、射频 FET、带状传输线等多种射频元器件。射频元器件库如图 4.1.34 所示，共有 8 个元件箱。

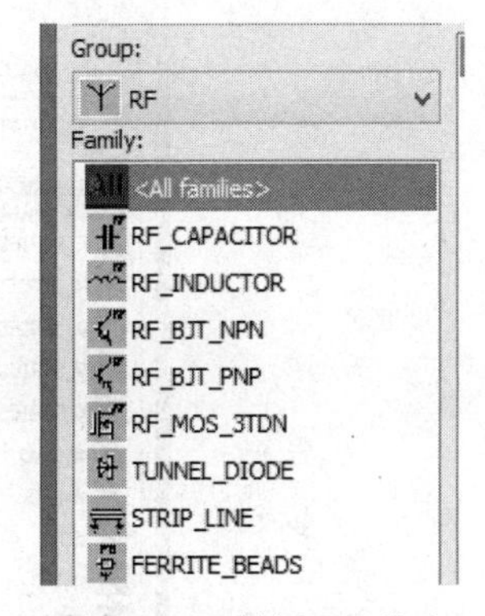

图 4.1.34 射频元器件库

（1）RF_CAPACITOR：射频电容。

（2）RF_INDUCTOR：射频电感。

（3）RF_BJT_NPN：射频 NPN 晶体管。

（4）RF_BJT_PNP：射频 PNP 晶体管。

（5）RF_MOS_3TDN：射频 MOS 管。

（6）TUNNEL_DIODE：隧道二极管。

（7）STRIP_LINE：带状传输线。

（8）FERRITE_BEADS：磁珠。

16）机电类器件库（Electro_Mechanical）

机电类元器件库包含开关、继电器等多种机电类器件。机电类器件库如图 4.1.35 所示，共有 8 个元件箱。

（1）MACHINES：机器。

（2）MOTION_CONTROLLERS：运动控制器。

（3）SENSORS：传感器。

（4）MECHANICAL_LOADS：机械载入装置。

（5）TIMED_CONTACTS：定时触点开关。

（6）COILS_RELAYS：线圈继电器。

（7）SUPPLEMENTARY_SWITCHES：附加触点开关。

（8）PROTECTION_DEVICES：保护装置。

图 4.1.35 机电类元器件库

17）NI 元器件库（NI_Components）

NI 元器件库中放置的是 NI 公司自己的一系列元器件。分为 11 个元件箱，如图 4.1.36 所示。

18）接插件库（Connectors）

接插件库有 11 个元件箱，如图 4.1.37 所示。

（1）AUDIO_VIDEO：音频/视频。

（2）DSUB：数据总线。

（3）ETHERNET_TELECOM：电信以太网。

（4）HEADERS_TEST：头部测试。

（5）MFR_CUSTOM：MFR 自定义。

（6）POWER：电源。

（7）RECTANGULAR：长方形。

（8）RF_COAXIAL：同轴射频线。

（9）SIGNAL_IO：输入/输出信号。

（10）TERMINAL_BLOCKS：终端模块。

（11）USB：USB 接口。

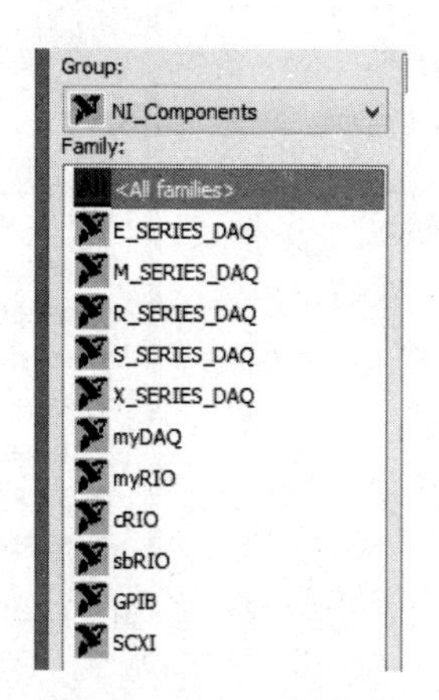

图 4.1.36　NI 元器件库

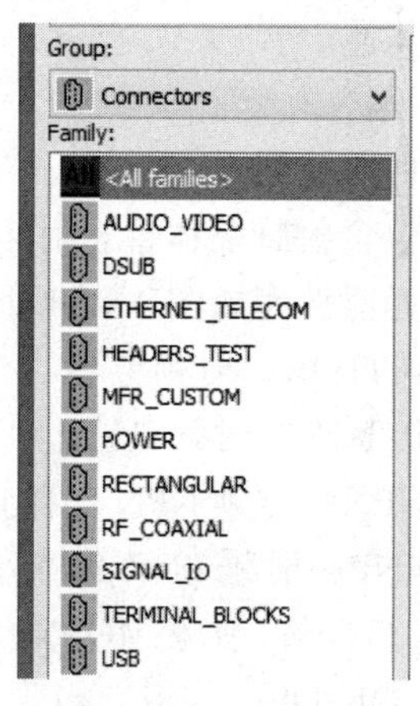

图 4.1.37　接插件库

2. Sheet Properties（图纸参数）设置

选择“Options（选项）”→“Sheet Properties（图纸参数）”命令，可以打开 Sheet Properties 对话框，如图 4.1.38 所示。在该对话框中，有 7 个标签，每个标签都有若干功能选项，可以对 Multisim 13 界面中的电路图工作区进行设置。

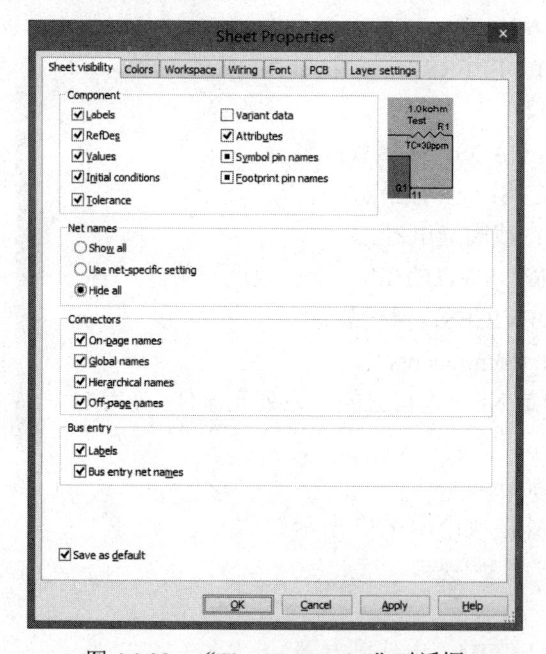

图 4.1.38　“Sheet Properties”对话框

（1）“Sheet visibility（图纸显示）”标签：对电路图形进行设置。

① Component 区域：用来设置元器件及连线上显示的文字信息。

Labels：是否显示元器件的标签内容。

RefDes：是否显示元器件的标识符（序号），如 R1。

Values：是否显示元器件的值。

Initial conditions：是否显示元器件的初始条件。

Tolerance：是否显示元器件的容差。

Variant data：是否显示元器件的变量数据。

Attributes：是否显示元器件的属性。

Symbol pin names：是否显示符号引脚名称。

Footprint pin names：是否显示封装引脚编号。

② Net names 选项区域：

Show all：显示全部。

Use net-specific setting：是否特殊设置。

Hide all：隐藏全部。

③ Connectors 选项区域：对连接子电路名称的设置。

④ Bus entry 选项区域：对总线入口的设置。

（2）“Colors（颜色）”标签：对图纸的显示颜色进行设置，有五套配色方案：White and Black（白底黑字）、Black and White（黑底白字）、White Background（白底彩字）、Black Background（黑底彩字）、用户自定义（Custom）。对初学者而言，可选择前四套方案，一般无须进行自定义，改变图纸的颜色。

（3）“Workspace（工作区）”标签：可进行图纸界面参数的设置，包括图纸区显示内容、图纸大小、方向等，如图 4.1.39 所示。

① Show 选项区域：对电路工作区显示方式进行控制。

Show grid：是否显示网格。

Show page bounds：是否显示图纸界线。

Show border：是否显示边框。

② Sheet size 选项区域：对图纸大小和方向进行设置。通过下拉列表框选择图纸大小。

Orientation：图纸方向。有 Portrait（竖放）和 Landscape（横放）两个选项。

Custom size：自定义尺寸。Width：宽度；Height：高度；Inches：单位为英寸；Centimeters：单位为厘米。

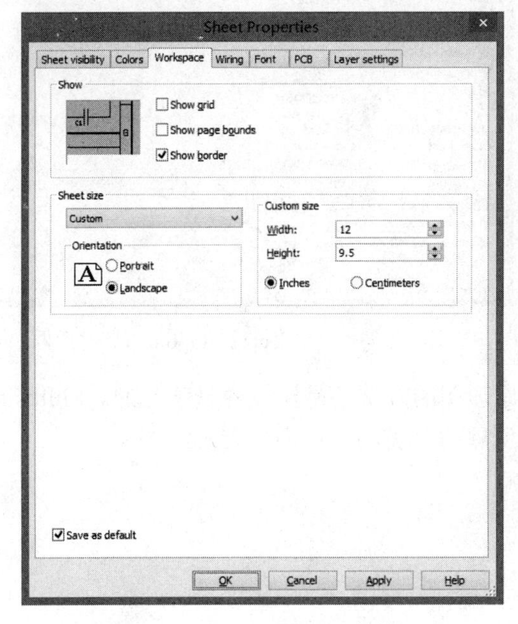

图 4.1.39　“Workspace”标签

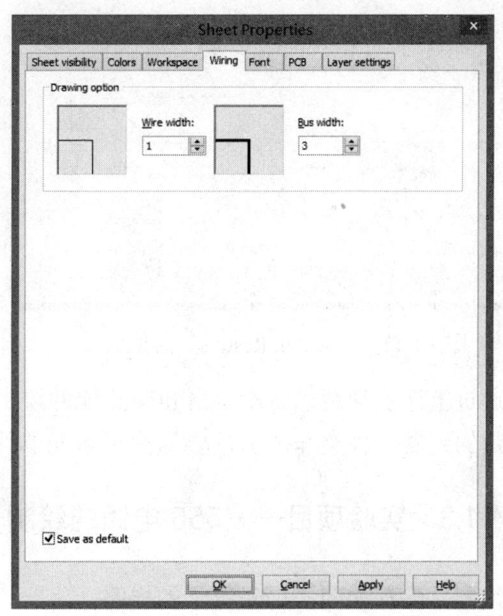

图 4.1.40　“Wiring”标签

（4）“Wiring（导线）”标签：对图纸的线宽进行设置。Wire width：连接导线线宽；Bus width：总线宽度，如图 4.1.40 所示。

（5）“Font（字体）”标签：设置字体的字型、字号等，与其他软件的字体设置基本相同。

（6）“PCB”标签：设置与制作电路板相关的选项。

（7）“Layer settings（板层设置）”标签：是否显示，还可以添加注释层。

3．查找元器件

当不熟悉元器件所在分组时，可以通过查找来快速定位。查找方法如下。

（1）选择“Place（放置）”→“Component（元器件）”命令，打开元器件浏览窗口。

（2）单击右上角的“Search（搜索）”按钮，弹出如图 4.1.41 所示的对话框。

（3）在“Component”后的文本框中输入需要查找的器件名称或关键词，如“555”，单击“Search”按钮。输入的关键词可以是数字和字母，字母不分大小写。

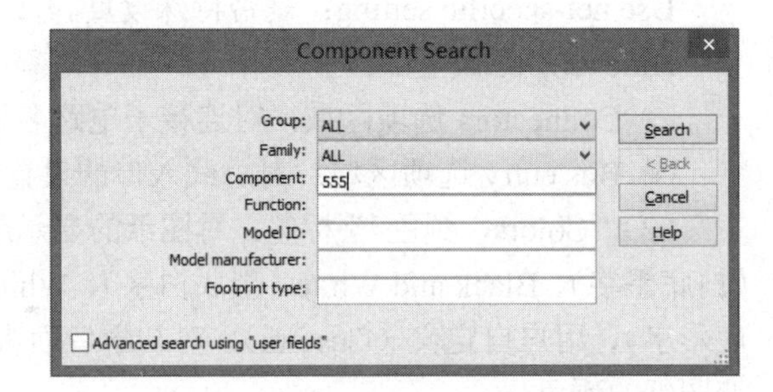

图 4.1.41　“Component Search”对话框

（4）系统开始查找，并把符合条件的元器件显示在图 4.1.42 左边窗格中。

（5）选择器件，单击“OK”按钮，会弹出如图 4.1.43 所示的对话框，显示该器件的相关信息，再次单击“OK”按钮，将找到的器件放置在电路中。

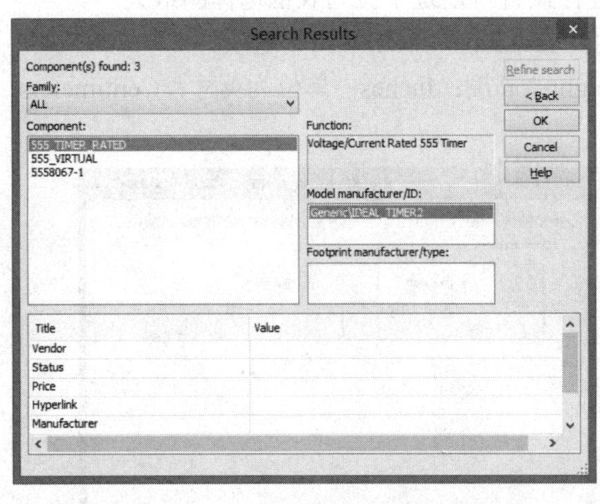

图 4.1.42　“Search Results”对话框

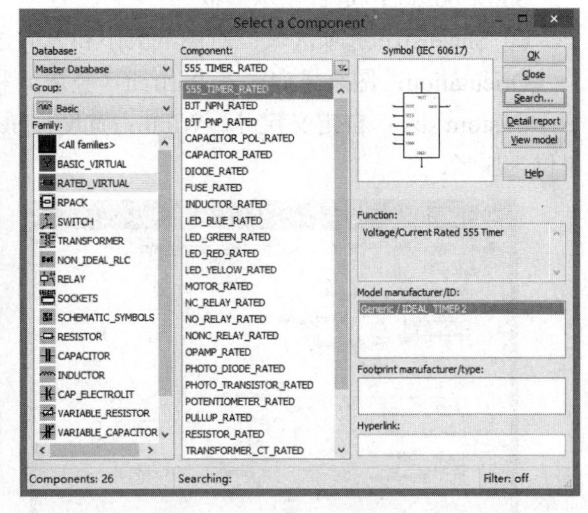

图 4.1.43　“Selecta Component”对话框

通过上述实训可以看出，Multisim 软件绘制原理图的方法还是比较容易学会的。Multisim 软件自带的元器件种类非常多，要尽快了解元器件所属的分类和所在的位置。

4.1.3　实验项目——555 电路的绘制

绘制并保存如图 4.1.44 所示的电路。

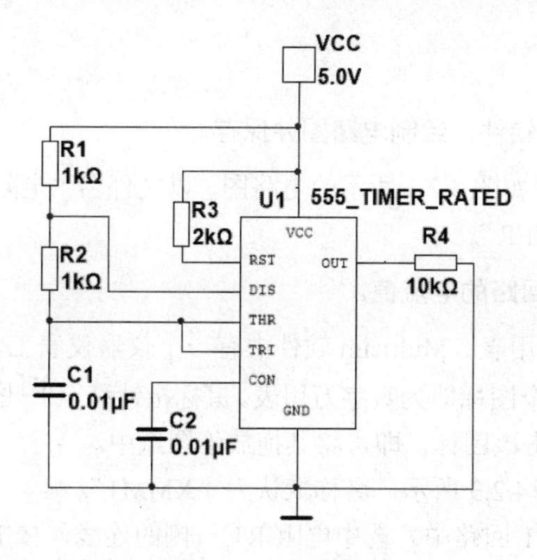

图 4.1.44　555 电路

4.2　Multisim 仿真设计

4.2.1　训练微项目——简单电阻串、并联电路的仿真测试

本项目需要完成的任务是使用 Multisim 13 自带的虚拟仪器——数字万用表和瓦特计对电路进行测量，直接得出电路的相关参数。

测量的电路如图 4.2.1 所示。图中，3 个电阻的值均为 1kΩ，R2 和 R3 先并联，再和 R1 串联，电源电压为 12V。按照传统方法，可根据基尔霍夫和欧姆定律，计算得到各支路的电流值和电压值，如：

$$\mathrm{I_{R1}} = \frac{U_{\mathrm{V1}}}{\mathrm{R1}+(\mathrm{R2}//\mathrm{R3})} = \frac{12\mathrm{V}}{1\mathrm{k\Omega}+(1\mathrm{k\Omega}//1\mathrm{k\Omega})} = \frac{12\mathrm{V}}{1.5\mathrm{k\Omega}} = 8\mathrm{mA} \tag{4-2-1}$$

$$U_{\mathrm{R1}} = I_{\mathrm{R1}} \times R_1 = 8\mathrm{mA} \times 1\mathrm{k\Omega} = 8\mathrm{V} \tag{4-2-2}$$

下面以 Multisim 13 软件来仿真，无须计算直接得到结果。

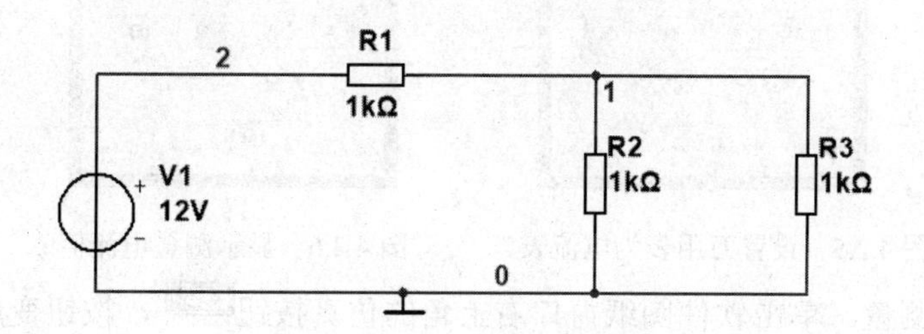

图 4.2.1　简单电阻串、并联电路原理图

◆ 学习目标

- ✧ 了解 Multisim 13.0 软件中虚拟仪器的种类
- ✧ 掌握常用虚拟仪器——数字万用表和瓦特计的性能和使用方法
- ✧ 会对电路进行简单的测量计算

◆ 执行步骤

步骤 1：打开 Multisim 软件，绘制电路图并保存。

在 Multisim 软件中绘制如图 4.2.1 所示的电路图，以文件名“电阻串联电路.ms13”保存。V1 在库中的名称为“DC_POWER”。

步骤 2：测量电阻 R1 回路的电流值。

（1）查找并放置数字万用表。Multisim 软件中有一个仪器仪表工具栏，通常位于电路图窗口右侧边缘，工具栏中的第一个图标即为数字万用表。鼠标指针移至图标上，会显示“Multimeter”字样，如图 4.2.2 所示。单击该图标，即可将其拖放于图纸中。

放下的万用表图形如图 4.2.3 所示，名称默认为“XMM1”。

（2）将万用表串联至 R1 回路中。选中电阻 R1 一侧的连线，按 Delete 键，即可将该连线断开。将万用表图标上的连接端（接线柱）与相应支路的连接点相连，连线过程类似元器件的连线。如图 4.2.4 所示为万用表串联于被测支路中。

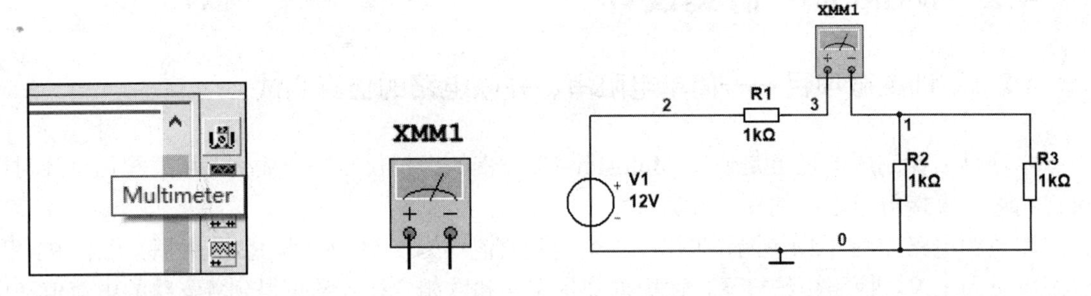

图 4.2.2　显示 Multimeter 字样　　图 4.2.3　万用表图形　　图 4.2.4　将万用表串联至电路中

（3）设置万用表为电流表。双击万用表，打开万用表面板，如图 4.2.5 所示，单击 A 按钮，表示测量电流，单击 —— 按钮，表示测量直流信号。

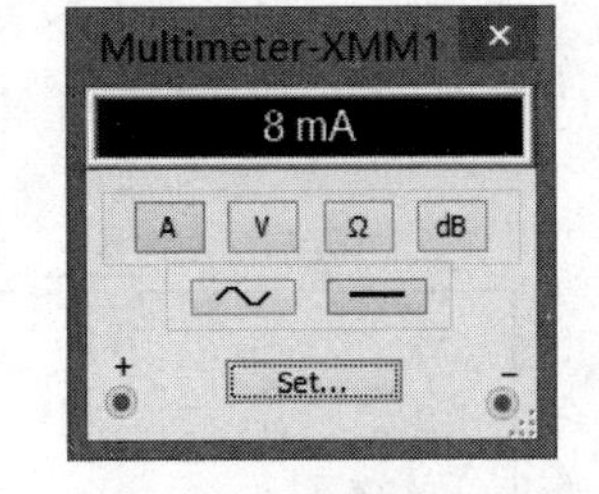

图 4.2.5　设置万用表为电流表　　图 4.2.6　显示测量电流值

（4）进行仿真测量。单击软件图纸窗口右上角的仿真按钮，按钮变成状态，电路开始仿真运行，同时在电流表面板中显示所测量的值，如图 4.2.6 所示，电流值显示为“8mA”。再次单击按钮，电路会停止运行。

步骤 3：测量电阻 R1 两端的电压值。

（1）将万用表并联至 R1 两端。断开万用表串联连接方式，改为并联至 R1 两端，如图 4.2.7 所示。

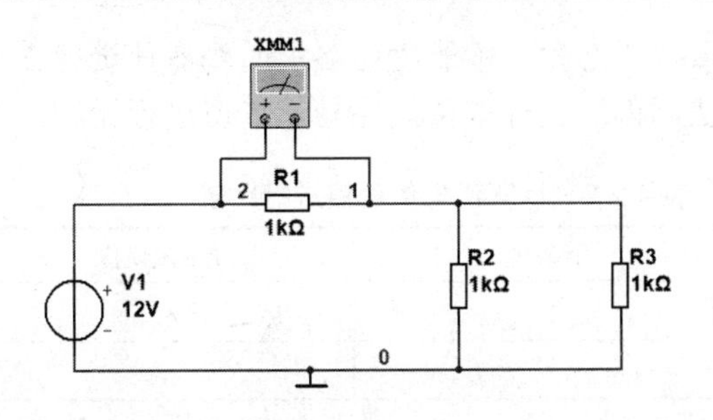

图 4.2.7　并联万用表

（2）设置万用表为电压表。双击万用表，打开设置对话框，单击 V 按钮，表示测量电压。

（3）进行仿真测量。单击仿真按钮，电路开始仿真运行，同时在电压表面板中显示所测量的值，如图 4.2.8 所示，电压值显示为“8V”。

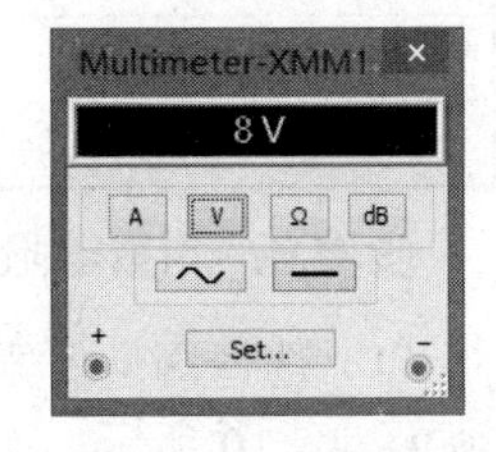

图 4.2.8　显示测量电压值

步骤 4：测量电阻 R2 的值。

用上述同样的方法，测量 R2 的电压值和流经其支路的电流值，并与计算值进行比较，看是否吻合。结果填写在表 4.2.1 中。

表 4.2.1　计算值与仿真值进行比较（R2=1kΩ）

参数	计算值	仿真测量值	计算结果与仿真结果比较
I_{R1}			
U_{R1}			
I_{R2}			
U_{R2}			

步骤 5：改变电阻 R2 的值，再次进行测量。

（1）改变电阻 R2 的值为 2kΩ。双击电阻 R2，打开其属性对话框，如图 4.2.9 所示。在“Value（值）”选项卡中，将“Resistance（阻值）”文本框中的内容更改为“2k”，单击“OK”按钮。

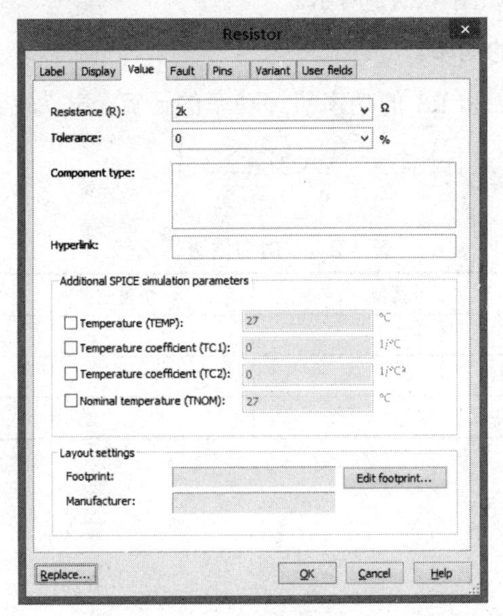

图 4.2.9　修改电阻阻值

注意：电路处于仿真运行状态时，不能对电路中的元器件进行更换、参数设置等操作。

（2）用上述同样的方法，再次进行测量，并与计算值进行比较，结果填写在表 4.2.2 中。

表 4.2.2　计算值与仿真值进行比较（R2=2kΩ）

参数	计算值	仿真测量值	计算结果与仿真结果比较
I_{R1}			
U_{R1}			
I_{R2}			
U_{R2}			
I_{R3}			
U_{R3}			

步骤 6：测量电阻 R1 的功率。

（1）选择测量仪器。选择仪器仪表工具栏中的“瓦特计”，与电阻 R1 相连，瓦特计的图形如图 4.2.10 所示，连接方法如图 4.2.11 所示，“V”两侧的接线端子与 R1 并联，“I”两侧的接线端子与 R1 串联。

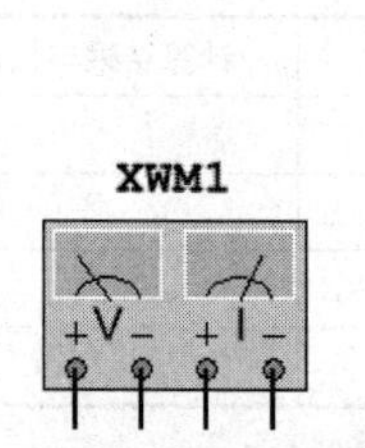

图 4.2.10　瓦特计（Wattmeter）图形

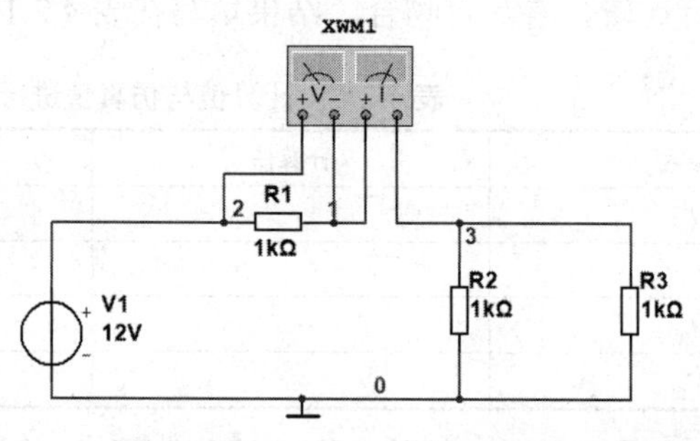

图 4.2.11　显示修改好的标题栏内容

（2）进行仿真测量。单击仿真按钮，进行仿真，打开瓦特计面板可以看到所测量的功率值，如图 4.2.12 所示。

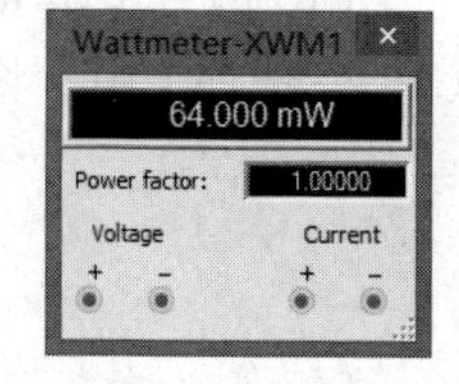

图 4.2.12　显示功率

步骤 7：测量其他电阻的功率。

用同样的方法，测量 R2 和 R3 的功率值。功率的计算公式为 $P=RI$ 或 $P=\frac{U^2}{I}$，将测量值与计算值进行比较，填入表 4.2.3 中。

表 4.2.3　功率值进行比较

参数	计算值	仿真测量值	计算结果与仿真结果比较
P_{R1}			
P_{R2}			
P_{R3}			

4.2.2　知识库

1．虚拟仪器入门

1）简介

Multisim 软件中提供了大量用于仿真电路测试和研究的虚拟仪器，如图 4.2.13 所示。这些仪器的操作、使用、设置、连接和观测过程与真实仪器几乎完全相同，就好像在真实的实验环境中使用仪器。在仿真过程中，也能够非常方便地监测电路工作情况和对仿真结果进行显示与测量。虚拟仪器的使用比真实的仪器更方便快捷。

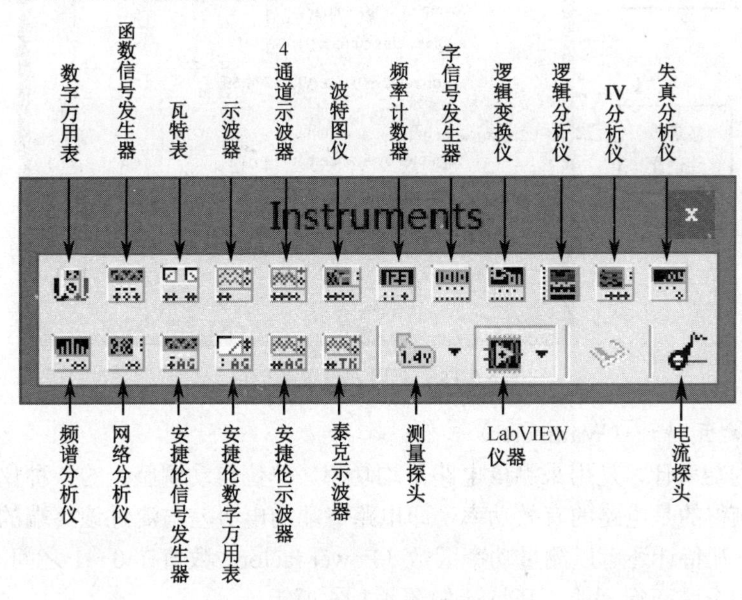

图 4.2.13　虚拟仪器

2）仪器参数的设置

（1）设置仪器仪表的参数。双击仪器图标即可打开仪器面板。可以通过仪器面板上相应的按钮及参数来设置窗口中的数据，如万用表、瓦特计等。

（2）改变仪器仪表参数。在测量或观察过程中，可以根据测量或观察结果来改变仪器仪表参数的设置，如示波器、逻辑分析仪等。

2．虚拟仪器之数字万用表（Multimeter）

万用表是测量用最常见的工具之一，使用非常广泛。

Multisim 软件中的数字万用表如图 4.2.14 所示，可以用来测量交直流信号的电压、电流值、电阻值和电路中两点之间的分贝损耗，量程自动调整，数字显示。

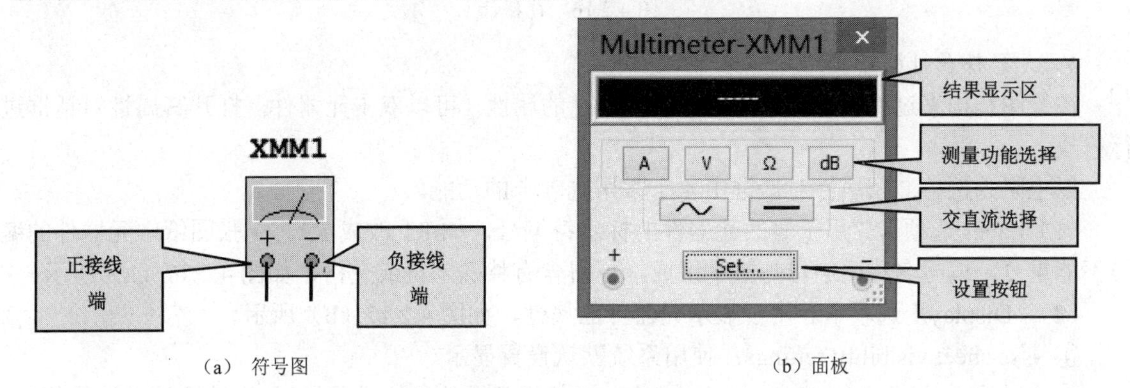

（a）符号图　　（b）面板

图 4.2.14　虚拟万用表

虚拟万用表的内阻和内部电流预置接近理想值，但是可以通过设置来进行改变，如图 4.2.15 所示，在万用表设置对话框中，可以设置万用表的电气特性和显示特性，有电流表内阻、电压表内阻、欧姆表电流及测量范围等参数。

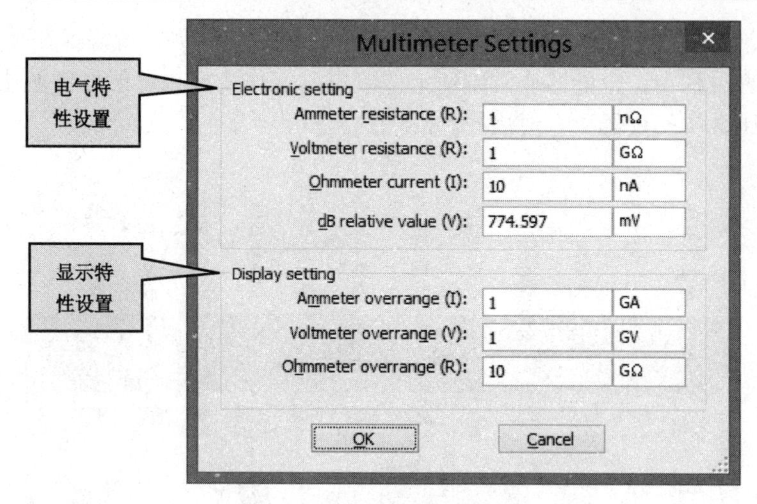

图 4.2.15　万用表设置对话框

3．虚拟仪器之瓦特计（Wattmeter）

瓦特计又称为功率计，是用来测量电路平均功率（单位自动调整）的一种仪器，交流和直流均可以测量。它测得的是电路的有效功率，即电路终端的电势差与流过该终端的电流的乘积，单位为瓦特。此外，瓦特计还可以测量功率因数（Power factor，数值在 0～1 之间），是通过计算电压与电流相位差的余弦而得到的，瓦特计如图 4.2.16 所示。

瓦特计有两组端子，标记为“V”的一组为电压输入端子，要求与被测对象并联；标记为“I”的一组为电流输入端子，要求与被测对象串联。

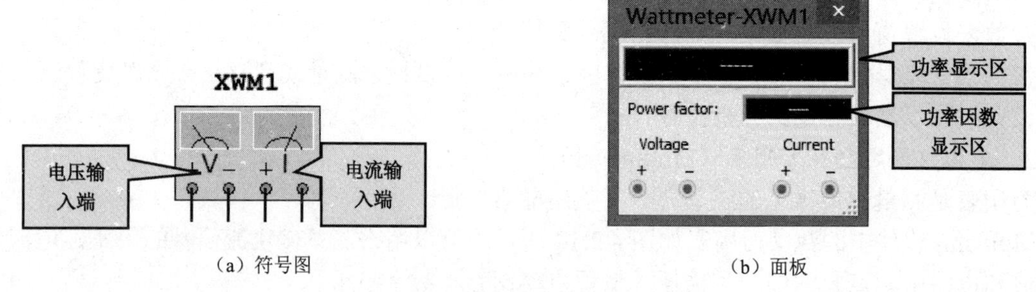

（a）符号图　　（b）面板

图 4.2.16　瓦特计

4．元器件属性的设置

在绘图和仿真过程中，有时需要修改元器件的属性，可以双击元器件，打开其属性对话框进行修改。

以电阻为例，介绍属性对话框中 4 个常用选项卡的功能。

（1）Label 选项卡。用于修改元器件的标示符编号，如 R1 改成 R2。一张图纸中元器件的编号不能重复，编号名称由字母与数字组成，不得含有特殊字符或空格，如图 4.2.17（a）所示。

（2）“Display”选项卡。用于显示元器件的属性，如图 4.2.17（b）所示。

① Use sheet visibility settings：使用系统默认设置显示。

② Use component specific visibility settings：使用元器件具体设置显示。当选中该单选按钮时，下面的复选框处于可设置状态，可以选中或取消某项的显示，具体含义可参见 4.1.2 节中的“Sheet Properties（图纸参数）设置”。

③ Use symbol pin name font global setting：使用符号引脚名称字体全局显示。

④ Use footprint pin name font global setting：使用封装引脚名称字体全局显示。

（3）“Value”选项卡。“Value”用于修改值的大小；“Tolerance”用于设置其精度值，如图 4.2.17（c）所示。

（4）“Fault”选项卡。可以设置仿真时元器件的故障现象，包括是否无故障（None）、开路（Open）、短路（Short）、漏电（Leakage）等。可对某一个或几个引脚进行单独设置，如图 4.2.17（d）所示。

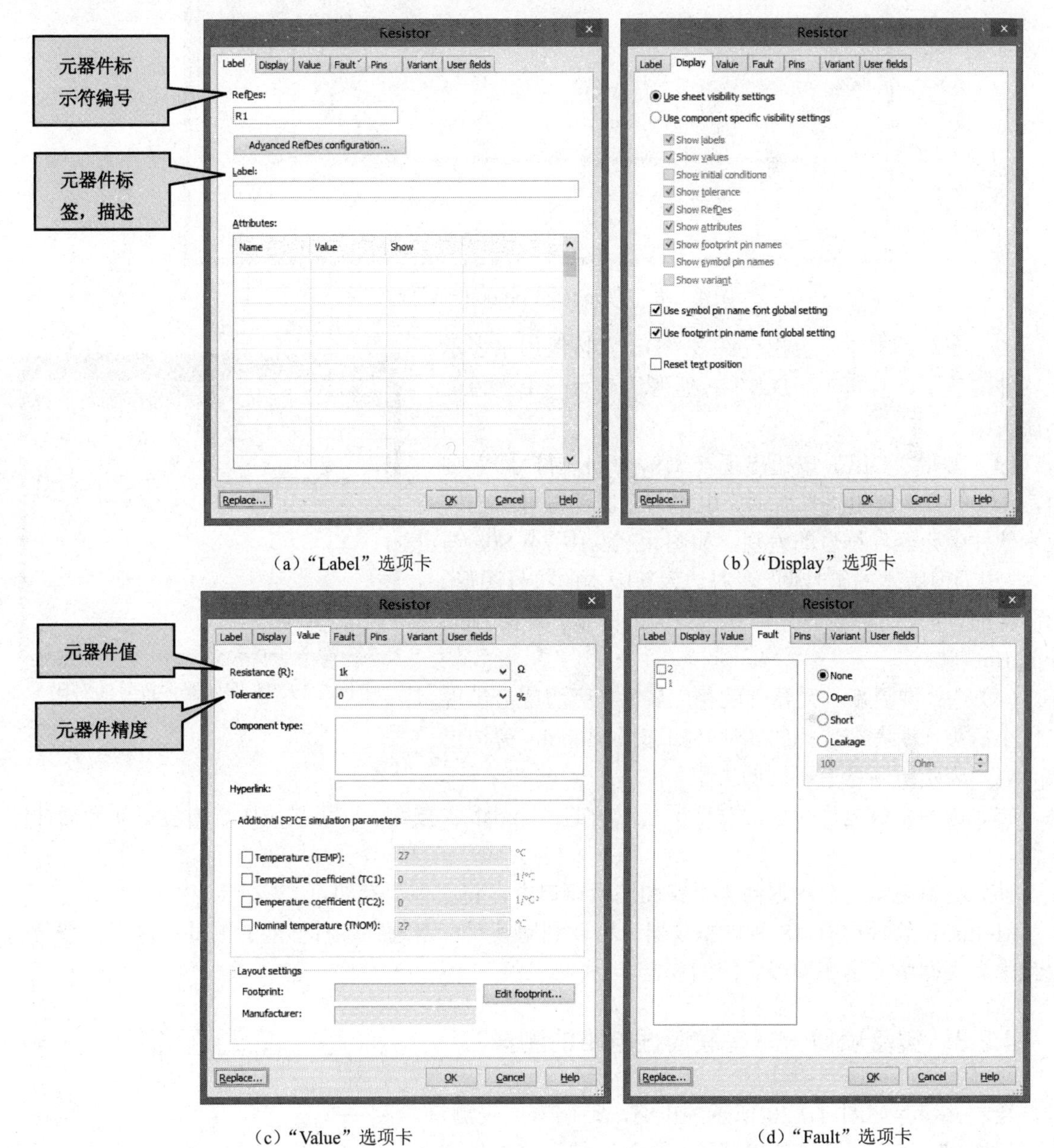

（a）“Label”选项卡　（b）“Display”选项卡

（c）“Value”选项卡　（d）“Fault”选项卡

图 4.2.17　电阻属性的设置

5．升级旧版本电路图的文件

如果打开一个 Multisim 早期版本的电路图仿真文件，元件的模型有可能与当前版本不兼容，此时需要进行模型转换。操作步骤如下。

（1）在 Multisim 13 中，打开早期版本的仿真电路，选择“Tools（工具）”→“Update components

（更新元器件）”命令，弹出如图 4.2.18 所示的对话框。

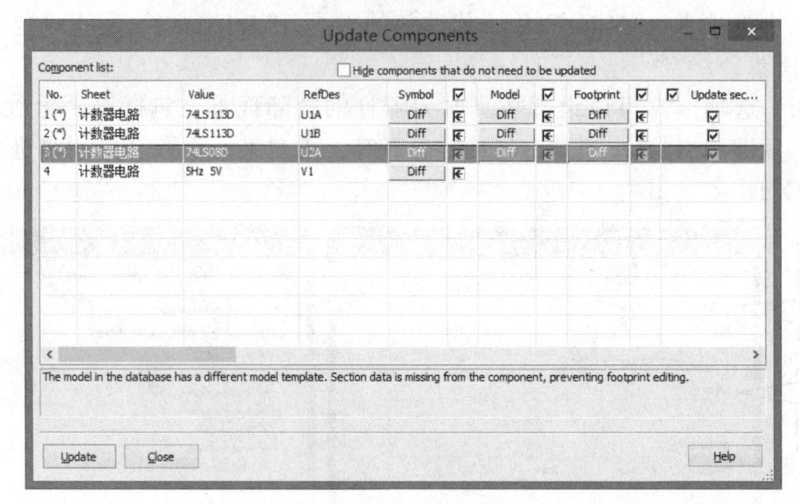

图 4.2.18　“Update Components”对话框

（2）在对话框中，会出现许多“Diff”按钮用来表示元器件的差别，且每个“Diff”按钮旁边都有一个红色的小箭头。

（3）如果“Diff”按钮出现在“Symbol（符号）”列中，可以单击此按钮用来显示原电路中元器件符号与当前版本软件中元器件符号的差别，如图 4.2.19 中 74LS08 与门，左边为旧版本的符号图形，右边为新版本的符号图形。用同样的方法，可以查看元件其他方面的区别，如 Model、Footprint 等。

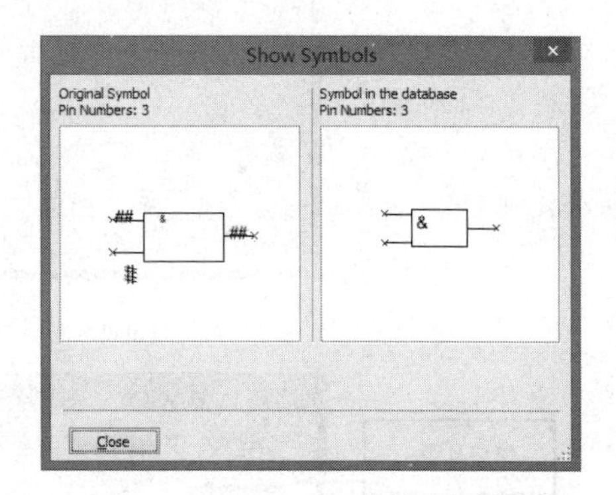

图 4.2.19　新旧元器件符号的对比

（4）选择要更新的元器件的相应属性，旁边应会出现红色小箭头，或者在选择的属性（如选择 Model）旁边出现“√”，表示更新所有不同的类型。

（5）选择完成之后，单击对话框左下角的“Update”按钮，即可按照所选内容更新元器件的属性。

（6）更新完毕，自动返回到电路图编辑窗口中，将文件另存即可。

Multisim 软件中有 18 种虚拟仪器，可以利用其对电路进行各种性能的测试。在同一个仿真电路中允许调用多台相同或不同的仪器。

4.2.3　实验项目——串联谐振电路的测量

绘制并保存如图 4.2.20 所示的电路，使用万用表测量电路的电流、每个元件端的电压值。使用瓦特计测量电容、电阻、电感的功率值。

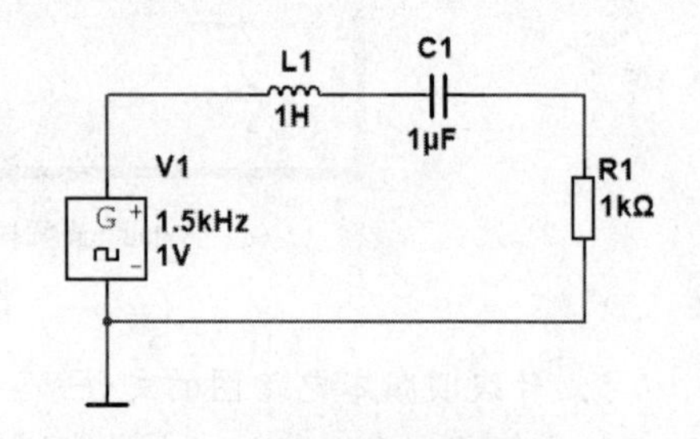

图 4.2.20　串联谐振电路

4.3　Multisim 在电路分析中的应用

4.3.1　训练微项目——积分电路和微分电路的仿真测试

本项目需要完成的任务是使用 Multisim 13 自带的虚拟示波器对由电容和电阻构成的简单积分电路、微分电路进行测试，通过观察波形了解电容特性、充放电性能。

待测的电路图如图 4.3.1 所示。

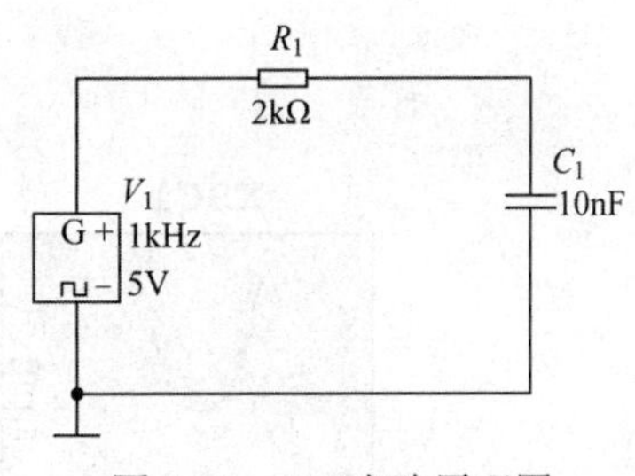

图 4.3.1　RC 电路原理图

RC 积分电路应满足三个条件：① 激励为一周期性的矩形波；② 输出电压取自电容两端；③ 当电路时间常数远大于脉冲宽度（即 $\tau >> T_W$ 时，可得到线性扫描的波形；而当 $\tau << T_W$ 时，在电容上可得到矩形波。RC 积分电路如图 4.3.2 所示。

微分电路应满足三个条件：① 激励必须为一周期性的矩形脉冲；② 响应必须是从电阻两端取出的电压；③ 电路时间常数远小于脉冲宽度，即 $\tau << T_W$，在电阻上可得到窄脉冲输出。RC 微分电路如图 4.3.3 所示。

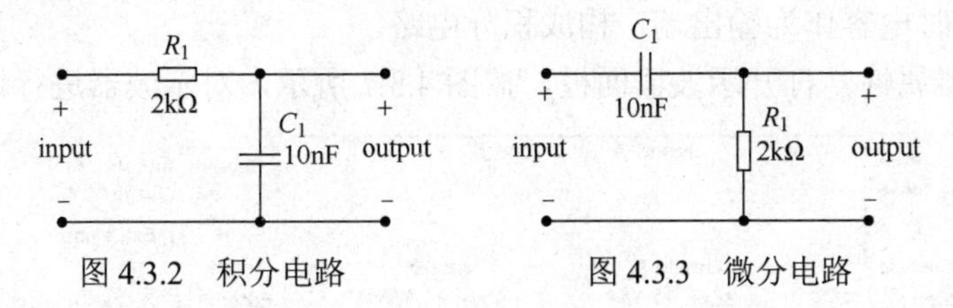

图 4.3.2　积分电路　　图 4.3.3　微分电路

◆ 学习目标

✧　掌握常用虚拟仪器双踪示波器和函数信号发生器的性能和使用方法

✧　会根据电路的性能对虚拟仪器进行设置，正确读数

◆ 执行步骤

步骤 1：打开 Multisim 软件，绘制电路图并保存。

在 Multisim 软件中绘制如图 4.3.1 所示的电路图，以文件名“RC 电路.ms13”保存。

V_1 在库中的名称为 CLOCK_VOLTAGE，是时钟电压源。如图 4.3.4 所示，可以设置其电压幅度（Voltage）、频率（Frequency）和占空比（Duty cycle），实质是一个方波发生器。

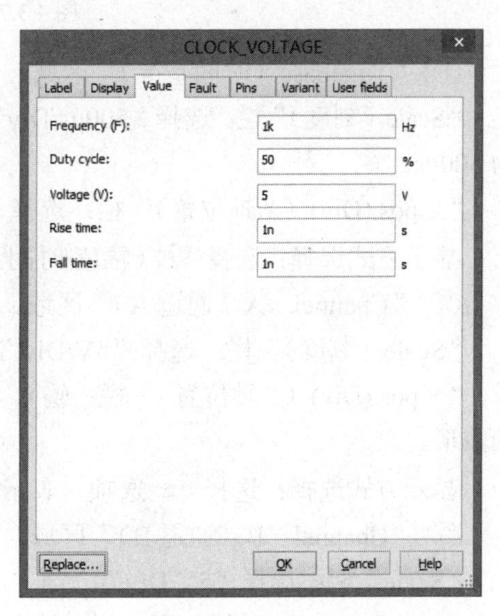

图 4.3.4　CLOCK_VOLTAGE 参数设置

步骤 2：测量信号源和电容 C1 的波形。

（1）查找并放置双踪示波器。在仪表工具栏中选

择 图标（显示 Oscilloscope），将其拖放于图纸中。放下的双踪示波器图形如图 4.3.5 所示，名称默认为 XSC1。

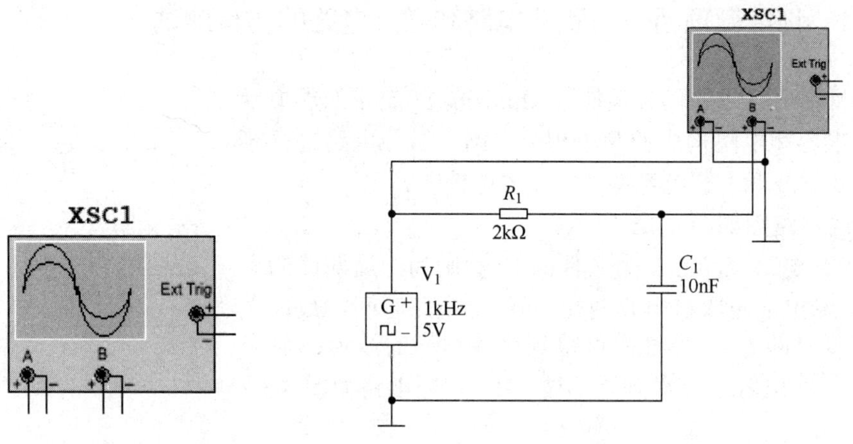

图 4.3.5　双踪示波器图形　　　　图 4.3.6　连接双踪示波器

（2）将双踪示波器连接至测试端。双踪示波器有 A、B 两路通道，将 A 通道的“+”端子连至信号源 V_1 正端，将 B 通道的“+”端子连至所需测试的电容端，A、B 两通道的“-”端子接地。如图 4.3.6 所示。此时电容作为输出端，构成积分电路。

（3）设置示波器属性。打开示波器面板，按图 4.3.7 所示，对示波器进行设置。

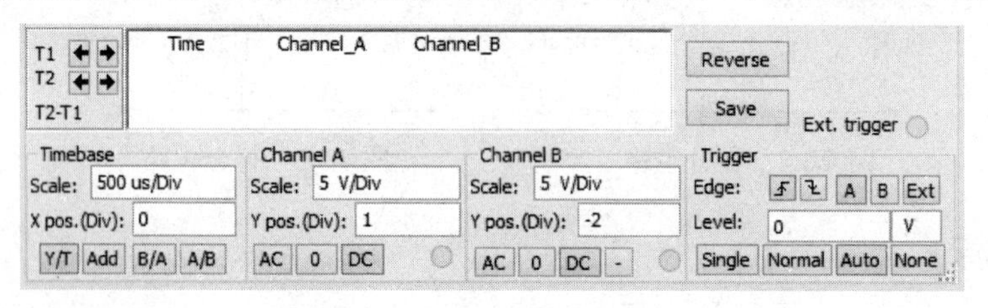

图 4.3.7　设置示波器面板参数

① “Timebase（时间基准）”区域。

“Scale（刻度）”栏：选择“500μs/Div”；表示 X 轴刻度显示示波器的时间基准，每一格（Div）为 500μs。

“X pos.(Div)（X 轴位置）”栏：选择“0”，即 X 轴位置调到 0。

显示方式选择：选择 Y/T（幅度/时间）选项，表示以 X 轴为时间进行扫描，Y 轴显示电压值。

② “Channel　A（通道 A）”区域。

“Scale（刻度）”栏：选择“5V/Div”，表示每一格为 5V。

“Y pos.(Div)（Y 轴位置）”栏：输入“1”，表示在显示区 X 轴上方一大格的位置显示 A 通道的波形。

显示方式选择：选择 DC 选项，表示显示的是信号的交直流分量之和。

③ “Channel　B（通道 B）”区域。

“Scale”栏：选择“5V/Div”；

“Y pos.(Div)”（Y 轴位置）栏：输入“-2”，表示在显示区 X 轴下方两大格的位置显示 B 通道的波形。

显示方式选择：选择 DC 选项，表示显示的是信号的交直流分量之和。

④ “Trigger（触发方式）”区域。选择Auto选项，自动触发。

（4）仿真，观察波形。运行仿真，观察波形，并记录。按下⏸按钮，电路仿真暂停，可使得波形稳定显示。在图 4.3.8 中，同时显示两路波形。上面显示的是时钟信号源产生的波形，是周期性的方波，频率为 1kHz。下面显示的是电容的波形，可以看见，在时钟信号从低电平变成高电平时，电容开始充电，电容上的电压值开始慢慢增加，很快就达到最高值。在时钟信号从高电平变成低电平时，电容开始放电，电容上的电压值慢慢减小，很快降到最小值。

由于电容值为纳法级，非常小，可以看到电容从 0V 升到最大值及从最大值降到 0V 的波形非常陡，因此充放电的时间很短，得到一个近似的方波。

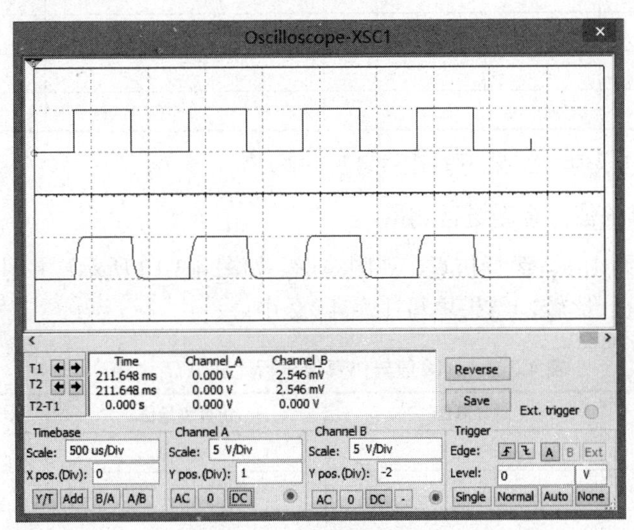

图 4.3.8 显示测量波形

（5）测量信号周期。如图 4.3.9 所示，在显示屏幕两侧有两根游标，一根红色（上面标注 1），一根蓝色（上面标注 2），移动红色游标至方波的起始端，在时间轴上对应 T_1 所在位置。移动蓝色游标至方波一个完整周期的末端，在时间轴上对应 T_2 所在位置。此时，在下面的波形参数读取区会显示 T_1=267.011ms，T_2=268.005ms，T_2-T_1（即周期）=994.318μs。

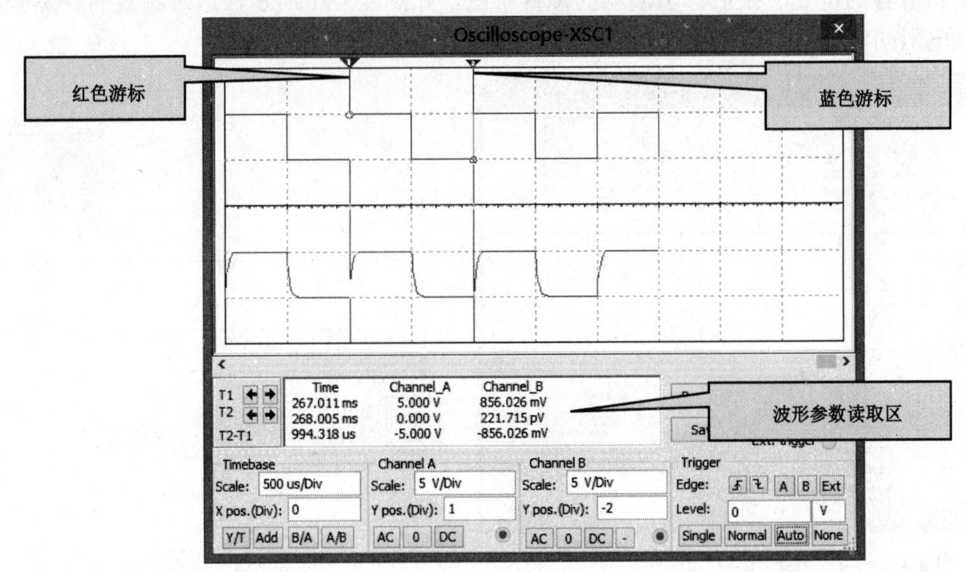

图 4.3.9 测量周期

注意：每一次重新扫描，两游标所在位置的时间、电压值都不一样。

（6）测量电容的充电时间（波形上升时间）和放电时间（波形下降时间）。移动标尺，分别测量以上两值，并与计算值进行比较，填写在表 4.3.1 中。

表 4.3.1　计算值与仿真值进行比较（C_1=10nF）

参数	计算值	仿真测量值	计算结果与仿真结果比较
T_1-T_2（周期）			
$f_{方波}$			
电容充电时间			
电容放电时间			
电容最大电压值			
电容最小电压值			

（7）测量电容的电压值。结果填写在表 4.3.1 中。

步骤 3：修改电容的值，重新进行测量。

改变电容 C_1 的值为 1μF。运行仿真，观测波形，如图 4.3.10 所示；并用上述同样的方法重新进行测量，与计算值进行比较，结果填写在表 4.3.2 中。

表 4.3.2　计算值与仿真值进行比较（C_1=1μF）

参数	计算值	仿真测量值	计算结果与仿真结果比较
T_1-T_2（周期）			
$f_{方波}$			
电容充电时间			
电容放电时间			
电容最大电压值			
电容最小电压值			

步骤 4：交换电阻和电容的位置，再次进行测量。

电阻和电容的位置交换后，示波器的位置不变，如图 4.3.11 所示，这时测量的就是微分电路中输出端电阻的波形。

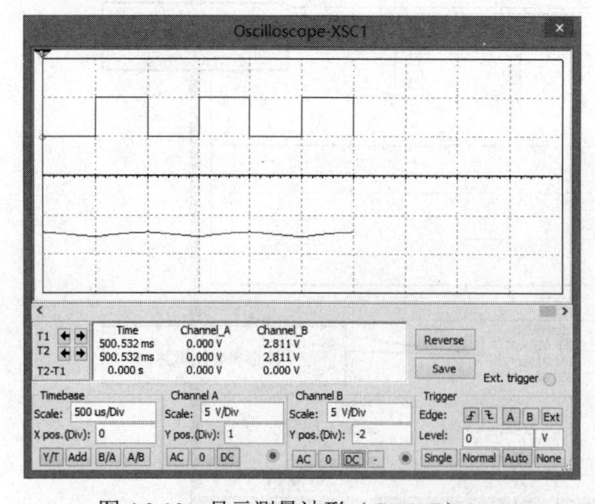

图 4.3.10　显示测量波形（C_1=1μF）

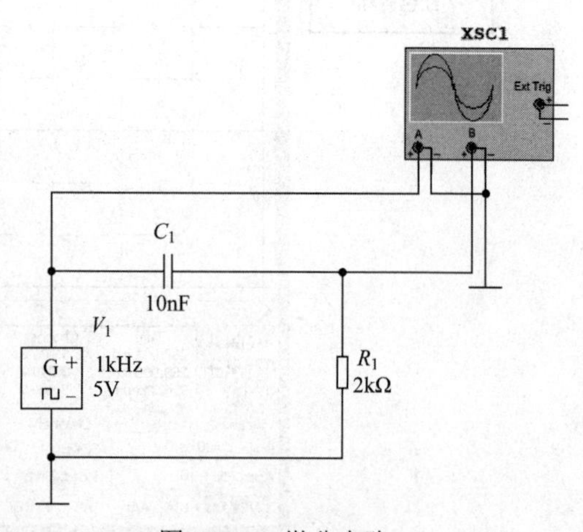

图 4.3.11　微分电路

运行仿真，观测波形，如图 4.3.12 所示，重新进行测量，请将测量值与计算值进行比较，结果填入表 4.3.3 中。

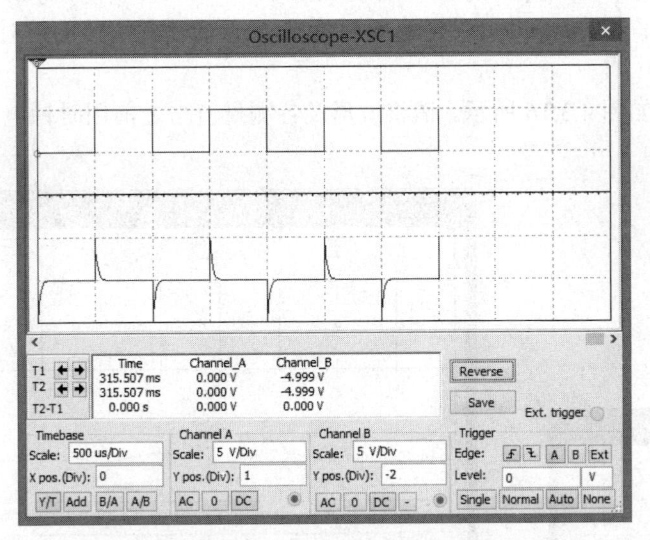

图 4.3.12　显示微分电路测量波形（C_1=10nF）

表 4.3.3　计算值与仿真值进行比较（微分电路 C_1=10nF）

参数	计算值	仿真测量值	计算结果与仿真结果比较
T_1-T_2（周期）			
$f_{方波}$			
电容充电时间			
电容放电时间			

步骤 5：将信号源改成函数信号发生器，进行测量。

在仪表工具栏中选择图标（显示 Function Generator），将其拖放于图纸中。放下的函数信号发生器图形如图 4.3.13 所示，名称默认为 XFG1。

删除信号源 V_1，在原来位置加上函数信号发生器，如图 4.3.14 所示。

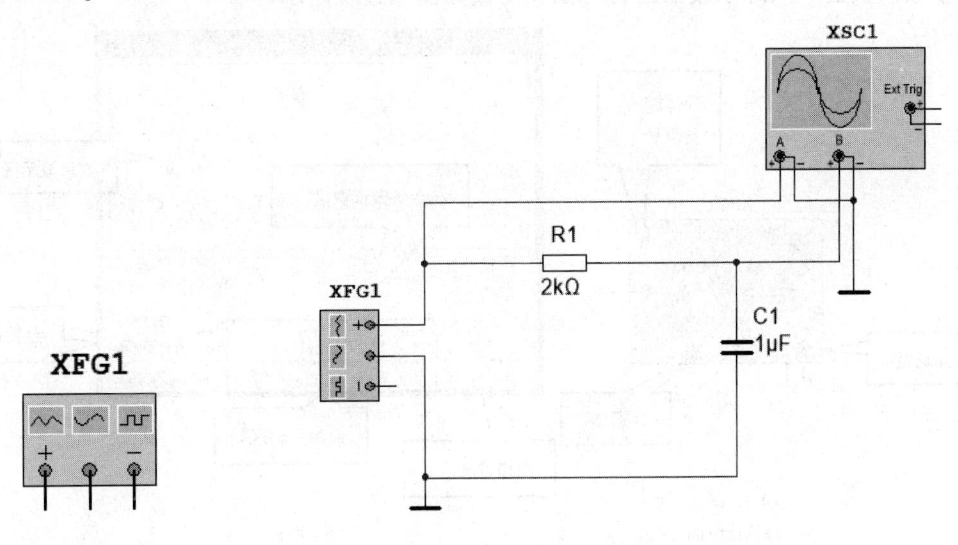

图 4.3.13　函数信号发生器图形　　　　图 4.3.14　采用函数信号发生器作为信号源

双击函数信号发生器图标，打开面板，如图 4.3.15 所示，进行相关的设置：单击▭按钮，表示产生矩形波。在“Frequency”栏输入 1，单位 kHz；在“Duty cycle”栏输入 50%，表示占空比为 50%的方波；在“Amplitude”栏输入 5，单位 Vp，表示最大值的绝对值为 5V；在“Offset”栏输入 0，单位 V。

进行仿真，结果如图 4.3.16 所示。请将波形及各测量值与之前用时钟电压源作为信号源的波形进行比较。

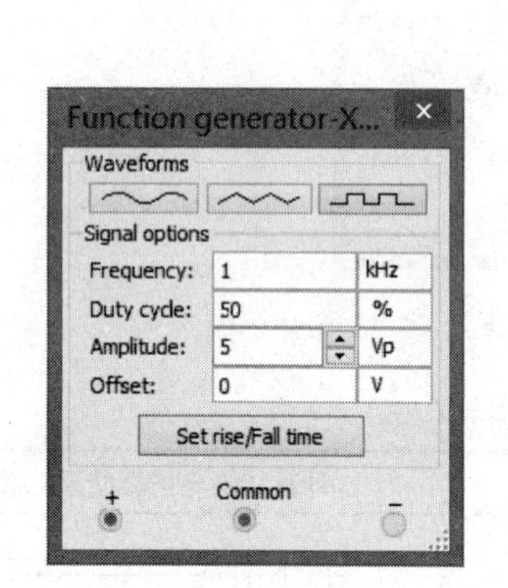

图 4.3.15　函数信号发生器属性设置

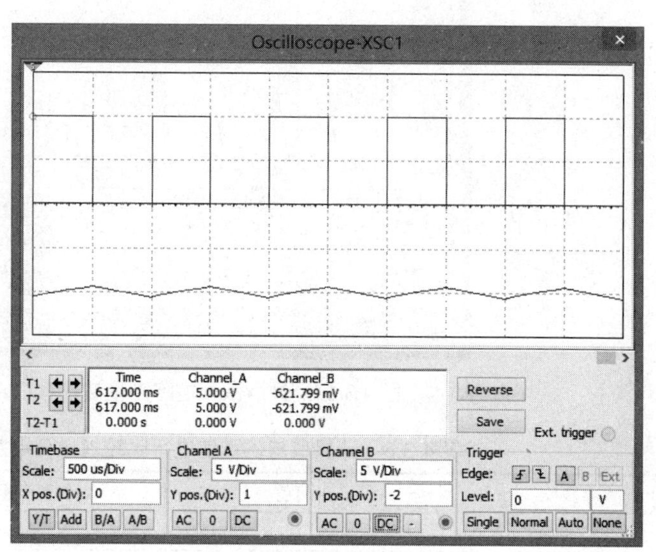

图 4.3.16　测量结果

4.3.2　知识库

1．虚拟仪器之双踪示波器（Oscilloscope）

示波器是测量所用最常见的仪表之一，主要用于测量波形。

Multisim 软件中的双踪示波器如图 4.3.17 所示，是用来显示信号的波形、测量信号幅度及周期等参数的仪器。双踪示波器的符号图和面板如图 4.3.17 所示。

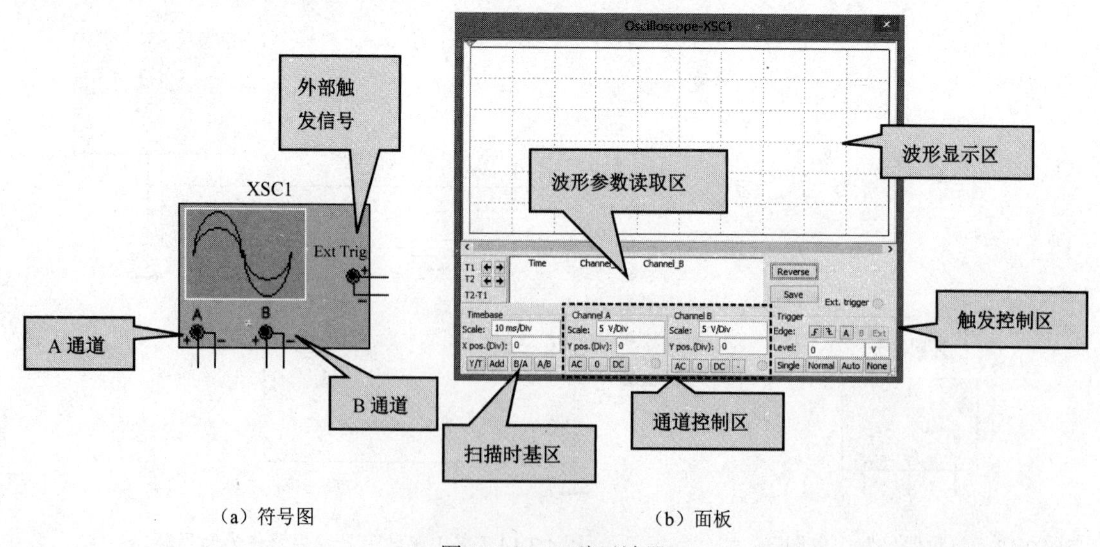

（a）符号图　　　　（b）面板

图 4.3.17　双踪示波器

双踪示波器包括两个通道 A 和 B，以及一个外部触发端。虚拟的示波器连接方式与实际示波器略有不同：一是示波器测量时“-”端一般要接地，但当电路中已有接地符号时，“-”端可不连接，此时可以只用一根线（“+”端）与被测点连接，测量的是该点与地之间的波形；二是可以将示波器的每个通道的“+”和“-”端接在某两点上，示波器显示的是这两点之间的电压波形。

示波器面板各按键的作用、调整及参数的设置与实际的示波器类似。

（1）“波形参数读取”区

显示两个游标所测得的数据，包括游标所在的刻度，两游标的时间差，通道 A、B 输入信号在游标处的信号幅度。

（2）“Timebase（时间基准控制）”区域

设置 X 轴的时间基准扫描时间。

① “Scale（刻度）”栏：表示 *X* 轴刻度（一大格）显示示波器的时间基准，其基准从 0.1fs/Div～1000Ts / Div 可供选择。

② “X pos.(Div)（X 轴位置）”栏：控制 X 轴水平扫描的起始点。当 X 的位置调到 0 时，信号从显示器的左边缘开始，正值使起始点右移，负值使起始点左移。X 位置的调节范围从-5.0～+5.0。

③ 显示方式选择：有四种显示方式可以切换。

“Y/T（幅度 / 时间）”方式：X 轴显示时间，Y 轴显示信号波形幅值。

“B/A”方式：将 A 通道作为 X 轴扫描信号，B 通道的信号施加在 Y 轴上。此时 Scale 设置不能被使用。

“A/B”方式：与 B/A 相反，此时 Scale 设置不能被使用。

“Add（叠加）”方式：X 轴显示时间，Y 轴显示 A 通道、B 通道的输入信号之和。

（3）通道控制区域

用来设置输入信号在 Y 轴的显示刻度。分为 Channel A（通道 A）和 Channel B（通道 B）两个通道，设置方法一样。

① “Scale（刻度）”栏：设定 Y 轴每一大格代表的幅度值。刻度范围从 1f V / Div～1000TV/Div，可以根据输入信号大小来选择 Y 轴刻度值的大小，使信号波形在示波器显示屏上显示出合适的幅度。

② “Y pos.(Div)（Y 轴位置）”栏：Y 轴位置控制 Y 轴的起始点。当 Y 的位置调到 0 时，Y 轴的起始点与 X 轴重合，如果将 Y 轴位置增加到 1，Y 轴原点位置从 X 轴向上移一大格，若将 Y 轴位置减小到-1，Y 轴原点位置从 X 轴向下移一大格。Y 轴位置的调节范围从-3.0～+3.0。改变 A、B 通道的 Y 轴位置有助于比较或分辨两通道的波形；

③ 显示方式选择：即信号输入的耦合方式。

AC：输入交流耦合方式，示波器只显示信号的交流分量。

0：输入信号被短路。在 Y 轴设置的原点位置显示一条水平直线。一般用作设置零点。

DC：输入直流耦合方式，显示的是信号的实际大小，为 AC 和 DC 分量之和。

（4）“Trigger（触发方式）”区域

设置示波器的触发方式。

① 触发信号选择：

“Single”：单脉冲触发。

“Normal”：一般脉冲触发。

“Auto”：自动触发，一般选择该项。选择“A”或“B”，则用相应通道的信号作为触发信号。“Ext Trigger”，由外触发输入信号触发。

② “Edge（触发边沿）”选择：可选择上升沿或下降沿触发。

③ “Level（触发电平）”选择：选择触发电平范围选项，自动触发。

（5）其他。用鼠标单击“Reverse”按钮可改变示波器屏幕的背景颜色。用鼠标单击“Save”按钮可按 ASCII 码格式存储波形读数。

2．虚拟仪器之函数信号发生器（Function generator）

函数信号发生器是可提供正弦波、三角波、方波三种不同波形信号的电压信号源。函数信号发生器的符号图和面板如图 4.3.18 所示。可以选择输出波形，在各窗口设置工作频率、占空比、幅度（峰值）和直流偏置（叠加在交流信号上的直流分量值的大小）等参数。频率设置范围为 1Hz～999THz；占空比调整值可从 1%～99%；幅度设置范围为 1μV～999kV；偏移设置范围为-999kV～999kV。

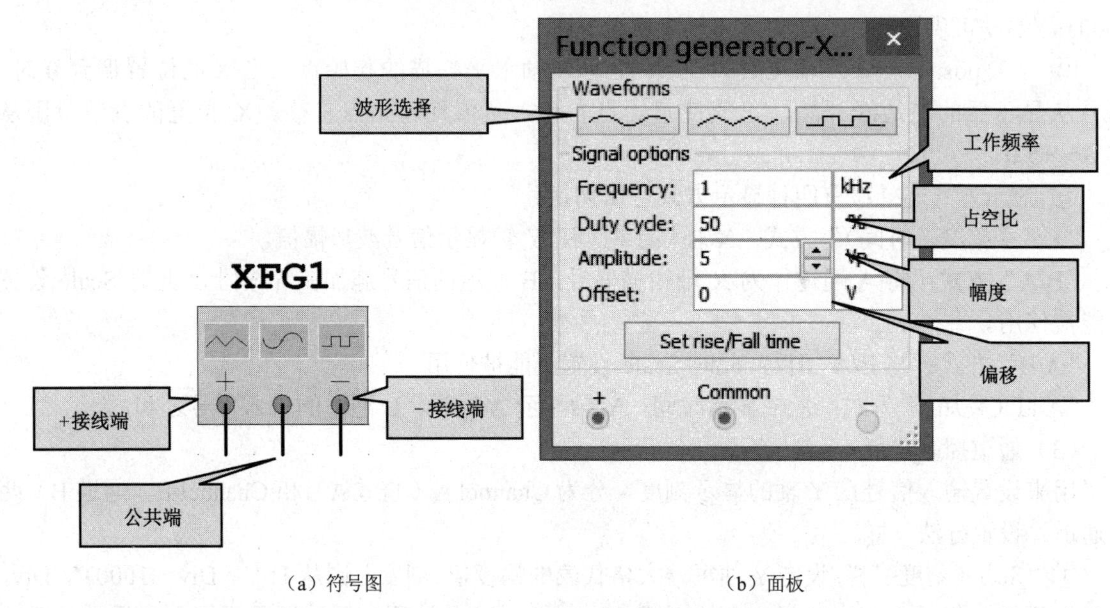

（a）符号图　　（b）面板

图 4.3.18　函数信号发生器

函数信号发生器的连接规则为：

① 连接+和 Common：输出正极性信号，幅值等于 XFG 的有效值。

② 连接 Common 和-：输出负极性信号，幅值等于 XFG 的有效值。

③ 连接+和-：输出信号的幅值等于 XFG 的有效值的两倍。

④ 同时连接 Common、+和-端子，且把 Common 端子和公共地符号（Ground）相连，则输出两个幅度相等、极性相反的信号。

示波器和函数信号发生器是两个非常重要、使用非常频繁的测量仪器，通过对虚拟仪器的使用和参数设置，可以提高对实物仪器的操作熟练程度。

4.3.3　实验项目——李沙育图形和限幅电路的仿真

1．李沙育图形

（1）绘制并保存如图 4.3.19 所示的电路，并修改相应元件参数。V_1 和 V_2 的库名称为 AC_VOLTAGE。

（2）将示波器连在电路上，打开示波器，运行仿真，通过更改示波器设置观察波形，并记录如图 4.3.20 所示。

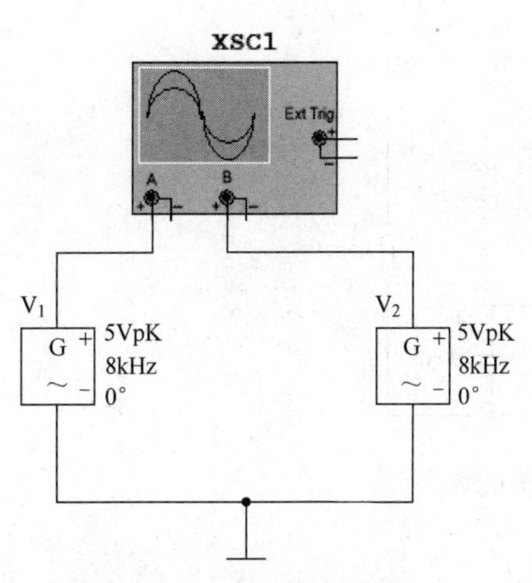

图 4.3.19　李沙育图形电路

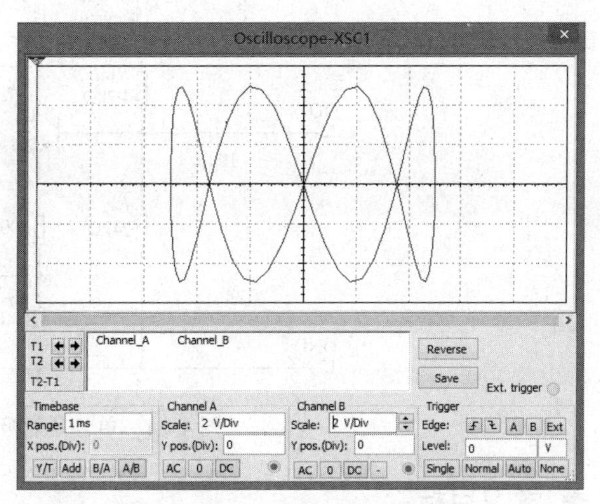

图 4.3.20　示波器观测所得波形

2．限幅电路

（1）用函数信号发生器为如图 4.3.21 所示的限幅电路提供三角波信号，输入三角波，参数设置：频率为 1kHz，占空比为 50%，幅值为 5V，单极性连接。用示波器测量 R_1 两端的波形。

（2）将三角波信号改成双极性连接，再看看波形的变化。

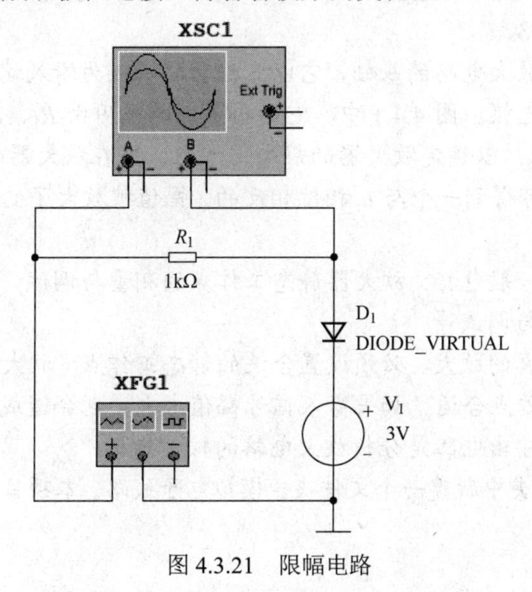

图 4.3.21　限幅电路

4.4　Multisim 在模拟电子线路中的应用

4.4.1　训练微项目——单管共射极放大电路的性能测试

本项目需要完成的任务是使用 Multisim 13 的基本电路分析功能对单管放大电路的性能进行测试，分析其各项指标。待测的电路图如图 4.4.1 所示。

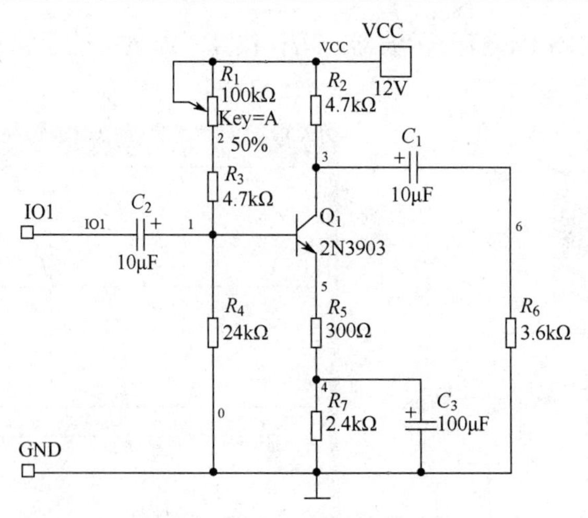

图 4.4.1　单管共射极放大电路

◆ 学习目标

✧　了解 Multisim 软件的电路分析方法
✧　掌握模拟电路的仿真实验步骤和方法
✧　掌握仿真仪器——仿安捷伦数字示波器的使用方法

单管放大电路是放大电路中最基本的结构，有三种连接方式：共发射极放大电路、共集电极放大电路和共基极放大电路。

共发射极放大电路是放大电路的基础，它以三极管的基极为输入端，集电极为输出端，发射极作为输入和输出的公共电极。图 4.4.1 中，它的偏置电路采用由 R_1、R_3 和 R_4 组成的分压电路，并在发射极中接有电阻 R_5，以稳定放大器的静态工作点。当在放大器的输入端加入输入信号 u_i 后，在放大器的输出端便可得到一个与 u_i 相位相反的、幅值被放大了的输出信号 u_o，从而实现反向电压放大。

放大器的测量和调试一般包括：放大器静态工作点的测量与调试；消除干扰与自激振荡及放大器各项动态参数的测量与调试等。

放大电路要实现不失真的放大，必须设置合适的静态工作点；放大电路的适用范围是低频小信号，因此，即便静态工作点合适，如果输入信号幅值太大，也会造成输出信号失真。另外，电压放大倍数、输入电阻和输出电阻是分析放大电路的核心指标。

在 Multisim 项目文件夹中新建一个文件夹：模拟电子线路。本项目涉及的文件均存放于该文件夹中。

◆ 执行步骤

步骤 1：打开 Multisim 软件，绘制电路图并保存。

在 Multisim 软件中绘制如图 4.4.1 所示的电路图，以文件名“单管共射极放大电路.ms13”保存。

（1）电气元器件符号标准选用“IEC 60617”。

（2）电路中所用元器件在 Multisim 元器件库中的位置如下：

① 电源和地：Master Database\Sources\POWER_SOURCES。

② 电阻：Master Database\Basic\RESISTOR。

③ 极性电容：Master Database\Basic\CAP_ELECTROLIT。

④ 晶体管：Master Database\Transistors\BJT_NPN。

⑤ 电位器：Master Database\Basic\POTENTIOMETER。

⑥ 端口 IO1 和 GND：“Place”菜单→Connectors→Hierarchical connector。

（3）修改器件的参数，VCC 的工作电压为 12V。

（4）选择“Options（选项）”菜单→“Sheet Properties（图纸参数）”命令→“Sheet visibility（图纸显示）”标签，选中“Net names（网络名称）”区域的“Show all”复选框，将全部节点网络标号名称显示出来。

步骤 2：静态工作点的测试与调整。

放大器静态工作点的调试是指对三极管集电极电流 I_C（或电压 U_{CE}）的调整与测试。

1．建立静态工作点测试与调整电路

（1）通过函数信号发生器提供输入信号，加在 IO1 端。信号参数：正弦波，频率为 1kHz，幅度为 10mV。

（2）将示波器的两个模拟通道分别连接放大电路的输入端和输出端，选用仿安捷伦的示波器 54622D。仿安捷伦示波器图标名称为“Agilent Oscilloscope”。连接电路如图 4.4.2 所示。右键单击连线将两通道的连线设成不同颜色，便于观察时区分输入、输出信号。方法是：右键单击连线，在快捷菜单中选择“Segment color”选项，在弹出的对话框中选择一种颜色。

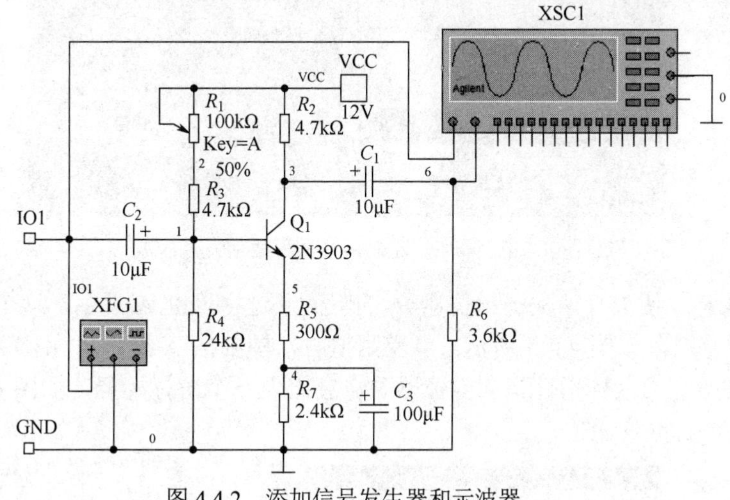

图 4.4.2　添加信号发生器和示波器

2．静态工作点的调整

当电路输出电压值为最大不失真输出电压时，放大电路的静态工作点为最佳工作点。

方法：同时调节放大电路的输入信号 u_i 和电位器值，用示波器观察放大电路的输出电压，直到输入信号略微增大时，输出信号同时出现饱和失真（u_o 的负半周将被削底）和截止失真（u_o 的正半周被削顶，一般截止失真不如饱和失真明显）；输入信号略微减小时，输出信号饱和失真和截止失真同时消失。此时，放大电路处于最佳静态工作点。

具体步骤：

（1）打开示波器电源开关 POWER，用示波器同时观察电路的输入、输出波形。

（2）进行仿真分析。在示波器中，按下模拟通道开关 1 和 2，同时显示两路波形。调节水平位移、垂直位移旋钮，使两路波形呈双踪显示状态。按下 Auto-Scale 按钮，自动调节刻度，使波形能被完整显示，如图 4.4.3 所示。

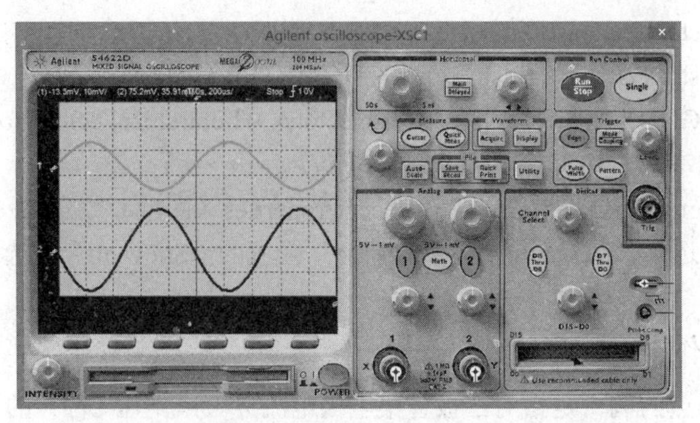

图 4.4.3　示波器双踪显示

（3）逐渐增大信号源 V_1 的输出信号幅度，使放大电路的输出信号略有失真（饱和失真和截止失真），如图 4.4.4 所示。

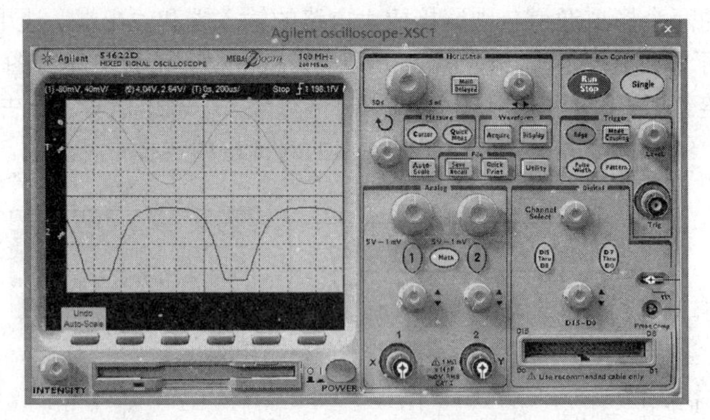

图 4.4.4　同时出现饱和失真和截止失真的波形

调节电位器 R_1，使失真消失。电位器 R_1 的阻值通过字母键 A 调整，这个键值也可以在电位器属性对话框中修改，如图 4.4.5 所示。调整阻值时，单独按 A 键，R_1 阻值递增；按 Shift+A 组合键，R_1 阻值递减。当鼠标指针指向电位器时，会出现一个游标标记，如图 4.4.6 所示，也可以直接拖动上面的游标改变阻值。

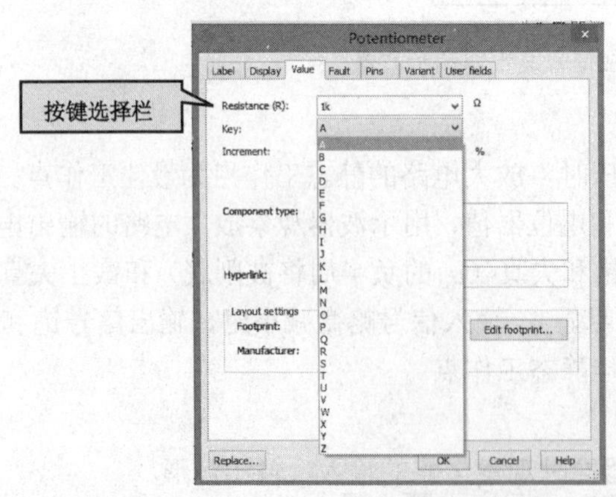

图 4.4.5　修改字母键值

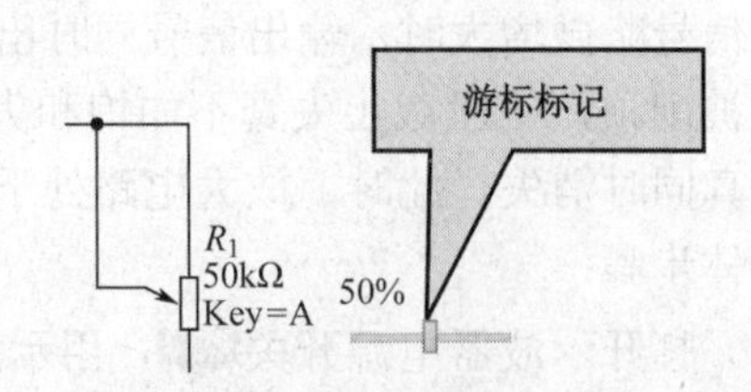

图 4.4.6　电位器的游标标记

（4）重复步骤（3），直到略微增大输入信号幅值，输出信号同时出现饱和和截止失真；再略微减小输入信号幅值，输出信号的失真现象消失。此时，输出电压信号的最大峰峰值，即为放大电路的最大不失真电压 V_{opp}，此时电位器为 45%。

（5）在示波器面板中，单击“快速测量”按钮，在显示区下方显示“测量菜单”，单击第 1 个按钮，将通道改为 2（即测量电路输出端），再单击第 3 个和第 5 个按钮，即可显示通道 2 信号的频率和峰峰值（Peak-Peak），如图 4.4.7 所示。

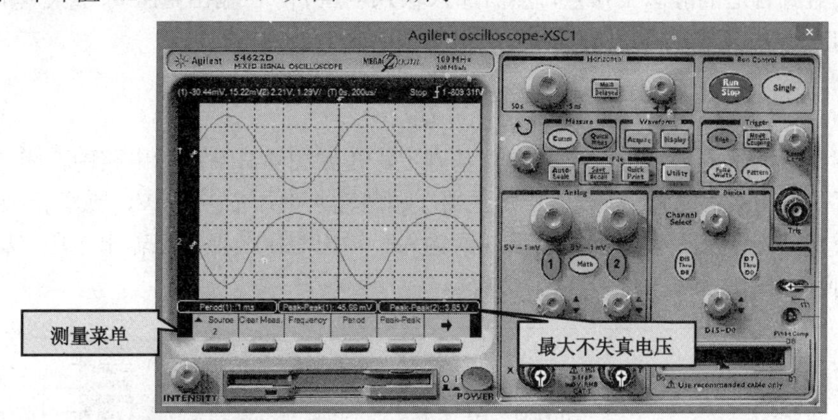

图 4.4.7　最大不失真电压 V_{opp}

3．静态工作点的测量——直流分析法

在电路输出电压为最大不失真电压时，就是放大电路的最佳静态工作点。此时，将放大电路的输入端对地短路，并进行静态工作点的测量。可以用万用表进行直接测量，也可用直流分析法测量。本项目中选择直流分析法。

Multisim 软件直流工作点分析法的假设条件是：无交流输入，电容开路，电感短路，数字器件作为大电阻接地处理。

操作方法是：选择“Simulate”菜单→“Analyses”→“DC Operating Point...”命令，弹出如图 4.4.8 所示对话框，单击“Output”标签，在“Variables in Circuit”栏中列出的是电路中可用于分析的节点和变量。选择相应观测节点，单击“Add”按钮，可将其添加到右边的已选分析变量窗口中。单击“Simulate”仿真按钮进行观测，得到如图 4.4.9 所示的结果。

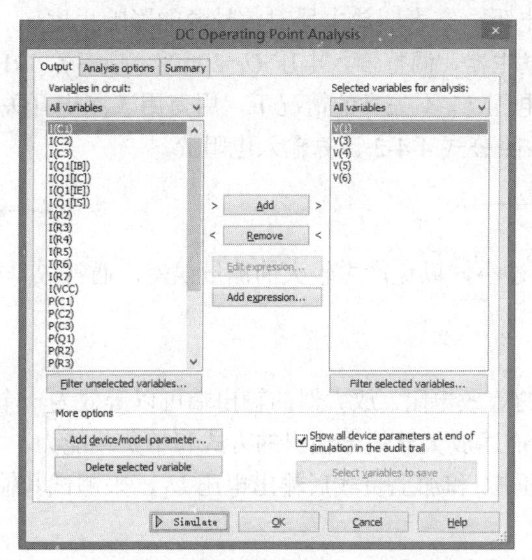

图 4.4.8　“DC Operating Point Analysis”对话框

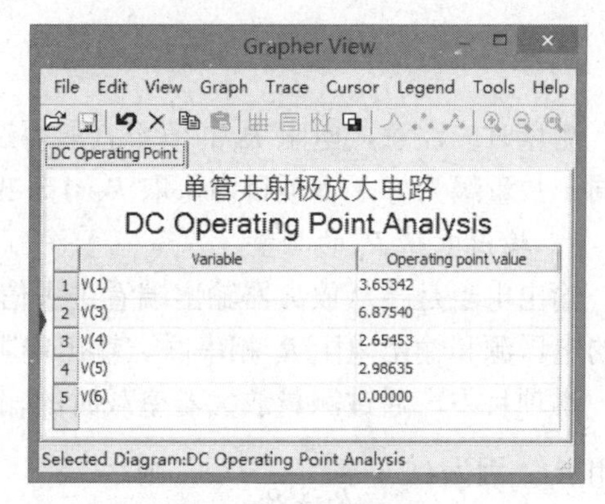

单管共射极放大电路

DC Operating Point Analysis

	Variable	Operating point value
1	V(1)	3.65342
2	V(3)	6.87540
3	V(4)	2.65453
4	V(5)	2.98635
5	V(6)	0.00000

图 4.4.9　分析结果

步骤3：放大器动态指标测试。

放大器动态指标包括电压放大倍数、输入电阻、输出电阻、最大不失真输出电压（动态范围）和通频带等。

1．电压放大倍数 A_u 的测量

调整放大器到合适的静态工作点，然后加入输入电压 u_i，在输出电压 u_o 不失真的情况下，用交流毫伏表测出 u_i 和 u_o 的有效值 U_i 和 U_o，则电压放大倍数为：

$$A_u=\frac{U_o}{U_i} \tag{4-4-1}$$

在上面调整放大器到合适的静态工作点基础上，在如图4.4.10所示电路中，闭合开关 S_1、S_2（在库里面名称为SPST），打开函数信号发生器，调整输入电压 U_i=10mV，频率 f_i=1kHz。单击仿真开关进行仿真分析，然后打开示波器，观察输入、输出电压波形。在输出电压 U_o 不失真的情况下，用万用表测出 u_i 和 u_o 的有效值 U_i 和 U_o。

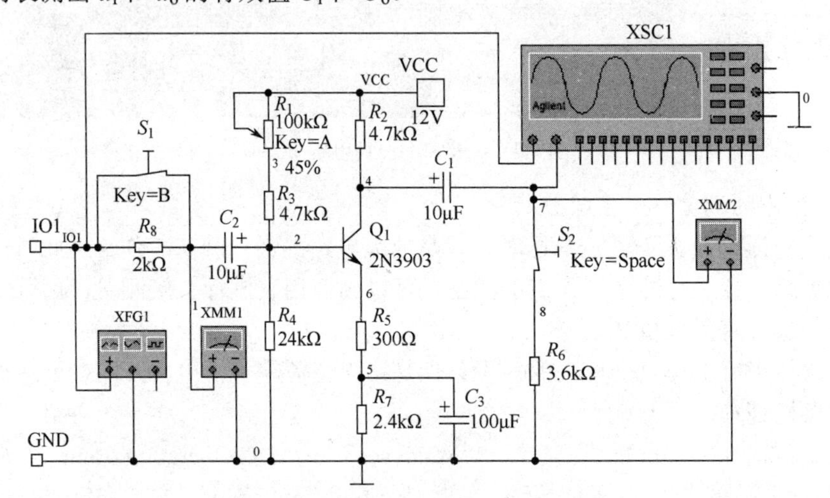

图4.4.10　放大电路动态指标测量电路

2．输入电阻 R_i 的测量

输入电阻是指从放大器输入端看进去的等效电阻，它表明放大器对信号源的影响程度。

在图4.4.10中，闭合开关 S_2，打开函数信号发生器，调整输入电压 U_i=20mV，频率 f_i=1kHz。单击仿真开关进行仿真分析，观察波形，在输出电压 U_o 不失真的情况下，用万用表测出开关 S_1 打开和闭合两种情况下 u_o 的有效值 U_{o1} 和 U_{o2}，按照公式4-4-2计算输入电阻 R_i。

$$R_i=\frac{U_{o1}}{U_{o2}-U_{o1}}R_8 \tag{4-4-2}$$

测量时应注意，电阻 R_8 的值不宜取得过大或过小，以免产生较大的测量误差，通常 R_8 与 R_i 为同一数量级为好，本项目中可取 R_8=1～2kΩ。

3．输出电阻 R_o 的测量

输出电阻是指从放大器输出端看进去信号源的等效电阻。放大器的输出端可以等效为一个理想的电压源和输出电阻 R_o 相串联。输出电阻可以描述放大器信号输出的方式和带负载能力。

本项目中，通过测量放大器空载时的输出电压 U_o 和加上负载后输出电压 U_L，来测试其输出电阻 R_o。因为 $U_L=\frac{R_6}{R_o+R_6}U_o$，则：

$$R_o = \left(\frac{U_o}{U_L} - 1\right) R_6 \tag{4-4-3}$$

闭合开关 S_1，打开函数信号发生器，调整输入电压 U_i=20mV，频率 f_i=1kHz。单击仿真开关进行仿真分析。用万用表 XMM2 测出开关 S_2 打开和闭合两种情况下空载输出电压 U_o 和加上负载后输出电压 U_L，计算 R_o 值。R_o 应约等于 R_c。

测试时应注意，必须保持 R_6 接入前后输入信号的大小不变。

4．放大器幅频特性的测量

放大器的幅频特性是指放大器的电压放大倍数 A_u 与输入信号频率 f_i 之间的关系曲线。通常规定，电压放大倍数随频率变化下降到中频放大倍数的 0.707 倍，即 0.707A_{um}，所对应频率分别称为下限频率 f_L 和上限频率 f_H，则通频带 f_H−f_L。频率特性的测试方法有直接测量法和扫描分析法，本项目中采用扫描分析法。

操作方法：选择“Simulate”菜单→“Analyses”→“AC Analysis”命令，弹出如图 4.4.11 所示对话框，按图中所示进行设置。分析电路中节点“7”的频率特性，则在“AC Analysis”对话框中的“Output”选项卡中“All variables”下拉列表框中选择 V[7]，如图 4.4.12 所示。完成之后，单击“Simulate”仿真按钮进行观测，得到电路的幅频特性和相频特性，如图 4.4.13 所示。

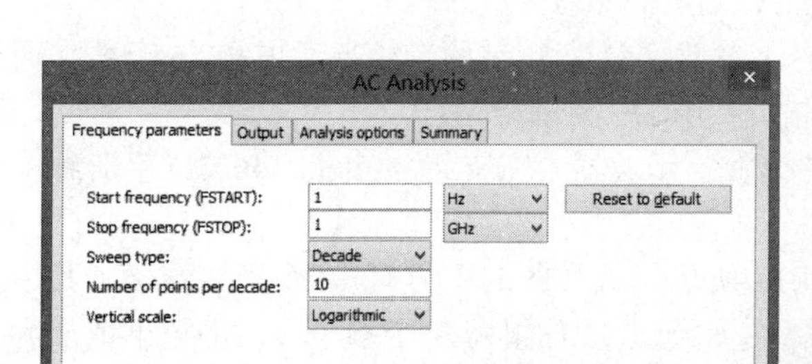

图 4.4.11　“AC Analysis”对话框

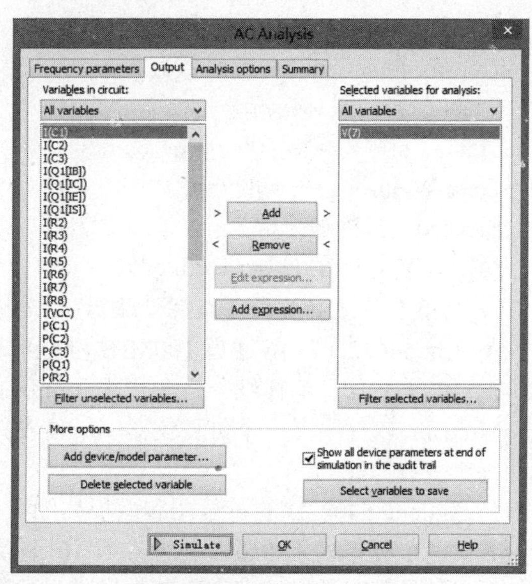

图 4.4.12　选择节点 7 的参数 V[7]

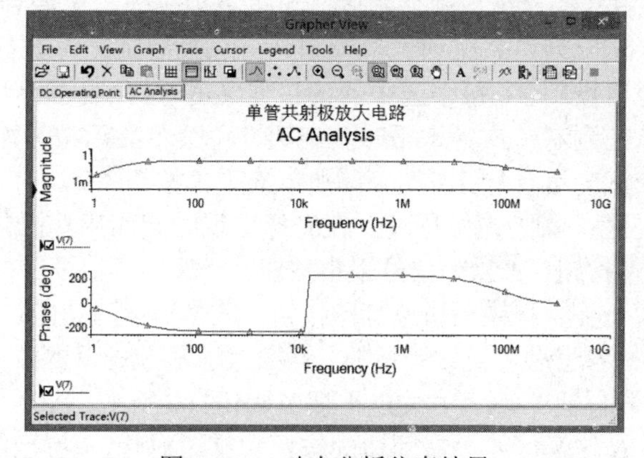

图 4.4.13　动态分析仿真结果

4.4.2 知识库

1．Multisim 软件的电路分析方法概述

Multisim 软件的电路基本分析方法有 18 种，位于“Simulate”菜单→“Analyses”子菜单中，分别如下。

DC operating point（直流工作点分析）。

AC analysis...（交流分析）。

Transient Analysis（瞬态分析）。

Fourier Analysis...（傅里叶分析）。

Noise Analysis...（噪声分析）。

Noise Figure Analysis...（噪声系数分析）。

Distortion Analysis...（失真分析）。

DC Sweep...（直流扫描分析）。

Sensitivity（灵敏度分析）。

Parameter Sweep（参数扫描分析）。

Temperature Sweep（温度扫描分析）。

Pole Zero（零—极点分析）。

Transfer Function（传递函数分析）。

Worst Case（最坏情况分析）。

Monte Carlo（蒙特卡罗分析）。

Trace Width（导线宽度分析）。

Batched（批处理分析）。

用户自定义分析（User Defined）。

2．仿真仪器之仿安捷伦数字示波器（Agilent Oscilloscope）

Agilent 54622D 2+16 通道 100MHz 混合信号示波器（MSO）有两个模拟通道和 16 个数字通道，把示波器对信号的详细分析和逻辑分析仪的多通道时序测量相结合。

Multisim 软件中有一个仿真仪器——仿安捷伦数字示波器，它支持 Agilent 54622D 手册中提到的绝大多数性能。

仿 Agilent 54622D 的符号图和面板如图 4.4.14 所示。符号图的下方有 18 个连接端子，其中左下方为两个模拟输入通道，右下方为 16 个数字逻辑通道；右侧为 3 个端子：从上至下依次为外接触发信号端、数字地端和内部校准信号输出端。

54622D 的面板主要由六部分组成：显示区、菜单选项按钮、电源开关、聚焦旋钮、数据保存和功能区。其中功能区又分为：系统和菜单控制区、水平控制区、运行控制区、触发控制区、模拟通道控制区和数字通道控制区。每个区中的按钮被单击时，会在显示区中弹出相应的子菜单。

（1）水平控制区：从左到右依次为水平时基旋钮、主菜单显示按钮 Main Delayed 和水平位移旋钮。

（2）运行控制区：依次为运行停止按钮 Run Stop 和单次采集按钮 Single。

（3）系统和菜单控制区：为光标移动，在光标出现时起作用；Cursor 为用于对光标及其菜单进行显示；Quick Meas 为快速测量按钮；Acquire 为信号采集按钮；Display 为显示设置按钮；Auto-Scale 为刻度自动调节按钮；Save Recall 为保存/恢复按钮；Quick Print 为快速打印按钮；Utility 为辅助功能按钮。

（4）触发控制区：Edge 为边沿触发设置按钮；Mode Coupling 为触发方式设置按钮；Pulse Width 为触发脉冲设置按钮；Pattern 为触发模式设置按钮；为触发电平调节旋钮。

（5）模拟通道控制区：这个区左、右两边的按钮和旋钮对称，功能相同。左边控制模拟通道

1 的功能，右边控制模拟通道 2 的功能。从上到下依次为：为垂直刻度旋钮；为模拟通道 1 开关；为垂直位移旋钮；为模拟输入端；为模拟通道 2 开关；为通道信号运算。

（6）数字通道控制区：为通道选择旋钮；为 8～15 路数字通道开关；为 0～7 路数字通道开关；为通道信号移动旋钮；为 16 路数字通道输入端。

单击电源开关，启动电源，示波器开始工作。54622D 的操作与真实仪器类似。

仿安捷伦数字示波器 54622D 如图 4.4.14 所示。

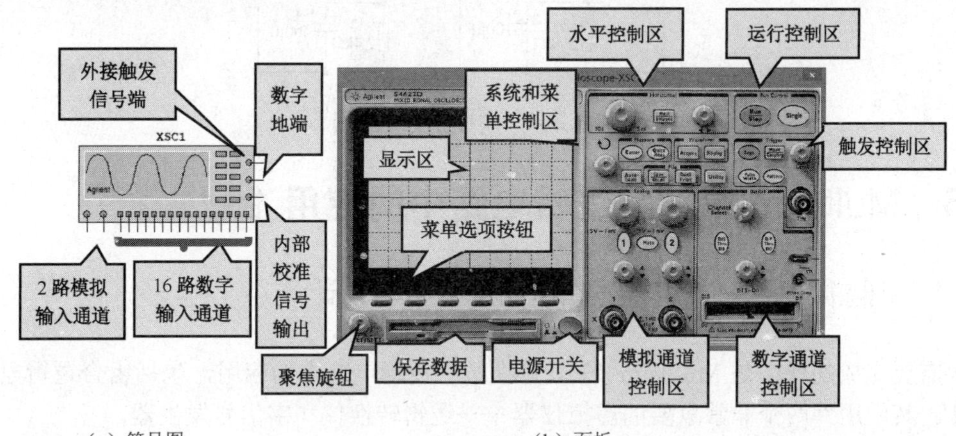

（a）符号图　　　　（b）面板

图 4.4.14　仿安捷伦数字示波器 54622D

3．元器件统一编号

可以对一张图纸里的元器件进行统一编号，方法是：双击打开某个元器件属性对话框，如图 4.4.15 所示，在“Label”标签中，单击“Advanced RefDes Configuration...”按钮，在弹出的“Advanced RefDes Configuration”对话框中，单击“Renumber”按钮即可重新统一编号，如图 4.4.16 所示。

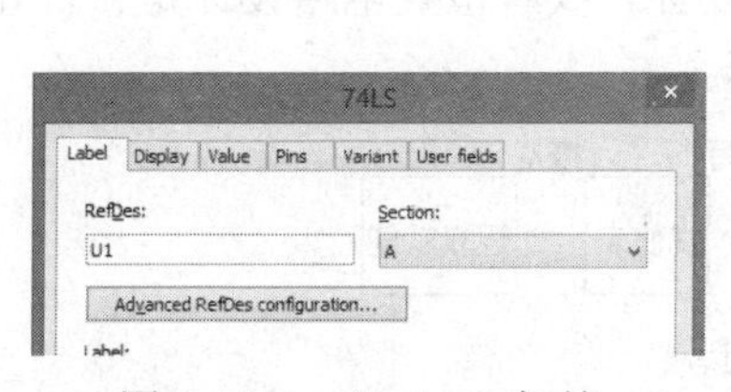

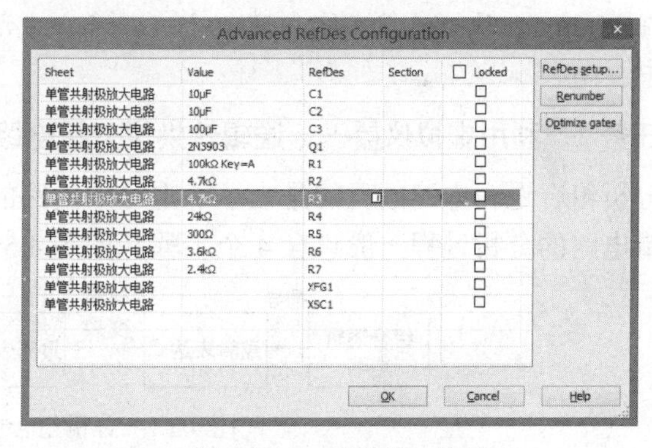

图 4.4.15　“Label”标签　　　　图 4.4.16　重新统一编号

仿真仪器的特点就是与真实仪器基本类似。通过在软件上对仿真仪器的各种按钮和旋钮的操作使用，可以快速掌握该仪器的性能和使用方法，既方便快捷，也可避免新手使用真实仪器时误操作，损坏硬件。

它的不足就是毕竟不是真实仪器，所以在硬件错误诊断和实际用电安全等方面不能完全与现实一致，在使用真实仪器时还要注意相关操作。

4.4.3　实验项目——两级放大电路的性能分析

用本项目中介绍的方法分析如图 4.4.17 所示的两极放大电路性能。

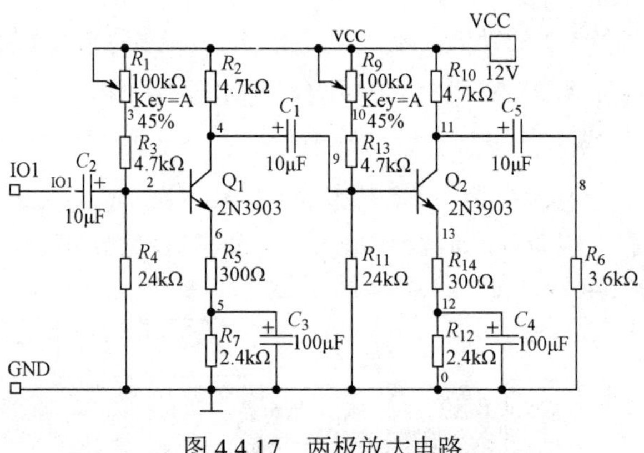

图 4.4.17　两极放大电路

4.5　Multisim 在数字逻辑电路中的应用 1

4.5.1　训练微项目——组合逻辑电路的分析与设计

本次需要完成的任务是 Multisim 13 软件在数字逻辑电路中的应用，包括组合逻辑电路的分析与设计。其中用到两个非常重要的虚拟仪器——逻辑转换仪和字信号发生器。

◆ 学习目标

✧　掌握组合逻辑电路的仿真步骤和方法（电路分析、电路设计）

✧　掌握虚拟仪器——逻辑转换仪和字信号发生器的性能和使用方法

✧　学会利用 Multisim 软件查看元器件资料

在 Multisim 项目文件夹中新建一个文件夹：组合逻辑电路。本项目涉及的文件均存放于该文件夹中。

任务 1：利用虚拟仪器——逻辑转换仪分析电路图功能

分析组合逻辑电路的目的是为了确定已知电路的逻辑功能，或者检查电路设计是否合理。组合逻辑电路的分析过程一般包含 4 个步骤，如图 4.5.1 所示。

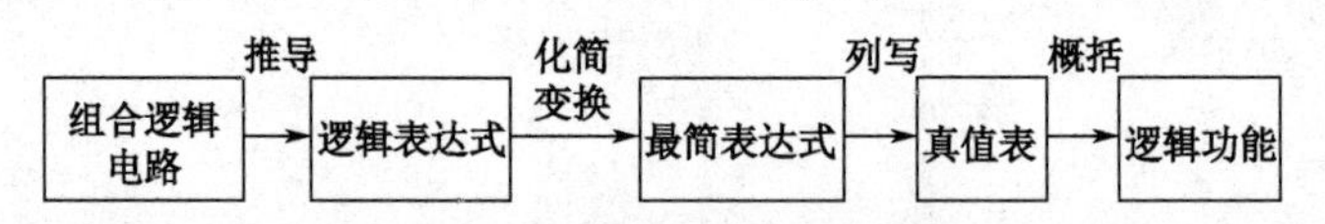

图 4.5.1　分析组合电路的步骤

这 4 个步骤中，比较有难度的是第 2 个步骤：对逻辑表达式进行化简变换。化简的方法有两种：公式法和图形法（卡诺图法）。这两种化简方法各有特长：

（1）采用公式法化简时，需要熟悉大量的公式，初学者有一定的难度；有时最简的结果并不唯一，只看公式不一定能看出来。

（2）采用图形法化简时，虽然最简结果一目了然，但当变量过多时，图形法就变得非常复杂，不适合于变量多于 6 个的情况。

Multisim 软件中有一个特有的虚拟仪器——逻辑转换仪，可以很好地解决这个问题。而且，它还能够将电路、真值表和逻辑表达式相互转换，使电路的分析变得非常简单。

◆ 执行步骤

步骤 1：打开 Multisim 软件，绘制电路图并保存。

在 Multisim 13 软件中绘制如图 4.5.2 所示的电路图，以文件名“SSI 组合电路.ms13”保存。

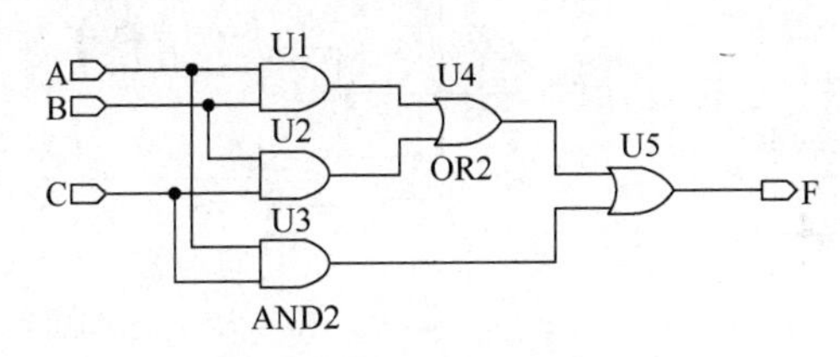

图 4.5.2　SSI 组合电路

（1）电气元器件符号标准选用“ANSI Y32.2”，在“Options（选项）”菜单→“Sheet Properties（图纸参数）”→“Workspace（工作区）”标签中选择。

（2）A、B、C 是输入变量，F 是输出变量，逻辑门 U1～U3 的符号名称为“AND2”，是 2 输入与门，U4～U5 的符号名称为“OR2”，是 2 输入或门。电路中所用元器件在 Multisim 元器件库中的位置如下：

① U1～U5：Master Database\Misc Digital（杂项数字器件库）\TTL。

② A、B、C：“Place”菜单→Connectors→Input connector。

③ F：“Place”菜单→Connectors→Output connector。

（3）输入、输出变量放好后，可双击打开其属性框进行修改，如图 4.5.3 所示。

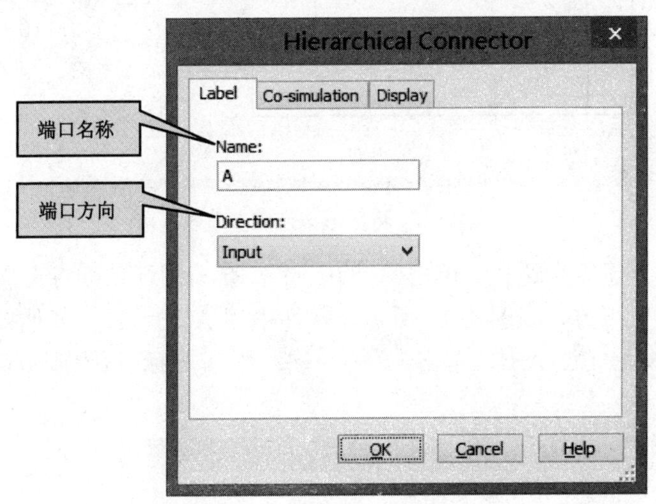

图 4.5.3　端口变量属性设置

步骤 2：将电路图与逻辑转换仪相连。

（1）查找并放置逻辑转换仪。在仪表工具栏中选择图标（显示 Logic converter），将其拖放于图纸中。放下的逻辑转换仪图形如图 4.5.4 所示，名称默认为 XLC1。

（2）连接逻辑转换仪和电路。从逻辑转换仪的左边三个端子上分别引出三根线，连到输入变量 A、B、C 上。最右边的一个端子引线连至输出变量 F，如图 4.5.5 所示。

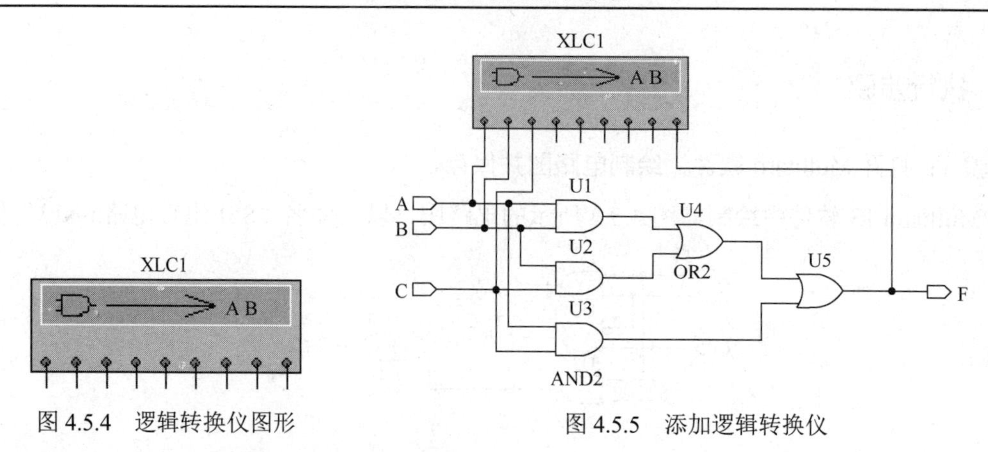

图 4.5.4 逻辑转换仪图形　　　图 4.5.5 添加逻辑转换仪

步骤 3：设置逻辑转换仪，进行电路分析。

（1）电路图转换为真值表：双击逻辑转换仪图形，打开其面板。单击右边“Conversions”区域的第一个图标 → 10|1 ，即在左边区域得转换的真值表，如图 4.5.6 所示，3 个输入变量的函数真值表共有 8 组最小项取值组合。

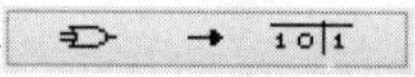

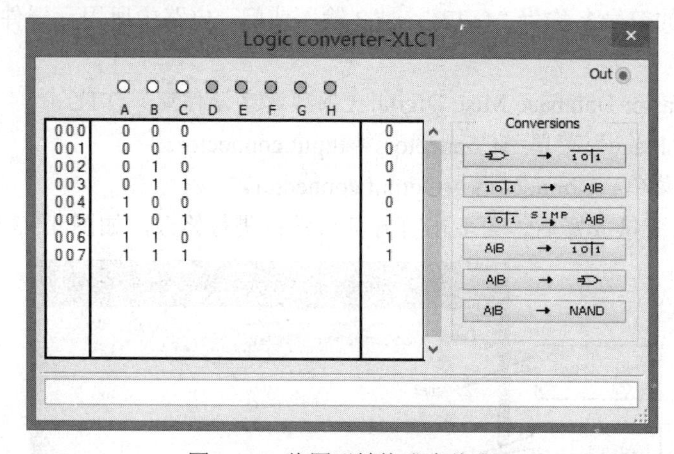

图 4.5.6 将图形转换成真值表

（2）真值表转换为逻辑表达式：单击 10|1 → A|B 图标，可将真值表转换为最小项表达式，显示在面板窗口下方，如图 4.5.7 所示，软件中用 A′表示 $\overline{A}$，其他依次类推，即最小项表达式为 $F=\overline{A}BC+A\overline{B}C+AB\overline{C}+ABC$。单击 10|1 SIMP A|B 图标，可得到最简表达式，如图 4.5.8 所示。

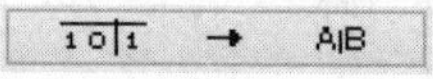

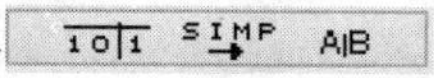

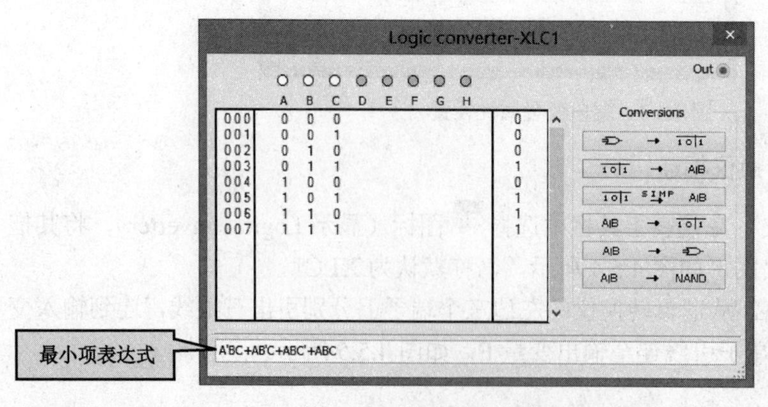

图 4.5.7 最小项表达式

AC+AB+BC

图 4.5.8 最简表达式

步骤 4：根据真值表或表达式概括电路功能。

从真值表可以看出，三个输入变量 A、B、C 中，当有两个输入变量的取值为 1 时，则输出变量 F 的结果为 1。这是一个三变量多数表决电路。

任务 2：利用虚拟仪器——逻辑转换仪和字信号发生器设计组合电路

任务要求：设计一个组合逻辑电路，它接收一位 8421BCD 码 $B_3B_2B_1B_0$，仅当 $2< B_3B_2B_1B_0<7$ 时，输出才为 1。要求用 Multisim 仿真软件实现。

设计组合逻辑电路的任务是根据已知逻辑问题，画出满足任务要求的逻辑电路图。组合逻辑电路的设计通常以电路最简单、器件最少为目标。组合逻辑电路的设计过程与分析过程相反，一般也包含 4 个步骤，如图 4.5.9 所示。

（1）首先应分析实际问题所要求的逻辑功能，确定输入变量和输出变量，然后列出符合输入、输出关系的真值表；

（2）根据真值表写出逻辑函数的表达式；

（3）根据任务需求化简成最简表达式或转换成最合适表达式；

（4）最后按照所求得的表达式画出逻辑电路图。

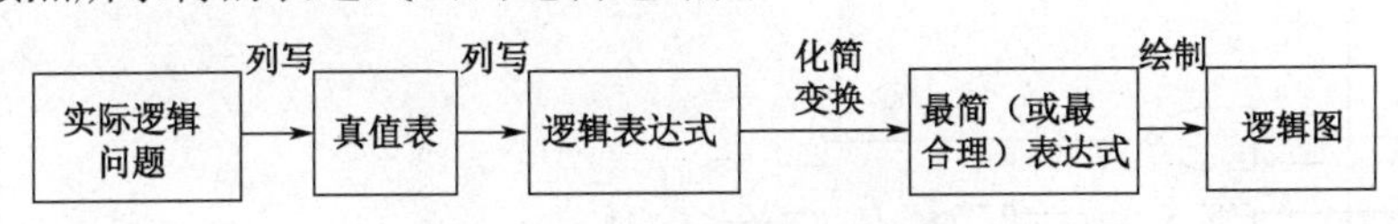

图 4.5.9　设计组合电路的步骤

除了第一步需要设计者充分考虑之外，后面三个步骤都可以用逻辑转换仪来帮助完成。

◆ 执行步骤

步骤 1：查找并放置逻辑转换仪。

步骤 2：设置逻辑转换仪，进行电路设计。

（1）分析实际问题所要求的逻辑功能，确定输入变量和输出变量：本题要求输入 1 位 8421BCD 码，即输入有 4 个变量，用 A、B、C、D 来表示 B_3、B_2、B_1、B_0。输出有 1 个变量。

（2）列出符合输入、输出关系的真值表：在逻辑转换仪的真值表区域，依次单击 A、B、C、D 4 个按钮，每单击一个按钮，列表区会出现变量的取值组合（用二进制表示），4 个变量一共有 16 组取值组合，如图 4.5.10 所示。右侧的“？”号表示输出变量，此时结果未知。

（3）确定输出变量的值：每单击“？”号一次，值会依次变成 0、1、X（不允许出现的取值）。分析：当输入为 2（0010）<8421 码<7（0111）时，输出为 1；8421 码为 0（0000）～2（0010）、7（0111）～9（1001）时，输出为 0；8421 码只有 10 种组合（0～9），所以 10～15 为约束项，输出为 X。具体如图 4.5.11 所示。

（4）真值表转换为最简表达式：单击 10|1 SIMP AIB 图标，得到最简表达式，如图 4.5.12 所示。考虑约束项的函数化简会比不考虑约束项的函数化简结果更简，从最简表达式结果可知，化简后只有三个变量，三个乘积项。

（5）根据化简后的公式得到电路图。单击 AIB → NAND 图标，可将表达式直接转成全部由与非门构成的电路图，如图 4.5.13 所示。

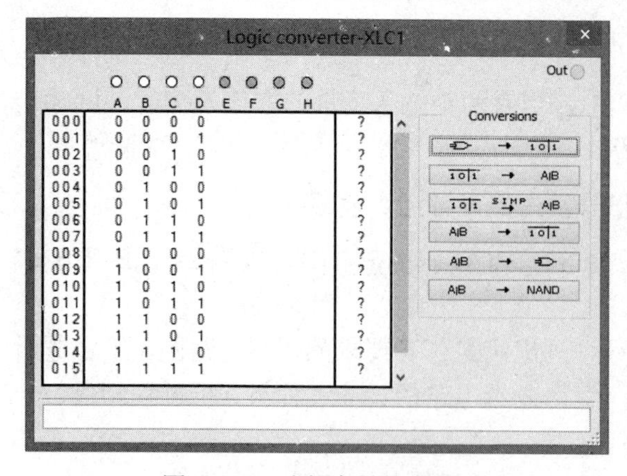

图 4.5.10 选择变量的个数

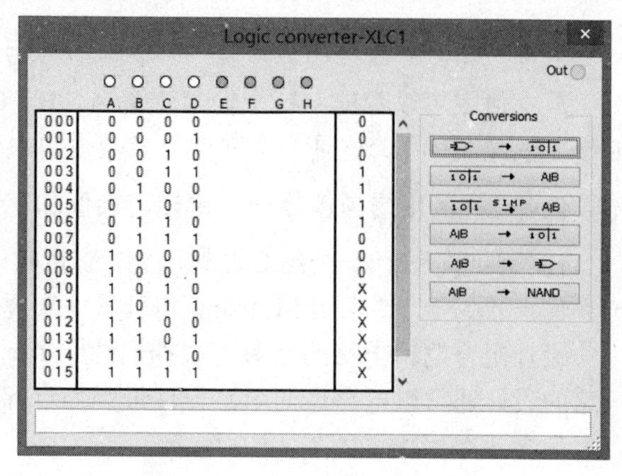

图 4.5.11 输入输出的关系

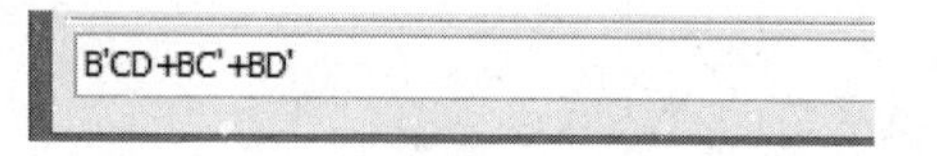

图 4.5.12 得到最简表达式

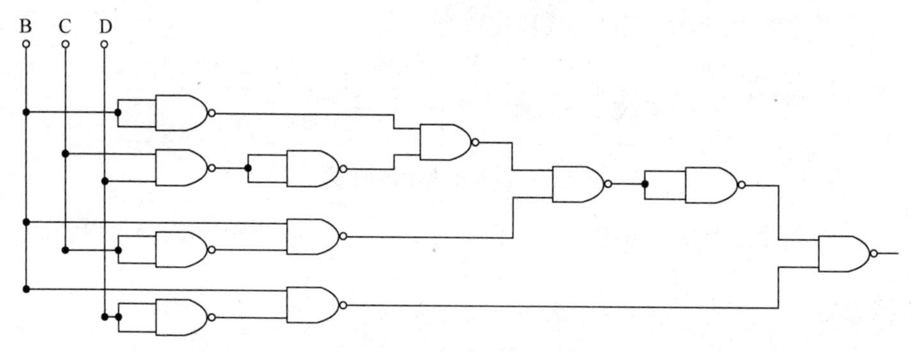

图 4.5.13 最终结果电路图

步骤 3：用字信号发生器产生输入信号，进行电路功能验证。

（1）查找并放置字信号发生器。在仪表工具栏中单击图标（显示 Word generator），将其拖放于图纸中。右键单击字信号发生器图形，在快捷菜单中选择“顺时针旋转 90°”，将其横向放置。字信号发生器图形如图 4.5.14 所示，共有 32 路输出端子，名称默认为 XWG1。

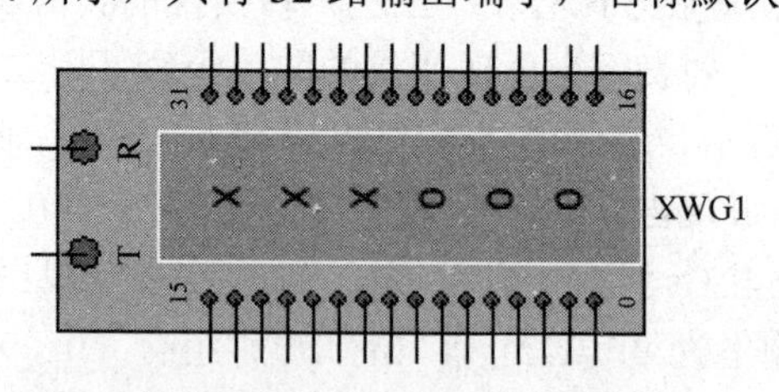

图 4.5.14 字信号发生器图形

（2）将字信号发生器与电路图相连。将字信号发生器的从 0（0 是最低位）开始的三个输出端子，连至电路的 B、C、D 输入端（0 接 D，1 接 C，2 接 B）。

（3）查找并放置指示探针与输出端相连。指示探针的元件名称为 Probe-blue，在 Multisim 元器件库中的位置如下：Master Database\Indicators（指示器件库）\Probe。连好的电路如图 4.5.15 所示。

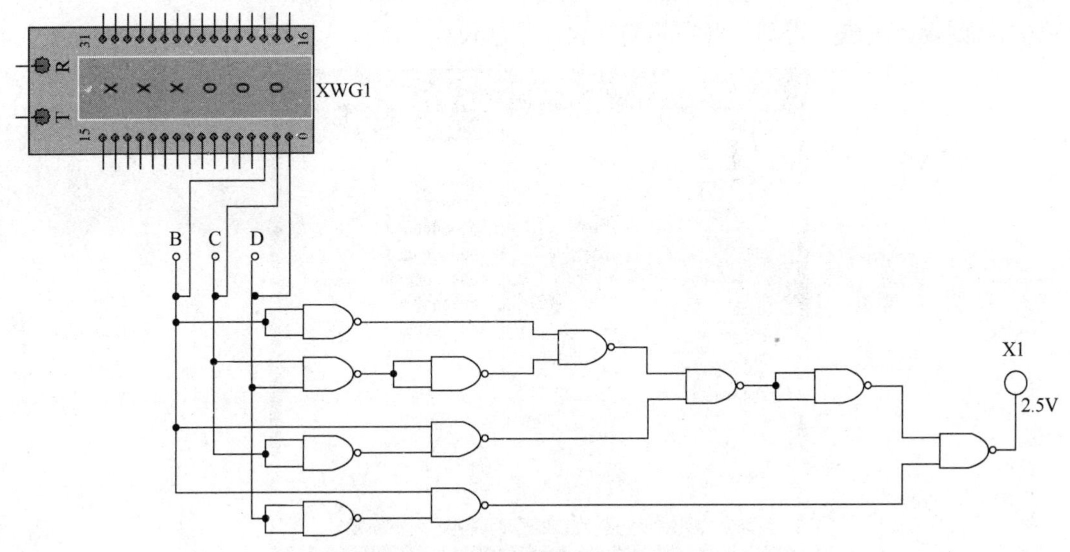

图 4.5.15　字信号发生器与电路图相连

（4）设置字信号发生器，产生输入信号。双击字信号发生器，打开属性对话框，如图 4.5.16 所示。

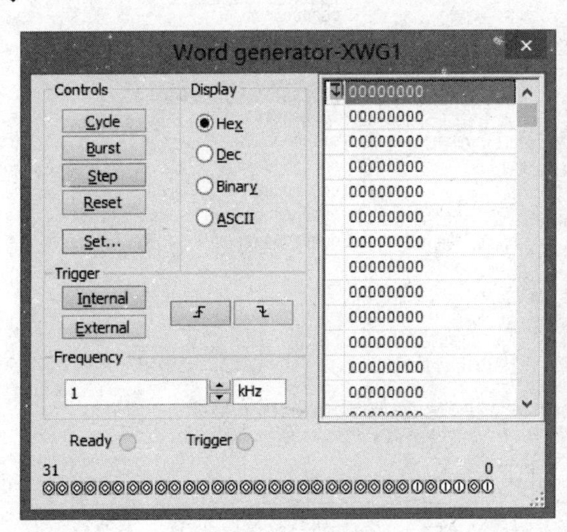

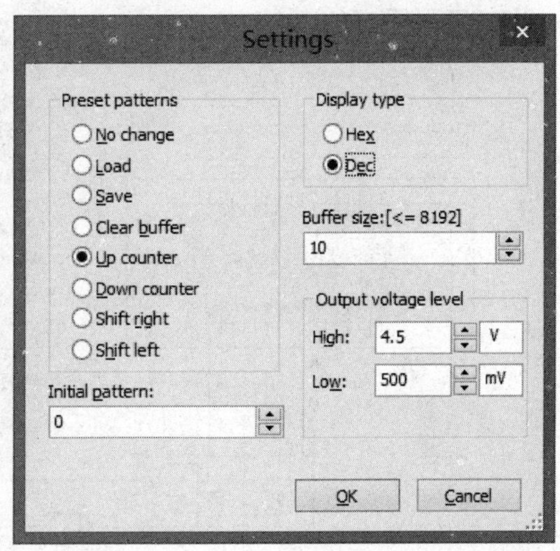

图 4.5.16　字信号发生器属性对话框　　图 4.5.17　字产生模式设置对话框

在“Controls（控制）”区域单击“Set...（设置）”按钮，打开“Settings（设置）”对话框，如图 4.5.17 所示。在左边的“Preset patterns（预设模式）”区域选择“Up counter（递增计数）”选项；在右边的“Display type（显示方式）”区域选中“Dec”单选按钮，表示十进制显示，在“Buffer size（缓冲区大小）”列表框中输入“10”，表示一共 10 个值。其余默认。

单击“OK”按钮回到字信号发生器属性对话框，如图 4.5.18 所示，将“Frequency（频率）”栏设置为 10Hz，即控制仿真速度；在“Display（显示方式）”区域选中“Dec”单选按钮，则右边缓冲区显示变为 0000000000～0000000009，从 0～9 变化。

（5）运行电路，观察指示探针的变化，验证电路设计功能。如图 4.5.18 所示，在“Controls（控制）”区域单击“Step（单步）”按钮，表示运行一次只有一组状态取值输出，同时仿真按钮从状态变成状态，电路开始运行。每单击一次“Step”按钮，缓冲区的值下移一格，此时观察图形中 Probe-blue 的变化，如图 4.5.19 所示。如果在状态值为 3～6 的时，Probe-blue 发光，其余状态不发光，则设计正确。否则打开逻辑转换仪，重新设计。

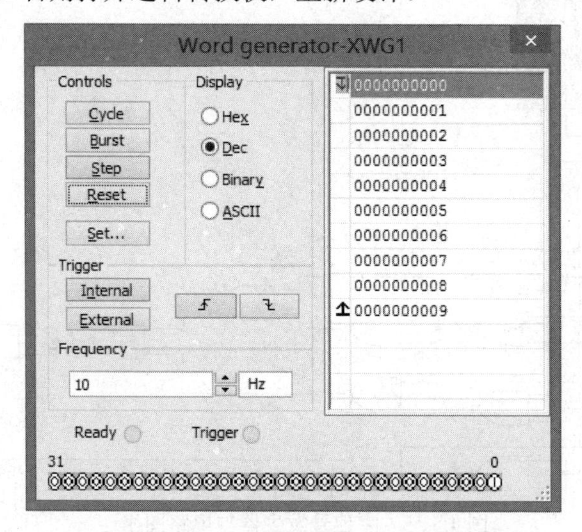

图 4.5.18　设置显示方式和运行方式

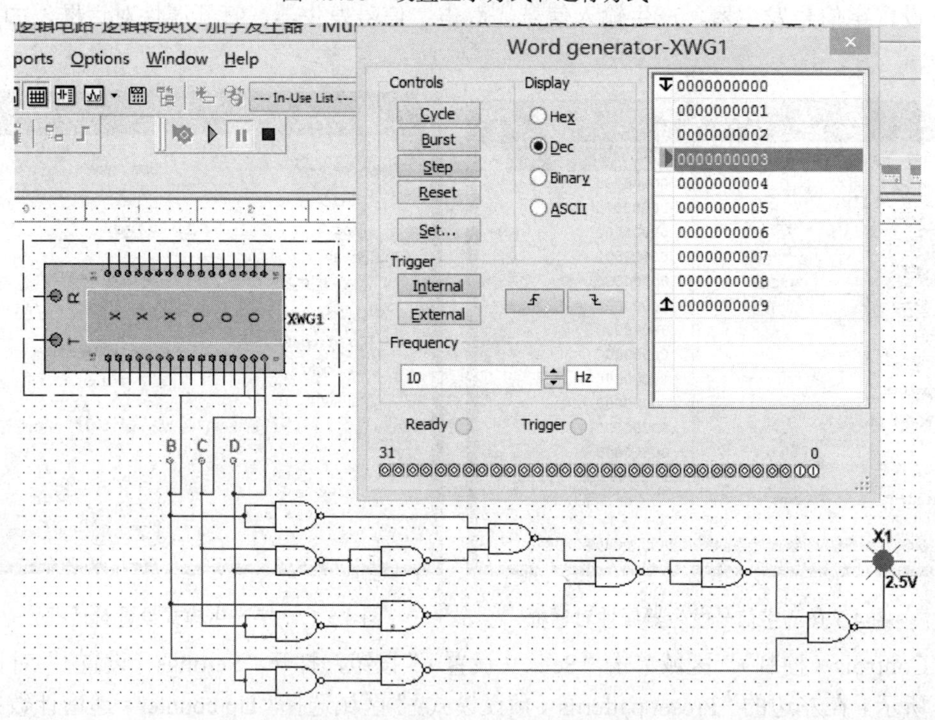

图 4.5.19　运行电路，验证设计功能

注意：由于是仿真软件，在实时显示上有一定的误差，因此用单步模式运行的结果更接近真实值。

4.5.2　知识库

1．虚拟仪器之逻辑转换仪（Logic Converter）

逻辑转换仪是 Multisim 特有的仪器，能够完成真值表、逻辑表达式和逻辑电路三者之间的相互转换，实际中不存在与此对应的设备。逻辑转换仪的符号图和面板如图 4.5.20 所示。符号图的左侧 8 个端子为变量输入端，最右侧 1 个端子为逻辑函数输出端。

逻辑转换仪的面板由三部分组成：真值表区、逻辑表达式和显示栏功能转换区。

（1）真值表区：A～H 表示 8 个输入变量，每选中一个变量（单击下方小圆圈），下方区域会增加显示两组取值组合。变量和取值组合的关系是：取值组合=变量 ^{2}。如 2 变量有 4 组取值：00、01、10、11，3 变量有 8 组取值：000、001、010、011、100、101、110、111。最多可以有 8 变量 64 组取值组合。真值表区竖线右方会显示输出函数的状态，有 4 种：？（未知）、0（低电平）、1（高电平）、X（无效状态），可通过鼠标单击修改。

（2）逻辑表达式显示栏：用来编辑或显示逻辑表达式。

（3）功能转换区：共有 6 个选项，具体如下所示。

①　：将逻辑电路图转换为真值表。首先要画好电路图，然后将电路的输入、输出与逻辑转换仪的相应端子相连，按下该按钮，则可在逻辑转换仪的真值表区，显示出电路的真值表。

②　：将真值表转换为逻辑表达式。转换结果显示在面板的底部逻辑表达式栏，此时得到的是最小项表达式，也是未经过化简的表达式。在逻辑表达式中用“′”符号表示逻辑变量的“非”号，如 A′表示 $\overline{A}$。

③　：将真值表转换为最简逻辑表达式。

④　：将逻辑表达式转换为真值表。可以直接在逻辑表达式栏中输入表达式，“与—或”式及“或—与”式均可，转换结果在真值表区显示。

⑤　：将逻辑表达式转换为逻辑电路图。结果显示在工作区中。

⑥　：将逻辑表达式转换为全由 2 变量与非门构成的逻辑电路图。

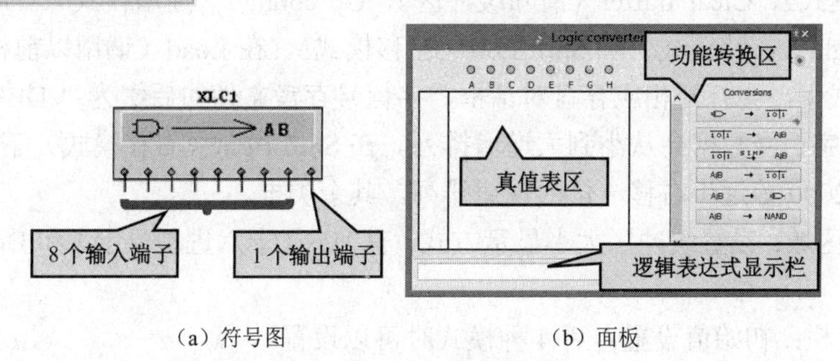

（a）符号图　（b）面板

图 4.5.20　逻辑转换仪

2．虚拟仪器之字信号发生器（Word Generator）

字信号发生器是一个多路逻辑信号源，能产生 32 路（位）同步逻辑信号，用于对数字逻辑电路进行测试。字信号发生器的符号图和面板如图 4.5.21 所示。除了 32 路输出端子，还有一个外部触发信号端和一个数据备用信号端。

字信号发生器的面板由以下几部分组成：控制区、显示方式区、触发方式区、频率设置区和缓冲区。

（1）控制区：前三项表示信号输出的方式，有 Cycle（循环）、Burst（单帧）、Step（单步）三种方式。

①“Cycle（循环）”按钮：鼠标单击一次，则循环不断地输出所有字信号预设值。

②“Burst（单帧）”按钮：从首地址开始至末地址连续逐条地输出字信号。Burst 和 Cycle 情况下的输出节奏由输出频率的设置决定。

③ “Step（单步）”按钮：鼠标单击一次，字信号输出一条。这种方式可用于对电路进行单步调试。

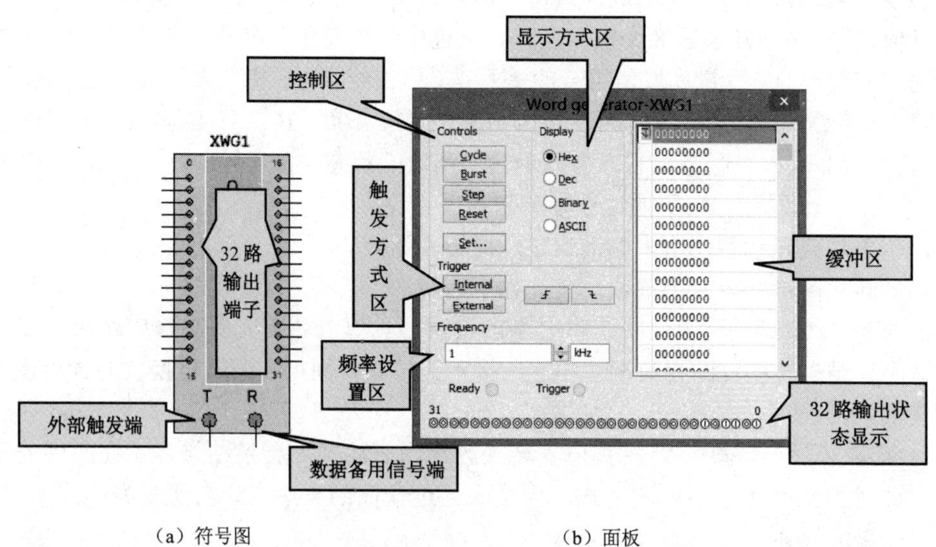

（a）符号图　　　　　　　　（b）面板

图 4.5.21　字信号发生器

④ “Reset（复位）”按钮：不管状态运行到哪里，按此按钮回到初始地址值。

⑤ “Set...（设置）”按钮：打开设置对话框，进行字产生值的设置。如图 4.5.22 所示。

Pre-set patterns 区域：预设模式区，有 No change（不改变预设模式）、Load（调用以前模式）、Save（保存现有模式）、Clear buffer（清除缓冲区）、Up counter（递增模式）、Down counter（递减模式）、Shift right（右移模式）和 Shift Left（左移模式）。在 Load（调用以前模式）、Save（保存现有模式）模式下，会打开相应存盘对话框，字信号存盘文件的后缀为“.DP”。在 Up counter（递增模式）下，字信号数据会从小到大递增排列。在 Shift right（右移模式）下，字信号数据则按 8000、4000、2000 等逐步右移一位的规律排列。其余类推。

Display type 区域：设置缓冲区大小显示方式，有 Hex（十六进制显示）和 Dec（十进制显示）两种。

Initial pattern 栏：初始值设置。后 4 种模式时可以设置。

Buffer size 区域：设置缓冲区大小，输入数值时须注意进制，如在 Display type 区域为 Hex 时，输入 16，其实是 0x16，换算成十进制有 22 个状态。

Output voltage level 区域：输出电压水平。有 High（高电平）和 Low（低电平）两种。

（2）触发方式区：字信号的触发方式分为 Internal（内部）和 External（外部）两种。当选择内部触发方式时，字信号的输出直接由输出方式按钮（Step、Burst、Cycle）启动。当选择外部触发方式时，则须接入外触发脉冲，并定义“上升沿触发”　或“下降沿触发”　，然后单击输出方式按钮。只有外部触发脉冲信号到来时才启动信号输出。此时在数据备用输出端可以得到与输出字信号同步的时钟脉冲输出信号。

（3）显示方式区：分为 Hex（十六进制显示）、Dec（十进制显示）、Binary（二进制显示）和 ASCII（ASCII 码显示）4 种模式。

（4）频率设置区：设置输出频率。

（5）缓冲区：在此区域，用来对字信号序列进行编辑和显示，可用鼠标单击进行修改。32bit 的字信号以 8 位 16 进制数显示，最多可存放 1024 条字信号，地址编号为 0000～03FF。鼠标右键单击某一行，可以设置此行作为断点或起始行等，如图 4.5.23 所示。Cycle（循环）或 Burst（单帧）输出方式时，当运行至断点地址处会暂停，再用鼠标单击相应按钮恢复输出。

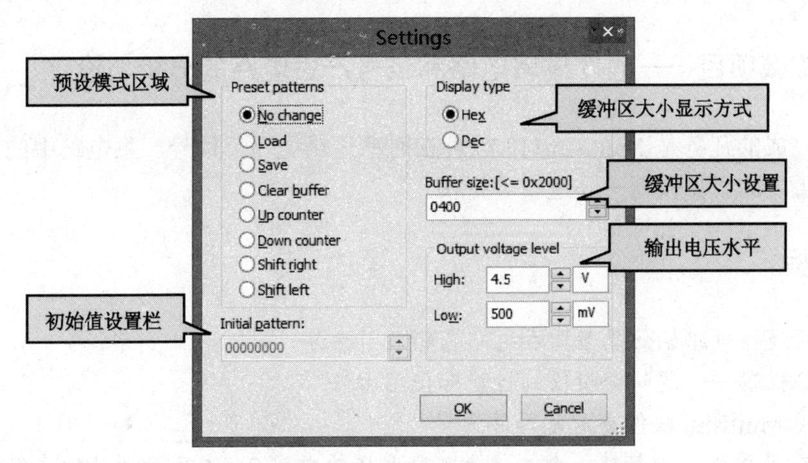

图 4.5.22　字产生模式设置对话框

字信号发生器被激活后，字信号按照一定的规律逐行从底部的输出端送出，同时在面板的底部对应于各输出端的小圆圈内，实时显示输出字信号各个位（bit）的值。

逻辑转换仪和字信号发生器在数字电路的分析和应用中使用得非常频繁，掌握好这两个工具的性能和使用方法，可以大大提高对数字器件、数字电路功能的了解，提高设计能力。

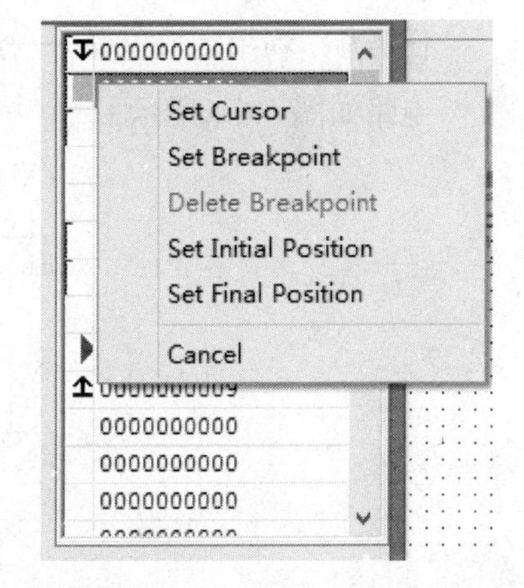

图 4.5.23　设置某一行字信号状态

4.5.3　实验项目——应用逻辑转换仪和字信号发生器分析和设计组合电路

（1）将公式 F=AB+BC+CD 的真值表列出来，要求用与非门实现该电路。

（2）分析如图 4.5.24 所示电路功能。

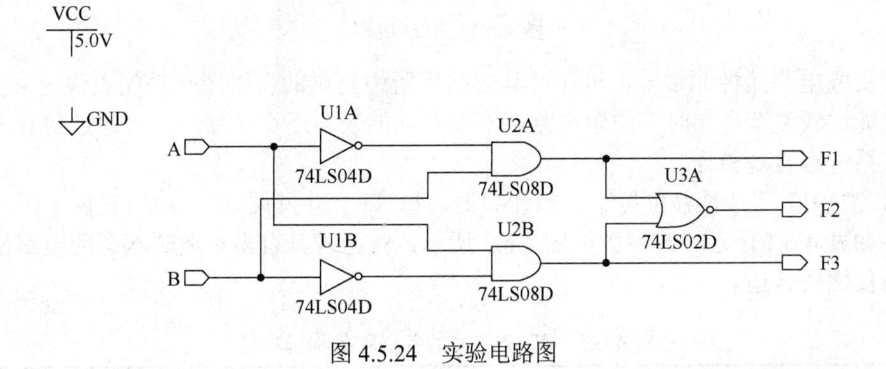

图 4.5.24　实验电路图

（3）设计 1 位全加器电路。

（4）蓝桥杯比赛真题：设计一个频率超限报警电路，输入为 1～99Hz 信号，判断当信号超过 50Hz 时，报警。

4.6 Multisim 在数字逻辑电路中的应用 2

4.6.1 训练微项目——时序逻辑电路和信号产生电路的分析与设计

本项目需要完成的任务是 Multisim 13 软件在时序逻辑电路、信号产生电路中的分析应用。这里要用到一个重要的虚拟仪器——逻辑分析仪。

◆ 学习目标

✧ 掌握时序逻辑电路的仿真步骤和电路分析设计方法

✧ 掌握虚拟仪器——逻辑分析仪的性能和使用方法

✧ 学会利用 Multisim 软件查看元器件资料

在 Multisim 项目文件夹中新建一个文件夹：数字逻辑电路 2。本项目涉及的文件均存放于该文件夹中

任务 1：利用虚拟仪器——逻辑分析仪分析电路的功能

电路如图 4.6.1 所示。

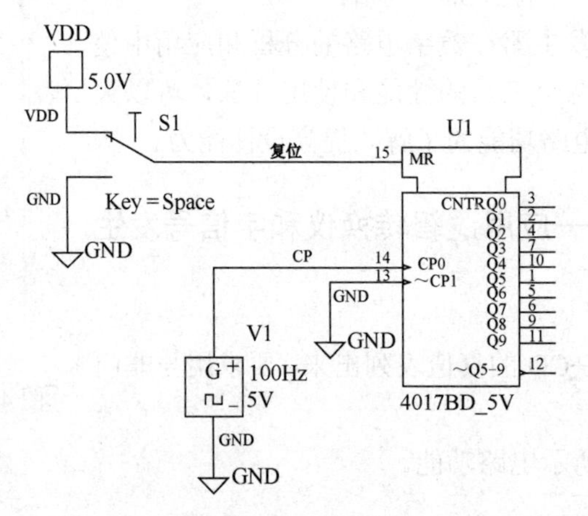

图 4.6.1　时序电路

中规模集成电路品种非常多，可通过其数据手册中提供的管脚图和功能表快速掌握其性能。有的器件性能比较复杂，如时序逻辑电路，不仅有功能表，还有时序图。可通过仿真观察输入输出波形的关系进行直观验证。

CMOS 型 4017 芯片是移位型十进制计数器，每来一个时钟脉冲，输出右移 1 位，它的管脚名称和功能如表 4.6.1 所示，时序图如图 4.6.2 所示，对这种具有多种逻辑状态的电路性能仿真使用逻辑分析仪比较合适。

表 4.6.1　4017 芯片的各引脚名称和功能

引脚编号	引脚名称（括号内是时序图上名称）	功能
2～7，9～11	Q0～Q9（“0”～“9”）	10 个移位输出端
12	～O5-9（CARRY OUTPUT）	进位输出端
13	～CP1（CLOCK INHIBIT）	使能端，低电平芯片正常工作，高电平禁止工作

续表

引脚编号	引脚名称（括号内是时序图上名称）	功能
15	MR（RESET）	复位端，高电平复位
14	CP0（CLOCK ）	时钟信号控制端，上升沿触发
16	VDD	芯片正电源端
8	VSS	芯片负电源端

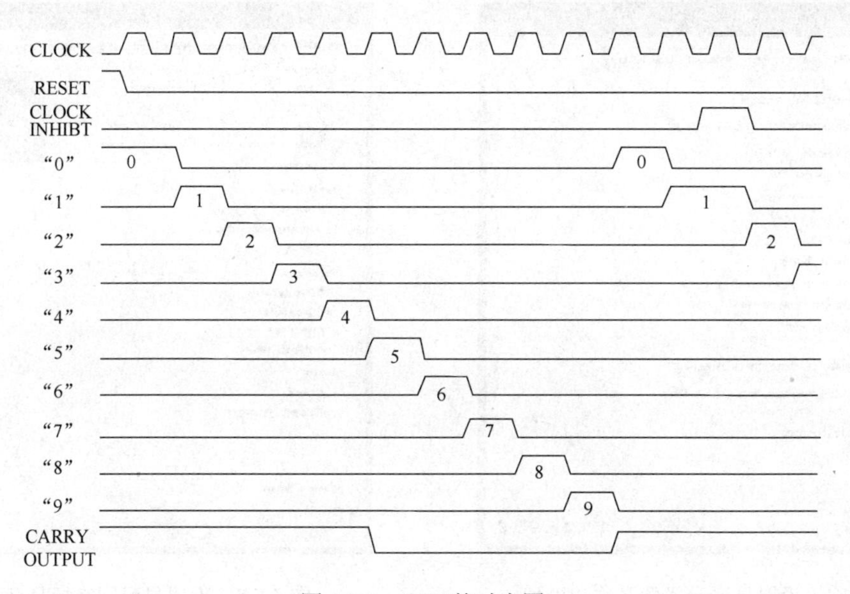

图 4.6.2　4017 的时序图

◆ 执行步骤

步骤 1：打开 Multisim 软件，绘制电路图并保存。

在 Multisim 软件中绘制如图 4.6.1 所示的电路图，以文件名“SSI 组合电路.ms13”保存。

（1）电气元器件符号标准选用“IEC 60617”，在“Options（选项）”菜单→“Sheet Properties（图纸参数）”→“Workspace（工作区）”标签中选择。

（2）VDD 是 CMOS 器件的电源符号；V1 是时钟信号源，名称为“CLOCK_VOLTAGE”；S1 是单刀双掷开关，名称为“SPDT”。电路中所用元器件在 Multisim 元器件库中的位置如下：

① VDD、DGND：Master Database\Sources\POWER_SOURCES。

② V1：Master Database\Sources\Signal_Voltage_Sources。

③ S1：Master Database\Basic\SWITCH。

④ 4017：Master Database\CMOS\CMOS_5V。

（3）修改器件的参数，V1 的频率改为 100Hz。

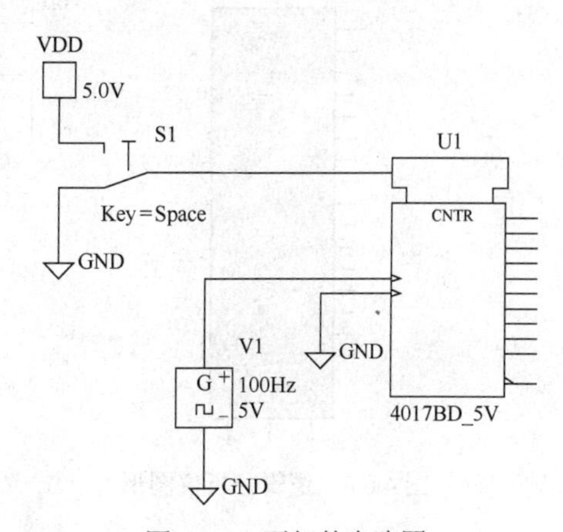

图 4.6.3　画好的电路图

步骤 2：显示芯片名称和引脚编号、网络标号。

在图 4.6.3 中，芯片名称看不见，现把它显示出来。

双击 U1，如图 4.6.4 所示，在打开的对话框中，单击“Display（显示）”标签，选中“Use component specific visibility settings（使用元器件具体设置）”单选按钮，选中其中的“Show footprint pin names”和“Show symbol pin names”复选框，表示显示元器件封装管脚编号和各管脚名称。

选择“Options（选项）”菜单→“Sheet Properties（图纸参数）”命令，如图 4.6.5 所示，在打开的对话框中单击“Sheet visibility（图纸显示）”标签，选中“Net names（网络名称）”区域的“Show all”单选按钮，表示显示全部网络标号名称。

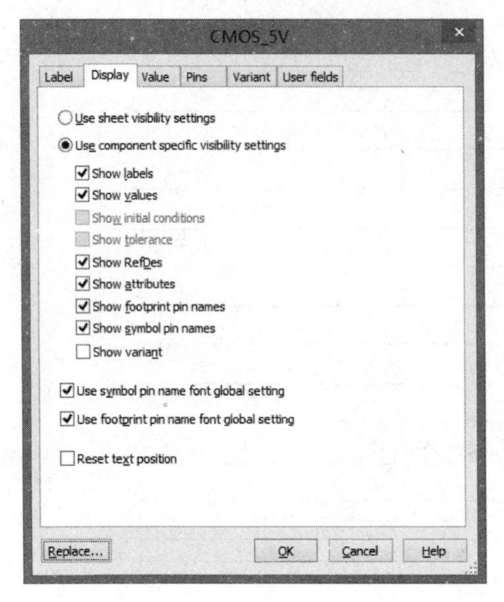

图 4.6.4　设置显示元器件名称和引脚

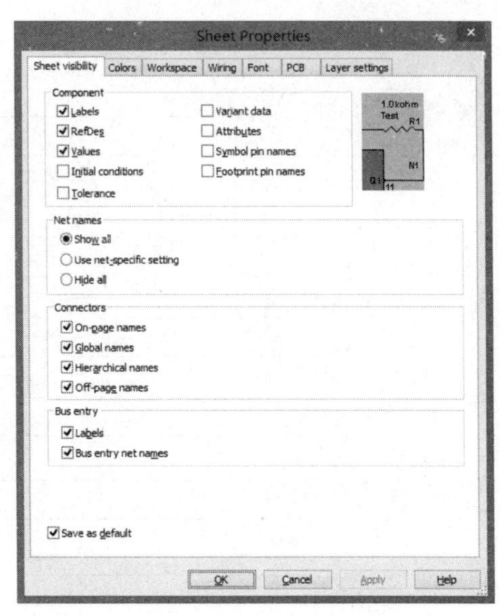

图 4.6.5　设置显示网络标号名称

步骤 3：将电路图与逻辑分析仪相连。

（1）查找并放置逻辑分析仪。在仪表工具栏中单击图标（显示 Logic Analyzer）。将其拖放于图纸中。放下的逻辑分析仪图形如图 4.6.6 所示，名称默认为 XLA1。

（2）连接逻辑分析仪和电路。将逻辑分析仪的 11 个输入端子分别与 4017 的输出端 Q0～Q9、进位端～O5-9 相连，如图 4.6.7 所示。

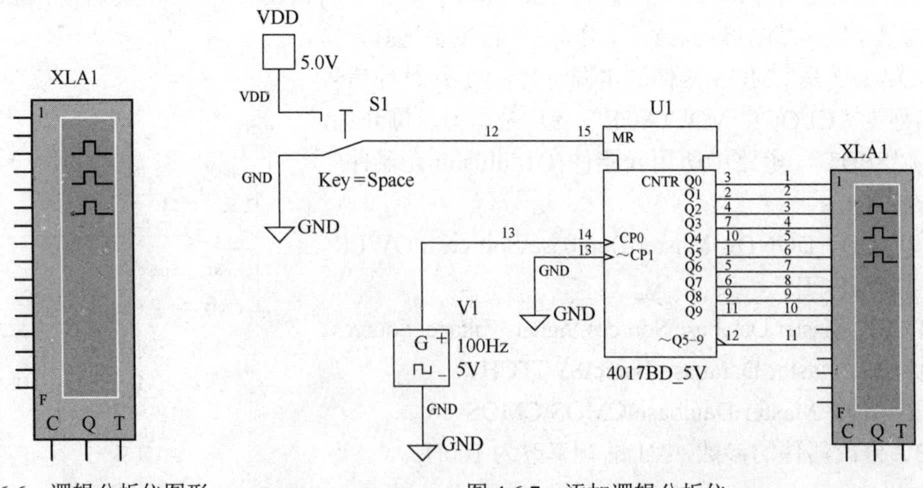

图 4.6.6　逻辑分析仪图形　　　　图 4.6.7　添加逻辑分析仪

步骤 4：修改网络标号。

此时，各导线上显示的数字为网络标号，双击网络标号为“1”的连线，打开对话框，如图 4.6.8 所示，在“Preferred net name”文本框中输入“Q0”，单击“OK”按钮，则网络标号名称变为 Q0。用相同的方法，修改其他网络标号名称。修改后的电路如图 4.6.9 所示。

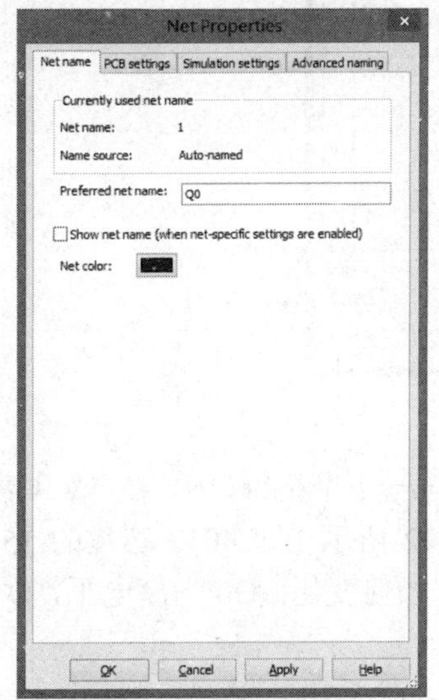

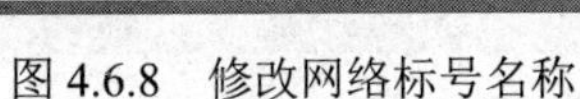
图 4.6.8　修改网络标号名称

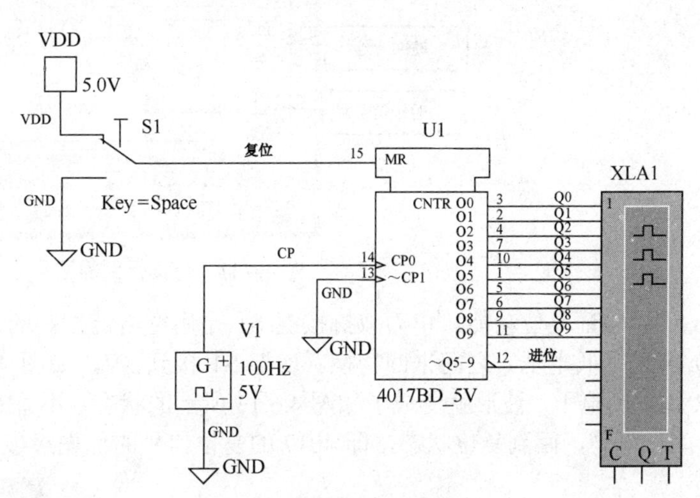

图 4.6.9　改好网络的电路

步骤 5：设置逻辑分析仪，进行电路分析。

（1）设置时钟信号。双击逻辑分析仪图形，打开其面板，在下面的“Clock”区域单击“Set...”按钮，打开“Clock Setup（时钟设置）”对话框，如图 4.6.10 所示，在“Clock source（时钟源）”区域选中“Internal（内部）”单选按钮，在“Clock rate”区域数字框中输入 100Hz，和 V1 信号源的频率一致；在“Threshold volt（阈值电压，门槛电压）”文本框中输入 2.5V；其他保持不变。单击“OK”按钮。

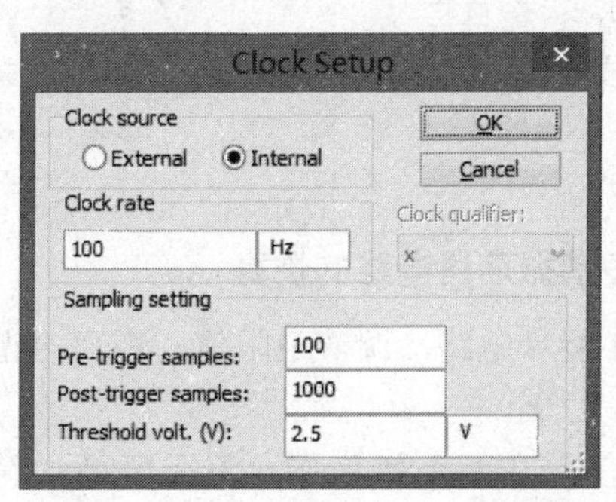

图 4.6.10　“Clock Setup”对话框

注意：选择内部时钟源时，时钟频率必须设置得和外电路时钟的频率一致，门槛电压设成高、低电平的中间值。否则仿真时只能看到一条直线，看不到信号的变化。

（2）设置每栏脉冲显示个数。回到逻辑分析仪面板，在“Clock”区域的“Clocks/Div”数字框中输入 3，表示每一栏显示 3 个完整的脉冲。

（3）运行电路，观察波形，验证电路移位计数功能。波形如图 4.6.11 所示。可以清楚地看见，每来一个时钟脉冲上升沿，输出高电平都会后移一位，当 Q9 从高电平变成低电平时，Term 12（即进位端）输出一个高电平，这个高电平持续 5 个 CP 的时间，回到低电平。进位信号和时钟信号的关系是：$T_{进位}=10T_{CP}$，即每计 10 个 CP，输出 1 个进位信号，实现了十进制计数。

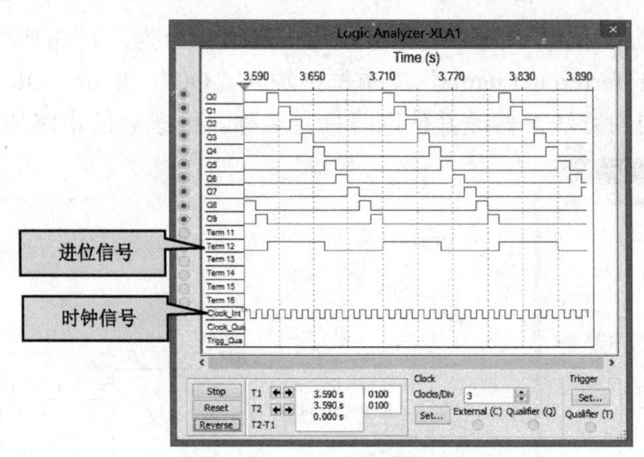

图 4.6.11　仿真得到的波形

（4）验证复位功能。单刀双掷按键 S1 是用空格键控制的，按一下空格键，S1 在 5V（高电平）和地（低电平）之间来回切换。现把 S1 接到 5V，如图 4.6.12 所示，即 4017 芯片的 15 脚 MR 输入高电平，波形就变成了如图 4.6.13 所示的状态：不管 CP 如何变化，Q0 为高电平，Q1～Q9 为低电平，回到复位状态，即 4017 的复位信号的优先级最高。

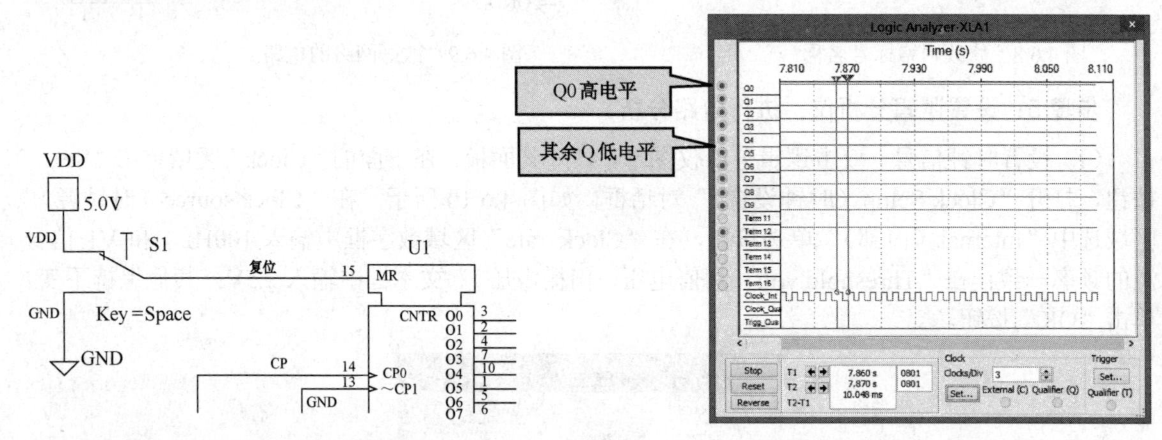

图 4.6.12　复位端 MR 接到 5V　　　　图 4.6.13　复位状态

任务 2：频率可调的 555 多谐振荡器电路的仿真

任务要求：仿真如图 4.6.14 所示电路，调节电阻值，观察多谐振荡器的波形，计算周期、频率和占空比。

多谐振荡器电路无稳态，仅存在两个暂稳态，不需要外加触发信号，上电即可产生振荡。图 4.6.14 所示是外加阻容元件的由 555 芯片构成的多谐振荡器。电容 C 端和输出端的波形关系如图 4.6.15 所示。

输出方波的周期由 RC 值决定。它的估算公式如下：

充电时间（脉宽）　$T_1\approx 0.7(R_1+R_2)C$　（4-5-1）

放电时间　$T_2\approx 0.7R_2C$　（4-5-2）

输出矩形波周期　$T=T_1+T_2\approx 0.7(R_1+2R_2)C$　（4-5-3）

占空比　$D=\dfrac{T_1}{T}$　（4-5-4）

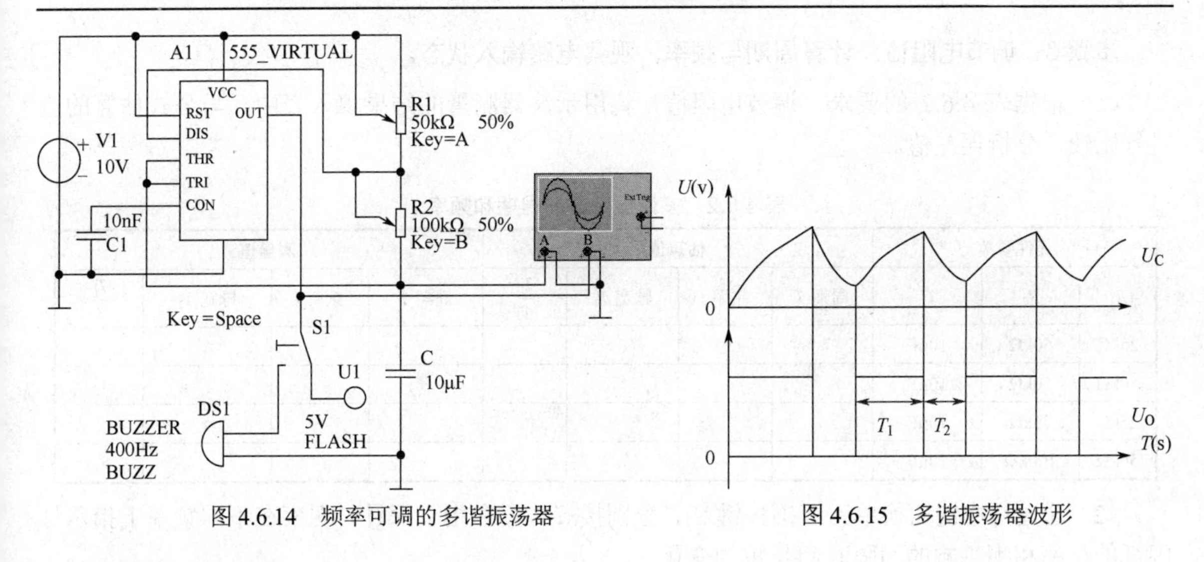

图 4.6.14　频率可调的多谐振荡器　　　图 4.6.15　多谐振荡器波形

◆ 执行步骤

步骤 1：打开 Multisim 软件，绘制电路图并保存。

（1）在 Multisim 软件中绘制如图 4.6.14 所示的电路图，以文件名“555 多谐振荡器（频率可调）.ms13”保存。

（2）电气元器件符号标准选用“IEC 60617”。

（3）R_1、R_2 是可调电阻器；V_1 是直流电压信号源，名称为“DC_POWER”；S_1 是单刀双掷开关，名称为“SPDT”；DS_1 是蜂鸣器，名称为“BUZZER”；U_1 是指示探针，名称为“Probe-blue”。电路中所用元器件在 Multisim 元器件库中的位置如下：

① V1、GROUND：Master Database\Sources\POWER_SOURCES。

② C1、C2：Master Database\Basic\CAPACITOR。

③ R1、R2：Master Database\Basic\POTENTIOMETER。

④ S1：Master Database\Basic\SWITCH。

⑤ DS1：Master Database\INDUCTOR\BUZZER。

⑥ U1：Master Database\Indicators（指示器件库）\Probe。

（4）修改电路的参数。其中，蜂鸣器的电压幅度为 10V，频率为 400Hz。表示当加在蜂鸣器上的电压为 10V 时，蜂鸣器就会按照设定的频率鸣叫，一般频率设成几百至几千赫兹均可。

步骤 2：添加示波器，进行电路仿真。

将示波器的两个通道分别与电容 C 端和 555 输出端相连，调整示波器的相应参数，直到看到波形为止，如图 4.6.16 所示。

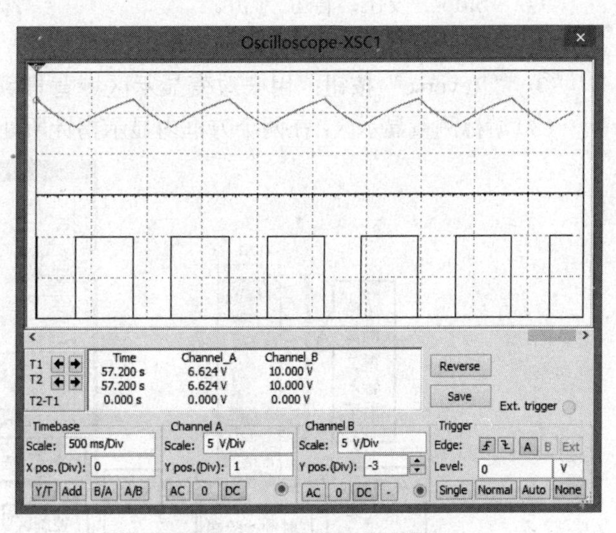

图 4.6.16　示波器观测波形

步骤 3：调节电阻值，计算周期与频率，观察电路输入状态。

（1）根据表 4.6.2 的要求，调节电阻值，将用示波器测量的结果填入表中，与公式估算的值进行比较，分析误差值。

表 4.6.2　多谐振荡器的周期和频率

元件参数			估算值				测量值			
R_1	R_2	C	周期 T	频率 f	脉宽 T_1	$\frac{T_1}{T}$	周期 T	频率 f	脉宽 T_1	$\frac{T_1}{T}$
25kΩ	50kΩ	10μF								
50kΩ	50kΩ	10μF								
25kΩ	75kΩ	10μF								
50kΩ	100kΩ	10μF								

（2）通过空格键切换单刀双掷按键 S_1，分别接蜂鸣器和指示探针，观察在不同频率下指示灯闪烁的频率和喇叭响的间隔时间长短的变化。

4.6.2　知识库

1．虚拟仪器之逻辑分析仪（Logic Analyzer）

逻辑分析仪用于对数字逻辑信号的高速采集和时序分析，可以同步记录和显示 16 路数字信号。逻辑分析仪的符号图和面板如图 4.6.17 所示。

逻辑转换仪的面板由以下部分组成：16 个通道信号输入端、波形显示区、时钟设置区、游标测量显示区、控制区和触发设置区。

（1）波形显示区：面板左边的 16 个小圆圈对应 16 个输入端，右侧是各路输入逻辑信号名称，从上到下排列依次为最低位至最高位。输入逻辑信号的波形以方波形式显示。通过设置输入导线的颜色可修改相应波形的显示颜色。读取波形的数据可以通过拖放读数游标完成。

（2）控制区：

①“Stop”按钮：停止分析。

②“Reset”按钮：重新测试分析。

③“Reverse”按钮：用来改变显示区域背景颜色（黑色或白色）。

（3）游标测量显示区：在两个方框内显示指针所处位置的时间读数和逻辑读数（4 位 16 进制数）。

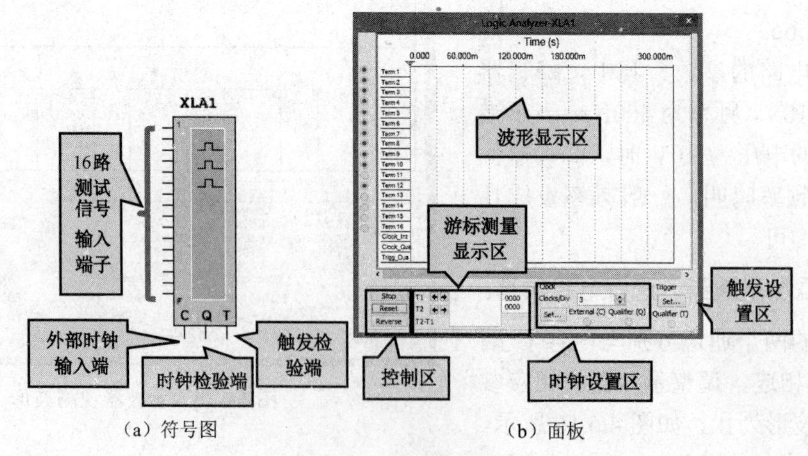

（a）符号图　　　　（b）面板

图 4.6.17　逻辑分析仪

① T_1：显示 T_1 游标指针所指位置的时间。

② T_2：显示 T_2 游标指针所指位置的时间。

③ T_2-T_1：显示 T_2-T_1 时间差值。

（4）时钟设置区：

① Clocks/Div 栏：设置在显示区中每个水平刻度显示多少个时钟脉冲。

② “Set...”按钮：设置时钟脉冲。单击该按钮，弹出“Clock Setup（时钟设置）”对话框，如图 4.6.18 所示。

在“Clock source（时钟源）”区域：有“Internal（内部）”和“External（外部）”时钟源两种选择。如果选择内时钟，内时钟频率可以设置。此外对 Clock qualifier（时钟限定）的设置决定时钟控制输入对时钟的控制方式。若该位设置为“1”，表示时钟控制输入为“1”时开放时钟，逻辑分析仪可以进行波形采集；若该位设置为“0”，表示时钟控制输入为“0”时开放时钟；若该位设置为“x”，表示时钟总是开放，不受时钟控制输入的限制。

注意：选择内部时钟源时，时钟频率必须设置得和外电路时钟的频率一致，否则仿真时只能看到一条直线，看不到信号的变化。

“Clock rate”栏：设定时钟脉冲的频率，可在 1Hz～100MHz 选择。

“Sampling Setting”区域：设置取样方式。“Pre-trigger Samples”栏设定预触发取样数；“Post-trigger Samples”栏设定后触发取样数；“Threshold volt”栏设定阈值电压（又称为门槛电压）。

（5）触发设置区：用来设定触发方式。单击“Set...”按钮，弹出“Trigger Settings（触发设置）”对话框，如图 4.6.19 所示。

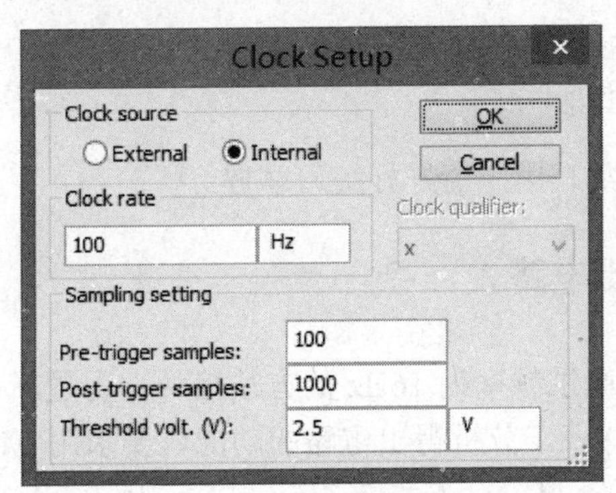

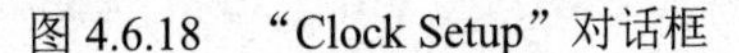
图 4.6.18 “Clock Setup”对话框

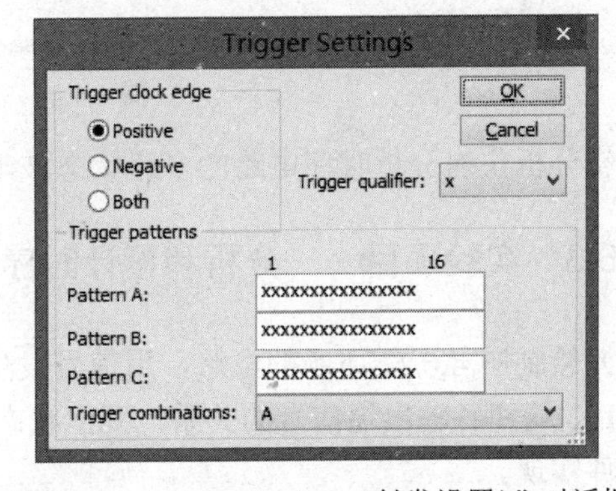

图 4.6.19 Trigger Settings（触发设置）”对话框

① “Trigger clock edge”区域：设定触发方式，有“Positive（上升沿触发）”、“Negative（下降沿触发）”和“Both（上升、下降沿均触发）”三种。

② “Trigger Patterns”区域：设定触发的模式，可以在 Pattern A、B、C 三个框中设定。三个触发字的默认设置均为 xxxxxxxxxxxxxxxx，表示只要第一个输入逻辑信号到达，无论是什么逻辑值，逻辑分析仪均被触发，开始波形的采集，否则必须满足触发字条件才被触发。

③ “Trigger Qualifier”栏：触发限定栏，设定触发检验，包括 0、1 及 x 三个选项。若该位设为 x，触发控制不起作用，触发完全由触发字决定；若该位设置为“1”（或“0”），则仅当触发控制输入信号为“1”（或“0”）时，触发字才起作用；否则即使触发字组合条件满足也不能引起触发。

2. 查看元器件资料

关于元器件的资料，软件自带查看的功能，方法是：查找器件时，如找到 74LS48D，在“Select a Component”对话框中，如图 4.6.20 所示，右侧有一个“Detail report”按钮，单击该按钮则可以看到该器件的相关资料，如图 4.6.21 所示。

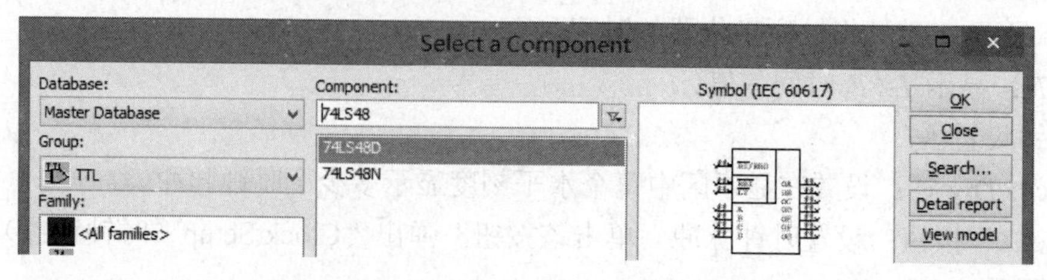

图 4.6.20 “Select a Component”对话框

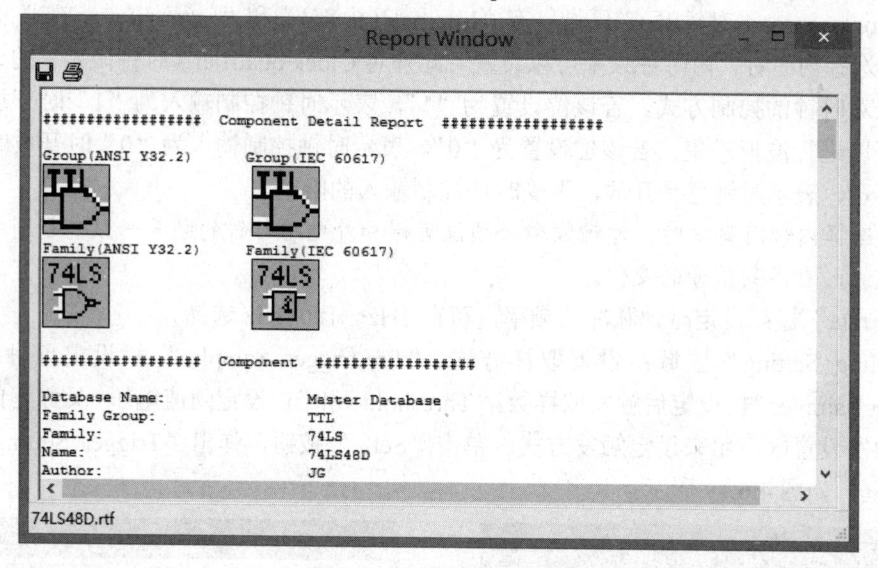

图 4.6.21 器件详细资料

逻辑分析仪对分析时序电路的多路状态波形非常有用，请好好练习掌握。

4.6.3 实验项目——分析和设计时序逻辑电路

（1）绘制图 4.6.22 所示的电路，用信号发生器产生频率为 16Hz 的方波信号，用逻辑分析仪观察 CLK 端和各输出端信号的关系，列出状态迁移表，分析得出电路的功能。要求用 Multisim 仿真软件实现。

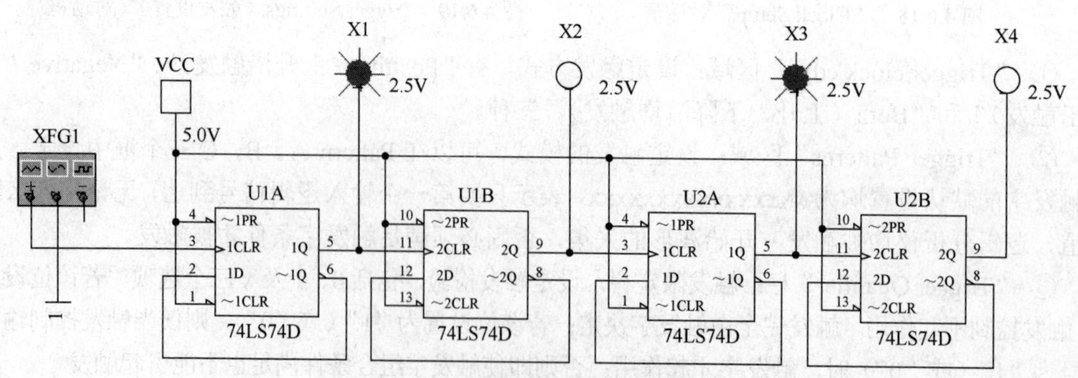

图 4.6.22 74LS74 构成的时序逻辑电路

（2）设计一个计数译码显示电路：利用十进制加法计数器（74LS160D）、显示译码器（74LS48D，高电平输出）和共阴数码管（SEVEN_SEG_COM_K，高电平输入）设计一个计数译码显示电路。

要求：① 绘制如图 4.6.23 所示电路，并验证其结果（所有器件符合 ANSI 标准）。

② 修改电路，让电路实现六进制计数。

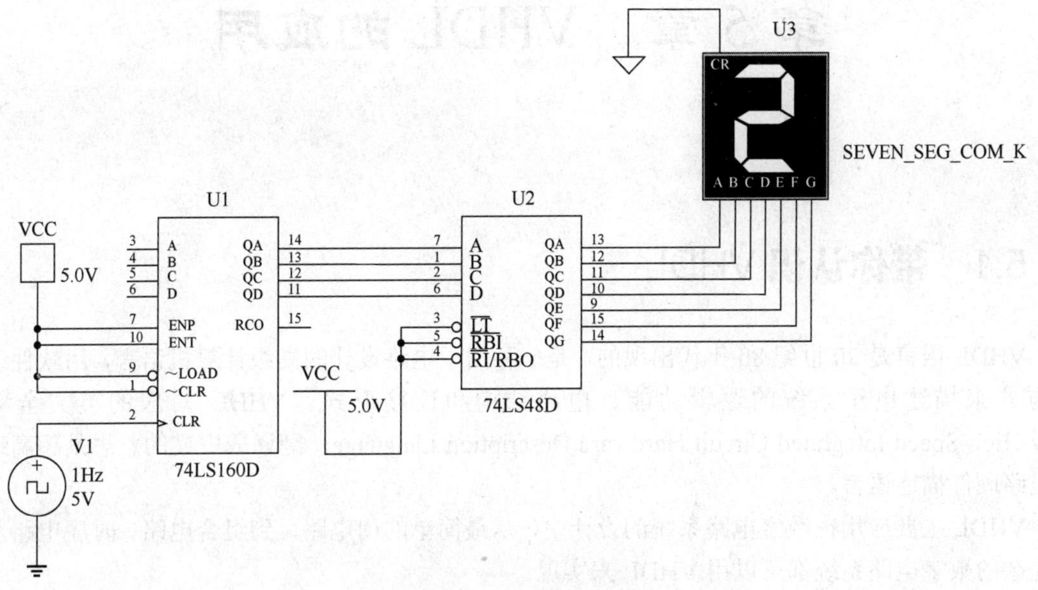

图 4.6.23　计数译码显示电路

第 5 章　VHDL 的应用

5.1　带你认识 VHDL

VHDL 语言是 20 世纪 80 年代出现的，是一种用于电路设计的高级计算机语言，用软件编程的方式来描述电子系统的逻辑功能、电路结构和连接形式。VHDL 对应的英文全称是 Very-High-Speed Integrated Circuit Hardware Description Language，翻译成中文的意思是超高速集成电路硬件描述语言。

VHDL 主要应用在数字电路系统的设计中，从最简单的门电路，到组合电路、时序电路及较为复杂的数字电路系统都可以用 VHDL 来实现。

下面这段 VHDL 程序就是对与门电路的描述。

```
LIBRARY IEEE;
USE IEEE.STD_LOGIC_1164.ALL;
ENTITY AND_GATE IS
   PORT(A:IN STD_LOGIC;
      B:IN STD_LOGIC;
      F:OUT STD_LOGIC);
END AND_GATE;

ARCHITECTURE BEHAVE OF AND_GATE IS
BEGIN
F<=A AND B;
END BEHAVE;
```

程序的前两行，即"LIBRARY IEEE;USE IEEE.STD_LOGIC_1164.ALL;"，是对程序中所使用到的库和程序包进行声明，和 C 语言中的函数声明类似。

3～7 行定义了与门电路实体的外部端口特征，该电路具有两个输入端口 A 和 B，一个输出端口 F。

8～11 行描述了与门电路的功能，即输出 F 是两个输入 A 和 B 相与的结果：F<=A AND B。

下面来介绍几个和 VHDL 相关的名词。

1．PLD

PLD 是 Programmable Logic Device 的简称，即可编程逻辑器件。

一般的集成电路芯片功能已经设置好，是固定不变的，而可编程逻辑器件 PLD 的优点在于允许用户编程（使用硬件描述语言，如 VHDL）来实现所需要的逻辑功能。

PLD 器件如同一张白纸，用户可以根据需要自行设计所需要的功能。用户首先用硬件描述语言来表示所需要实现的逻辑功能，然后经过编译和仿真，生成目标文件，再由编程器或下载电缆将设计文件配置到目标文件中，PLD 就变成了能满足用户要求的专用集成电路（ASIC）。

PLD 可以被重复编程，用户可以随时通过程序来修改器件的逻辑功能，而无须改变硬件电路。这个任务在实验室就可以完成，而不必去请芯片制造厂商设计和制作专用的集成电路芯片。

目前常用的用于编译、仿真、配置的软件有 Xilinx 公司的开发软件 FOUNDATION、Altera 公司的 MAX+PLUS II 及 Quartus 系列等。

PLD 电路早期代表产品有 Xlinx 公司推出的门阵列，称为 FPGA（Field Programable Gate Array）；以及随后 Altera 公司推出的 CPLD（Complex Programable Logic Device）。每一片这样的 PLD 可以设计成单片机或是 CPU 等，并且可以在外部接线完成以后重新进行设计。

目前常见的 PLD 生产厂家有 Xilinx、Altera、Actel、Lattic、Atmel、Microchip 和 AMD 等，其中 Xilinx 和 Altera 为两个主要生产厂，Xilinx 的主要 PLD 产品为 FPGA，Altera 的主要 PLD 产品为 CPLD。

2．FPGA

FPGA 是 Field-Programmable Gate Array 的缩写，即现场可编程门阵列，是由美国的 Xilinx 公司率先推出的，后来有很多厂家也相继推出了相关的 FPGA 产品。

FPGA 是由存放在片内 RAM 中的程序来设置其工作状态的，因此，工作时需要对片内的 RAM 进行编程。用户可以根据不同的配置模式，采用不同的编程方式。

FPGA 的编程无须专用的 FPGA 编程器，只需用通用的 EPROM、PROM 编程器就可以了。当需要修改 FPGA 功能时，只需换一片 EPROM 即可。FPGA 能够反复使用。同一片 FPGA，不同的编程数据，可以产生不同的电路功能。因此，FPGA 的使用非常灵活。

3．CPLD

CPLD 英文全称为 Complex Programmable Logic Device，是 Complex PLD 的简称，中文意思是复杂可编程逻辑器件。

和 FPGA 类似，CPLD 也是一种用户根据各自需要而自行构造逻辑功能的数字集成电路，其基本设计方法是借助集成开发软件平台，用原理图、硬件描述语言等方法，生成相应的目标文件，通过下载电缆（“在系统”编程）将代码传送到目标芯片中，实现设计的数字系统。

CPLD 的主要优点有编程灵活、集成度高、设计开发周期短、适用范围宽、开发工具先进、设计制造成本低、对设计者的硬件经验要求低、标准产品无须测试、保密性强、价格大众化等特点，可实现较大规模的电路设计。

CPLD 几乎可以用在所有应用中小规模通用数字集成电路的场合，如仪器仪表、汽车电子、数控机床、航天测控设备等方面。

4．FPGA 和 CPLD 的区别

FPGA 和 CPLD 都是 PLD 器件，两者的功能基本相同，只是实现的原理有所区别，所以有时可以忽略两者的区别，统称为可编程逻辑器件或 CPLD/FPGA。

CPLD 最早由 Altera 公司推出，多为 Flash、EEPROM 架构或乘积项架构的 PLD。FPGA 最早由 Xilinx 公司推出，多为 SRAM 架构，须外接配置用 EPROM 下载。由于 Altera 的 FLEX/ACEX/APEX 系列 PLD 产品也为 SRAM 架构，因此常把 Altera 的这几个芯片也称为 FPGA。

通常 FPGA 的集成度比 CPLD 高，具有更复杂的布线结构和逻辑实现。CPLD 更适于完成各种算法和组合逻辑，FPGA 更适于完成时序逻辑。CPLD 无须外部存储器芯片，使用简单。FPGA 的编程信息须存放在外部 ROM 存储器上，使用方法复杂。通常 FPGA 的功耗比 CPLD

低很多。

5．Quartus II

Quartus II 是 Altera 公司推出的 FPGA/CPLD 开发环境，是在 MAX+PLUS II 的基础上更新换代的产品。Quartus II 功能强大、界面友好、使用便捷。

6．硬件描述语言（HDL）

HDL 是一种用形式化方法描述数字电路和系统的语言。利用这种语言，数字电路系统的设计者可以从上层到下层（从抽象到具体）逐层描述自己的设计思想，用一系列分层次的模块来表示极其复杂的数字系统。

目前，广泛使用的硬件描述语言有 AHDL、Verilog HDL 和 VHDL。

AHDL（Altera 硬件描述语言）是由美国 Altera 公司开发出的一种高级硬件描述语言。AHDL 具有 C 语言的风格，并且易学易用，在 20 世纪 90 年代使用很广泛，但是它的缺点是可移植性较差，只能在 Altera 公司的开发系统上使用，因此限制了它的使用范围。

Verilog HDL（Verilog 硬件描述语言）是 1984 年由 GDA 公司推出的，Verilog HDL 在语法结构上源于 C 语言，在某些方面比 C 语言更容易学习和使用，但是它的缺点是初学者容易犯一些设计上的错误，同时它对设计人员的硬件水平要求较高。

VHDL 是 20 世纪 80 年代由美国国防部和 IEEE 发起并资助开发出来的。它的主要特点有：

（1）设计可按层次分解。

（2）每个设计元素既有定义良好的界面（为了与其他元素连接），又有精确的行为描述（为了模拟）。

（3）具有强大的描述能力。

（4）具有共享和复用的能力。VHDL 采用基于库的设计方法。库中可以存放大量预先设计或以前项目设计中曾经使用过的模块，这样设计人员在新项目的设计过程中可以直接使用这些功能模块，从而节约了开发成本。

（5）具有良好的可移植能力，可以从一个仿真工具移植到另一个仿真工具，从一个操作平台移植到另一个操作平台。

以上三种 HDL 语言，各有其优点和缺点，后两者应用更加广泛，几乎占领了所有的逻辑综合市场，用户学好了一门语言后，很容易掌握另一门语言。

7．可编程逻辑器件的设计流程

可编程逻辑器件 PLD 的设计指的是使用开发软件和编程工具对器件进行开发的过程，过程如下。

（1）设计准备。包括方案论证、系统设计、器件选择等准备工作。

（2）设计输入。设计者将所设计的系统或电路以某种形式表现出来，并送入计算机的过程称为设计输入。设计输入包括三种方式：

① 原理图输入方式：该种方式直观明了，指的是使用软件绘制出原理图，形成原理图文件。

② 硬件描述语言输入方式：使用 VHDL、Verilog HDL 等硬件描述语言编程实现。

③ 波形输入方式：主要用于建立和编程波形设计文件及输入仿真向量和功能测试向量。波形设计输入主要适合用于时序逻辑和有重复性的逻辑函数。系统可以根据用户的输入输出波形自动生成逻辑关系。

（3）设计处理。设计处理过程包括：

① 语法检查和设计规则检查：如检查原理图有无漏连信号线，文本输入文件中有无拼写错误等。

② 逻辑优化和综合：化简所有的逻辑方程或用户自建的宏，使设计所占用的资源最少，将多个模块设计文件合并为一个网表文件。

③ 适配和分割：确定优化以后的逻辑能否与器件中的宏单元和 I/O 单元适配，然后将设计分割为多个便于适配的逻辑小块形式映射到器件相应的宏单元中。

④ 布局和布线：布局和布线工作是在设计检验通过以后由软件自动完成的，以最优的方式对逻辑元件布局，并准确实现器件间的互连。

⑤ 生成编程数据文件：产生可供器件编程使用的数据文件。

（4）设计校验。设计校验过程包括功能仿真和时序仿真，这两项工作是在设计处理过程中间同时进行的。

功能仿真是在设计输入完成之后，选择具体器件进行编译之前进行的逻辑功能验证，又称为前仿真。仿真结果将会生成报告文件和输出信号波形，从中可以观察到各个节点的信号变化。若发现错误，则返回设计输入中修改逻辑设计。

时序仿真在选择了具体器件并完成布局、布线之后进行。

（5）器件编程。编程是将编程数据放到具体的可编程器件中去。

本章内容主要介绍 VHDL 的语法和使用，不涉及具体的硬件应用。在 Quartus II 中主要进行的是设计输入和编译仿真，设计输入包括原理图输入和 VHDL 文本输入，编译仿真包括语法和设计规则检查、波形仿真验证结果。

5.2　Quartus II 的使用——原理图输入

最常用的 CPLD/FPGA 开发工具软件就是 Quartus，该软件是 Altera 公司提供的 FPGA/CPLD 集成开发环境（Altera 是世界上最大可编程逻辑器件的供应商之一）。Quartus 界面友好，使用便捷，被誉为业界最易用易学的 EDA 软件，目前常用的版本是 Quartus II，本书中所使用的是 Quartus II 9.1。

在 Quartus II 上可以完成设计输入（原理图输入、波形输入、VHDL 输入等）、元件适配、时序仿真和功能仿真、编程下载整个流程，它提供了一种与结构无关的设计环境，使设计者能方便地进行设计输入、快速处理和器件编程。

下面通过实例来介绍如何在 Quartus II 中实现原理图输入的方法，以 3—8 译码器为例。

5.2.1　训练微项目——3—8 译码器的原理图输入实现

图 5.2.1 是一个 3—8 译码器的电路图，要求在 Quartus II 中使用原理图输入实现，同时要求实现编译和波形仿真。

◆ 学习目标

- ➢ 熟悉 Quartus II 的界面构成
- ➢ 了解 Quartus II 常用菜单的作用

➢ 掌握Quartus II中的设计步骤
➢ 掌握原理图输入方法

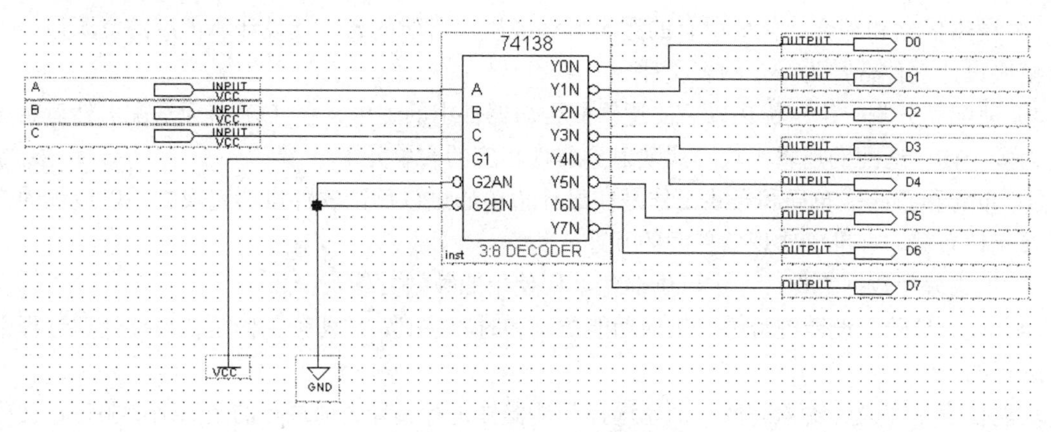

图5.2.1　3—8译码器电路图

◆ 执行步骤

步骤1：建立新项目。

打开Quartus II 9.1，选择“File（文件）”菜单下的“New Project Wizard（新建工程向导）”命令，弹出如图5.2.2所示的对话框。该对话框主要介绍向导的作用及后续的步骤。用户了解完信息后，单击“Next（下一步）”按钮，弹出如图5.2.3所示的对话框。

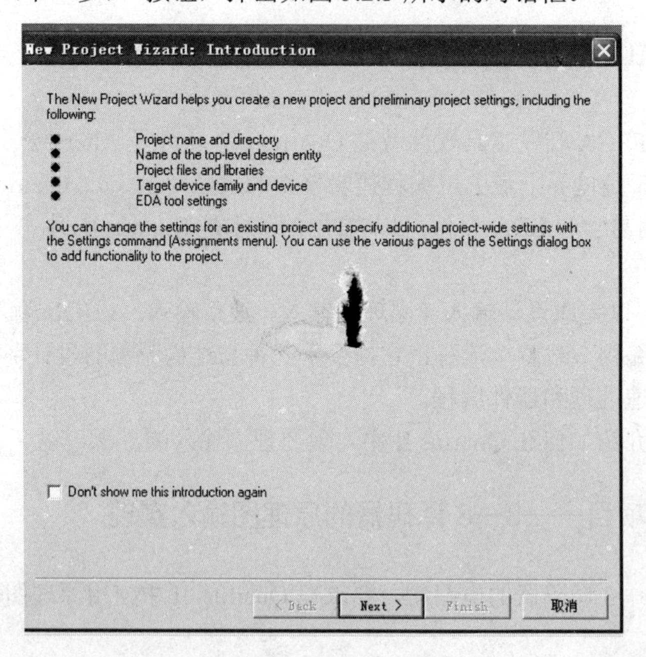

图5.2.2　新建工程向导对话框（1）

在如图5.2.3所示的对话框中，选择工程项目保存的位置，填写工程项目名称和顶层设计实体名称。本设计中在D盘根目录下新建一个“test”文件夹，用于保存本次设计所有文件。所以工程项目保存位置设置为D\test，工程项目名称和顶层设计实体名称应一致，本例中为“decoder”。

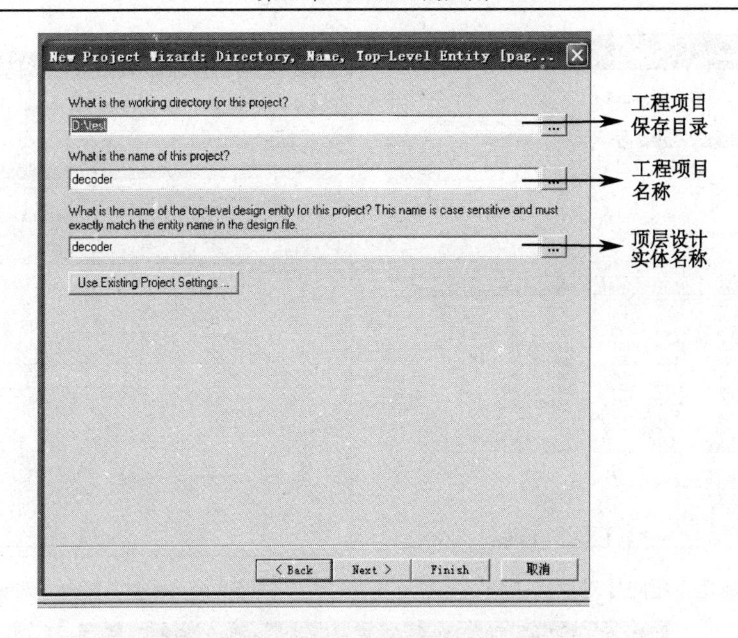

图 5.2.3　新建工程向导对话框（2）

单击“Next（下一步）”按钮，出现添加工程文件对话框，如图 5.2.4 所示。

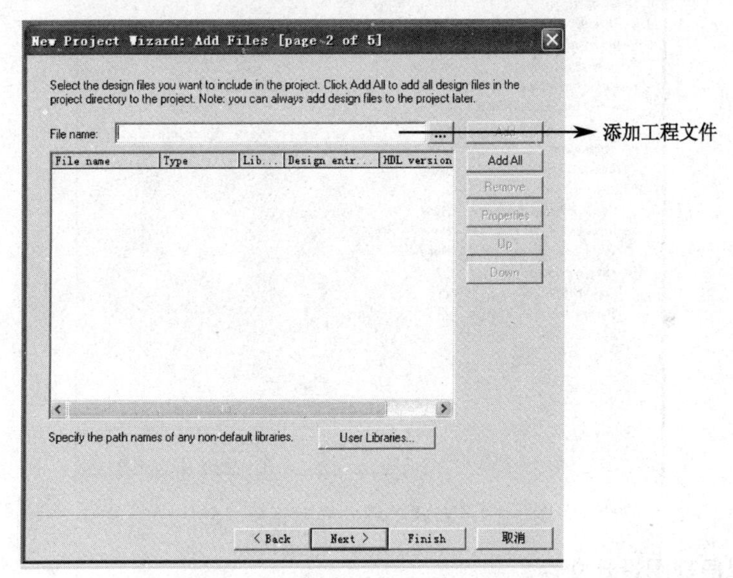

图 5.2.4　新建工程向导对话框（3）

如果原来已有设计文件，可以选择添加进来，本例中无须添加，直接单击“Next”按钮进入下一个对话框，如图 5.2.5 所示。

该对话框主要用于设置目标器件类型等，本设计全部选择默认，单击“Next”按钮进入下一步，出现如图 5.2.6 所示的对话框，全部选择默认设置，单击“Next”按钮进入下一步，出现如图 5.2.7 所示对话框，然后单击“Finish”按钮即可。

经过如上步骤，就建立了一个空的工程项目。

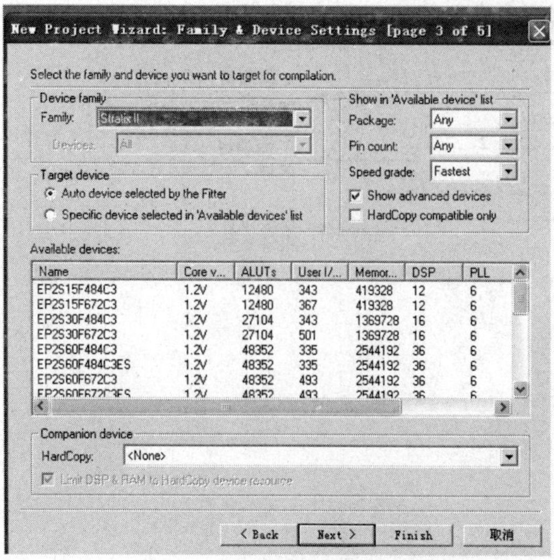

图 5.2.5　新建工程向导对话框（4） 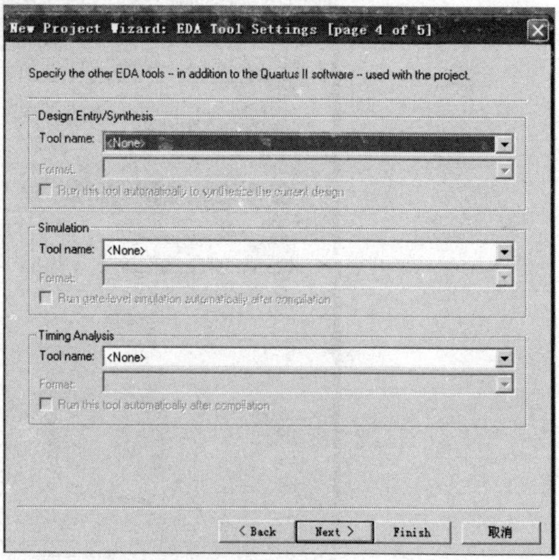　　图 5.2.6　新建工程向导对话框（5）

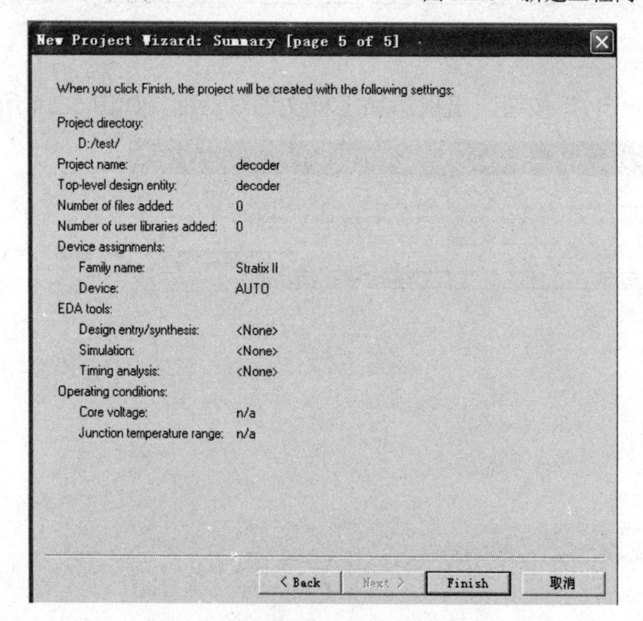

图 5.2.7　新建工程向导对话框（6）

步骤 2：新建原理图设计文件。

创建好工程项目文件后，选择“File”菜单下的“New”命令，弹出如图 5.2.8 所示的“新建设计文件选择”对话框。

选择 Block Diagram/Schematic File（原理图文件），单击“OK”按钮后就新建了一个空原理图文件 Block1.bdf，原理图编辑窗口如图 5.2.9 所示。

步骤 3：器件的选择与放置。

在原理图编辑窗口右侧的空白编辑区双击，或者单击窗口左侧图形工具栏上的“Symbol Tool”工具符号（图 5.2.9），或者选择 Edit→Insert Symbol 命令，弹出如图 5.2.10 所示的对话框。

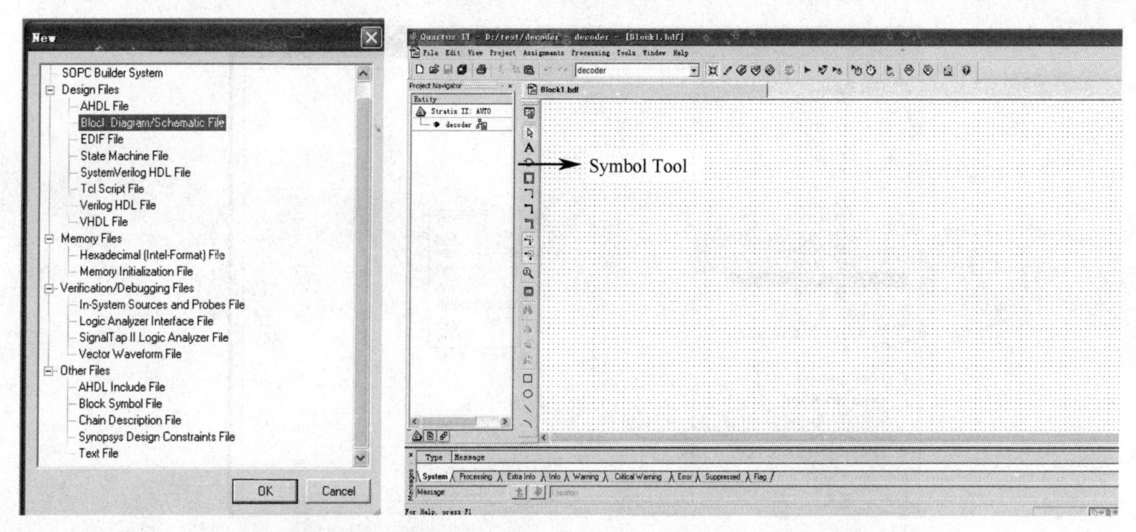

图 5.2.8　新建设计输入文件选择对话框　　　　　　　　图 5.2.9　原理图编辑窗口

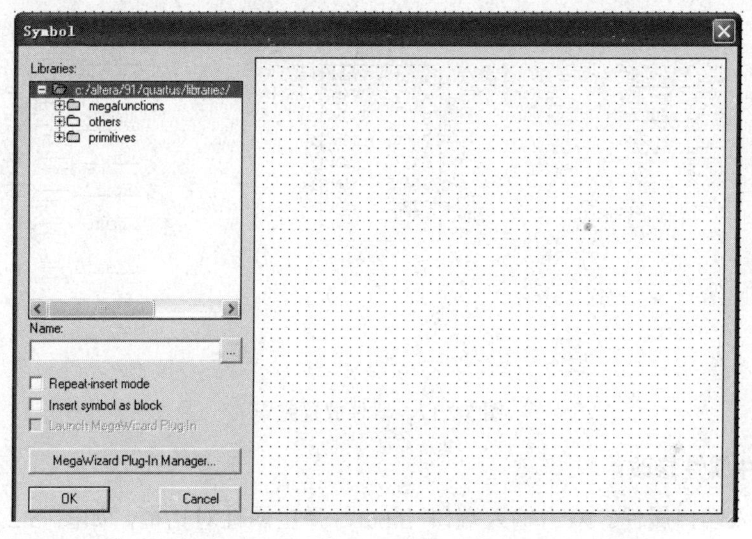

图 5.2.10　“Symbol”对话框

用鼠标单击左侧窗格中 Libraries 区域下各项前的“+”按钮，可以打开下一级目录。各类型元器件分门别类地存放于各个元件库中。

用鼠标单击元件库前的“+”按钮，直到使所有库中的元件以列表的形式显示出来，选择所需要的器件，该器件就会显示在 Symbol 对话框的右边。单击“OK”按钮后，所选元器件就会显示在图形显示区域，在合适的位置单击放置符号。重复上述步骤，可连续选择放置库中的符号。

在如图 5.2.10 所示的对话框中有一个 Name 区域，在该文本框中输入要放置的元件名称即可实现元件的查找和放置，本例中在该文本框中输入“74138”，74138 显示在 Symbol 对话框的右边，如图 5.2.11 所示。

单击“OK”按钮，将 74138 放置在图纸上合适的位置。

以此类推，放置 3 个输入端口 input，8 个输出端口 output，1 个电源 VCC，1 个接地 GND，放置完毕如图 5.2.12 所示。

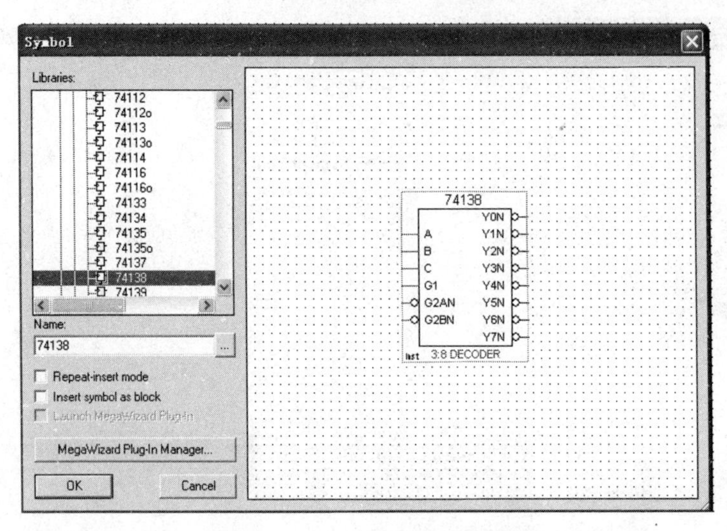

图 5.2.11　“Symbol”对话框

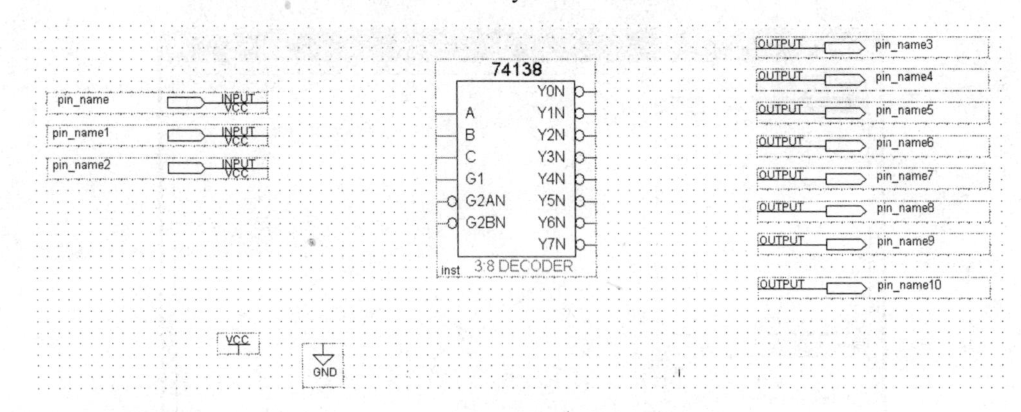

图 5.2.12　器件放置完毕

步骤 4：器件属性修改。

（1）修改输入端口属性。双击输入端口 input，弹出属性对话框，如图 5.2.13，将端口名称 Pin name 设置为 A。以此类推，将其余两个输入端口名称设置为 B 和 C。

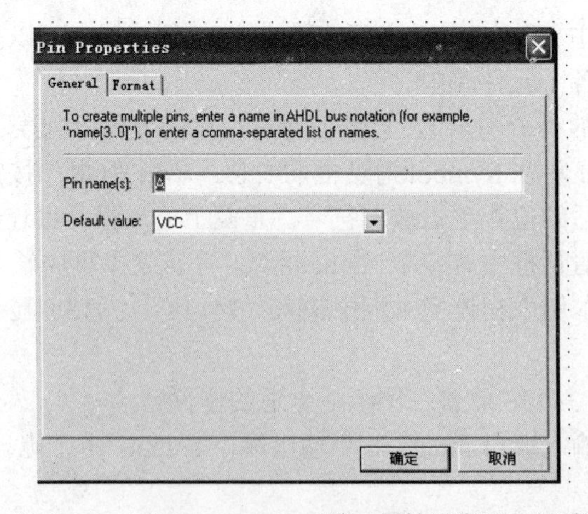

图 5.2.13　“Pin Properties（端口属性设置）”对话框

（2）修改输出端口属性。按照上述方法，双击输出端口，将端口名称分别设置为 D0、D1、D2、

D3、D4、D5、D6、D7。

步骤 5：器件布局调整。

如果要移动器件位置，只需选中器件，然后按住鼠标左键不放，移动鼠标指针将元件放置在目标位置即可。

如果需要旋转器件方向，在目标器件上右击，在弹出的快捷菜单中选择“Rotate by Degrees”命令，在其下的子菜单中选择合适的角度。

在本例中将电源 VCC 旋转 180 度。

步骤 6：连线。

符号之间的连线包括信号线和总线。如果需要连接两个端口，则将鼠标指针移动到其中一个端口上，这时鼠标指针变成“+”形状，按住鼠标左键不放并拖动鼠标到第二个端口，放开鼠标左键，即可在两个端口之间画出一条连接线。Quartus II 软件会自动根据端口是单信号端口还是总线端口画出信号线或总线。在连线过程中，当需要在某个地方拐弯时，只需在该处松开鼠标左键，然后再按下左键拖动即可。

参照图 5.2.14 完成所有连线工作。

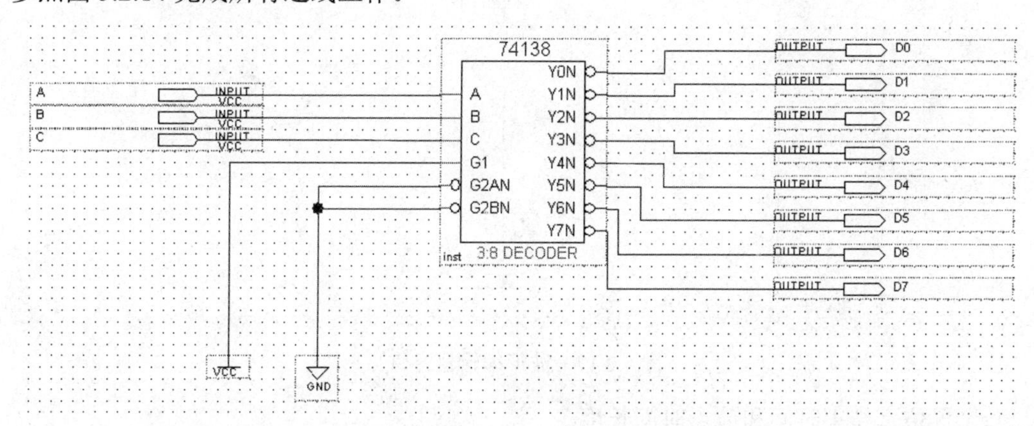

图 5.2.14　连线完成的 3—8 译码电路

步骤 7：编译。

Quartus II 编译器主要完成设计项目文件的检查和逻辑综合者。

选择 Processing\Start\Start Analysis&Synthesis 菜单项，或直接单击工具条上的按钮，均可启动分析综合过程。

如果出现如图 5.2.15 所示的窗口，则分析综合成功。

如果分析综合不成功，表示文件还存在问题。此时可以在消息窗口选择错误信息，在错误信息上双击鼠标左键，或者单击鼠标右键，从弹出的菜单中选择“Locate in Design File”选项，可以在设计文件中定位错误所在的地方。单击鼠标右键，在弹出的快捷菜单中选择 Help 命令，可以查看错误信息的帮助，修改错误，直到分析综合成功为止。

步骤 8：波形仿真。

（1）创建一个仿真波形文件。选择 File 菜单下的 New 命令，弹出新建对话框，选择“Vector Waveform File”命令，新建矢量波形文件，如图 5.2.16 所示，单击“OK”按钮，则新建并打开一个空的波形编辑器窗口，如图 5.2.17 所示。

将该仿真波形文件保存为“decoder.vwf”，保存的位置和电路图相同。

图 5.2.15　分析综合结果

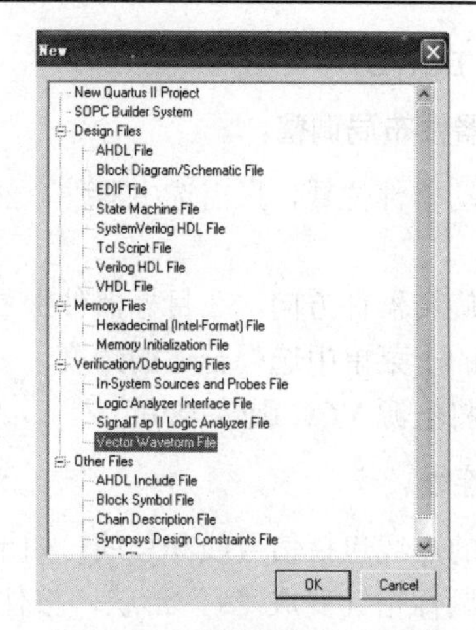

图 5.2.16　新建矢量波形文件

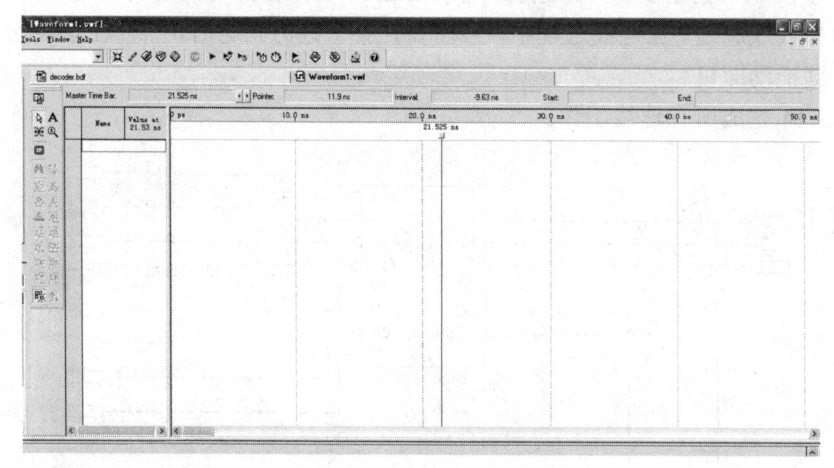

图 5.2.17　波形编辑器窗口

（2）设置仿真结束时间和节点时间长度。

选择“Edit”菜单下的“End time”选项，打开如图 5.2.18 所示的对话框，设置仿真结束时间为 1000ns。

选择“Edit”菜单下的“Grid Size”选项，打开如图 5.2.19 所示的对话框，设置时间节点长度为 100ns。

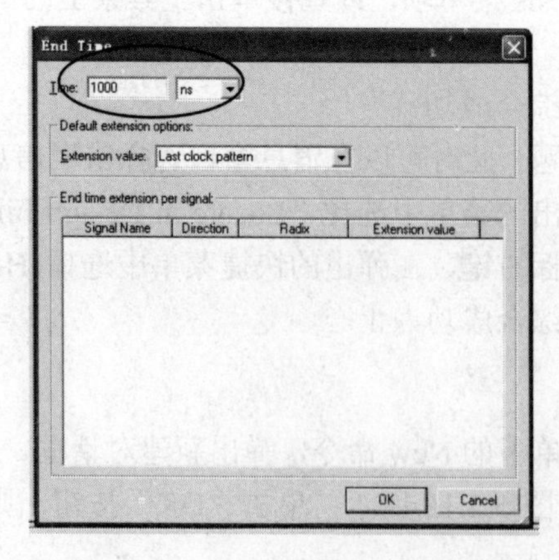

图 5.2.18　仿真结束时间设置对话框

图 5.2.19　时间节点长度设置

单击波形编辑器窗口左侧工具栏上的放大镜工具按钮，单击可以放大窗口显示，按住 Shift 键的同时单击可以缩小窗口显示。

设置完的窗口如图 5.2.20 所示。

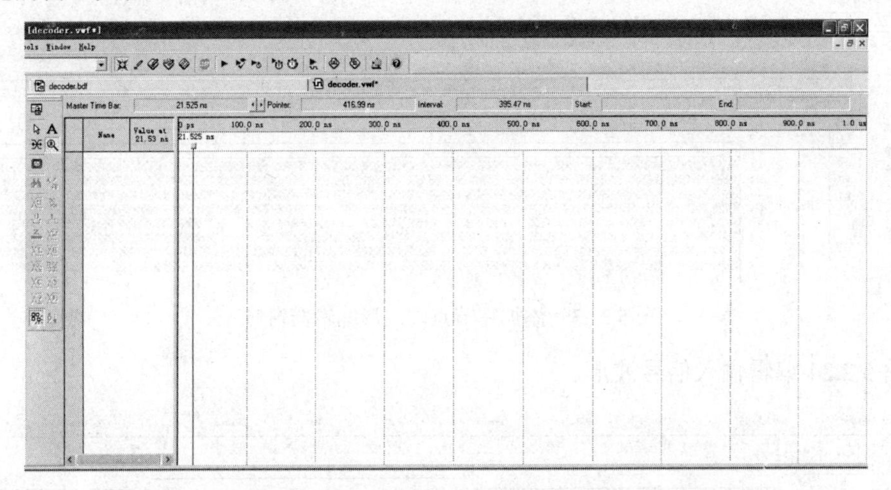

图 5.2.20　设置完仿真结束时间和节点时间长度的波形编辑器窗口

（3）在矢量波形文件中加入输入和输出节点。在波形编辑器左边 Name 列的空白处右击或双击，“Insert Node or Bus”对话框，如图 5.2.21 所示。

在该对话框中单击“Node Finder”按钮，弹出如图 5.2.22 所示的对话框。

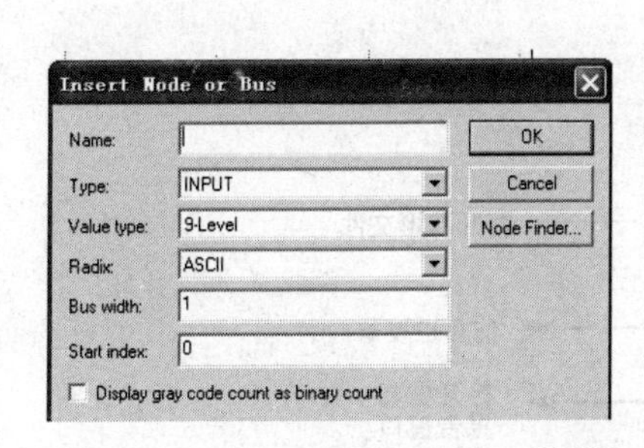

图 5.2.21　“Insert Node or Bus”对话框

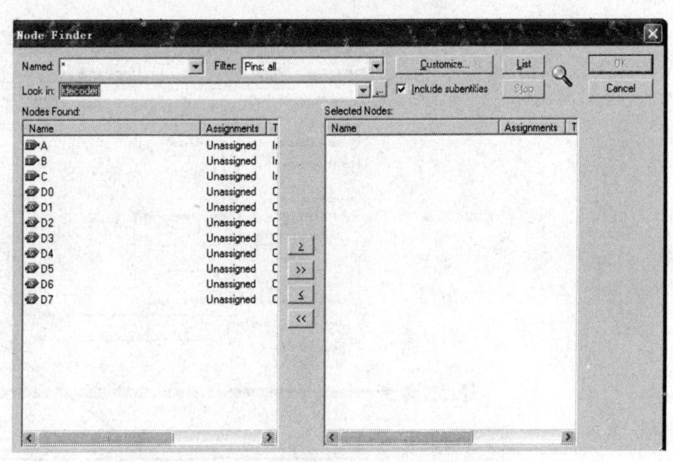

图 5.2.22　“Node Finder”对话框

在该对话框中，在 Filter 列表框中选择“Pins:all”，在 Named 文本框中键入“*”，然后单击“List”按钮，在 Nodes Found 区域即列出了设计中的所有节点名。

在 Nodes Found 区域列出的节点名中选择要加入的节点，然后单击 > 按钮，选中的节点就被添加到 Selected Nodes 区域中。如果单击 >> 按钮，则所有节点都被添加。

本例中，将所有节点添加到 Nodes Found 区域中。单击“OK”按钮，退出对话框。

此时波形编辑器窗口如图 5.2.23 所示。

（4）编辑输入节点波形。所谓编辑节点波形，就是编辑指定输入节点的逻辑电平变化。只有先设置输入信号波形，才能仿真产生输出信号波形。

用鼠标左键单击选择波形编辑工具，鼠标指针将变成形状，单击并拖动选取节点上需要编辑的波形区域，相应波形区域的电平即被取反。如果本来是低电平，则变成高电平；本来是高电平，则变成低电平。

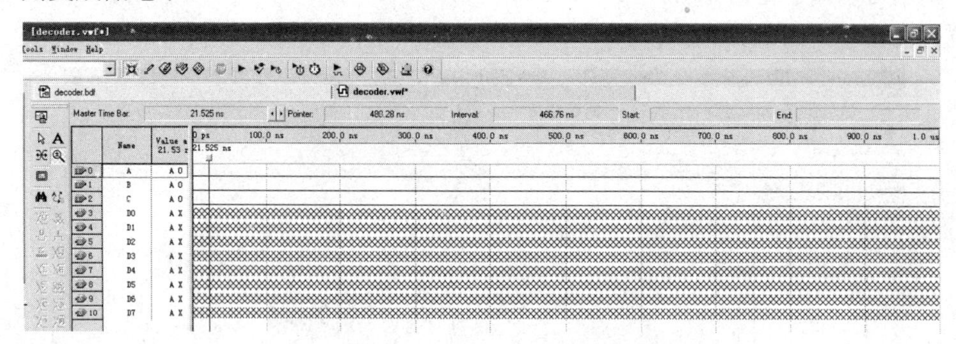

图 5.2.23　添加完节点的波形编辑器窗口

参照图 5.2.24 编辑输入信号波形。

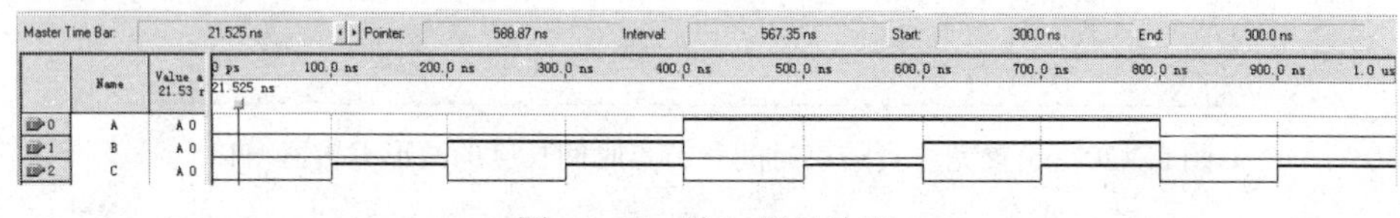

图 5.2.24　输入信号波形

（5）仿真。选择“Processing”→“Simulator Tool”命令，弹出仿真器工具窗口，如图 5.2.25 所示。

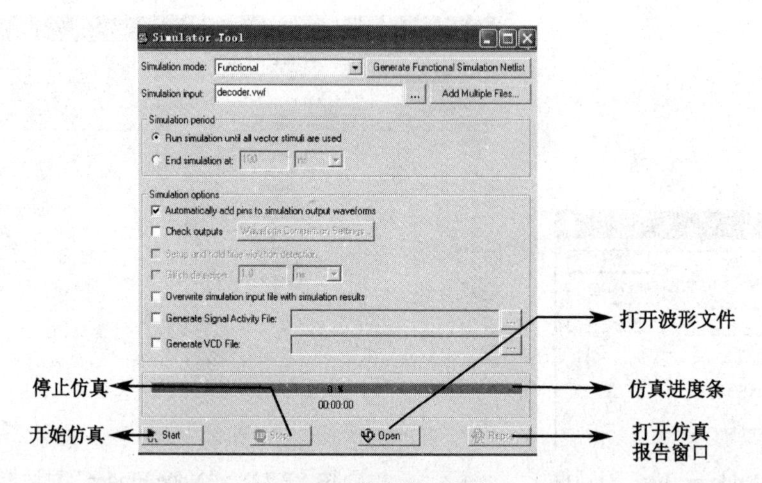

图 5.2.25　仿真器工具窗口

在该窗口中，首先将仿真类型“Simulation mode”设为功能仿真“Functional”，仿真输入“Simulation input”设为刚刚创建好的波形文件。

然后单击对话框中的“Generate Functional Simulation Netlist”按钮，以产生功能仿真网表文件。如果弹出如图 5.2.26 所示的窗口，表示文件产生成功。

图 5.2.26　功能仿真网表文件产生成功

单击“确定”按钮后，回到仿真器工具窗口，单击“Start”按钮开始仿真。当仿真进度条达到100%时仿真结束，这时单击 Report 可打开仿真报告窗口来查看仿真结果，结果如图 5.2.27 所示。

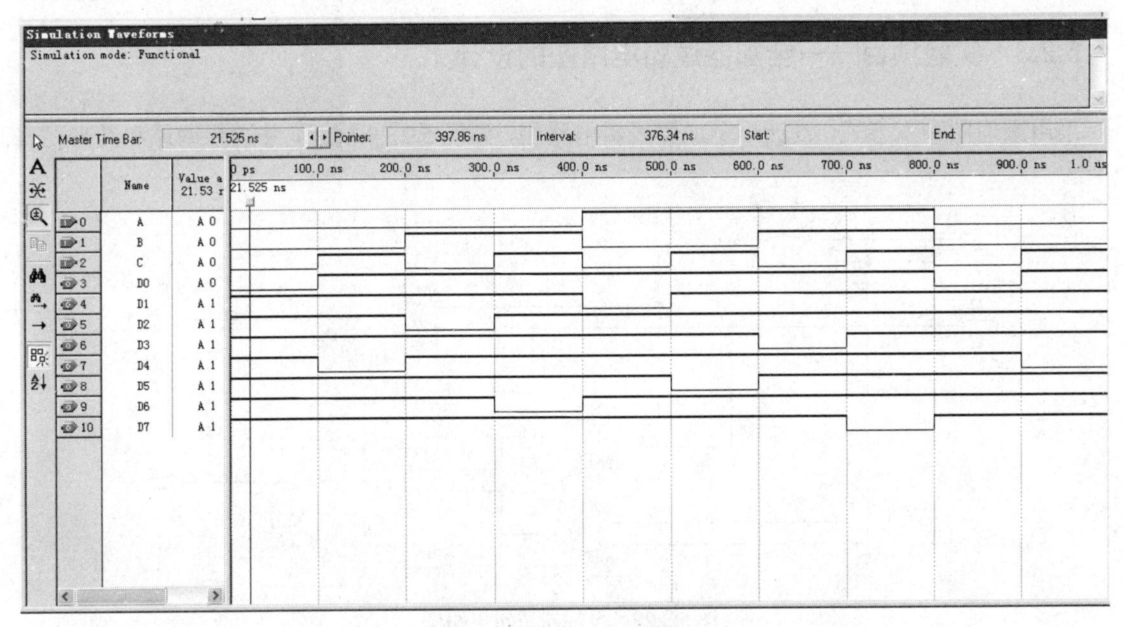

图 5.2.27　仿真波形报告窗口

5.2.2　知识库——Quartus II 9.1 主窗口介绍

Quartus II 9.1 主窗口如图 5.2.28 所示。

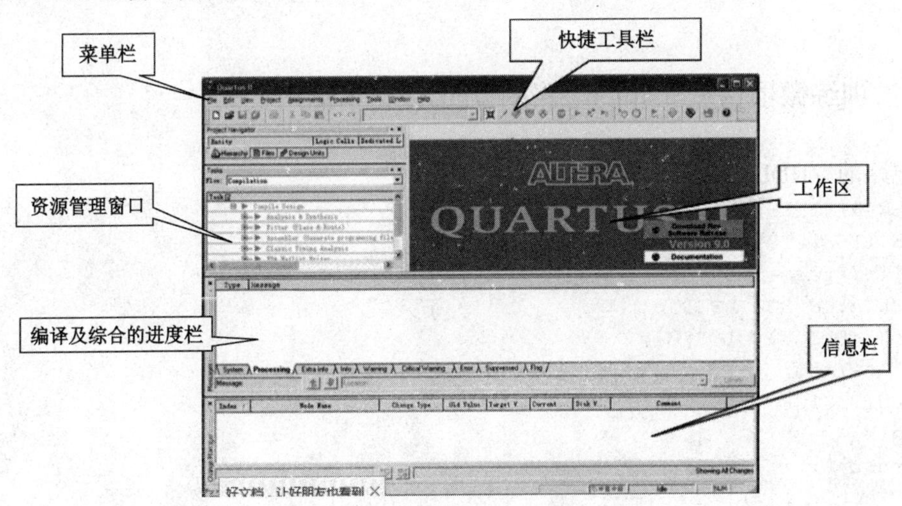

图 5.2.28　Quartus II 9.1 主窗口构成

（1）快捷工具栏：提供设置、编译等快捷方式，方便用户使用，用户也可以在菜单栏的下拉菜单中找到相应的选项。

（2）菜单栏：软件所有功能的控制选项都可以在其下拉菜单中找到。

（3）编译及综合的进度栏：编译和综合的时候该窗口可以显示进度，当显示 100%时表示编译或综合通过。

（4）信息栏：编译或综合整个过程的详细信息显示窗口，包括编译通过信息和报错信息。

（5）资源管理窗口：用于显示所建的工程文件信息。

（6）工作区：用户编辑文件的区域。

5.2.3 实验项目——全加器逻辑电路图的设计

采用原理图输入方式，设计一全加器逻辑电路图，如图 5.2.29 所示，并进行编译和波形仿真。

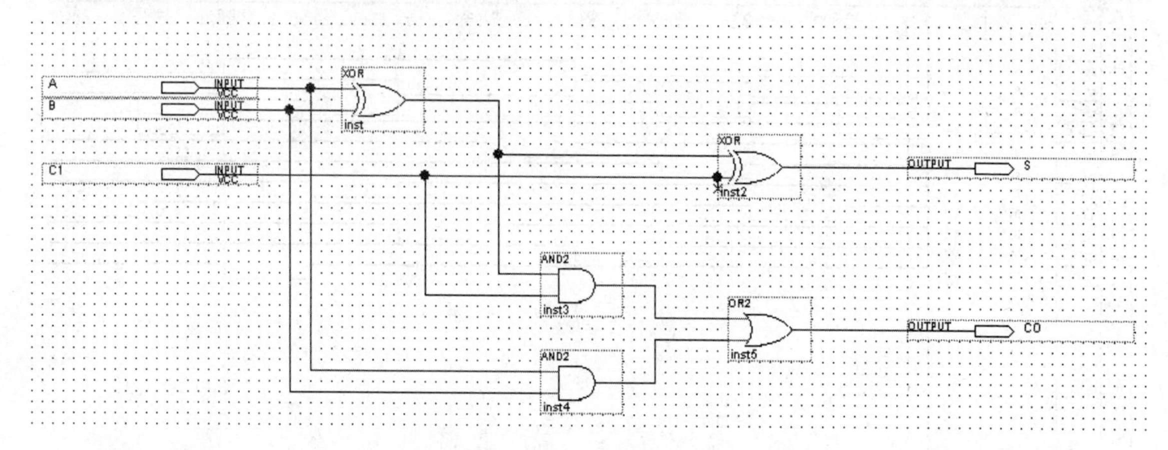

图 5.2.29 全加器逻辑电路图

5.3 Quartus II 的使用——VHDL 文本输入

下面通过实例来介绍如何在 Quartus II 中实现 VHDL 文本输入及编译和波形仿真，以非门电路为例。

5.3.1 训练微项目——非门电路的 VHDL 文本输入实现

非门电路的 VHDL 代码如下：

```
LIBRARY IEEE;
USE IEEE.STD_LOGIC_1164.ALL;
ENTITY feimen IS
Port(A:IN STD_LOGIC;
    Y:OUT STD_LOGIC);
END feimen;
ARCHITECTURE not1 of feimen IS
begin
Y<=not A;
END not1;
```

要求在 Quartus II 中对上述代码进行输入、编译、波形仿真。

◆ 学习目标

➢ 掌握 Quartus II 中的文本设计步骤

➢ 掌握 VHDL 文本输入和编译、波形仿真方法

◆ 执行步骤

步骤 1：建立新项目。

建立新项目的步骤参照 5.2.1 的步骤 1。本例中建立一个名称为“feimen”的新项目，保存在 D\test 目录下（需要在 D 盘先建立一个 test 文件夹）。

步骤 2：新建 VHDL 文本设计文件

创建好工程项目文件后，选择 File 菜单下的“New”命令，弹出如图 5.3.1 所示的新建设计输入文件选择窗口。

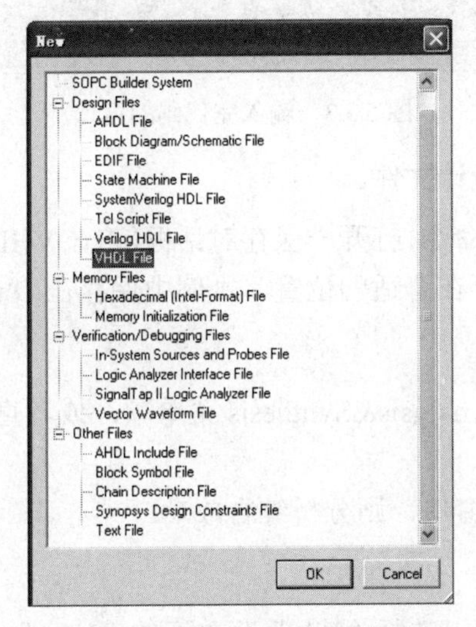

图 5.3.1　新建设计输入文件选择窗口

选择 VHDL File（VHDL 文件）选项，单击“OK”按钮后即可新建了一个空 VHDL 文本，VHDL 文件编辑窗口如图 5.3.2 所示。

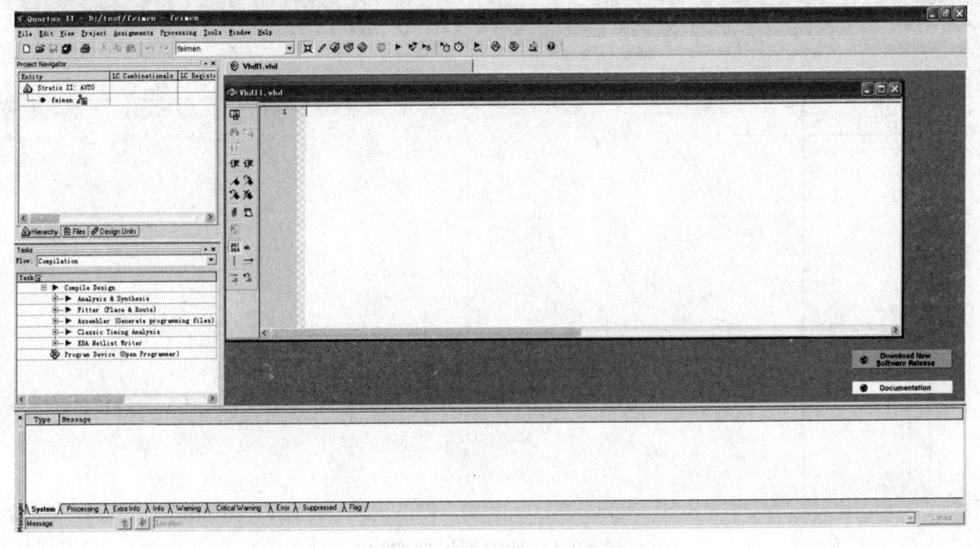

图 5.3.2　VHDL 文本编辑窗口

在该窗口中输入非门的 VHDL 代码（仔细检查，请不要输错）。输入完代码的窗口如图 5.3.3 所示。

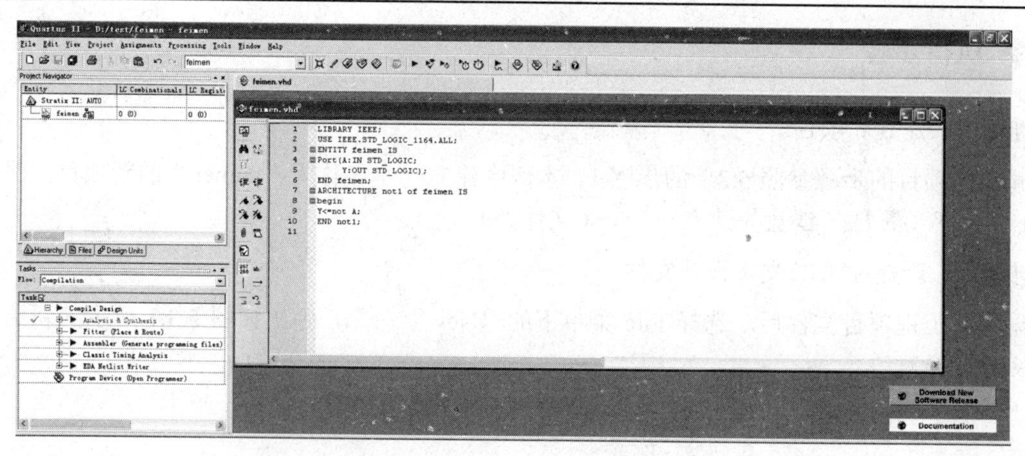

图 5.3.3　输入完代码的窗口

步骤 3：保存 VHDL 文本设计文件。

选择“File”菜单中的“Save”命令，打开一保存对话框，将该VHDL文件保存并命名为“feimen”，保存类型为“VHDL File”，保存在合适的位置（本例中保存在 D\test 目录下）。

步骤 4：编译。

选择 Processing\Start\Start Analysis&Synthesis 菜单项，或者直接单击工具条上的按钮，均可启动分析综合过程。

如果出现如图 5.3.4 所示的窗口，则分析综合成功。

图 5.3.4　分析综合结果

步骤 5：波形仿真验证。

（1）创建一个仿真波形文件。选择“File”菜单下的“New”命令，在弹出的对话框中选择“Vector Waveform File”选项，新建一个波形文件，如图 5.3.5 所示。

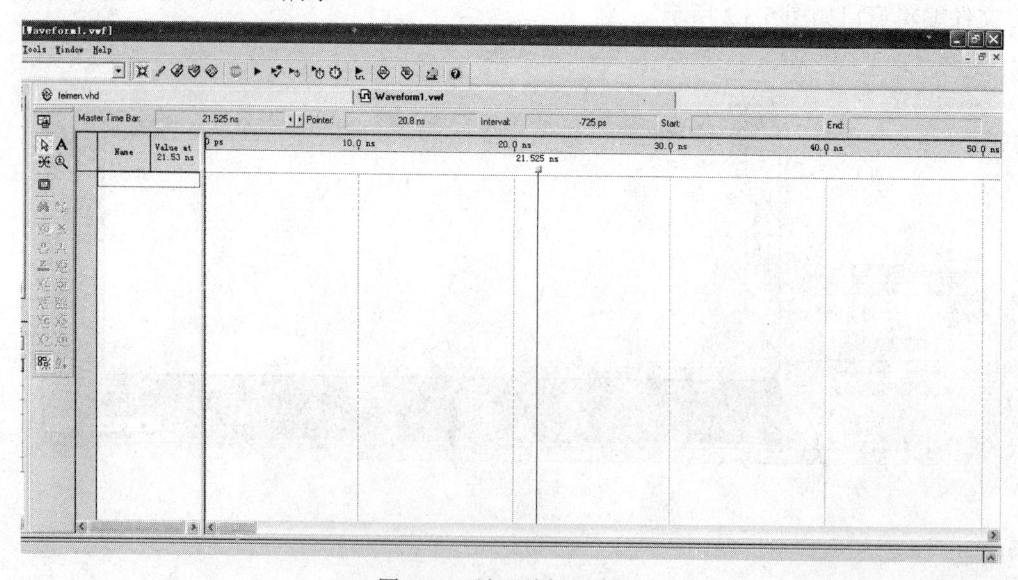

图 5.3.5　波形编辑器窗口

（2）设置仿真结束时间和节点时间长度。本例中设置仿真结束时间为 1000ns，默认的节点时间长度是 100ns。

单击选用波形窗口左侧的放大镜工具，按住 Shift 键单击缩小窗口显示。

（3）在矢量波形文件中加入输入和输出节点。在波形编辑器左边 Name 列的空白处右击或双击，弹出“Insert Node or Bus”对话框，如图 5.3.6 所示。

在该对话框中单击“Node Finder”按钮，然后单击对话框上方右侧的“List”按钮，对话框如图 5.3.7 所示。

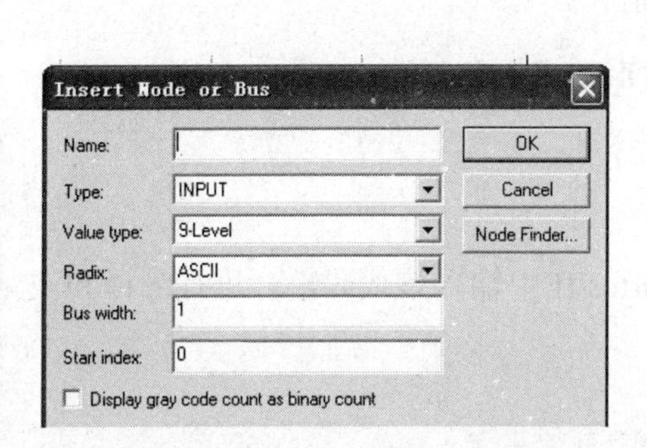

图 5.3.6　“Insert Node or Bus”对话框

图 5.3.7　“Node Finder”对话框

本例中，将所有节点添加到 Nodes Found 区域中，添加完节点的波形编辑器窗口如图 5.3.8 所示。

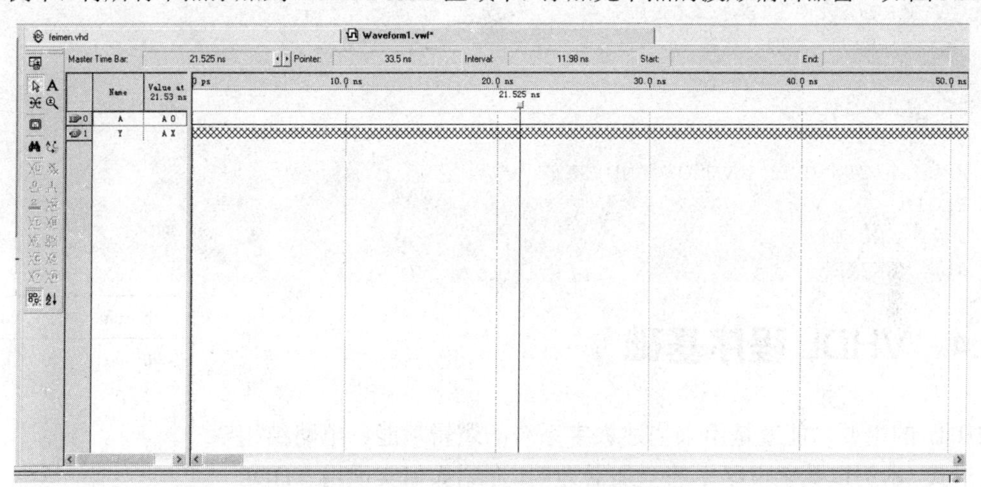

图 5.3.8　添加完节点的波形编辑器窗口

（4）编辑输入节点波形。参照图 5.3.9 编辑输入信号波形。

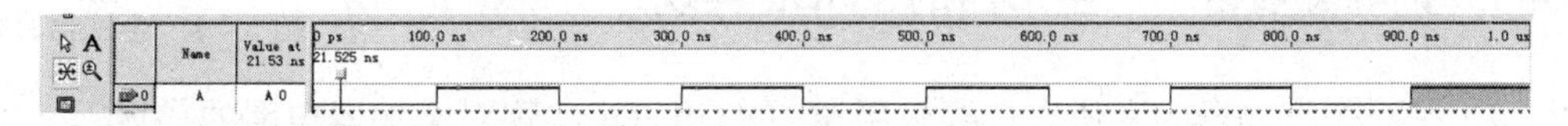

图 5.3.9　输入信号波形

（5）保存仿真波形文件。编辑完输入节点波形后，在 File\Save 目录下保存波形文件。默认情况下，保存的文件名与工程名相同。

（6）仿真。

选择 Processing\Simulator Tool，将仿真类型“Simulation mode”设为功能仿真“Functional”，仿真输入“Simulation input”设为刚刚创建好的波形文件。然后单击对话框中的“Generate Functional

Simulation Netlist”按钮，产生功能仿真网表文件。单击“Start”按钮开始仿真。结果如图 5.3.10 所示。

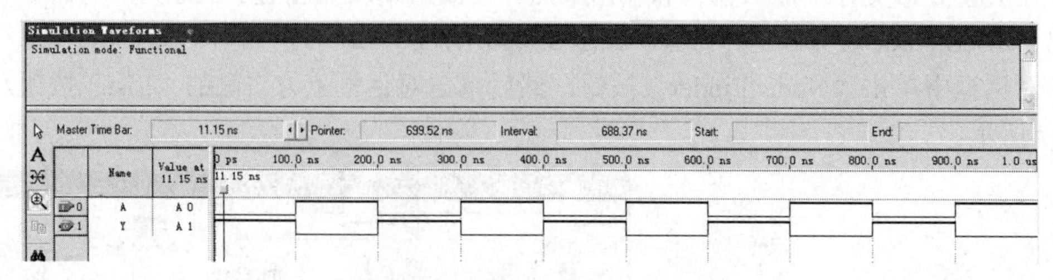

图 5.3.10　仿真波形报告窗口

以上所讲解的就是一个 VHDL 文件的编辑、编译、波形仿真过程。

5.3.2　实验项目——二输入与门电路的设计

下面是一个二输入与门电路的 VHDL 代码，请在 Quartus II 中输入该代码，并进行编译和波形仿真。

二输入与门代码：

```
LIBRARY IEEE;
USE IEEE.STD_LOGIC_1164.ALL;
ENTITY AND_GATE IS
   PORT(A:IN STD_LOGIC;
      B:IN STD_LOGIC;
      F:OUT STD_LOGIC);
END AND_GATE;

ARCHITECTURE BEHAVE OF AND_GATE IS
BEGIN
F<=A AND B;
END BEHAVE;
```

5.4　VHDL 程序基础

VHDL 的主要功能就是用来描述数字系统的逻辑功能、电路结构和连接形式。本例以数字电路中的全加器为例，介绍如何实现用 VHDL 来描述。

a	b	cin	s	count
0	0	0	0	0
0	1	0	1	0
1	0	0	1	0
1	1	0	0	1
0	0	1	1	0
0	1	1	0	1
1	0	1	0	1
1	1	1	1	1

图 5.4.1　全加器真值表

5.4.1　训练微项目——全加器的 VHDL 实现

图 5.4.1 是一个全加器的真值表，要求用 VHDL 语言来实现对全加器电路的描述。

◆ 学习目标

- ➢ 掌握 VHDL 代码的结构
- ➢ 掌握简单 VHDL 代码的编写
- ➢ 理解 VHDL 代码中数据类型、运算符的概念，掌握常见数据类型和运算符的使用

◆ 执行步骤

步骤 1：绘制功能框图，确定全加器电路的输入/输出端口。

如果用 VHDL 语言来描述电路，首先需要描述电路具有几个输入端口，几个输出端口，以及这些端口的数据类型。

根据真值表可知，全加器电路具有三个输入端口：a、b、cin，两个输出端口 s、count，这些端口都只有两种逻辑状态（即或者为 0，或者为 1）。

功能框图如图 5.4.2 所示。

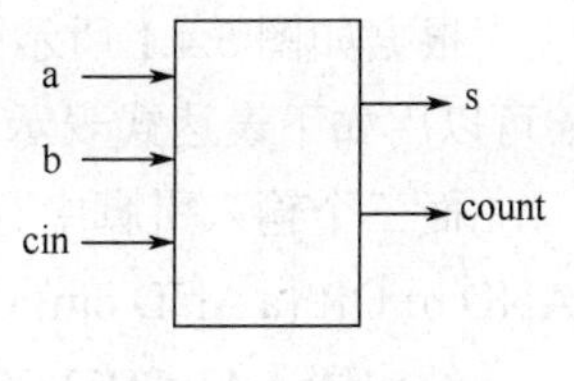

图 5.4.2　功能框图

步骤 2：实体描述。

在 VHDL 代码中，用来描述电路输入/输出端口特征的部分称为实体（ENTITY）描述。实体（ENTITY）描述部分代码如下：

```
ENTITY  full_adder  IS
PORT(a,b,cin: IN  BIT;
    s, count:OUT BIT);
END full_adder;
```

ENTITY 和 IS 是实体描述的关键字，full_adder 是该实体的名称。ENTITY 和 IS 是固定不变的格式。

PORT 是关键字，其后的（）内定义的是端口及其类型。本例中定义 a、b、cin 为输入端口（IN），占 1 位（BIT）；s、count 为输出端口（OUT），占 1 位（BIT）。

END 是关键字，和前面的 ENTITY 相对应，表示实体描述结束。

实体描述的一般格式是：

```
ENTITY  entity_name IS
 PORT(
 port_name: signal_mode  signal_type;
 port_name: signal_mode  signal_type;
 …..
 port_name: signal_mode  signal_type);
 END entity_name;
```

entity_name 表示实体名，设计者可以根据需要给所设计的实体起相应的名字。

port_name 表示端口名，可以根据需要改变。当需要定义多个模式相同的端口时，可以用逗号分开。

signal_mode 表示端口信号模式，有如下四种类型：IN、OUT、INOUT、BUFFER。

（1）IN（输入模式）表示数据或信号从外部通过该端口向实体内起作用，如时钟信号、使能信号、复位信号或地址信号等。

（2）OUT（输出模式）表示数据或信号从该端口输出，向实体外作用。

（3）INOUT（双向模式）表示数据或信号既可以从实体内部向外输出，对外起作用，也可以由外部流入实体，向实体内部起作用。

（4）BUFFER（缓冲模式）表示数据或信号既可以从该端口向外作用，也可以将从该端口流出的数据或信号引回设计实体，用来实现内部反馈。常用于时序电路中。

signal_type 表示端口信号类型，常见的类型有 BIT、STD_LOGIC、INTEGER 等。

实体描述相当于将电路的轮廓勾勒出来了，但是电路还没有功能。那么如何使电路具有指定的功能呢？

步骤 3：描述电路的行为和功能。

在 VHDL 代码中，用构造体（ARCHITECTURE）来描述电路的行为和功能。

根据如图 5.4.1 所示的真值表可以得知，当三个输入引脚中有奇数个 1 时，s 的值为 1。所以 s 可以用如下表达式表示：s<=a XOR b XOR cin。

而三个输入引脚中有两个或两个以上为 1 时，count 的值为 1。可以用逻辑表达式表示为：s<=(a AND b) OR (a AND cin) OR (b AND cin)。

结构体（ARCHITECTURE）描述代码如下：

```
ARCHITECTURE data OF full_adder IS
BEGIN
  s<=a XOR b XOR cin;
  count<=(a AND b) OR (a AND cin) OR (b AND cin);
END data;
```

ARCHITECTURE 和 OF、IS 是结构体部分的关键字。

data 是结构体的名字，用户可以根据自己的需要对结构体命名。

full_adder 是步骤 1 中所描述的实体的名字，这里表示是对该实体进行的结构体的描述。

BEGIN…END 是关键字，两者之间是结构体中的功能描述部分，用来具体描述电路的功能（行为）。

结构体部分的一般形式是：

```
ARCHITECTURE architecture_name OF  entity name IS
[declarations]
BEGIN
(code)
END architecture_name;
```

architecture_name 表示结构体名，可以改变。

entity name 是前面定义好的实体的名字。

[declarations] 用来对信号和常量进行声明，该部分可以没有。本例所实现的功能较为简单，没有信号和变量的描述。

[code]是代码部分，用来如何实现电路的功能。

综上所述，全加器所对应的 VHDL 代码为：

```
ENTITY  full_adder  IS
PORT(a,b,cin: IN  BIT;
     s, count:OUT BIT);
END full_adder;
ARCHITECTURE data OF full_adder IS
BEGIN
  s<=a XOR b XOR cin;
  count<=(a AND b) OR (a AND cin) OR (b AND cin);
END data;
```

当 VHDL 代码设计完毕后，用户可以在 Quartus II 中调试、编译、仿真，参照 5.3.1 节，在此不再详细介绍。

5.4.2　知识库

1．VHDL 中的标识符和关键字

1）标识符

标识符是用来为常量、变量、信号、端口、实体、结构体、子程序命名的。标识符的命名遵循以下规则：

（1）由字母、数字和下画线构成。

（2）第一个字符必须是字母。

（3）大小写不区分。

（4）最后一个字符不能是下画线，而且下画线不能连续出现两个。

（5）关键字不能作为标识符。

（6）标识符的长度不能超过 32 个字符。

需要注意的是，在 VHDL 中，大小写不区分。

2）关键字

关键字就是 VHDL 中具有特别意义的单词，只能作为固定的用途，不能作为标识符。在用 Quartus II 编译 VHDL 程序时，关键字的颜色和其他字符不一样，系统能够自动识别。

2．VHDL 中的库和包

一段 VHDL 代码一般由五部分组成：库（LIBRARY）声明、包（Package）声明，实体（ENTITY）、结构体（ARCHITECTURE）、配置说明（Configuration）。

① 库的功能是用来存放已经编译的实体说明、结构体、程序包和配置。

② 程序包的功能是用来存放各种设计模块都共享的类型、常量和子程序等。

③ 实体说明是用来描述设计所包含的输入/输出端口及其特征。

④ 结构体用来描述设计的行为和结构，即功能是如何实现的。

⑤ 配置的功能是用来描述设计实体和元件或结构体之间的连接关系。

实体用来描述电路的输入/输出端口的特征。结构体用来描述如何运算从而实现电路所要实现的功能。前面已经讲了实体和结构体的含义和使用，下面介绍库和包的含义和使用。

库是经编译后的数据的集合，它主要用来存放已经编译过的实体说明、结构体、程序包和配置说明等，以便在其他的 VHDL 设计中可以随时引用这些信息。

在设计单元内的语句可以使用库中的结果，所以，库的好处就是设计者可以共享已经编译的设计结果，在 VHDL 中有很多库，它们相互独立。

VHDL 中常见的库主要包括以下三类。

（1）IEEE 库：这是使用最为广泛的资源库。IEEE 库主要包括的程序包有 std_logic_1164、numeric_bit、numeric_std，其中 std_logic_1164 是设计人员最常使用和最重要的程序包，该包主要定义了一些常用的数据类型和函数，如 std_logic、std_ulogic、std_logic_vector、std_ulogic_vector 等类型。IEEE 库的声明是：

```
LIBRARY IEEE;
```

（2）WORK 库：WORK 库可以用来临时保存以前编译过的单元和模块，用户自己设计的模块一般可以存放在该库中。所以，如果需要引用以前编译过的单元和模块，设计人员只需引用该库就可以了。WORK 库的声明：

```
LIBRARY WORK;
```

（3）STD 库：STD 库是 VHDL 的标准库，该库中包含了 STANDARD 的包和 TEXTIO 包。程序包 STANDARD 中定义了位（BIT）、位矢量（BIT_VECTOR）、字符、时间等数据类型，这是一个使用非常广泛的包。STD 库的声明：

```
LIBRARY STD;
```

库的声明一般形式是：

```
LIBRARY 库名;
```

如果要使用库中的包，则还要进行包声明，包声明的一般形式是：

```
USE LIBRARY 库名.包名.逻辑体名
```

例：

```
LIBRARY IEEE;
USE IEEE.STD_LOGIC_1164.ALL
```

该例说明要使用 IEEE 库中的 STD_LOGIC_1164 包中所有项目。

库的作用范围从一个实体说明开始到它所属的结构体、配置为止，当有两个实体时，第二个实体前要另加库和包的说明。

有的库和程序包已经默认包含，所以可以省略库和包的声明语句，如 STD 库中的 STANDARD 包、WORK 库。

在 VHDL 中，一个非常完整的 VHDL 程序是由库、程序包、实体描述、结构体描述和配置说明五个部分组成的。通常，一个基本的 VHDL 程序只包括两个基本组成部分：实体（Entity）和结构体（ARCHITECTURE）。库、程序包和配置并不是每个程序都必需的，只是在需要的情况下才出现。

5.4.3 实验项目——四输入与门电路的设计

用 VHDL 语言来描述一个四输入与门的功能。

四输入与门的逻辑表达式为 F=ABCD。

5.5 数据类型和运算符

5.5.1 训练微项目——与门电路的 VHDL 实现

设计一个与门电路，可以实现两个 4 位二进制的逻辑与运算，如 1011 和 0101 相与的结果是 0001。

◆ 学习目标

- ➢ 进一步掌握使用 VHDL 描述数字电路系统的步骤
- ➢ 掌握数据类型和运算符的使用
- ➢ 了解 VHDL 中常用的数据对象

◆ 执行步骤

步骤 1：绘制功能框图，确定输入/输出端口。

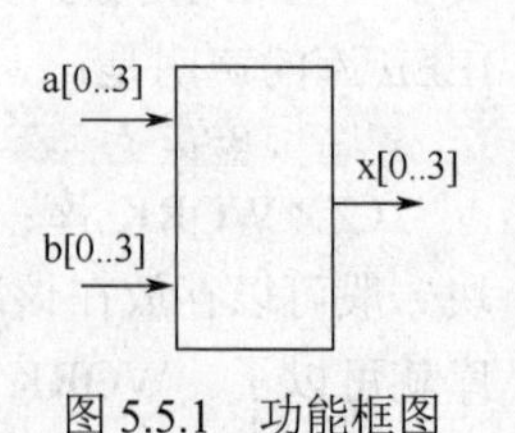

图 5.5.1 功能框图

根据设计要求可以知道该设计有两个输入端口和一个输出端口，分别占 4 位的宽度，分别命名为 a、b 和 x，如图 5.5.1 所示。

步骤 2：实体描述。

在 VHDL 中，BIT 表示一个比特（0 或 1）的宽度。如果现在希望输入端口 a 和 b 是 4 位 BIT 的宽度，如 0000、0001、0010 等。

那么输入端 a 和 b 该定义为何种类型呢？

显然，不能定义为 BIT 类型。

此时可以将 a 和 b 定义为位矢量类型（BIT_VECTOR）。

所谓位矢量类型(BIT_VECTOR)，就是一组二进位。BIT 类型只能取值‘0’和‘1’；而 BIT_VECTOR 可以取一组二进位。如“a: IN　BIT_VECTOR(0 TO 3)”，表示定义 a 是 BIT VECTOR 类型，长度是 4 位，从 a(0)到 a(3)。

实体描述部分代码如下：

```
ENTITY AND2 IS
   PORT(a,b:IN BIT_VECTOR(0 TO 3);
   x:OUT BIT_VECTOR(0 TO 3));
END AND2;
```

步骤 3：结构体描述。

该设计的功能非常简单，就是对两个输入端口的数进行“与”运算，代码如下：

```
ARCHITECTURE A OF AND2 IS
BEGIN
x<=a AND b;
END A;
```

所以，4 输入与门在 VHDL 程序代码如下：

```
ENTITY AND2 IS
   PORT(a,b:IN BIT_VECTOR(0 TO 3);
   x:OUT BIT_VECTOR(0 TO 3));
END AND2;

ARCHITECTURE A OF AND2 IS
BEGIN
x<=a AND b;
END A;
```

5.5.2　知识库

1．数据类型

VHDL 中包含了很多的数据类型，这些数据类型是由系统的库所提供的，所以一般在使用之前，需要声明，你所用的数据类型是哪个库的哪个包里的。

下面对常用的数据类型做介绍。

（1）BIT：占 1 位，有两种取值，‘0’或‘1’。

　赋值的方式：x<='1';注意，'1'用单引号括起来。

（2）BIT_VECTOR：位宽可以指定，由若干个 0 和 1 构成。

　赋值的方式：x<='0100'；注意，这里是双引号。

（3）BOOLEAN：布尔类型，只有“真”（true）或“假”（false）两种状态。

（4）INTEGER：整型，32 位的整数。和 C 语言里的 int 型类似。

（5）REAL：实型。

以上 5 种类型包括在 std 库的 standard 程序包中。

所以在使用这五个数据类型前，需要做这样的库声明。

```
LIBRARY  STD;
USE STD.STANDARD.ALL;
```

需要指出的是，在使用 STD 库和 WORK 库时，一般声明可以省略，系统默认。

（6）STD_LOGIC：该种数据类型有 8 个不同的取值，分别为‘X’、‘0’、‘1’、‘Z’、‘W’、‘L’、‘H’、‘_’。

（7）STD_LOGIC_VECTOR：位矢量。赋值方式：x：=“0001”或 x:=“01XZ”。

这两个数据类型包括在 IEEE 库的 STD_LOGIC_1164 包中。

所以在使用之前需要做如下库和包声明：

```
LIBRARY IEEE;
USE IEEE.STD_LOGIC_1164.ALL
```

（8）SIGNED 和 UNSIGNED：

无符号数只能表示大于 0 的数。而有符号数可以表示整数和负数。

如 1101 是一个无符号数的话，那么它所对应的十进制是 13，如果它是一个有符号数，则它所对应的数是-3。

这两个数据类型包括在 IEEE 库的 STD_LOGIC_ARITH 中。所以在使用之前需要做如下声明：

```
LIBRARY  IEEE;
USE IEEE.STD_LOGIC_ARITH.ALL;
```

（9）数组类型。另一个非常重要的数据类型是数据类型（array type）。所谓数组，就是指相同类型元素的有序集合，每个元素都由数组下标（array index）来选择。

数组定义的一般形式是：

```
TYPE  数据类型名 IS  ARRAY  范围 OF 原数据类型名；
```

如：

```
TYPE word IS ARRAY (1 TO 8) OF STD_LOGIC;
```

表示定义了一个名为 word 的数组，包含了从 word(1)到 word(8)8 个数组元素，数组元素类型都为 STD_LOGIC。

```
TYPE X IS ARRAY (7 DOWNTO 0) OF INTEGER;
```

表示定义了一个名为 X 的数组，包含了从 word(7)到 word(0)8 个数组元素，数组类型都为 INTEGER。

除了上述常用类型外，VHDL 还有一些其他类型，如字符串类型、时间类型。

2．VHDL 中的数据对象和运算符

1）VHDL 中的数据对象

VHDL 中的数据对象有四种类型：常量、变量、信号和文件。VHDL 中的数据对象和 C 语言中一样，必须先说明，后使用。

下面主要对常量、变量、信号做说明。

（1）常量（Constants）。固定不变的量。对于常量，定义后只能赋值一次。例：

```
CONSTANT b: INTEGER: =7;
```

表示将常量 b 定义为整型（INTEGER）常量，并且给其赋值 7。

常量声明的一般格式是：

CONSTANT 常量名[，常量名]：数据类型[：=设置值]；

注意，这里是用“：=”赋值。

（2）变量（Variables）。用来存储中间数据，以便实现存储的算法。例：

```
VARIABLE y: STD_LOGIC;
y: = ‘1’;
```

表示定义了一个变量 y，是 STD_LOGIC 类型，并赋值 7。

注意，这里是用“：=”赋值。

变量声明的一般格式：

```
VARAABLE 变量名[，变量名]：数据类型[：=设置值]；
```

（3）信号（Signals）。信号的作用不在于存储数据，它相当于连接线。像端口就是用来外接的，相当于信号。

信号定义的一般形式是：

```
SIGNAL  信号名：数据类型[<=设置值]；
```

在程序中，信号值输入时采用代入符”<=”，而不是赋值符“：=”，同时信号可以附加延时。

信号与变量的区别：

信号赋值可以有延迟时间，变量赋值无时间延迟；

信号除当前值外还有许多相关值，如历史信息等，变量只有当前值；

进程对信号敏感，对变量不敏感；

信号可以是多个进程的全局信号，但变量只在定义它之后的顺序域可见；

信号可以看作硬件的一根连线，但变量无此对应关系；

2）VHDL 中的运算符

VHDL 中的运算符主要包括算术运算符、关系运算符、逻辑运算符、赋值运算符和关联运算符等。

（1）算术运算符。

+（加）、-（减）、+（取正）、-（取负）、*（乘）、/（除）：用于对整数、实数或物理类型进行运算，和普通的数值运算相同。

MOD（取模）、REM（取余）：用于对整数类型进行运算。

ABS（取绝对值）：用于对任意类型取绝对值。

**（乘方）：左边的操作数，即底数可以是整数或实数，右边的操作数，即指数，必须是整数。

（2）关系运算符。关系运算符要求运算符两边的数据对象类型必须相同，关系运算符的结果是 BOOLEAN（布尔）类型。

常用的关系运算符有 6 种：

=（等于）、/=（不等于）：可以对所有的数据类型进行操作；

<(小于)、<=(小于或等于)、 >(大于)、 >=（大于或等于）：用于对整数、实数、BIT、BIT_VECTOR、STD_ULOGIC、STD_ULOGIC_VECTOR 等进行运算。

（3）逻辑运算符。VHDL 有 7 种逻辑运算符：

NOT（逻辑非、取反）、AND（逻辑与）、NAND（逻辑与非）、OR（逻辑或）、NOR（逻辑或非）、XOR（逻辑异或）、NXOR（逻辑异或非）。

逻辑运算符可以应用的数据类型是 BOOLEAN、BIT、BIT_VECTOR、STD_LOGIC、STD_LOGIC VECTOR。

除了逻辑非以外，其他运算符都是二元运算符，逻辑运算符两侧对象的数据类型必须相同；

NOT 的优先级最高，其他几个逻辑运算符相同。在使用逻辑运算符时，应该将先运算的表达式用括号括起来，以免出现运算错误。如：Y<=(a AND b) OR (c AND d);

（4）赋值运算符。VHDL 中，给不同的数据对象赋值时，赋值运算符有所区别。主要有两种类型的赋值运算符。

<=:主要用于对信号赋值；符号和<=(小于或等于)符号一样，但是用在不同的地方，意义不一样。

:=:主要用于对变量赋值。

（5）连接运算符。&:连接,将两个对象或矢量连接成维数更大的矢量。

5.5.3　实验项目——四位门电路的设计

用 VHDL 分别描述一个四位的或门电路、与非门电路、或非门电路。

5.6　顺序语句

5.6.1　训练微项目——8 选 1 数据选择器的 VHDL 实现

用 VHDL 语言来设计一个 8 选 1 电路。该电路有 3 个选择输入端和 8 个数据输入端，一个输出端。

该 8 选 1 电路实现的功能是：

当 A2 A1 A0 取值为 000 时，Y=D0；

当 A2 A1 A0 取值为 001 时，Y=D1；

当 A2 A1 A0 取值为 010 时，Y=D2；

当 A2 A1 A0 取值为 011 时，Y=D3；

当 A2 A1 A0 取值为 100 时，Y=D4；

当 A2 A1 A0 取值为 101 时，Y=D5；

当 A2 A1 A0 取值为 110 时，Y=D6；

当 A2 A1 A0 取值为 111 时，Y=D7；

◆ 学习目标

- 理解顺序语句的概念
- 掌握 IF 语句、CASE 语句的使用
- 理解 LOOP 语句、NEXT 语句、EXIT 语句、WAIT 语句的含义及用法

◆ 执行步骤

步骤 1：绘制功能框图，确定输入/输出引脚。

根据要求可知，该电路有 11 个输入引脚和 1 个输出引脚，如图 5.6.1 所示。

步骤 2：库和包声明。

将该设计中的输入/输出端口类型定义为 STD_LOGIC_VECTOR 类型，该类型包含在 IEEE 库的 STD_LOGIC_1164 中。

所以在使用之前需要做如下库和包声明：

```
LIBRARY IEEE;
USE IEEE.STD_LOGIC_1164.ALL
```

步骤 3：实体描述。

实体描述比较简单，如下：

```
ENTITY mux8 IS
```

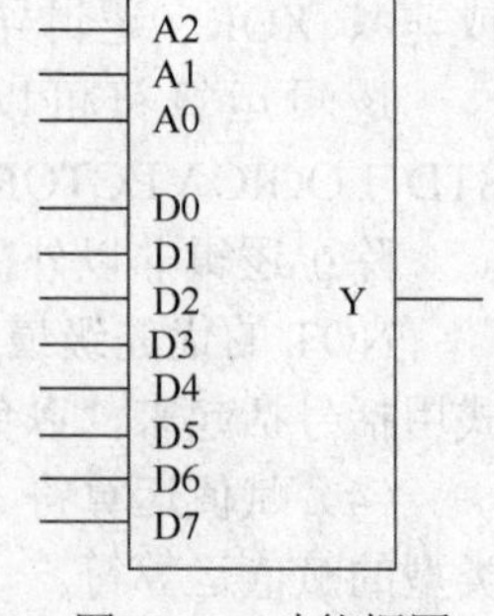

图 5.6.1　功能框图

```
PORT(A:IN STD_LOGIC_VECTOR(0 TO 2);
    D:IN STD_LOGIC_VECTOR(0 TO 7);
    Y:OUT STD_LOGIC);
END mux8;
```

步骤 4：结构体描述。

根据任务要求可知，该任务是对 A2 A1 A0 的值进行判断，由判断的结果决定执行什么样的操作，是条件选择结构。VHDL 中实现条件选择主要有两种语句：IF 语句和 CASE 语句。

1．IF 语句

VHDL 中的 IF 语句就是根据指定的条件来确定执行哪些语句的。

IF 语句有如下三种类型：

（1）只有一个条件分支的结构：

```
IF(条件)  THEN
   顺序处理语句;
END IF;
```

（2）有两个条件分支的结构

```
IF(条件)  THEN
   顺序处理语句1;
ELSE
   顺序处理语句2;
END IF;
```

（3）有多个条件分支的结构：

```
IF 条件1  THEN
   顺序处理语句1;
ELSIF  条件2  THEN
   顺序处理语句2;
   …
ELSIF  条件N-1  THEN
   顺序处理语句N-1;
ELSE
  顺序处理语句N;
END IF;
```

本任务是多个条件分支结构，可以用 IF 语句的第三种结构实现如下：

```
ARCHITECTURE  aa  OF mux8  IS
BEGIN
PROCESS(A,D)
BEGIN
  IF(A="000") THEN Y<=D(0);
  ELSIF(A="001") THEN Y<=D(1);
  ELSIF(A="010") THEN Y<=D(2);
  ELSIF(A="011") THEN Y<=D(3);
  ELSIF(A="100") THEN Y<=D(4);
  ELSIF(A="101") THEN Y<=D(5);
  ELSIF(A="110") THEN Y<=D(6);
  ELSIF  Y<=D(7);
  END  IF;
END  PROCESS;
END  aa;
```

2．CASE 语句

CASE 语句是 VHDL 提供的另一种形式的条件选择语句，和 IF 语句相比较，CASE 语句更适合于多分支条件选择结构。

CASE 语句的一般格式是：

```
CASE 表达式 IS
    WHEN 条件表达式1=>顺序处理语句1;
    WHEN条件表达式1=>顺序处理语句1;
    WHEN OTHERS=>顺序处理语句;
END CASE;
```

该任务用 CASE 语句可以实现如下：

```
ARCHITECTURE  aa  OF mux8  IS
BEGIN
PROCESS(A,D)
BEGIN
  CASE  A  IS
  WHEN "000"=>Y<=D(0);
  WHEN "001"=>Y<=D(1);
  WHEN "010"=>Y<=D(2);
  WHEN "011"=>Y<=D(3);
  WHEN "100"=>Y<=D(4);
  WHEN "101"=>Y<=D(5);
  WHEN "110"=>Y<=D(6);
  WHEN  OTHERS =>Y<=D(0);
  END  CASE;
END  PROCESS;
END  aa;
```

执行的过程是：当 CASE 和 IS 之间的表达式的取值和某个 WHEN 后面的条件表达式的值一致时，程序就执行该 WHEN 后的=>后的顺序处理语句。

CASE 分支的个数没有限制，但是 CASE 语句中的选择（即条件表达式）必须是唯一的，不能重复，除了 OTHERS 以外，其他 CASE 分支的顺序可以任意排列。

因此，该 8 选 1 数据选择器的 VHDL 代码如下：

用 IF 实现：

```
LIBRARY IEEE;
USE IEEE.STD_LOGIC_1164.ALL
ENTITY mux8 IS
PORT(A:IN STD_LOGIC_VECTOR(0 TO 2);
    D:IN STD_LOGIC_VECTOR(0 TO 7);
    Y:OUT STD_LOGIC);
END mux8;
ARCHITECTURE aa OF mux8 IS
BEGIN
PROCESS(A,D)
BEGIN
IF(A="000") THEN Y<=D(0);
ELSIF(A="001") THEN Y<=D(1);
ELSIF(A="010") THEN Y<=D(2);
ELSIF(A="011") THEN Y<=D(3);
ELSIF(A="100") THEN Y<=D(4);
ELSIF(A="101") THEN Y<=D(5);
ELSIF(A="110") THEN Y<=D(6);
ELSE Y<=D(7);
END IF;
END PROCESS;
END aa;
用CASE语句实现:
```

```
LIBRARY IEEE;
USE IEEE.STD_LOGIC_1164.ALL
ENTITY mux8 IS
PORT(A:IN STD_LOGIC_VECTOR(0 TO 2);
    D:IN STD_LOGIC_VECTOR(0 TO 7);
    Y:OUT STD_LOGIC);
END mux8;
ARCHITECTURE aa OF mux8 IS
BEGIN
PROCESS(A,D)
BEGIN
 CASE A IS
 WHEN "000"=>Y<=D(0);
 WHEN "001"=>Y<=D(1);
 WHEN "010"=>Y<=D(2);
 WHEN "011"=>Y<=D(3);
 WHEN "100"=>Y<=D(4);
 WHEN "101"=>Y<=D(5);
 WHEN "110"=>Y<=D(6);
 WHEN OTHERS =>Y<=D(7);
 END CASE;
END PROCESS;
END aa;
```

5.6.2 知识库

1．顺序语句

顺序语句是按出现的次序执行的。

顺序语句主要有信号赋值语句、变量赋值语句、IF 语句、CASE 语句、LOOP 语句、NEXT 语句、EXIT 语句、NULL 语句和 WAIT 语句。

1）信号赋值语句

例：a<=b;

2）变量赋值语句

例：c:=a+d;

3）IF 语句

以上已详细介绍了。

4）CASE 语句

已详细介绍。

5）LOOP 语句

LOOP 语句能够使程序有规则地循环。LOOP 语句的格式有如下两种：

（1）FOR 循环语句。FOR 循环语句的一般格式：

```
[循环标号：] FOR 循环变量 IN 范围 LOOP
 顺序处理语句;
 END LOOP [循环标号];
```

范围表示的是循环变量在循环过程中依次取值的范围。例：

```
        ASUM: FOR i IN 1 TO 9 LOOP
        sum=i+sum;
    END LOOP ASUM;
```

i 的值依次从 1 取值到 9，和 sum 累积相加。

（2）WHILE 循环语句。WHILE 语句的一般格式：

```
[循环标号：] WHILE（条件） LOOP
```

顺序处理语句；

```
END LOOP [循环标号];
```

如果条件为真，则循环；如果条件为假，则结束循环。例：

```
      sum:=0;I:=1;
  abcd: WHILE (I<10) LOOP
      sum:=I+sum;
      I:=I+1;
  END LOOP abcd;
```

表示在 I 小于 10 的条件下，不断实现 sum 和 I 的相加和 I 增 1，直到 I>=10 终止。

6）NEXT 语句

NEXT 语句主要用于 LOOP 语句的内部循环控制，有条件或无条件地跳出本次循环。

一般格式: NEXT [循环标号][WHEN 条件];

循环标号表示下一次循环的起始位置；

WHEN 条件表示 NEXT 语句执行的条件，条件为真，则退出本次循环，同时转入下一次循环；条件为假，则不执行 NEXT 语句。如果既无“循环标号”又无“WHEN 条件”，则只要执行 NEXT 语句，就立即无条件跳出本次循环，并从 LOOP 语句的起始位置进入下一次循环。

NEXT 语句用于控制内循环的结束。

7）EXIT 语句

EXIT 语句用于结束 LOOP 循环状态。

一般格式: EXIT [循环标号] [WHEN 条件]

当 EXIT 语句后没有循环标号和 WHEN 条件时，则程序执行到该处则无条件跳出 LOOP 语句，接着执行 LOOP 语句后面的语句；

当后面有循环标号时，则执行 EXIT 语句，程序将无条件地从循环标号所指明的循环中跳出；

当后面有 WHEN 条件，则执行 EXIT 语句，只有在所给所有条件为真时，才跳出 LOOP 语句，执行下一条语句。

8）NULL 语句

空操作语句，只占位置。

9）WAIT 语句

表明将程序挂起，并视条件决定再次执行。

一般格式：

（1）WAIT；——表示无限等待；

（2）WAIT ON 信号表；——敏感信号量变化，激活运行程序；

（3）WAIT UNTIL 条件表达式——条件为真，激活运行程序；

（4）WAIT FOR 时间表达式；——时间到，运行程序继续执行。

5.6.3 实验项目——3—8 译码器的 IF 语句实现

编写一个 3—8 译码器，用 IF 语句实现。包括 3 个输入端 A0 A1 A2，8 个输出端 D0 D1 D2 D3 D4 D5 D6 D7。

3—8 译码器的功能是：

当 A0 A1 A2 分别为 000 时，D0=1，其他位为 0；

当 A0 A1 A2 分别为 001 时，D1=1，其他位为 0；
当 A0 A 1A2 分别为 010 时，D2=1，其他位为 0；
当 A0 A1 A2 分别为 011 时，D3=1，其他位为 0；
当 A0 A1 A2 分别为 100 时，D4=1，其他位为 0；
当 A0 A1 A2 分别为 101 时，D5=1，其他位为 0；
当 A0 A1 A2 分别为 110 时，D6=1，其他位为 0；
当 A0 A1 A2 分别为 111 时，D7=1，其他位为 0。

5.7　并行语句

5.7.1　训练微项目——边沿 D 触发器的设计

设计一个边沿 D 触发器，带异步置位端和复位端。

◆ 学习目标

- ➢ 理解并行语句的概念
- ➢ 掌握常用的并行语句的使用

◆ 执行步骤

步骤 1：绘制功能框图，确定输入/输出端口。

带异步置位端口和复位端口的 D 触发器的功能框图如图 5.7.1 所示。

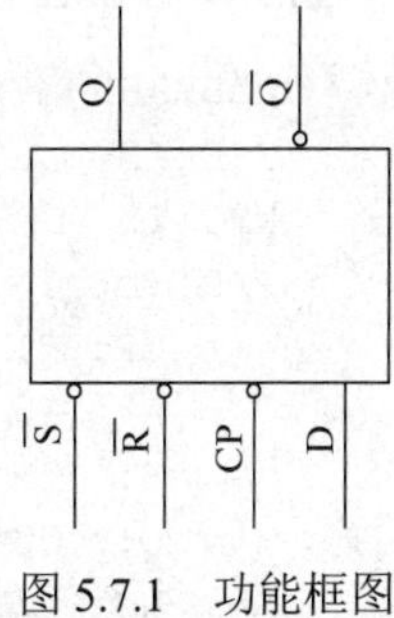

图 5.7.1　功能框图

步骤 2：库和包的声明。

```
LIBRARY IEEE;
USE IEEE.STD_LOGIC_1164.ALL;
```

步骤 3：实体描述。

```
ENTITY  DFF IS
PORT(D: IN  STD_LOGIC;
    CP: IN  STD_LOGIC;
    R:  IN  STD_LOGIC;
    S:  IN  STD_LOGIC;
    Q:  OUT STD_LOGIC;
    NQ: OUT STD_LOGIC);
END DFF;
```

步骤 4：结构体描述。

CP 是时钟脉冲信号；D 是数据输入端；R 是复位端，低电平有效；S 是触发器的置位端，低电平有效；Q 和 NQ 是两个输出端，NQ 是 Q 信号的反向，两个输出端互补。

边沿触发器的工作原理如下：

当 S 端为 0 时，为有效信号，无论其他输入端口是什么，输出端 Q 为 1，NQ 为 0；
当 R 端为 0 时，为有效信号，无论其他输入端口是什么，输出端 Q 为 0，NQ 为 1；
当 S=R=1 时，都为无效信号，此时，如果 CP 是下降沿，则 Q<=D;NQ<=NOT Q;

那么该如何表示 CP 下降沿的条件呢？

CP'event AND CP='0'表示检测时钟下降沿有效；

CP'event AND CP='1'表示检测时钟上升沿有效；

结构体描述部分的代码如下：

```
ARCHITECTURE RT1 OF DFF1 IS
BEGIN
PROCESS(CP,S,R)
BEGIN
IF(S='0'AND R='1') THEN
Q<='1';NQ<='0';
ELSIF(S='1'AND R='0')THEN
Q<='0';NQ<='1';
ELSIF(CP'event AND CP='0') THEN
Q<=D;
NQ<=NOT D;
END IF;
END PROCESS;
END RT1;
```

边沿 D 触发器在 VHDL 代码为：

```
LIBRARY IEEE;
USE IEEE.STD_LOGIC_1164.ALL;
ENTITY  DFF IS
PORT(D:  IN  STD_LOGIC;
    CP:  IN  STD_LOGIC;
    R:  IN  STD_LOGIC;
    S:  IN  STD_LOGIC;
    Q:  OUT STD_LOGIC;
    NQ: OUT STD_LOGIC);
END DFF;
ARCHITECTURE RT1 OF DFF1 IS
BEGIN
PROCESS(CP,S,R)
BEGIN
IF(S='0'AND R='1') THEN
Q<='1';NQ<='0';
ELSIF(S='1'AND R='0')THEN
Q<='0';NQ<='1';
ELSIF(CP'event AND CP='0') THEN
Q<=D;
NQ<=NOT D;
END IF;
END PROCESS;
END RT1;
```

5.7.2 知识库

1．信号属性

信号属性用来表示信号的某种特性。例如：

signal A:std_logic_vector(3 downto 12);表示定义 A 为一个矢量信号，包含从 A（3）到 A（12）

共 10 位。

A'left 表示信号 A 的左边界值，A 的左边界值在此处为 3；

A'right 表示信号 A 的右边界值，A 的右边界值在此处为 12；

A'high 表示 A 的最高端边界值，为 12；

A'low 表示 A 的最低端边界值，为 3；

A'length 表示 A 的长度，为 10；

A'range 表示 A 的范围，为 3～12。

event 属性表示信号内涵改变，if(clk'event and clk='1')表示信号 clk 发生变化而且 clk 的值为 1，即 clk 上升沿触发，也可以用如下语句表示：

```
    if(rising_edge(clk))
```

2．并行语句的概念

VHDL 中的代码按照执行顺序可以分为并发代码和顺序代码两大类。

所谓顺序代码，就是按照语句的顺序逐行执行的。

所谓并发代码，语句是并发执行的，和语句的先后顺序无关。

VHDL 中的并发描述语句有进程语句（PROCESS）、并行信号赋值语句、条件信号赋值语句、选择信号赋值语句、并行过程调用语句、块语句、元件例化语句和生成语句等。

下面着重介绍 PROCESS 语句、并行信号赋值语句、条件信号赋值语句和选择信号赋值语句，其他并行语句在下一个单项训练中有详细描述。

1）PROCESS 语句

在 VHDL 中，进程语句是使用最为频繁、应用最为广泛的一种语句。一般来说，一个结构体可以包含一个或多个进程语句，结构体的各个进程语句之间是一组并发行为，也就是各进程语句是并行执行的；但在每一个进程语句中，组成进程的各个语句则是顺序执行的。

进程语句的一般形式：

[进程名称：]PROCESS[（敏感信号表）]
　　　　[说明部分；]
　　　　BEGIN
　　　　[顺序语句；]
　　　　END PROCESS[进程名称]；

进程名称可有可无；

敏感信号表列出进程对其敏感的所有信号，如上例的 D 触发器中，因为 R、S、CP 只要有一个或多个发生变化，进程就会被启动，所以 R、S、CP 被列为敏感信号。

说明部分用于说明进程内部使用的数据的类型、子程序或变量；

顺序语句用于描述一个数字电子硬件电路的工作过程，可以反复执行。

2）并行信号赋值语句

在编写 VHDL 程序的过程中，设计人员经常会采用两种类型的信号赋值语句：一种应用于进程和子程序内部的信号赋值语句，这时它是一种顺序语句，又称顺序信号赋值语句；另外一种是应用于进程和子程序外部的信号赋值语句，这时称为并行语句，又称并行信号赋值语句。例如：

```
        LIBRARY IEEE;
        USE IEEE.STD_LOGIC_1164.ALL;
        ENTITY AND_GATE IS
        PORT(A,B:IN STD_LOGIC;
            Y: OUT STD_LOGIC);
```

```
END AND_GATE;
ARCHITECTURE RT OF AND_GATE IS
BEGIN
Y<=A AND B;
END RT;
```

本例中的“Y<=A AND B;”就是一条并行信号赋值语句。

通常情况下，一条并行信号赋值语句等价于一个进程语句，因此，也可以将一条并行信号赋值语句改写成相应的进程语句。上例的与门改写如下：

```
ARCHITECTURE RT OF AND_GATE IS
PROCESS (A,B);
BEGIN
Y<=A AND B;
END PROCESS;
END RT;
```

3）条件信号赋值语句

条件信号赋值语句指的是根据不同条件将不同的表达式赋给目标信号的一种并行信号赋值语句，它是一种应用较为广泛的信号赋值语句。

条件信号赋值语句的一般形式如下：

```
信号量<=表达式 1      WHEN    条件 1      ELSE
        表达式 2      WHEN    条件 2      ELSE
        ……
        表达式 N-1    WHEN    条件 N-1    ELSE
        表达式 N;
```

判断过程是：当满足条件 1 时，将表达式 1 的值赋给信号量；否则
当满足条件 2 时，将表达式 2 的值赋给信号量；否则
……
当满足条件 N-1 时，将表达式 N-1 的值赋给信号量；否则
将表达式 N 的值赋给信号量。

例如，单项训练 4 中的 8 选 1 数据选择器可以用条件信号赋值语句实现如下：

```
ARCHITECTURE aa OF mux8 IS
BEGIN
Y<=D(0) WHEN A="000" ELSE
   D(1) WHEN A="001" ELSE
   D(2) WHEN A="010" ELSE
   D(3) WHEN A="011" ELSE
   D(4) WHEN A="100" ELSE
   D(5) WHEN A="101" ELSE
   D(6) WHEN A="110" ELSE
   D(7) WHEN A="111" ELSE
   'Z';
END aa;
```

4）选择信号赋值语句

选择信号赋值语句是指根据选择条件表达式的值将不同的表达式赋值给目标信号。

选择信号赋值语句的一般形式是：

```
WITH  选择表达式  SELECT
信号量<=表达式1  WHEN  选择值1,
        表达式2  WHEN  选择值2,
```

```
    ……
    表达式N  WHEN  选择值N;
```

判断过程是：判断选择表达式的值，如果和选择值 1 相同，将表达式 1 的值赋给信号量；如果和选择值 2 的值相同，将表达式 2 的值赋给信号量；……如果和选择值 N 的值相同，则将表达式 N 的值赋给信号量。

单项训练 4 中的 8 选 1 数据选择器可以用条件信号赋值语句实现如下：

```
ARCHITECTURE aa OF mux8 IS
BEGIN
WITH A SELECT
Y<=D(0) WHEN "000",
  D(1) WHEN "001",
  D(2) WHEN "010",
  D(3) WHEN "011",
  D(4) WHEN "100",
  D(5) WHEN "101",
  D(6) WHEN "110",
  D(7) WHEN "111",
  'Z'  WHEN OTHERS;
  END aa;
```

在实际的电子系统中，几乎所有的操作都是并发执行的，这些操作之间没有具体的顺序之分，一旦得到事件触发，它们就会开始并行工作。VHDL 所提供的并行语句即可实现这种并行操作性。

进程语句（PROCESS）、并行信号赋值语句、条件信号赋值语句、选择信号赋值语句是几种常见的并行语句。在用户使用 VHDL 的时候，可以根据需要选择其中的一种来使用。

5.7.3　实验项目——4 选 1 数据选择器的设计

分别用进程语句、条件信号赋值语句、选择信号赋值语句来实现 4 选 1 数据选择器。

该选择器包括两个地址输入端 A0、A1 和四个数据输入端 D0、D1、D2、D3，一个输出端 Y，还有一个使能端口 EN。

工作原理：

如果 EN=1 则电路开始工作，当 A1 A0 为 00 时，输出 Y 为 D0；
当 A1 A0 为 01 时，输出 Y 为 D1；
当 A1 A0 为 10 时，输出 Y 为 D2；
当 A1 A0 为 11 时，输出 Y 为 D3。

5.8　层次化设计

5.8.1　训练微项目

图 5.8.1 是四位移位寄存器，由 4 个相同的 D 触发器构成（不带置位端和复位端）。要求用 VHDL 实现该设计。

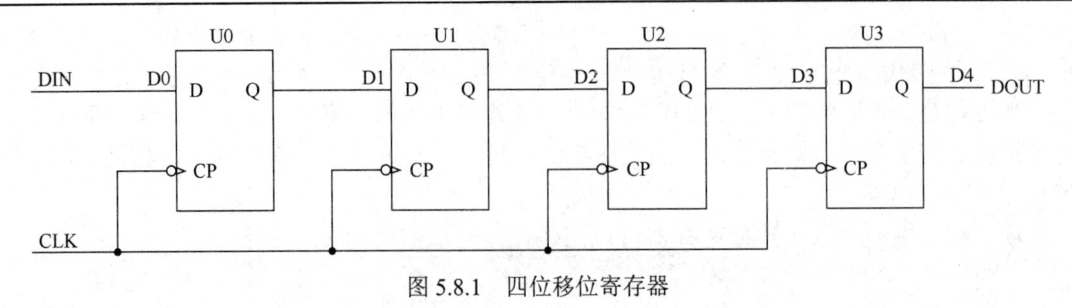

图 5.8.1　四位移位寄存器

◆ 学习目标

- 了解层次化设计思想，掌握层次化设计方法
- 掌握元件例化语句的使用
- 了解参数传递语句、生成语句的作用和用法

◆ 执行步骤

步骤 1：定义单元模块，并将其存放在库中。

D 触发器的 VHDL 代码如下：

```
LIBRARY IEEE;
USE IEEE.STD_LOGIC_1164.ALL;
ENTITY D_FF IS
PORT(D,CP:IN STD_LOGIC;
    Q:OUT STD_LOGIC);
END D_FF;
ARCHITECTURE DFF OF D_FF IS
BEGIN
PROCESS(CP)
BEGIN
IF(CP'EVENT AND CP='0') THEN
Q<=D;
END IF;
END PROCESS;
END DFF;
```

将该段程序代码存放在 WORK 库的 example 程序包中。

步骤 2：绘制功能框图，确定输入/输出端口。

观察图 3.2.33，可以看出该图具有三个端口，功能结构框图如图 5.8.2 所示。

步骤 3：库声明和实体描述。

```
LIBRARY IEEE;
USE IEEE.STD_LOGIC_1164.ALL;
USE WORK.EXAMPLE.ALL;

ENTITY SHIFTER4 IS
PORT(DIN,CLK:IN STD_LOGIC;
    DOUT:OUT STD_LOGIC);
END SHIFTER4;
```

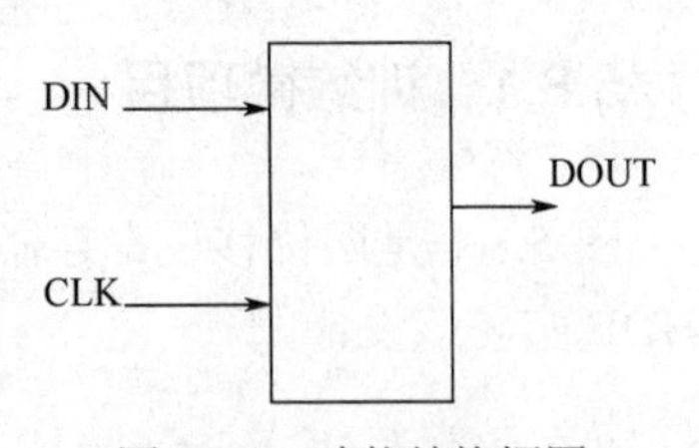

图 5.8.2　功能结构框图

步骤 4：结构体描述。

```
ARCHITECTURE SS OF SHIFTER4 IS
COMPONENT D_FF
PORT(D,CP:IN STD_LOGIC;
    Q:OUT STD_LOGIC);
END COMPONENT D_FF;
SIGNAL D:STD_LOGIC_VECTOR(0 TO 4);
BEGIN
D(0)<=DIN;
U0:D_FF PORT MAP(D(0),CLK,D(1));
U1:D_FF PORT MAP(D(1),CLK,D(2));
U2:D_FF PORT MAP(D(2),CLK,D(3));
U3:D_FF PORT MAP(D(3),CLK,D(4));
DOUT<=D(4);
END SS;
```

下面对结构体描述部分的代码进行解释：

（1）例化元件说明语句 COMPONENT：

```
COMPONENT D_FF
PORT(D,CP:IN STD_LOGIC;
    Q:OUT STD_LOGIC);
END COMPONENT D_FF;
```

这一段是例化元件说明语句，又称为 COMPONENT 语句，一般放在结构体的说明部分，它的作用是用来说明结构体中所要调用的元件或单元模块。本例中声明的是在步骤 1 中编写好的元件 D 触发器 D_FF。比较可以发现，COMPONENT 语句和步骤 1 中的实体描述语句一样，列出了每个端口的名字、模式和类型。需要注意的是，COMPONENT 中的元件名和元件声明中的名字必须一致，端口名称、模式、数据类型也必须相同。

COMPONENT 语句的语法结构如下表示：

```
COMPONENT <引用元件名>
[GENERIC<参数说明>; ]
PORT<端口说明>;
END COMPONENT;
```

（2）信号定义语句如下：

SIGNAL D:STD_LOGIC_VECTOR(0 TO 4);

该语句定义了一个信号类型，由图 5.8.1 可以看到，D0、D1、D2、D3、D4 是电路中实际存在的中间连线，所以在此要定义为信号。变量不具有这样的特点，变量只是短暂的表示，没有相应的实际物理信号。

（3）例化元件映射语句 PORT MAP 如下：

```
U0:D_FF PORT MAP(D(0),CLK,D(1));
U1:D_FF PORT MAP(D(1),CLK,D(2));
U2:D_FF PORT MAP(D(2),CLK,D(3));
U3:D_FF PORT MAP(D(3),CLK,D(4));
```

该段语句的作用是为了把调用的元件或单元模块的端口信号与结构体中的相应端口信号进行正确连接，又称为映射语句。

PORT MAP 语句的一般形式是：

<标号：><元件名>[GENERIC MAP（参数映射）]

　　　PORT MAP（端口映射）;

标号是用来表征该语句的标识符，它在结构体描述中应该是唯一的；元件名应该与COMPONENT 语句中的引用元件名保持一致，也就是要与存放在库中的被调用元件或单元模块的 VHDL 程序的实体名一致。

映射语句的功能就是用来将调用的元件或单元模块的端口信号与结构体中的相应端口信号进行正确的连接，从而达到引用元件的目的。可以看出，映射语句中的信号一般为当前结构体中的实际信号。

COMPONENT 语句和 PORT 语句是一种应用广泛的并行描述语句，主要用在层次化的设计中。采用这两种语句可以直接使用库中已经存在的元件或单元模块，避免了大量重复 VHDL 程序的书写工作，从而节省了大量的时间。

5.8.2 知识库

1. *层次化设计思想*

图 5.8.1 所示的四位移位寄存器是由 4 个 D 触发器构成的。

对于这样一个功能较为复杂的电路系统而言，可以采用层次化的设计思想。所谓层次化设计思想，就是将经常使用到的或使用比较多的单元模块定义好并编译完成后，将其存放在常用库的程序包中。当设计人员需要使用这些常用的功能模块时，可以对其“调用”。

在 VHDL 中，库中单元模块的调用是通过例化元件说明语句和例化元件映射语句实现的，它们常常被分别称为COMPONENT 语句和 PORT MAP 语句。

2. *并行语句之块语句和生成语句*

块语句和生成语句也是两种常见的并行语句。

（1）块语句（BLOCK）语句。当一个电路较复杂时，可以考虑使用块语句将它划分为几个模块。

例：用块语句描述如图 5.8.3 所示电路。

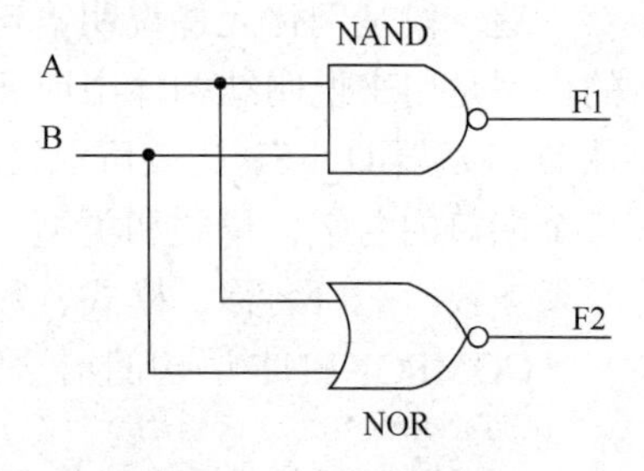

图 5.8.3 块语句描述的电路

代码：

```
LIBRARY IEEE;
USE IEEE.STD_LOGIC_1164.ALL;
ENTITY SS IS
PORT(A,B:IN STD_LOGIC;
    F1,F2:OUT STD_LOGIC);
END SS;
ARCHITECTURE FF OF SS IS
BEGIN
B1:BLOCK
BEGIN
F1<=A NAND B;
END BLOCK B1;
B2:BLOCK
BEGIN
F2<=A NOR B;
END BLOCK B2;
END FF;
```

块语句 B1：

```
B1:BLOCK
```

```
BEGIN
F1<=A NAND B;
END BLOCK B1;
```

该块语句名称为 B1，没有说明部分，实现的功能很简单，就是与非（NAND）功能。

块语句 B2：

```
B2:BLOCK
BEGIN
F2<=A NOR B;
END BLOCK B2;
```

该块语句名称为 B2，实现的是或非（NOR）功能。

由上可知，块语句定义的一般形式是：

```
块名称：BLOCK
[接口说明；]
[说明部分；]
BEGIN
并行处理语句；
END BLOCK 块名称；
```

（2）生成语句。生成语句用来描述电路中有规则和重复性的结构。

本例中的四位移位寄存器用生成语句实现如下（只列出结构体部分，实体部分一样）：

```
ARCHITECTURE SS OF SHIFTER4 IS
COMPONENT D_FF
PORT(D,CP:IN STD_LOGIC;
    Q:OUT STD_LOGIC);
END COMPONENT D_FF;
SIGNAL D:STD_LOGIC_VECTOR(0 TO 4);
BEGIN
D(0)<=DIN;
G:FOR i IN 0 TO 3 GENERATE
U:D_FF PORT MAP(D(i),CLK,D(i+1));
END GENERATE G;
DOUT<=D(4);
END SS;
```

其中，

```
G:FOR i IN 0 TO 3 GENERATE
U:D_FF PORT MAP(D(i),CLK,D(i+1));
END GENERATE G;
```

是生成语句，生成的是 4 个相同的 D 触发器，从 D(0)～D(4)。

生成语句的常见形式是：

```
[标号：] FOR 循环变量 IN 取值范围  GENERATE
[类属说明；]
并行处理语句；
END GENERATE [标号]；
```

在编写 VHDL 程序的过程中，通常可以按照语句的执行顺序将其分为并行描述语句和顺序描述语句。

并行描述语句是指在语句的执行过程中，语句的执行顺序和语句的书写顺序无关，所有语句都是并发执行的。常见的并行描述语句有：进程语句、并行信号赋值语句、条件信号赋值语句、选择信号赋值语句、块语句、元件例化语句和生成语句。

顺序描述语句是指在语句的执行过程中，语句的执行顺序是按照语句的书写顺序依次执行的。常见的顺序描述语句有：信号赋值语句、IF 语句、CASE 语句、LOOP 语句、NEXT 语句、EXIT 语句、NULL 语句、WAIT 语句。

结构体中的各个模块之间是并行执行的，因此应该采用并行语句来进行描述；而各个模块内部的语句则需要根据描述方式来决定，即模块内部既可以采用并行描述语句，同时也可以采用顺序描述语句。

5.8.3 实验项目——层次化设计方法的应用

采用层次化设计方法实现图 5.8.4 所示电路，可以用采用元件例化语句或元件生成语句实现。

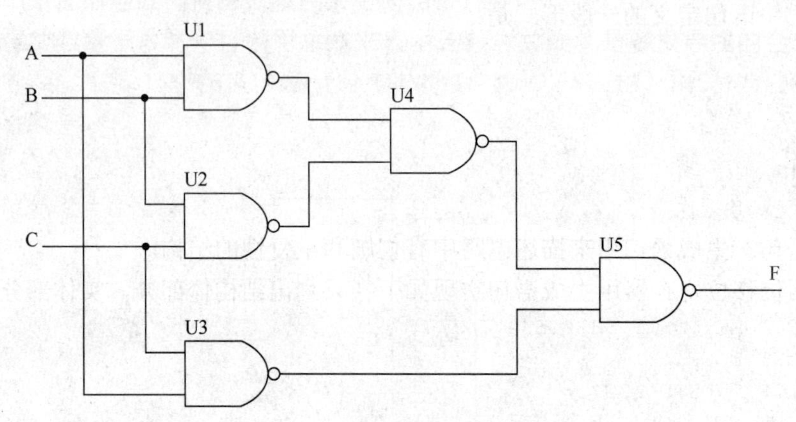

图 5.8.4 层次化设计方法实现电路

5.9 综合实训项目

◆ 项目任务要求

任务 1：用 VHDL 描述一个带使能端 E1 和输出状态端 E0 和 GS 的 8 线-3 线优先编码器，所有信号都是低电平有效。当 E1=1 时，电路停止工作，输出全为 1，当 E1=0 时，电路进行正常的编码工作；如果电路正常工作，且有信号输入，则 GS=0，其他状态下 GS=1；如果电路正常工作，但无信号输入，E0=0，其他状态下 E0=1。

任务 2：用任务 1 中已经设计好的 8 线-3 线编码器作为单元模块，设计一个 16-4 编码器。要求带一个使能端和两个输出状态端，作用和任务 1 中相同。

以上两个任务都要求画出逻辑框图，编写出 VHDL 代码，并且用 Quartus II 仿真出其波形。

◆ 学习目标

✧ 综合运用 VHDL 知识设计一个较为复杂的电路系统

◆ 项目过程

任务 1

具体操作步骤如下。

步骤 1：绘制功能框图，确定输入/输出端口。

根据任务要求，确定有几个输入端口和几个输出端口，并绘制出功能框图，参照图 5.9.1。

步骤 2：库和包声明。

```
LIBRARY IEEE;
USE IEEE.STD_LOGIC_1164.ALL;
```

步骤 3：实体描述。

```
ENTITY encoder_priority IS
PORT(D:IN STD_LOGIC_VECTOR(7 DOWNTO 0);
    E1:IN STD_LOGIC;
    Q:OUT STD_LOGIC_VECTOR(2 DOWNTO 0);
    GS:OUT STD_LOGIC;
    E0:OUT STD_LOGIC);
END encoder_priority;
```

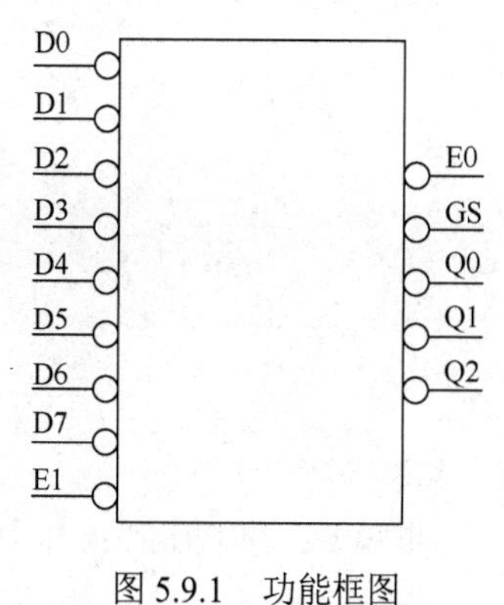

图 5.9.1　功能框图

步骤 4：结构体描述。

```
ARCHITECTURE RT OF encoder_priority IS
BEGIN
PROCESS(E1,D)
BEGIN
 IF(E1='1') THEN
   Q<="111";
   GS<='1';
   E0<='1';
 ELSIF(D="11111111" AND E1='0') THEN
   Q<="111";
   GS<='1';
   E0<='0';
 ELSIF(D(7)='0' AND E1='0') THEN
   Q<="000";
   GS<='0';
   E0<='1';
 ELSIF(D(6)='0' AND E1='0') THEN
   Q<="001";
   GS<='0';
   E0<='1';
 ELSIF(D(5)='0' AND E1='0') THEN
   Q<="010";
   GS<='0';
   E0<='1';
 ELSIF(D(4)='0' AND E1='0') THEN
   Q<="011";
   GS<='0';
   E0<='1';
 ELSIF(D(3)='0' AND E1='0') THEN
   Q<="100";
   GS<='0';
   E0<='1';
 ELSIF(D(2)='0' AND E1='0') THEN
   Q<="101";
   GS<='0';
   E0<='1';
 ELSIF(D(1)='0' AND E1='0') THEN
```

```
      Q<="110";
      GS<='0';
      E0<='1';
    ELSIF(D(0)='0' AND E1='0') THEN
      Q<="111";
      GS<='0';
      E0<='1';
    ELSE
      Q<="111";
      GS<='1';
      E0<='0';
    END IF;
  END PROCESS;
  END RT;
```

步骤 5：在 Quartus II 中编译、仿真。

编译仿真波形如图 5.9.2 所示。

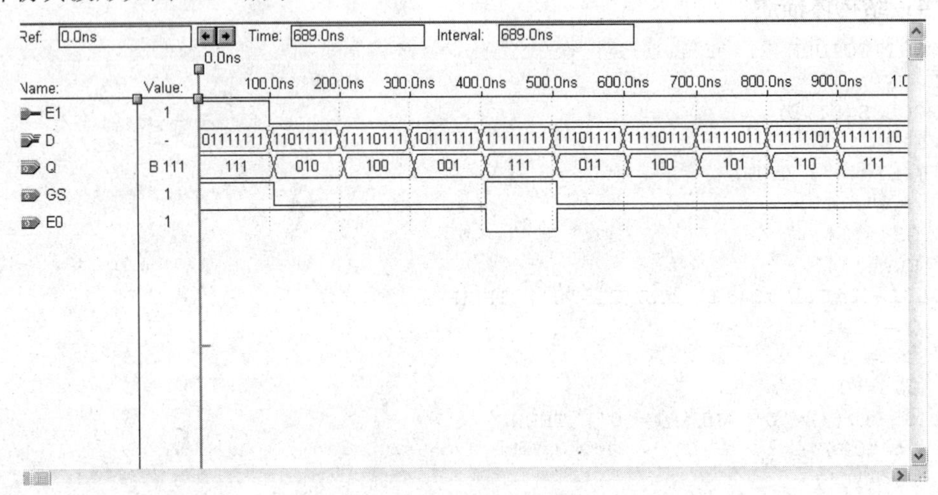

图 5.9.2　仿真波形

任务 2

具体操作步骤如下：

步骤 1：绘制功能框图、总体结构框图，确定输入/输出端口。

功能框图如图 5.9.3 所示。

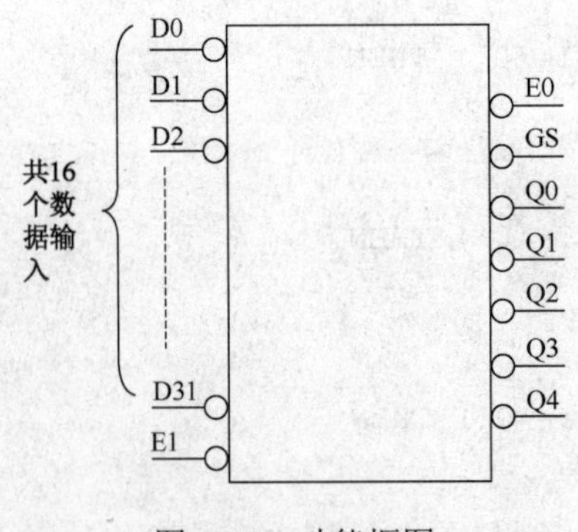

图 5.9.3　功能框图

16 线-4 线可以由 2 个 8 线-3 线编码器构成。总体框图如图 5.9.4 所示。

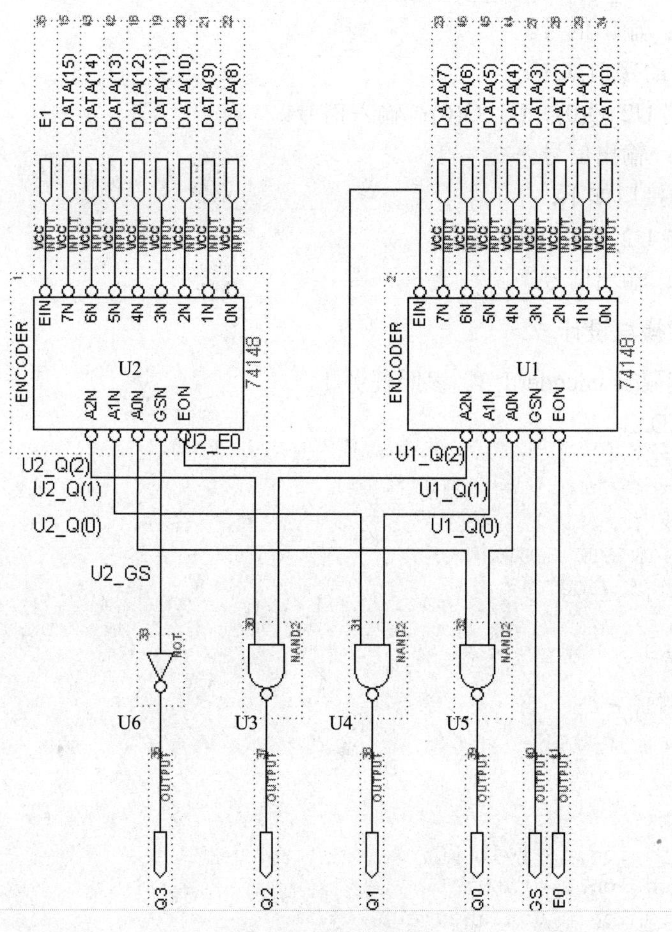

图 5.9.4　总体框图

根据总体框图，可以看出系统包括 2 个 8 线-3 线编码器模块 U2、U1、3 个与非门模块 U3、U4、U5、1 个非门模块 U6。请读者仔细观察图 5.9.4，了解各模块之间的信号流向。

高位（左侧）的 8 线-3 线编码器模块 U2 包含的接口如下：

（1）数据端 D(15)…D(8)：输入信号。

（2）使能端 E1：输入信号。

（3）数据输出端 U2_Q(2)、U2_Q(1)、U2_Q(0)：输出信号。

（4）状态输出端 U2_GS、U2_E0：输出信号。

低位（右侧）的 8 线-3 线编码器模块 U1 包含的接口如下：

（1）数据端 D(7)…D(0)：输入信号。

（2）使能端 U2_E0：输入信号。

（3）数据输出端 U1_Q(2)、U1_Q(1)、U1_Q(0)：输出信号。

（4）状态输出端 GS、E0：输出信号。

与非门 U3 包含的接口如下：

（1）数据输入端 U2_Q(2)、U1_Q(2)：输入信号。

（2）输出端 Q2：输出信号。

与非门 U4 包含的接口如下：

（1）数据输入端 U2_Q(1)、U1_Q(1)：输入信号。

（2）输出端 Q1：输出信号。

与非门 U5 包含的接口如下：

（1）数据输入端 U2_Q(0)、U1_Q(0)：输入信号。

（2）输出端 Q0：输出信号。

非门 U6 包含的接口如下：

（1）数据输入端 U2_GS：输入信号。

（2）输出端 Q3：输出信号。

步骤 2：各功能模块设计

（1）8 线-3 线编码器 encoder8_3。参照任务 1。

（2）与非门 ANDX。

```
LIBRARY IEEE;
USE IEEE.STD_LOGIC_1164.ALL;
ENTITY ANDx IS
PORT(I0,I1:IN STD_LOGIC;
    O1:OUT STD_LOGIC);
END ANDx;
ARCHITECTURE SS OF ANDx IS
BEGIN
O1<=I0 AND I1;
END SS;
```

（3）非门 INV。

```
LIBRARY IEEE;
USE IEEE.std_logic_1164.ALL;
USE IEEE.std_logic_arith.ALL;
USE IEEE.std_logic_unsigned.ALL;

ENTITY INV IS
PORT(I:IN STD_LOGIC;
    O:OUT STD_LOGIC);
END INV;
ARCHITECTURE RT1 OF INV IS
BEGIN
O<=NOT I;
END RT1;
```

步骤 3：16 线-4 线编码器的顶层 VHDL 设计。

```
LIBRARY IEEE;
USE IEEE.STD_LOGIC_1164.ALL;

ENTITY encoder16_4 IS
PORT(DATA:IN STD_LOGIC_VECTOR(15 DOWNTO 0);
    E1:IN STD_LOGIC;
    Q:OUT STD_LOGIC_VECTOR(3 DOWNTO 0);
    GS:OUT STD_LOGIC;
    E0:OUT STD_LOGIC);
END encoder16_4;
```

```
ARCHITECTURE ST OF encoder16_4 IS
COMPONENT ANDX
PORT(I0,I1:IN STD_LOGIC;
    O1:OUT STD_LOGIC);
END COMPONENT;

COMPONENT INV
PORT(I:IN STD_LOGIC;
    O:OUT STD_LOGIC);
END COMPONENT;

COMPONENT encoder_priority
PORT(D:IN STD_LOGIC_VECTOR(7 DOWNTO 0);
    E1:IN STD_LOGIC;
    Q:OUT STD_LOGIC_VECTOR(2 DOWNTO 0);
    GS:OUT STD_LOGIC;
    E0:OUT STD_LOGIC);
END COMPONENT;

SIGNAL U2_Q:STD_LOGIC_VECTOR(2 DOWNTO 0);
SIGNAL U2_GS:STD_LOGIC;
SIGNAL U2_E0:STD_LOGIC;
SIGNAL U1_Q:STD_LOGIC_VECTOR(2 DOWNTO 0);
SIGNAL DATA_1:STD_LOGIC_VECTOR(7 DOWNTO 0);
SIGNAL DATA_2:STD_LOGIC_VECTOR(7 DOWNTO 0);
BEGIN
DATA_2(7)<=DATA(15);
DATA_2(6)<=DATA(14);
DATA_2(5)<=DATA(13);
DATA_2(4)<=DATA(12);
DATA_2(3)<=DATA(11);
DATA_2(2)<=DATA(10);
DATA_2(1)<=DATA(9);
DATA_2(0)<=DATA(8);
DATA_1(7)<=DATA(7);
DATA_1(6)<=DATA(6);
DATA_1(5)<=DATA(5);
DATA_1(4)<=DATA(4);
DATA_1(3)<=DATA(3);
DATA_1(2)<=DATA(2);
DATA_1(1)<=DATA(1);
DATA_1(0)<=DATA(0);
U0:encoder_priority PORT MAP(DATA_2,E1,U2_Q,U2_GS,U2_E0);
U1:encoder_priority PORT MAP(DATA_1,U2_E0,U1_Q,GS,E0);
U2:ANDX PORT MAP(U2_Q(2),U1_Q(2),Q(2));
U3:ANDX PORT MAP(U2_Q(1),U1_Q(1),Q(1));
U4:ANDX PORT MAP(U2_Q(0),U1_Q(0),Q(0));
U5:INV PORT MAP(U2_GS,Q(3));
END ST;
```

步骤 4：在 Quartus II 中编译、仿真。

仿真波形如图 5.9.5 所示。

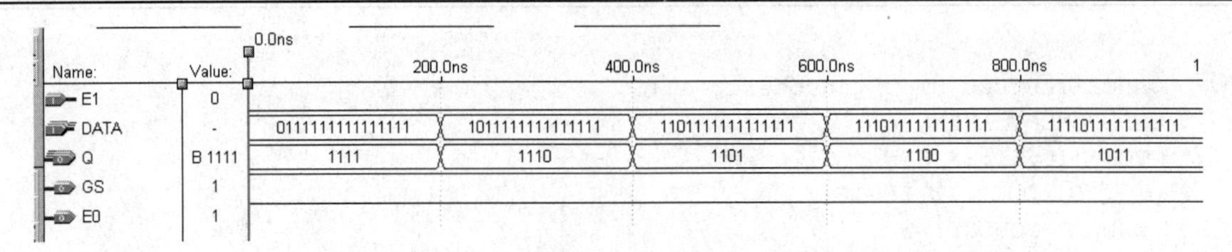

图 5.9.5　波形仿真

◆ 项目总结

对于一个较为复杂的电路而言，可以采用层次化的设计方法，使系统设计变得简洁和方便。层次化设计是分层次、分模块进行设计描述。描述器件总功能的模块放在最上层，称为顶层设计；描述器件某一部分功能的模块放在下层，称为底层设计。用户既可以采用自顶向下的描述方式，也可以采用自底向上的描述方式。

当采用层次化设计方式时，在使用 Quartus II 编译仿真时，用户需要将设计好的单元模块（底层设计）和顶层设计文件存放在同一个文件夹中，否则可能会出现无法调用的情况。

附录 A Altium Designer 软件常用的元件符号

名称	符号	名称	符号
国标电阻器		国外常用电阻器	
压敏电阻器	U	国外常用压敏电阻器	
常温型气敏电阻图形符号	Q	磁敏电阻器	M
热敏电阻器	R	光敏电阻器	
排阻	1 16 2 15 3 14 4 13 5 12 6 11 7 10 8 9	电阻桥	Rd Ra Rc Rb
可调电阻器		滑动电阻器	
无极性电容		有极性电容	
可调电容		无磁芯电感器	
有磁芯或铁芯的电感器		有高频磁芯的电感器	
无磁芯微调电感器		无磁芯有抽头的电感器	
有磁芯有抽头的电感器		无磁芯变压器	1 4 2 3

续表

名称	符号	名称	符号
低（音）频变压器	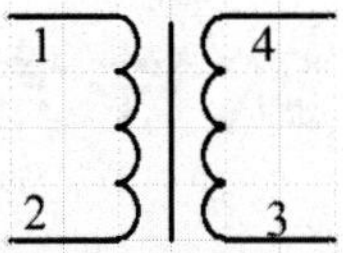	带屏蔽层的变压器	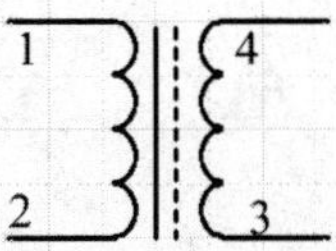
开关		单刀双掷开关	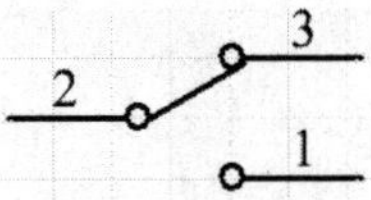
二极管		发光二极管	
整流桥	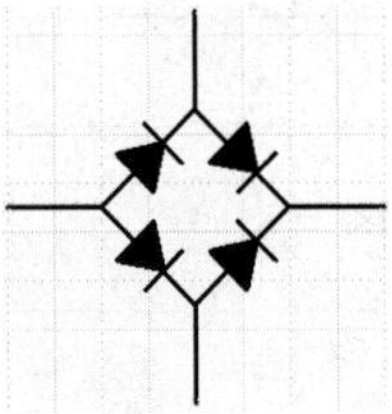	整流桥	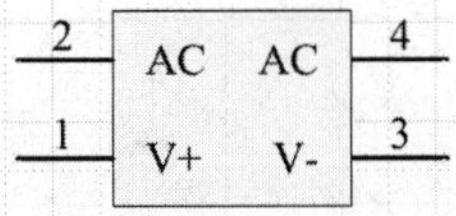
NPN 型三极管	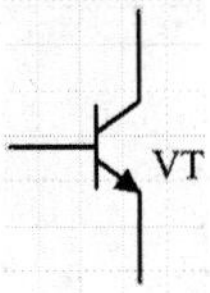	PNP 型三极管	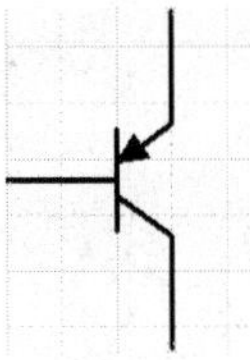
保险丝	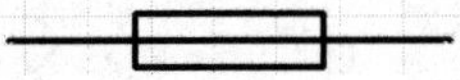	电池	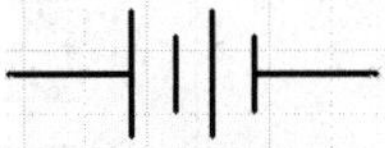
天线		振铃	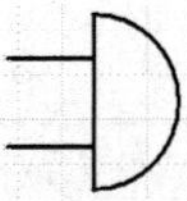
数码管	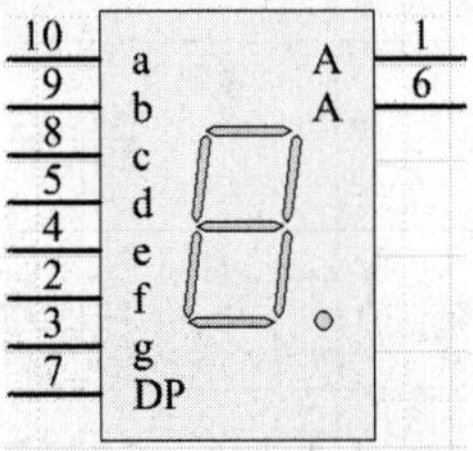	符号数码管	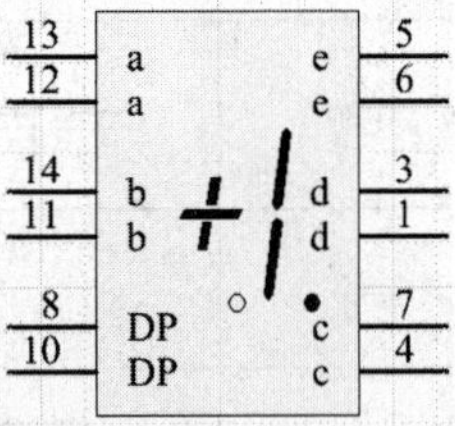
直流电机		伺服电机	

续表

名称	符号	名称	符号
步进电机	 M	单排插座	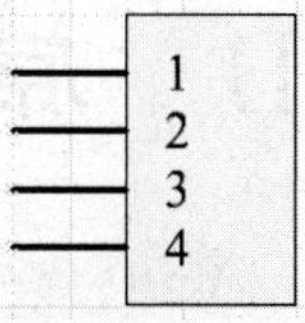 1 2 3 4
双排插座	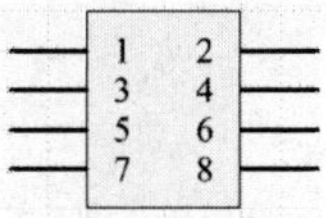 1 2 3 4 5 6 7 8	同轴电缆接插头	
市电电源端口	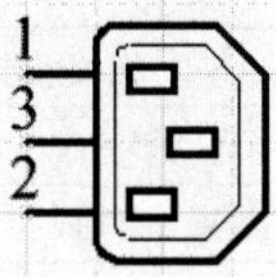 1 3 2	单声道音频插口	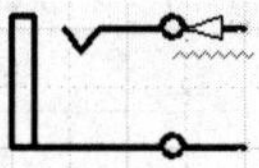
双声道音频插口	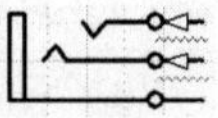	带调整端的运放	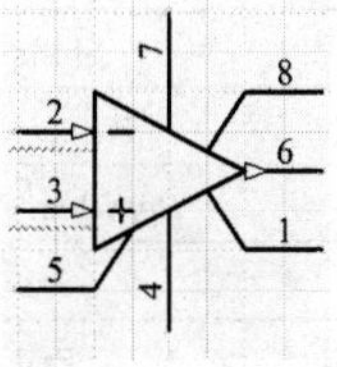 7 8 2 6 3 1 5 4

附录B 原理图编辑器与PCB编辑器通用的快捷键

快捷键	相关操作
Shift	当自动平移时，加速平移
Y	放置元件时，上下翻转
X	放置元件时，左右翻转
Shift+↑	在箭头方向以10个栅格为增量移动光标
↑、↓、←、→	在箭头方向以1个栅格为增量移动光标
Spacebar 空格键	放弃屏幕刷新
Esc	退出当前命令
End	刷新屏幕
Home	以光标为中心刷新屏幕
PageDown 或 Ctrl+滑动鼠标滚轮	以光标为中心缩小屏幕
PageUp 或 Ctrl+滑动鼠标滚轮	以光标中心放大屏幕
滑动鼠标滚轮	上下移动画面
Shift+滑动鼠标滚轮	左右移动画面
Ctrl+Z	撤销上一次操作
Ctrl+Y	重复上一次操作
Ctrl+A	选择全部
Ctrl+S	存储当前文件
Ctrl+C	复制
Ctrl+X	剪切
Ctrl+V	粘贴
Ctrl+R	复制并重复粘贴选中的对象
Delete	删除
V+D	显示整个文档
V+F	显示所有对象
X+A	取消所有选中
Tab	编辑正在放置的元件属性
Shift+C	取消过滤
Shift+F	查找相似对象
Y	“Filter”选项
F11	打开或关闭 Inspector 面板
F12	打开或关闭 List 面板

附录C　原理图编辑器快捷键

快捷键	相关操作
Alt	在水平和垂直线上限制
Spacebar	将正在移动的物品旋转 90°
Spacebar	在放置导线、总线和多边形行填充时激活开始或结束模式
Shift+Spacebar	在放置导线、总线和多边形填充时，设置放置模式
Backspace	在放置导线、总线和多边形填充时，移除最后一个顶点
单击鼠标左键+Home+Delete	删除选中线的顶点
单击鼠标左键+Home+Insert	在选中线处添加顶点
Ctrl+单击鼠标左键并拖动	拖动选中对象

附录 D　PCB 编辑器快捷键

快捷键	相关操作
Shift+R	切换三种布线模式
Shift+E	打开或关闭捕获电器栅格功能
Ctrl+G	弹出“捕获栅格”对话框
G	弹出“捕获栅格”选项
Backspace	在放置导线时，删除最后一个拐角
Shift+Spacebar	放置导线时设置拐角模式
Spacebar	放置导线时，改变导线的起始/结束模式
Shift+S	打开或关闭单层模式
O+D+D+Enter	在图纸模式显示
O+D+F+Enter	在正常模式显示
O+D	显示或隐藏“Preferences”对话框
L	浏览“Board Layers”对话框
Ctrl+H	选择连接层
Ctrl+Shift+单击鼠标左键并拖动	切断线
+	切换工作层面为下一层
-	切换工作层面为上一层
M+V	移动分割铜层的顶点
Ctrl	暂时不显示电气栅格
Ctrl+M	测量距离
Shift+Spacebar	旋转移动的物体（顺时针）
Spacebar	旋转移动的物体（逆时针）
Q	单位切换

参 考 文 献

[1] 谭会生，瞿遂春．EDA 技术综合应用实例与分析．西安：西安电子科技大学出版社，2007.7.

[2] 杨晓慧，许红梅．电子技术 EDA 实践教程．北京：国防工业出版社，2005.1.

[3] 马淑华，高原．电子设计自动化．北京：北京邮电大学出版社，2006.9.

[4] 宋嘉玉，孙丽霞．EDA 实用技术．北京：人民邮电出版社，2006.12.

[5] John F.Wakerly 著，林生，葛红，金京林译．数字设计原理与实践 4 版．北京：机械工业出版社，2007.5.

[6] 郭勇．电路板设计与制作-Protel DXP 2004 SP2 应用教程．北京：机械工业出版社，2013.1.

[7] 张义和．电路板设计．北京：科学出版社．2013.7.

[8] 三恒星科技．Altium Designer 6.0 易学通．北京：人民邮电出版社，2013.2.

[9] 王加祥，曹闹昌，雷洪利，魏斌．基于 Altium Designer 的电路板设计．西安：西安电子科技大学出版社，2015.3.

[10] 邵玫．电子产品生产工艺与管理．北京：中国人民大学出版社．2013.12.

[11] 臧春华，邵杰，魏小龙．综合电子系统设计与实践．北京：北京航空航天大学出版社，2009.3.

[12] 江晓安等．计算机电子电路技术-数字电子部分．西安：西安电子科技大学出版社，2007.5.

[13] 聂典，丁伟．Multisim 10 计算机仿真在电子电路设计中的应用．北京：电子工业出版社，2009.7.

[14] 郭锁利，刘延飞等．基于 Multisim 的电子系统设计、仿真与综合应用 2 版．北京：人民邮电出版社，2012.10.

[15] 陈洁．EDA 软件仿真技术快速入门-Protel 99SE+Multisim 10+Proteus 7．北京：中国电力出版社，2009.10.

[16] 江苏省高等职业院校技能大赛“电子产品设计及制作”赛项历年赛题.

[17] 黄智伟．基于 NI Multisim 的电子电路计算机仿真设计与分析．北京：电子工业出版社，2008.1.

[18] 马向国，刘同娟，陈军著．MATLAB&Multisim 电工电子技术仿真应用．北京：清华大学出版社，2013.11.

[19] “蓝桥杯”全国软件和信息技术专业人才大赛电子设计与开发组比赛历年赛题

[20] 赵鑫，蒋亮，齐兆群，李晓凯．VHDL 与数字电路设计．北京：机械工业出版社，2005.6.

[21] 北京理工大学 ASIC 研究所．VHDL 语言 100 例详解．北京：清华大学出版社，1999.12.

[22] 姜雪松，吴钰淳，王鹰．VHDL 设计实例与仿真．北京：机械工业出版社，2007.2.

反侵权盗版声明

举报电话：（010）88254396；（010）88258888

传　　真：（010）88254397

E-mail:　dbqq@phei.com.cn

通信地址：北京市万寿路 173 信箱

　　　　　电子工业出版社总编办公室

邮　　编：100036